上海市本科教育高地建设
机械制造及其自动化系列教材

现代机械制造装备

主　编　王　越
副主编　王明红

清华大学出版社
北京

内容简介

现代机械制造装备是机械设计制造及其自动化专业的核心专业课程，本书为该课程的配套教材，全书共分10章，主要介绍了常用的传统金属切削机床、数控机床和特种加工机床的主要结构、典型零部件、运动分析及传动系统；金属切削机床的设计方法；制造装备中的工艺装备刀具和机床常用夹具；目前应用广泛的三坐标测量和工业机器人的工作原理、结构等；最后详细介绍了物料储运装备的类型及常用装备。

本书内容新颖、体系完整，既保留了原有金属切削机床的精华，又紧跟时代脉搏，对目前的数控加工设备和特种加工设备进行完整的介绍，适当反映了国内外机械制造装备的新发展、新成果和新动态。本书既可作为普通高等院校机械专业的教材，也可以作为机电工程类从业人员的参考书。

图书在版编目(CIP)数据

现代机械制造装备/王越主编. —北京：清华大学出版社，2009.3(2021.12重印)
(上海市本科教育高地建设机械制造及其自动化系列教材)
ISBN 978-7-302-19150-6

Ⅰ. 现… Ⅱ. 王… Ⅲ. 机械制造—工艺装备—高等学校—教材 Ⅳ. TH16

中国版本图书馆CIP数据核字(2009)第016513号

责任编辑：庄红权
责任校对：王淑云
责任印制：丛怀宇

出版发行：清华大学出版社
网　　址：http://www.tup.com.cn，http://www.wqbook.com
地　　址：北京清华大学学研大厦A座　　邮　　编：100084
社 总 机：010-62770175　　邮　　购：010-62786544
投稿与读者服务：010-62776969，c-service@tup.tsinghua.edu.cn
质 量 反 馈：010-62772015，zhiliang@tup.tsinghua.edu.cn
印 装 者：小森印刷霸州有限公司
经　　销：全国新华书店
开　　本：185mm×260mm　　**印　张**：15.75　　**字　数**：375千字
版　　次：2009年3月第1版　　**印　次**：2021年12月第12次印刷
定　　价：49.80元

产品编号：032453-05

序言

进入 21 世纪以来，我国制造业得到了飞速发展。中国已成为世界制造业大国，正面临从制造业大国向制造业强国转型的关键时期。培养大批适应中国机械工业发展的优秀工程技术人才，是实现这一重大转变的关键。

遵循高等教育、人才培养和社会主义市场经济的规律，围绕《上海优先发展先进制造业行动方案》，紧贴区域经济和社会需求的发展，上海工程技术大学机械工程学院抓住"上海市机械制造及其自动化本科教育高地建设"这一机遇，把握先进制造业和现代服务业互补、融合的趋向，把打造工程本位的复合应用型人才培养基地作为高地建设的核心，把培养具有深厚的科学理论基础和一定的工程实践能力及创新能力的优秀的复合应用型人才——生产一线工程师，作为高地建设的战略发展目标。

正是基于上述考虑，本编写委员会联合清华大学出版社推出"上海市本科教育高地建设机械制造及其自动化系列教材"，希望根据"以生为本，以师为重，以教为基，以训为媒，突出工程实践"的教育思想理念和当前的科技水平及社会发展的需求，精心策划和编写本系列教材，培养出更多视野宽、基础厚、素质高、能力强和富于创造性的工程技术人才。

本系列教材的编写，注重文字通顺，深入浅出，图文并茂，表格清晰，符合国家与部门标准。在编写时，作者重视基础性知识，精选传统内容，使传统内容与新知识之间建立起良好的知识构架；重视处理好教材各章节间的内部逻辑关系，力求符合学生的认识规律，使学习过程变得顺理成章；重视工程实践与教学实验，改变原教材过于偏重理论知识的倾向，力图引导学生通过实践训练，发展自己的工程实践能力；倡导创新实践训练，引导学生发现问题、提出问题、分析问题和解决问题，培养创新思维能力和团队协作能力。

本系列教材的编写和出版，是上海市本科教育高地建设课程和教材改革中的一种尝试，教材中一定会存在不足之处，希望全国同行和广大读者不断提出宝贵意见，使我们编写出的教材能更好地为教育教学改革服务，更好地为培养高质量的人才服务。

陈关龙

2008 年 12 月

前言

近年来随着时代的发展和社会的需要，高校的各个专业不断调整，每门课程的授课内容也在不断地进行调整和更新，原来的“金属切削机床概论”和“金属切削机床设计”已被调整为“现代机械制造装备”。同时随着科学技术的不断发展以及计算机技术的广泛应用，相继出现了各种新型的加工设备。本书作者针对上述变化，及时编写本书，以满足教学的需要。

编写本书的指导思想是重点对现代机械制造装备的结构原理和设计方法进行讲解。本书共分 10 章。绪论部分对机械制造装备的整体发展进行了简明扼要的概述。第 1 章主要介绍了常用传统金属切削机床的主要结构、典型零部件、运动分析及传动系统。第 2 章介绍在现代机械制造装备中较为先进的数控机床及其典型机床的结构和工作原理。第 3 章介绍了目前应用较广泛的特种加工机床的结构、工作原理、典型机床以及典型零部件。第 4 章介绍了金属切削机床的总体设计方法，以及机床的传动系统设计和典型部件设计。第 5 章对机械制造装备中的工艺装备刀具进行介绍，主要介绍常用的机床刀具和数控机床所用的刀具系统。第 6 章简单介绍了机床常用夹具，由于机械制造工艺学课程中对夹具的设计有所讲解，这里没有具体描述。第 7、8 章介绍了目前应用广泛的三坐标测量和工业机器人。第 9 章详细介绍了物料储运装备。

本书内容新颖、体系完整，保留原有金属切削机床的精华，并紧跟时代脉搏，对目前的数控加工设备和特种加工设备进行了完整的介绍，适当反映了国内外机械制造装备的新发展、新成果和新动态。

限于编者的水平，书中错误或不足之处在所难免，恳请读者批评指正。

编　者

2009 年 1 月

目录

绪　论

0.1　机械制造装备的分类

机械制造是一个十分复杂的生产过程，所使用装备的类型很多，总体上可划分为加工装备、工艺装备、物料储运装备和辅助装备四大类。机械制造装备的基本功能是保证加工工艺的实施，节能、降耗、优化工艺过程，并使被加工对象达到预期的功能和质量要求。

0.1.1　加工装备

加工装备是机械制造装备的主体和核心，是采用机械制造方法制造机器零件或毛坯的机器设备，又称为机床或工作母机。机床的类型很多，除了金属切削机床之外，还有锻压机床、注塑机、快速成形机、焊接设备、铸造设备等，下面重点介绍金属切削机床和锻压机床。

1. 金属切削机床

金属切削机床是采用切削、特种加工等方法，主要用于加工金属，使之获得所要求的几何形状、尺寸精度和表面质量的机器。机床加工可获得较高的精度和表面质量，在实际生产中，它完成40%～60%以上的加工工作量。金属切削机床品种繁多，为了便于区别、使用和管理，需从不同角度对其进行分类。

1）按机床工作原理和结构性能特点分类

我国把机床划分为：车床、钻床、镗床、磨床、齿轮加工机床、螺纹加工机床、铣床、刨插床、拉床、特种加工机床、切断机床和其他机床12大类。其中特种加工机床包括电加工机床、超声波加工机床、激光加工机床、电子束和离子束加工机床、水射流加工机床；电加工机床又包括电火花加工、电火花切割和电解加工机床。特种加工机床可解决用常规加工手段难以甚至无法解决的工艺难题，能够满足国防和高新科技领域的需要。

2）按机床使用范围分类

可分为通用机床、专用机床和专门化机床。

(1) 通用机床（又称万能机床）可加工多种工件，完成多种工序，是使用范围较广的机床，如万能卧式车床、万能升降台铣床等。这类机床的通用程度较高，结构较复杂，主要用于单件小批量生产。

(2) 专用机床是用于加工特定工件的特定工序的机床，如主轴箱的专用镗床。这类机床是根据特定工艺要求专门设计、制造与使用的，因此生产率很高，结构简单，适于大批量生产。组合机床是以通用部件为基础，配以少量专用部件组合而成的一种特殊形式的专用机床。

(3) 专门化机床(又称专业机床)是用于加工形状相似、不同尺寸工件的特定工序的机床。这类机床的特点介于通用机床与专用机床之间，既有加工尺寸的通用性，又有加工工序的专用性，如精密丝杠车床、凸轮轴车床等，生产率较高，适于成批生产。

3) 按机床精度分类

同一种机床按其精度和性能，又可分为普通机床、精密机床和高精度机床。

此外，按照机床质量(习惯称重量)大小又可分为仪表机床、中型机床、大型机床、重型机床和超重型机床等。

数控机床是计算机技术、微电子技术、先进的机床设计与制造技术相结合的产物，适应产品的精密、复杂和小批量的特点。它是一种高效高柔性的自动化机床，代表了金属切削机床的发展方向。加工中心又称自动换刀数控机床，它是具有刀库和自动换刀装置，能够自动更换刀具，对一次装夹的工件进行多工位、多工序加工的数控机床。

2. 锻压机床

锻压机床是利用金属塑性变形进行加工的一种无屑加工设备，主要包括锻造机、冲压机、挤压机和轧制机四大类。

锻造机使坯料在工具的冲击力或静压力作用下成形，并使其性能和金相组织符合一定要求。按成形的方法可分为自由锻造、胎模锻造、模型锻造和特种锻造；按锻造温度不同可分为热锻、温锻和冷锻。

冲压机借助模具对板料施加外力，迫使材料按模具形状、尺寸进行剪裁或变形。按加工时温度的不同，可分为冷冲压和热冲压。冲压工艺具有省工、省料和生产率高的突出优点。

挤压机借助于凸模将放在凹模内的金属材料挤压成形，根据挤压时温度不同，可分为冷挤压、温挤压和热挤压。挤压成形有利于低塑性材料成形，与模锻相比，不仅生产率高，节省材料，而且可获得较高的精度。

轧制机使金属材料在旋转轧辊的作用下变形，根据轧制温度可分为热轧和冷轧，根据轧制方式可分为纵轧、横轧和斜轧。

0.1.2 工艺装备

工艺装备是产品制造过程中所用各种工具的总称，包括刀具、夹具、模具、测量器具和辅具等。它们是贯彻工艺规程、保证产品质量和提高生产率等的重要工具。

1. 刀具

能从工件上切除多余材料或切断材料的带刃工具称为刀具，工件的成形是通过刀具与工件之间的相对运动实现的，因此，高效的机床必须同先进的刀具相配合才能充分发挥作用。切削加工技术的发展，与刀具材料的改进以及刀具结构和参数的合理设计有着密切联系。刀具类型很多，每一种机床，都有其代表性的一类刀具，如车刀、钻头、镗刀、砂轮、铣刀、刨刀、拉刀、螺纹加工刀具、齿轮加工刀具等。刀具种类虽然繁多，但大体上可分为标准刀具和非标准刀具两大类。标准刀具是按国家或部门制定的有关标准或规范制造的刀具，由专业化的工具厂集中大批量生产，占所用刀具的绝大部分。非标准刀具是根据工件与具体加工的特殊要求设计制造的，也可将标准刀具加以改制而实现。过去我国的非标准刀具主要由用户厂自行生产，随着专业化生产的发展和服务水平的提高，所谓非标准刀具也应由专业厂根据用户要求提供，以利于提高质量，降低成本。

2. 夹具

夹具是机床上用以装夹工件以及引导刀具的装置，对于贯彻工艺规程、保证加工质量和提高生产率有着决定性的作用。夹具一般由定位机构、夹紧机构、导向机构和夹具体等部分构成，按照其应用机床的不同可分为车床夹具、铣床夹具、钻床夹具、刨床夹具、镗床夹具、磨床夹具等；按照其专用化程度又可分为通用夹具、专用夹具、成组夹具和组合夹具等。

3. 测量器具

测量器具是以直接或间接方法测出被测对象量值的工具、仪器及仪表等，简称量具和量仪。它可分为通用量具、专用量具和组合测量仪等。通用量具是标准化、系列化和商品化的量具，如千分尺、千分表、量块，以及光学、气动和电动量仪等。专用量具是专门为测量特定零件的特定尺寸而设计的，如量规、样板等，某些专用量具通常会在一定范围内具有通用性。组合测量仪可同时对多个尺寸测量，有时还能进行计算、比较和显示，一般属于专用量具，或在一定范围内通用。数控机床的应用大大简化了生产加工中的测量工作，减少了专用量具的设计、制造与使用；测试技术与计算机技术的发展，使得许多传统量具向数字化和智能化方向发展，适应了现代生产技术的发展。

4. 模具

模具是用以限定生产对象的形状和尺寸的装置。按填充方法和填充材料的不同，可分为粉末冶金模具、塑料模具、压铸模具、冲压模具、锻压模具等。数控技术和特种加工技术的发展，促进了模具制造技术的发展，促进了少切削、无切削技术在生产制造中的广泛应用。

0.1.3 物料储运装备

物料储运装备是生产系统中必不可少的装备，对企业生产的布局、运行与管理等有着直接影响。物料储运装备主要包括物料运输装置、机床上下料装置、刀具输送设备以及各种仓储装备。

1. 物料运输装置

物料运输主要指坯料、半成品及成品在车间内各工作站（或单元）间的输送，满足流水生产线或自动生产线的要求。物料传输装置主要有传送装置和自动运输小车两大类。

传送装置的类型很多，如由辊轴构成流动滑道，靠重力或人工实现物料输送；由刚性推杆推动工件做同步运动的步进式输送带；在两工位间输送工件的输送机械手；链式输送机，带动工件或随行夹具做非同步输送等。用于自动线中的传送装置要求工作可靠、定位精度高、输送速度快、能方便地与自动线的工作协调等。

与传送装置相比，自动运输小车具有较大的柔性，通过计算机控制，可方便地改变输送路线及节拍，主要用于柔性制造系统中，可分为有轨和无轨两大类。前者载重量大，控制方便，定位精度高，但一般用于近距离直线输送；后者一般靠埋入地下的制导电缆等进行电磁制导，也采用激光制导等方式，输送线路控制灵活。

2. 机床上下料装置

将坯料送至机床的加工位置的装置称为上料装置，加工完毕后将工件从机床上取走的装置称为下料装置，它们能缩短上下料时间，减轻工人劳动强度。机床上下料装置类型很多，有料仓式和料斗式上料装置、上下料机械手等。在柔性制造系统中，对于小型工件，常采用上下料机械手或机器人，大型复杂工件采用可交换工作台进行自动上下料。

3. 刀具输送设备

在柔性制造系统中，必须有完备的刀具准备与输送系统，完成包括刀具准备、测量、输送及重磨刀具回收等工作。刀具输送常采用传输链、机械手等，也可采用自动运输小车对备用刀具等进行输送。

4. 仓储装备

机械制造生产中离不开不同级别的仓库及其装备。仓库用来存储原材料、外购器材、半成品、成品、工具、夹具等，分别进行厂级或车间级管理。现代化的仓储装备不仅要求布局合理，而且要求有较高的机械化程度，减小劳动强度，采用计算机管理，能与企业生产管理信息系统进行数据交换，能控制合理的库存量等。

自动化立体仓库是一种现代化的仓储设备，具有布置灵活，占地面积小，便于实现机械化和自动化，方便计算机控制与管理等优点，有良好的发展前景。

0.1.4 辅助装备

辅助装备包括清洗机，排屑设备及测量、包装设备等。

清洗机是用来对工件表面的尘屑油污等进行清洗的机械设备，能保证产品的装配质量和使用寿命，应该给予足够重视，可采用浸洗、喷洗、气相清洗和超声波清洗等方法，在自动装配中应能分步自动完成。

排屑装置用于自动机床、自动加工单元或自动线上，包括切屑清除装置和输送装置。清除装置常采用离心力、压缩空气、冷却液冲刷、电磁或真空清除等方法；输送装置有带式、螺旋式和刮板式等多种类型，保证将铁屑输送至机外或线外的集屑器中，并能与加工过程协调控制。

0.2 机械制造装备的设计

0.2.1 机械制造装备的设计要求

机械制造装备的设计工作是设计人员根据市场需求所进行的构思、计算、试验、选择方案、确定尺寸、绘制图样及编制设计文件等一系列创造性活动的总称，其目的是为新装备的生产、使用和维护提供完整的信息。设计工作是一切产品实现的前提，设计质量的优劣直接影响产品的质量、成本、生产周期及市场竞争能力，产品性能的差距首先是设计差距。据统计，产品成本的60%取决于设计。机械制造装备的设计工作要适应科学技术的飞速发展及市场竞争的日趋激烈，要采用先进的设计技术，设计出质优价廉的产品。机械制造装备的类型很多，功能各异，但设计工作的总体要求是精密化、高效化、自动化、机电一体化、向成套设备与技术方向发展，不断增加品种、缩短供货周期，以及满足工业工程和绿色工程的要求等。

0.2.2 机械制造装备的设计方法

1. 机械制造装备产品的设计类型

机械制造装备产品的设计工作可分为新产品设计和变型产品设计两大类。

1）新产品设计

新开发的或在性能、结构、材质、原理等某一方面或几个方面具有重大变化的，以及技术上有突破创新的产品，称为新产品。新产品开发设计是指从市场调研到新产品定型投产的全过程。

2）变型产品设计

在现有产品基本工作原理和总体结构不变的基础上，仅对部分结构、尺寸或性能参数加以改变的产品，称为变型产品。变型产品的开发设计周期较短，工作量和难度较小，设计效率和质量较高，可以对市场做出快速响应。

2. 机械制造装备新产品开发设计的内容与步骤

机械制造装备新产品开发设计的内容与步骤的基本程序包括决策、设计、试制和定型投产四个阶段。

1）决策阶段

该阶段是对市场需求、技术和产品发展动态、企业生产能力及经济效益等进行可行性调查研究，分析决策开发项目和目标。主要内容有：

（1）市场调研和预测　根据用户需求，收集市场和用户信息，预测产品发展动态和水平比较，提出新产品市场预测报告。

（2）技术调查　分析国内外同类产品的结构特征、性能指标、质量水平与发展趋势，对新产品的设想（包括使用条件、环境条件、性能指标、可靠性、外观、安装布局及应执行的标准或法规等）和新采用的原理、结构、材料、技术及工艺进行分析，确定需要的攻关项目和先行试验等，提出技术调查报告。

（3）可行性分析　对新产品设计和生产的可行性进行分析，并提出可行性分析报告，包括产品的总体方案、主要技术参数、技术水平、经济寿命周期，企业生产能力、生产成本与利润预测等。

（4）开发决策　对上述报告组织评审，提出评审报告及开发项目建议书，供企业领导决策，批准立项。

2）设计阶段

该阶段要进行设计构思计算和必要的试验，完成全部产品图样和设计文件。设计阶段又分为初步设计、技术设计和工作图设计三阶段设计工作。

（1）初步设计　初步设计是完成产品总体方案的设计。编制技术任务书（通用产品）或技术建议书（专用产品），确定产品的基本参数及主要技术性能指标，总体布局及主要部件结构，产品主要工作原理及各工作系统配置，标准化综合要求等。必要时进行试验研究，提出试验研究报告。对初步设计进行评审，通过后可作为技术设计的基础。

（2）技术设计　技术设计是设计、计算产品及其组成部分的结构、参数并绘制产品总图及其主要零、部件图样的工作。在试验研究、设计计算及技术经济分析的基础上修改总体设计方案，编制技术设计说明书，并对技术任务书中确定的设计方案、性能参数、结构原理等变更情况、原因与依据等予以说明。

(3) 工作图设计　工作图设计是绘制产品全部工作图样和编制必需的设计文件的工作，以供加工、装配、供销、生产管理及随机出厂使用。要严格贯彻执行各级各类标准，要进行标准化审查和产品结构工艺性审查。工作图设计又称为详细设计或施工设计。

3) 试制阶段

该阶段通过样机试制和小批试制，验证产品图样、设计文件和工艺文件、工装图样等的正确性，产品的适用性和可靠性。

4) 定型投产阶段

该阶段是完成正式投产的准备工作，对工艺文件、工艺装备定型，对设备、检测仪器进行配置、调试和标定等。要求达到正式投产条件，具备稳定的批量生产能力。

[习题与思考题]

1. 什么是机械制造装备？有哪些类型？其功能是什么？
2. 概括说明新时期对机械制造装备设计的要求。
3. 产品设计工作有哪些基本类型？其主要工作步骤和内容如何？

1 传统机械制造装备

1.1 金属切削机床的型号编制

金属切削机床的品种和规格繁多，为了便于区别、使用和管理，需要对机床加以分类，并编制型号。关于机床的分类，在绪论里已经进行介绍，这里不再重复。本节主要介绍机床型号的编制方法。

机床型号是机床产品的代号，用于简明地表示机床的类型、通用特性、结构特性、主要技术参数等。自1957年第一次颁布以来，我国的机床型号编制方法，随着机床工业的发展，曾作过多次修订和补充。现行按1994年颁布的GB/T 15375—1994《金属切削机床型号编制方法》执行，这种编制方法适用于各类通用及专用金属切削机床、自动线，不包括组合机床、特种加工机床。

1. 通用机床型号的表示方法

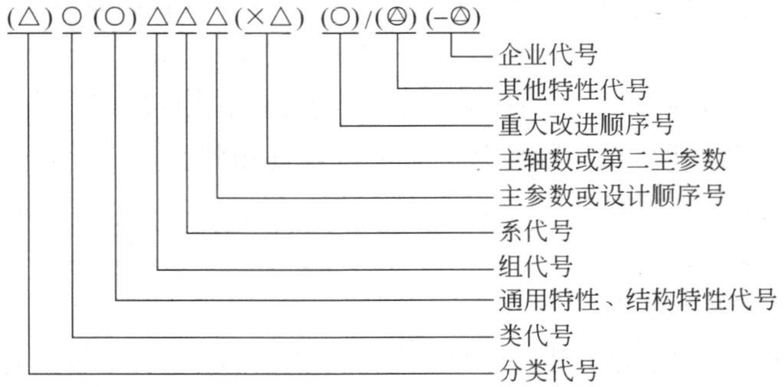

注：① 有“( )”的代号或数字，当无内容时，则不表示；若有内容则不带括号。
② 有“○”符号者，为大写的汉语拼音字母。
③ 有“△”符号者，为阿拉伯数字。
④ 有“◎”符号者，为大写的汉语拼音字母，或阿拉伯数字，或两者兼有之。

1）机床的类别代号

机床的类别代号用大写的汉语拼音字母表示，对应其相应的汉字字意读音。必要时，每类可分为若干分类。分类代号在类别代号之前，作为型号的首位，并用阿拉伯数字表示。第一分类代号前的“1”省略，第“2”、“3”分类代号则应予以表示。机床的类和分类代号见表1.1。

表 1.1 机床的类和分类代号

类别	车床	钻床	镗床	磨床			齿轮加工机床	螺纹加工机床	铣床	刨插床	拉床	锯床	其他机床
代号	C	Z	T	M	2M	3M	Y	S	X	B	L	G	Q
读音	车	钻	镗	磨	二磨	三磨	牙	丝	铣	刨	拉	割	其

2）机床的特性代号

机床的特性代号表示机床所具有的特殊性能，包括通用特性和结构特性，用汉语拼音字母表示。

（1）通用特性代号有统一的固定含义，它在各类机床的型号中，表示的意义相同。当某类型机床除了有普通型外，还有某些通用特性时，在类代号之后加通用特性代号予以区别。如果某类型机床仅有某种通用特性，而无普通型者，则通用特性不予表示。

当在一个型号中需同时使用 2～3 个通用特性代号时，一般按重要程度排列顺序。

机床通用特性代号见表 1.2。

表 1.2 机床通用特性代号

通用特性	高精度	精密	自动	半自动	数控	加工中心	仿形	轻型	加重型	简式	柔性加工单元	数显	高速
代号	G	M	Z	B	K	H	F	Q	C	J	R	X	S
读音	高	密	自	半	控	换	仿	轻	重	简	柔	显	速

（2）对主参数值相同而结构、性能不同的机床，在型号中加结构特性代号予以区分。根据各类机床的具体情况，对某些结构特性代号，可以赋予一定含义。但结构特性代号与通用特性代号不同，它在型号中没有统一的含义，只在同类机床中区分机床结构和性能的不同。当型号中有通用特性代号时，结构特性代号更应排在通用特性代号之后。结构特性代号，用汉语拼音字母（通用特性代号已用的字母和“I、O”两个字母不能用）表示，当单个字母不够用时，可将两个字母组合使用。

3）机床的组别代号和系别代号

机床的组别代号和系别代号用两位阿拉伯数字表示，前位表示组别，后位表示系列。每类机床按其结构性能及使用范围划分为 10 个组，每个组又分为 10 个系，分别用数字 0～9 表示。金属切削机床的类、组划分见表 1.3。

4）机床主参数和设计顺序号

机床主参数代表机床规格的大小，用折算值（主参数乘以折算系数）表示。常见机床的主参数及折算系数见表 1.4。

第二主参数一般是指主轴数、最大跨距、最大工件长度及工作台工作长度等。第二主参数也用折算值表示。

表 1.3 金属切削机床的类、组划分

类别＼组		0	1	2	3	4	5	6	7	8	9
车床 C		仪表车床	单轴自动、半自动车床	多轴自动、半自动车床	回轮、转塔车床	曲轴及凸轮轴车床	立式车床	落地及卧式车床	仿形及多刀车床	轮、轴、辊、锭及铲齿车床	其他车床
钻床 Z			坐标镗钻床	深孔钻床	摇臂钻床	台式钻床	立式钻床	卧式钻床	铣钻床	中心孔钻床	
镗床 T				深孔镗床		坐标镗床	立式镗床	卧式铣镗床	精镗床	汽车、拖拉机修理用镗床	
磨床	M	仪表磨床	外圆磨床	内圆磨床	砂轮磨床	坐标磨床	导轨磨床	刀具刃磨床	平面及端面磨床	曲轴、凸轮轴、花键轴及轧辊磨床	工具磨床
	2M		超精磨机床	内圆研磨机床	外圆及其他研磨机床	抛光机床	砂带抛光及磨削机床	刀具刃磨及研磨机床	可转位刀片磨削机床	研磨机床	其他磨床
	3M		球轴承套圈沟磨床	滚子轴承圈滚道磨床	轴承套圈超精机床		叶片磨削机床	滚子加工机床	钢球加工机床	气门、活塞及活塞环磨削机床	汽车、拖拉机修磨机床
齿轮加工机床 Y		仪表齿轮加工机床		锥齿轮加工机床	滚齿及铣齿机床	剃齿及研齿机床	插齿机床	花键轴铣床	齿轮磨齿机床	其他齿轮加工机床	齿轮倒角及检查机床
螺纹加工机床 S					套丝机床	攻螺纹机床		螺纹铣床	螺纹磨床	螺纹车床	
铣床 X		仪表铣床	悬臂及滑枕铣床	龙门铣床	平面铣床	仿形铣床	立式升降台铣床	卧式升降台铣床	床身铣床	工具铣床	其他铣床
刨插床 B			悬臂刨床	龙门刨床			插齿机床	牛头刨床		边缘及模具刨床	其他刨床
拉床 L				侧拉床	卧式外拉床	连续拉床	立式内拉床	卧式内拉床	立式外拉床	键槽及螺纹拉床	其他拉床
锯床 G				砂轮片锯床		卧式带锯床	立式带锯床	圆锯床	弓锯床	锉锯床	
其他机床 Q		其他仪表机床	管子加工机床	木螺钉加工机床		刻线机床	切断机床				

表 1.4 常见机床的主参数及折算系数表

机　　床	主参数名称	主参数折算系数	第二主参数
卧式车床	床身上最大回转直径	0.1	最大工件长度
立式车床	最大车削直径	0.01	最大工件高度
摇臂钻床	最大钻孔直径	1	最大跨距
卧式镗铣床	镗轴直径	0.1	
坐标镗床	工作台面宽度	0.1	工作台面长度
外圆磨床	最大磨削直径	0.1	最大磨削长度
内圆磨床	最大磨削孔径	0.1	最大磨削深度
矩台平面磨床	工作台面宽度	0.1	工作台面长度
齿轮加工机床	最大工件直径	0.1	最大模数
龙门铣床	工作台面宽度	0.01	工作台面长度
升降台铣床	工作台面宽度	0.1	工作台面长度
龙门刨床	最大刨削宽度	0.01	最大刨削长度
插床及牛头刨床	最大插削及刨削长度	0.1	
拉床	额定拉力(t)	1	最大行程

5）机床的重大改进顺序号

当机床的性能及结构布局有重大改进，并按新产品重新设计、试制和鉴定时，在原有机床型号的尾部，应加重大改进号，以区别于原有机床型号。序号按 A、B、C、…的字母顺序选用。

6）其他特性代号

其他特性代号主要用以反映各类机床的特性，如对于数控机床，可用来反映不同的控制系统；对于一般机床，可以反映同一型号机床的变型等。其他特性代号用汉语拼音字母或阿拉伯数字或两者的组合来表示。

7）企业代号

生产企业单位的代号用企业所在城市名称或企业名称的大写汉语拼音字母表示。企业代号置于辅助部分的尾部，用“—”分开，读作“至”。若在辅助部分中仅有企业代号，则不加“—”。

2. 专用机床的型号

1）专用机床型号表示方法

专用机床的型号一般由设计单位代号和设计顺序号组成，其表示方法为

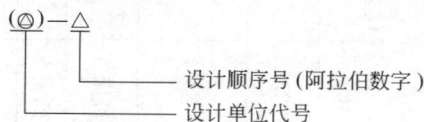

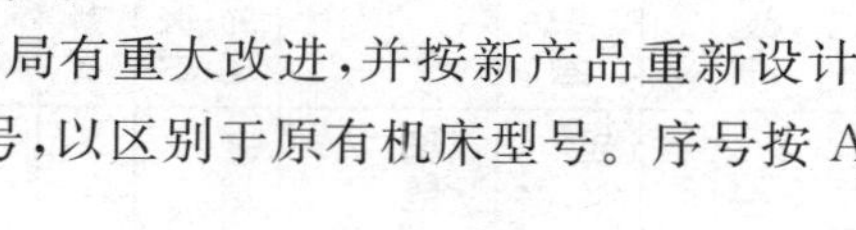

2）设计单位代号

设计单位代号包括机床生产厂和机床研究单位代号(位于型号之首)，具体可参考金属

切削机床型号编制方法(GB/T 15975—1994)。

3) 专用机床的设计顺序号

专用机床的设计顺序号,按该单位的设计顺序号排列,由 001 起始位于设计单位代号之后,并用"—"隔开,读作"至"。

1.2 车 床

1.2.1 概述

车床是一种主要用车刀在工件上加工旋转表面的机床,其特征是:工件 1 随主轴作旋转运动(主运动),车刀 2 作移动(进给运动),如图 1.1 所示。车床可车削出各种旋转表面,如内外圆柱面、圆锥面、成形旋转表面及端面等,有的车床还能加工螺纹面;若使用孔加工刀具(如钻头、铰刀等),还可加工相应内表面。

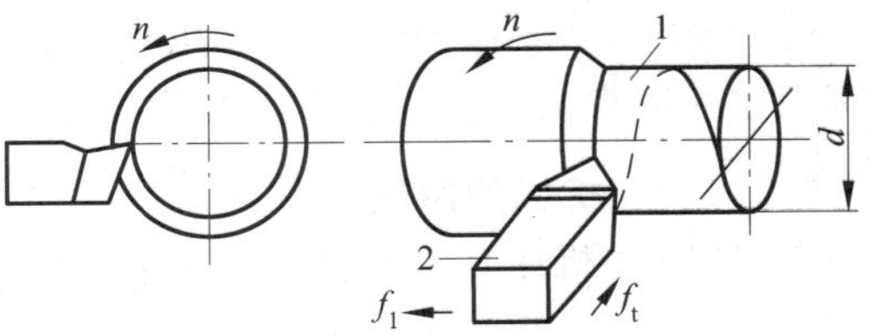

图 1.1 车削加工

车床是目前机械制造业中使用最广泛的一类金属切削机床,约占金属切削机床总台数的 20%～30%。它的类型很多,按其用途和结构的不同,可分为以下几类:①卧式车床;②立式车床;③转塔车床;④多刀车床;⑤仿形车床;⑥单轴自动车床;⑦多轴自动车床;⑧多轴半自动车床;⑨回轮车床、曲轴车床、凸轮轴车床;⑩其他车床等。在大批量生产的工厂中还有各种各样的专用车床。

1.2.2 CA6140 型卧式车床的总体结构

1.2.2.1 机床的总体布局

CA6140 型机床的总体布局与大多数卧式车床相似,主轴水平布置,以便于加工细长的轴形工件。车床的主要组成部分及其相互位置如图 1.2 所示。

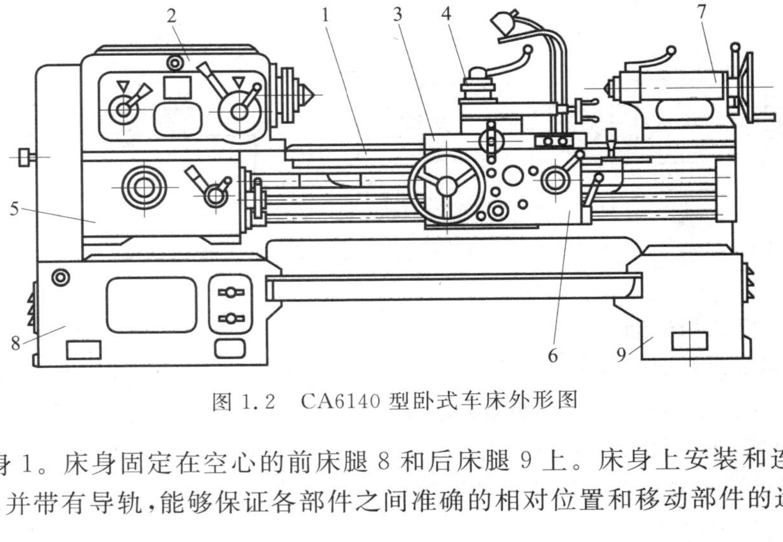

图 1.2 CA6140 型卧式车床外形图

(1) 床身 1。床身固定在空心的前床腿 8 和后床腿 9 上。床身上安装和连接着机床的各主要部件,并带有导轨,能够保证各部件之间准确的相对位置和移动部件的运动轨迹。

(2) 主轴箱 2。主轴箱是车床最重要的部件之一,是装有主轴及变速机传动机构的箱形部件。它支承并传动主轴,通过卡盘等装夹工件,使主轴带动工件旋转,实现主运动。

(3) 床鞍 3 和刀架 4。床鞍的底面有导轨,可沿床身上相配的导轨纵向移动,其顶部安装有刀架。刀架用于装夹刀具,是实现进给运动的工作部件。刀架由几层组成,以实现纵向、横向和斜向运动。

(4) 进给箱 5。进给箱固定在床身的左前侧,内部装有进给变换机构,用于改变被加工螺纹的导程或机动进给的进给量,以及加工不同种类螺纹的变换。

(5) 溜板箱 6。溜板箱固定在床鞍的底部,是一个驱动刀架移动的传动箱,它把进给箱传来的运动再传给刀架,实现纵向和横向机动进给、手动进给和快速移动或车螺纹。溜板箱上装有各种操纵手柄和按钮。

(6) 尾座 7。尾座安装在与床身尾部相配的另一组导轨上,用手推动可纵向调整位置,并可固定在床身上。它用于安装顶尖,以支承细长工件,或安装钻头和铰刀等孔加工刀具。

1.2.2.2 机床的用途

CA6140 型机床是一种普通精度级的万能型卧式车床,它加工工艺范围较广,能够加工轴类、盘类及套筒类工件上的各种旋转表面(如图 1.3 所示),如车削内外圆柱面、圆锥面及成形旋转表面,车削端面、切槽及切断,车削公制、英制、模数制及径节制螺纹,还可进行钻孔、扩孔、铰孔及滚花等加工。这种机床的性能及质量较好,但结构较复杂,自动化程度较低,适用于单件、小批量生产及修配车间。

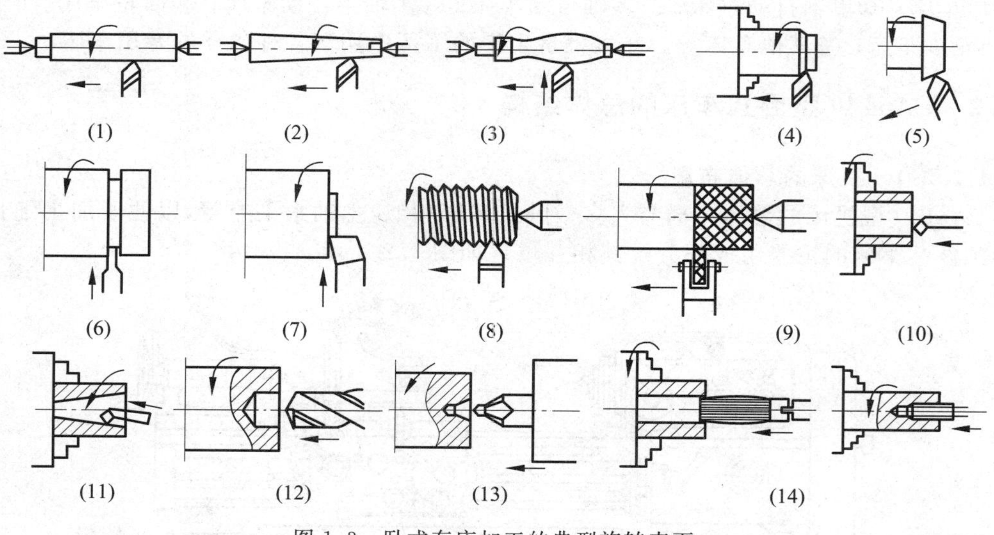

图 1.3 卧式车床加工的典型旋转表面

1.2.2.3 机床的运动

(1) 工件的旋转传动:机床的主运动,是实现切削最基本的运动,常用主轴转速 n(r/min)表示。它的特点是速度较高及消耗的动力较多。它的功用是使刀具与工件间作相对运动。

(2) 刀具的移动:机床的进给运动,常用进给量 f(mm/r)表示,即主轴每转的刀架移动距离。它的特点是速度较低及消耗的动力较少。它的功用是使毛坯上新的金属层被不断地投入切削,以便切削出整个加工表面。

(3) 切入运动：通常与进给运动方向相垂直，一般由工人用手移动刀架来完成。它的功用是将毛坯加工到所需要的尺寸。

(4) 辅助运动：刀具与工件除工作运动以外，还要具有刀架纵向及横向快速移动等功能，以便实现快速趋近或返回。

1.2.3 CA6140 型卧式车床的传动分析

机床的传动分析是指对机床运动的传动联系进行分析，以及对有关运动参数进行计算和调整，这是机床分析的一个重要内容。机床传动分析的方法可归纳为五步分析法：找两端件——确定计算位移——分析传动路线、列传动路线表达式——列出传动计算式——推出结论公式。

为便于机床的传动分析，通常采用机床传动系统图。机床传动系统图是用国家规定的符号代表各种传动元件，按机床传递运动的先后顺序，以展开图的形式绘制的表示机床全部运动关系的示意图。绘制时，用数字代表传动件参数，如齿轮的齿数、带轮直径、丝杠的螺距及头数、电动机的转速及功率等。机床传动系统图是把空间的传动结构展开并画在一个平面图上，个别难以直接表达的地方可以采用示意画法，但要尽量反映机床主要部件的相互位置，并尽量将其画在机床的外形轮廓线内，各传动件的位置尽量按运动传递的先后顺序安排。机床传动系统图只是简明直观地表达出机床传动系统的组成和相互联系，并不表示各构件及机构的实际尺寸和空间位置。CA6140 型卧式车床的传动系统图如图 1.4 所示。

1.2.3.1 主运动传动链的传动分析

车床主运动传动链简称为主传动链，是指动力源(主电动机)运动与主轴旋转运动(主运动)之间的传动联系。

1. 找出主传动链的两端件

分析任何一个传动链时，首先要找出该传动链所联系的两端件，然后才能分析这两端件之间的传动联系。该车床主传动链的一端件是主运动的执行件——主轴，另一端件是动力源——主电动机。

两端件：主电动机——主轴。

2. 确定计算位移

位移即两端件之间的相对运动量。

计算位移：1450 r/min(主电动机)-n(主轴)。

3. 分析传动路线，写出传动路线的表达式

主电动机的转动经V带传动至主轴箱的Ⅰ轴，Ⅰ轴上装有双向多片摩擦离合器 M_1，若 M_1 处于中间位置时，Ⅰ轴空转，左、右空套齿轮不随之转动，可断开主轴运动。

若实现主轴正转，可将 M_1 向左压紧，使左面的摩擦片带动双联空套齿轮 56、51 随Ⅰ轴转动，Ⅰ轴的运动经Ⅱ轴上的双联滑移齿轮不同位置的啮合(56/38 或 51/43)，使Ⅱ轴得到两种不同的转速，再通过Ⅲ轴上的三联滑移齿轮不同位置的啮合(39/41 或 22/58 或 30/50)，使Ⅲ轴共得到 2×3＝6 种不同的正向转速，运动由Ⅲ轴传至主轴有两条路线。

(1) 高速传动路线，即主轴Ⅵ上的齿轮 50 向左滑移与Ⅲ轴上的齿轮 63 直接啮合，因 M_2 脱开，齿轮 58 空套在轴上，不会出现运动干涉，所以可使主轴得到高速的 6 种转速。

(2) 低速传动路线，即主轴Ⅵ上的内齿离合器 M_2 接通，此时Ⅲ轴的运动经Ⅲ、Ⅳ轴间的齿轮副20/80或50/50和Ⅳ、Ⅴ轴间的齿轮副20/80或51/50，再经Ⅴ、Ⅵ轴间的齿轮副

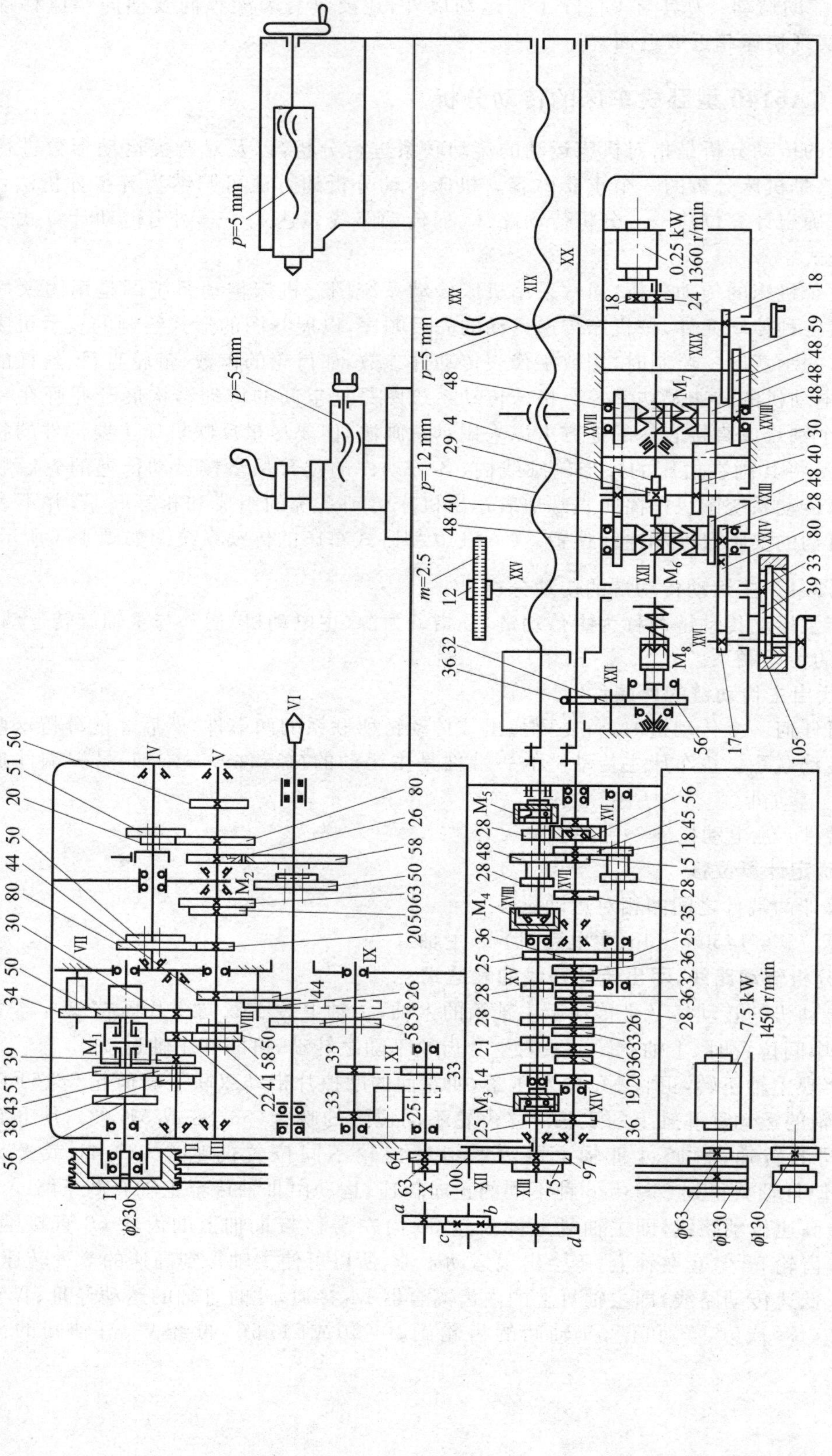

图 1.4 CA6140 型卧式车床的传动系统图

26/58和内齿离合器 M_2，使主轴Ⅵ得到低速的 18 种转速。因此正转时主轴共有 18＋6＝24 种转速。由于Ⅴ轴与Ⅲ轴同心，经Ⅳ轴传动，可实现较大的降速，通常将Ⅲ-Ⅳ-Ⅴ轴的传动称为折回（背轮）传动。

若实现主轴反转，可将 M_1 向右压紧，使右面的摩擦片带动空套齿轮 50 随Ⅰ轴转动，Ⅰ轴的运动经Ⅶ轴上的空套介轮 34 传给Ⅱ轴（50/34 及 34/30），使Ⅱ轴换向（与主轴正转时反向）并得到一种转速，后面的传动路线与主轴正转时相同，主轴可得到 12 种反转转速。传动路线可用传动路线表达式表示，CA6140 型车床主传动链的传动路线表达式为

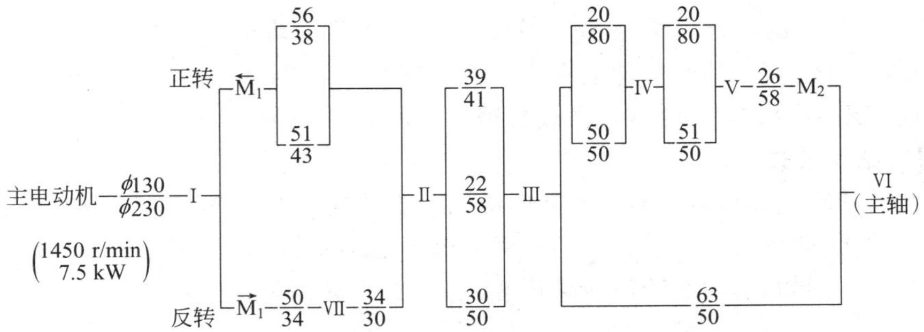

读机床的传动路线时，要注意下列问题。

（1）读图方法。读传动系统图时，要“抓两头，带中间”，即首先要找到传动链的两端件，然后再找它们之间的传动联系。

（2）运动要求。读图时应注意执行件是否有变速、换向及制动要求，有几种转速级数。

（3）传动特点。传动特点是指实现运动要求的传动机构及其有关的传动特点。

本例中的两端件是主电机和主轴；采用多级滑移齿轮变速；采用双向多片式摩擦离合器实现主轴的正转、反转及断开运动；主轴正转用于正常车削，主轴反转主要用于车削螺纹时退刀，避免发生“乱扣”现象，主轴反转时的转速比正转高，可缩短退刀时间；闸带式制动器装于Ⅳ轴上进行制动；有分支传动，即高速传动路线和低速传动路线，主轴正转为 24 级转速，反转为 12 级转速。

4. 列出传动计算式

传动计算式即两端件之间相对运动量的关系式或称运动平衡式。上例中主轴正转的传动计算式如下（反转略）。

$$
\begin{aligned}
n &= n_0 \times u_d \times (1-\varepsilon) \times u_{\mathrm{I-II}} \times u_{\mathrm{II-III}} \times u_{\mathrm{III-IV}} \\
&= n_0 \times \frac{D_1}{D_2}(1-\varepsilon) \times \frac{z_{\mathrm{I-II}}}{z'_{\mathrm{I-II}}} \times \frac{z_{\mathrm{II-III}}}{z'_{\mathrm{II-III}}} \times \frac{z_{\mathrm{III-IV}}}{z'_{\mathrm{III-IV}}} \\
&= 1450 \times \frac{130}{230} \times 0.98 \times \begin{bmatrix} \frac{56}{38} \\ \frac{51}{43} \end{bmatrix} \times \begin{bmatrix} \frac{39}{41} \\ \frac{22}{58} \\ \frac{30}{50} \end{bmatrix} \times \begin{bmatrix} \frac{20}{80} \times \frac{51}{50} \times \frac{26}{58} \\ \frac{20}{80} \times \frac{20}{80} \times \frac{26}{58} \\ \frac{50}{50} \times \frac{20}{80} \times \frac{26}{58} \\ \frac{50}{50} \times \frac{51}{50} \times \frac{26}{58} \\ \frac{63}{50} \end{bmatrix}
\end{aligned}
$$

式中，n 为主轴转速，r/min；n_0 为电动机转速，1450 r/min；$u_d = D_1/D_2$ 为V带的传动比，即主动与从动带轮基准直径之比；ε 为V带的滑动率，$\varepsilon = 0.02$。

由传动路线表达式可知，Ⅲ、Ⅴ轴间折回传动应有 4 种不同的组合位置，即有 4 个传动比

$$u_1 = \frac{20}{80} \times \frac{20}{80} = \frac{1}{16}, \quad u_2 = \frac{50}{50} \times \frac{20}{80} = \frac{1}{4},$$

$$u_3 = \frac{50}{50} \times \frac{54}{50} \approx 1, \quad u_4 = \frac{20}{80} \times \frac{51}{50} \approx \frac{1}{4}$$

其中，因为 u_4 与 u_2 的值近似相等，所以实际上只有 3 种传动比，u_4 被舍弃。所以Ⅲ轴的运动经低速传动路线传至Ⅵ轴，理论上应使Ⅵ轴得到 6×4=24 种转速，但Ⅳ轴的两个双联滑移齿轮不能实现 20/80×51/50 传动，故Ⅵ轴实际得到 6×3=18 种转速。

5. 得出结论公式

根据传动计算式即可得出运动参数的结论公式及其结果，当只有一个速度换置机构时，则得出其传动比，即得出了换置公式。本例可得出主轴正转 24 级和反转 12 级转速的计算公式及其结果。例如，主轴正转的最高转速 $n_{\max}$ 和最低转速 $n_{\min}$ 分别为

$$n_{\max} = 1450 \times \frac{130}{230} \times 0.98 \times \frac{56}{38} \times \frac{39}{41} \times \frac{63}{50} = 1420(\mathrm{r/min})$$

$$n_{\min} = 1450 \times \frac{130}{230} \times 0.98 \times \frac{51}{43} \times \frac{22}{58} \times \frac{20}{80} \times \frac{20}{80} \times \frac{26}{58} = 10(\mathrm{r/min})$$

1.2.3.2 进给运动传动链的传动分析

进给运动传动链实现刀架纵向或横向机动进给，刀架进给运动的动力源是机床的主电动机，经主传动链、主轴及进给运动传动链传动给刀架。进给传动链包括机动进给传动链和车削螺纹传动链两部分，在机动进给或车削螺纹时，进给量及螺纹的导程都是以主轴每转一转时刀架的移动量来表示的，所以尽管刀架进给的动力来自于主电动机，但进给传动链的两端件却是主轴和刀架，计算位移为

主轴每转(r)-刀架的移动量(mm)

车削螺纹时，进给箱传动丝杠带动刀架纵向移动，进给传动链是一条内联系传动链，主轴每转一转，刀架要均匀准确地移动一个被加工螺纹的导程值 s，刀架与主轴之间必须保持严格的传动比关系；在机动进给时，进给箱传动光杠经溜板箱带动刀架作纵向或横向机动进给，进给传动链是一条外联系传动链，主轴每转一转，刀架虽然也要相应地移动一个距离，但刀架与主轴间不必有那样严格的传动比关系。

1. 车削螺纹传动链的传动分析

CA6140 型车床能够车削公制、英制、模数制和径节制 4 种右旋或左旋螺纹。这种机床车削螺纹的范围较大，螺纹的螺距可以是正常螺距、扩大螺距、标准螺距和非标准螺距，它还可以车削精密螺纹。

1）车削公制螺纹传动链的传动分析

（1）车削正常螺距的公制螺纹时的传动链。

两端件：主轴-刀架。

计算位移：1 r(主轴)-s(刀架的移动距离，即螺纹的导程)。

传动路线：如图 1.4 所示，齿式离合器 M_3 和 M_4 脱开，M_5 接合，运动由主轴Ⅵ经齿轮

副 58/58、33/33(车左螺纹时 33/25×25/33)、交换齿轮(或称挂轮)63/100×100/75 传到进给箱轴Ⅷ;经齿轮副 25/36 传至轴 XIV;经两轴滑移齿轮变速机构的齿轮副 19/14 或 20/14、36/21、33/21、26/28、28/28、36/28、33/28,得 8 级转速传至轴 XV;经齿轮副 25/36×36/25 传至轴 XVI;再经 4 级变速机构传至轴 XVIII;经 M_5 传给丝杠 XIX,当溜板箱中的开合螺母与丝杠(螺距 p=12 mm,单头)径向接合时,即可带动刀架纵向移动,进行正常螺距公制螺纹的车削。传动路线的表达式如图 1.5 所示。该传动链的特点是加工左、右螺纹时有换向要求:主轴箱内的轴Ⅸ-Ⅺ-Ⅹ之间组成换向机构,加工左螺纹时,轴Ⅹ上的滑移齿轮 33 左移与介轮 25 啮合,可使轴Ⅹ换向,但不改变传动比。

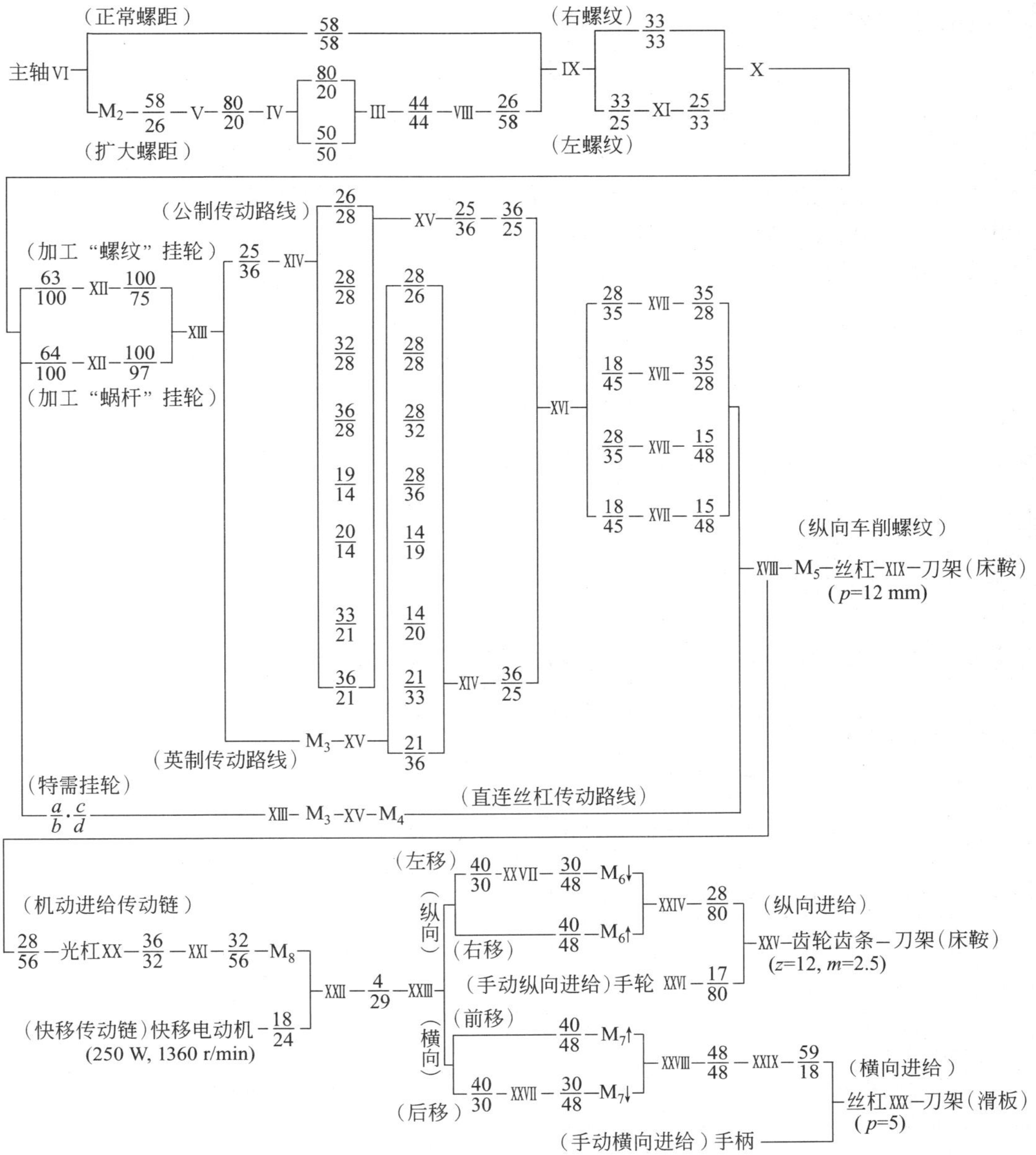

图 1.5 CA6140 型卧式车床的进给运动传动路线表达式

在我国的国家标准中已规定了导程的标准值，它们是分段的等差数列，且后一段是前一段的两倍，为了车削螺纹的各种导程值，XIV 轴上的 8 个固定齿轮和 XV 轴的 4 个公用滑移齿轮组成两轴滑移齿轮式变速机构，每个公用滑移齿轮可以分别与两个固定齿轮（齿数差为 2～4 的变位齿轮）相啮合，可得到 8 个传动比：

$$u_a = \frac{26}{28}、\frac{28}{28}、\frac{32}{28}、\frac{36}{28}、\frac{19}{14}、\frac{20}{14}、\frac{33}{21}、\frac{36}{21} = \frac{6.5}{7}、\frac{7}{7}、\frac{8}{7}、\frac{9}{7}、\frac{9.5}{7}、\frac{10}{7}、\frac{11}{7}、\frac{12}{7}$$

可见，传动比是个分段等差数列，它是实现螺纹导程值呈分段等差数列的基本变速机构，这个变速传动组称为基本变速传动组，简称基本组，其传动比用 u_a 表示。

另一个变速机构是由轴 XVI 和 XVIII 上的两个双联滑移齿轮及其中间传动轴 XVII 上的 3 个固定齿轮所组成的，可得到 4 个传动比：

$$u_{b1} = \frac{18}{45}\times\frac{15}{48} = \frac{1}{8},\quad u_{b2} = \frac{28}{35}\times\frac{15}{48} = \frac{1}{4},$$

$$u_{b3} = \frac{18}{45}\times\frac{35}{28} = \frac{1}{2},\quad u_{b4} = \frac{28}{35}\times\frac{35}{28} = 1$$

可见，传动比互成倍数关系，它是实现导程值成倍数关系的基本变速机构，这个变速传动组称为增倍变速传动组，简称增倍组，其传动比用 u_b 表示。

传动计算式（右螺纹）为

$$s = 1\,\text{r(主轴)}\times\frac{58}{58}\times\frac{33}{33}\times\frac{63}{100}\times\frac{100}{75}\times\frac{25}{36}\times u_a\times\frac{25}{36}\times\frac{36}{25}\times u_b\times 12$$

结论公式为

$$s = 7u_a u_b$$

式中，s 为被加工螺纹的导程值，mm；u_a 为基本组的传动比；u_b 为增倍组的传动比，$u_b = \frac{1}{8}$、$\frac{1}{4}$、$\frac{1}{2}$、1。

当 $u_b=1$ 时，由结论公式得 $s=7u_a$，代入 u_a 的各值可得

$$s = 6.5、7、8、9、9.5、10、11、12(\text{mm})$$

当代入 u_b 其余各值时，可得出全部正常螺距的公制螺纹的导程值，见表 1.5。

表 1.5 CA6140 型卧式车床的公制螺纹表（导程 s，mm）

s		正常螺距				扩大螺距					
		1				4	16	4	16	16	16
u_b		I	II	III	IV	III	I	IV	II	III	IV
u_a		1/8	1/4	1/2	1	1/2	1/8	1	1/4	1/2	1
1	6.5/7	(0.8125)	(1.625)	(3.25)	(6.5)						
2	7/7	(0.875)	1.75	3.5	7	14		28		56	112
3	8/7	1	2	4	8	16		32		64	128
4	9/7	(1.125)	2.25	4.5	9	18		36		72	144
5	9.5/7	(1.1875)	(2.375)	(4.75)	(9.5)						
6	10/7	1.25	2.5	5	10	20		40		80	160
7	11/7	(1.375)	(2.75)	5.5	11	22		44		88	176
8	12/7	1.5	3	6	12	24		48		96	192

由表 1.5 可见,正常螺距每一列的 8 个导程值为分段等差数列,这是由基本组变速得到的;每一行的 4 个导程值成倍数关系,这是由增倍组变速得到的。因此,将基本组和增倍组串联起来,就可得出 8×4=32 个导程值,表中括号内的数值为非标准值,在机床标牌上空缺不列。表中"$u_a=6.5/7$ 和 $9.5/7$"是为车削其他螺纹准备的,车削公制螺纹时不用。使用机床螺纹表时需要注意的是,表 1.5 中给出的是被加工螺纹的导程值 s,它应等于单头螺纹的螺距值 p;当车削多头螺纹时,给出标准螺距值 p(mm)后,需换算成螺纹的导程值 $s=kp$(k 为螺纹头数)。

(2) 车削扩大螺距的公制螺纹传动链。由表 1.5 可见,车削正常螺距公制螺纹的最大导程值为 12 mm。当需要导程大于 12 mm 时(大导程多头螺纹或螺旋油沟等),可利用主传动系统的一部分使进给传动链再增加一个变速机构来实现,这个变速机构称为扩大螺距变速机构。它是将轴Ⅸ的齿轮 58 向右滑移,与Ⅶ轴的空套齿轮 26 啮合,此时主轴Ⅵ至轴Ⅸ间的传动路线为

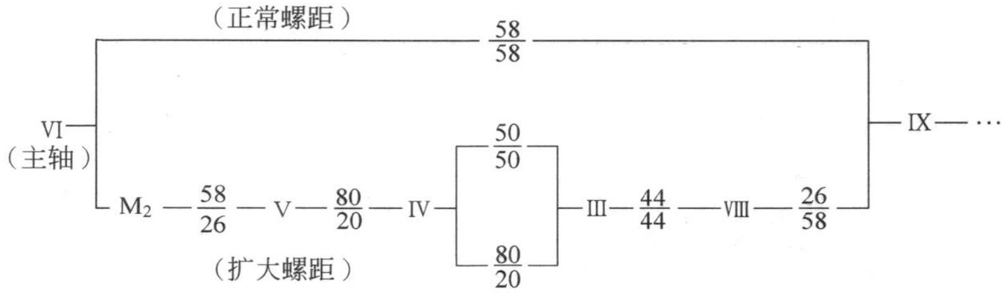

扩大螺距变速传动组简称扩大组,其传动比 $u_c=16$、4,它与主轴转速段有密切的关系

$$u_{c1}=\frac{58}{26}\times\frac{80}{20}\times\frac{80}{20}\times\frac{44}{44}\times\frac{26}{58}=16 \quad (\text{主轴为最低转速段})$$

$$u_{c2}=\frac{58}{26}\times\frac{80}{20}\times\frac{50}{50}\times\frac{44}{44}\times\frac{26}{58}=4 \quad (\text{主轴为次低转速段})$$

利用主传动的背轮传动关系(图示位置),主轴Ⅵ为 1 转时,可使Ⅸ轴的转速比正常螺距时扩大 16 倍,车削扩大螺距公制螺纹传动链的其余部分与车削正常螺距时完全相同。由此得出表 1.5 所列扩大螺距的导程值。

综上所述,车削公制螺纹传动链的特点如下。

① 有换向机构:可加工左、右螺纹。

② 交换齿轮:使用 63/100×100/75 交换齿轮。

③ 有 3 个变速组:基本组——传动比为分段等差数列,$u_a=\frac{6.5}{7}$、$\frac{7}{7}$、$\frac{8}{7}$、$\frac{9}{7}$、$\frac{9.5}{7}$、$\frac{10}{7}$、$\frac{11}{7}$、$\frac{12}{7}$,可实现一组分段等差数列的导程值,基本组中固定齿轮轴为主动轴,滑移齿轮轴为从动轴;增倍组——传动比为倍数关系,$u_b=\frac{1}{8}$、$\frac{1}{4}$、$\frac{1}{2}$、1,可实现一组互成倍数关系的导程值;扩大组——传动比 $u_c=16$、4,可实现扩大螺距的导程值。

2) 车削模数螺纹传动链的传动分析

模数螺纹主要是指公制蜗杆,模数螺纹导程的大小用模数(m)表示,模数螺纹的齿距为 πm,所以模数螺纹的导程为 $s_m=k\pi m$,k 为螺纹的头数。

国家标准规定的模数(m)的标准值也是一个分段等差数列(段与段之间等比),所以 s_m 与公制螺纹的 s 相似,因此二者可采用同一条传动路线。但 s_m 值中含有"π"这个特殊因子,是个无理数,可用改变挂轮传动比的方法解决它。车削模数螺纹传动链的传动分析如下。

两端件：主轴-刀架。

计算位移：1 r(主轴)-$s_m = k\pi m$(mm)(刀架)。

传动路线：与车削公制螺纹的传动路线相同,唯一差别是,更换另一套挂轮 64/100×100/97,传动路线的表达式如图 1.5 所示。

传动计算式为

$$s_m = 1\text{ r(主轴)} \times \frac{58}{58} \times \frac{33}{33} \times \frac{64}{100} \times \frac{100}{97} \times \frac{25}{36} \times u_a \times \frac{25}{36} \times \frac{36}{25} \times u_b \times 12\text{(mm)}$$

结论公式为

$$s_m = \frac{64}{97} \times \frac{25}{36} \times u_a \times u_b \times 12\text{(mm)}$$

由

$$\frac{64}{97} \times \frac{25}{36} \approx \frac{7\pi}{48}$$

故

$$s_m \approx \frac{7\pi}{48} \times u_a \times u_b \times 12 = \frac{7\pi}{4} u_a u_b\text{(mm)}$$

因 $s_m = k\pi m$,从而得

$$km = \frac{7}{4} u_a u_b$$

代入 u_a、u_b 各值,可得 32 种正常螺距的模数值,再经扩大螺距机构,即可得到扩大螺距的模数值。

综上所述,车削模数螺纹与公制螺纹传动链的相同点是导程值都是分段等差数列,可走同一条传动路线,统称为公制传动路线;不同点是采用的交换齿轮不同,以解决模数螺纹导程值中的特殊因子 π。

2. 机动进给传动链的传动分析

车削外圆柱或内圆柱表面时,可使用纵向机动进给;车削端面时,可使用横向机动进给。由纵向变为横向机动进给时,进给量降低一半,即 $f_t = \frac{1}{2} f_1$,进给量级数相同。现以纵向机动进给传动链为例进行传动分析。

两端件：主轴-刀架。

计算位移：1 r(主轴)-f_1(刀架)。

传动路线：传动路线的表达式如图 1.5 所示。传动特点：①换向机构装在溜板箱中,由十字手柄集中操纵,使用方便。②变速机构通常可采用基本组、增倍组和扩大组变速;另外因英制与公制传动路线的传动比值不同,还可得到较多的进给量级数,如公制传动路线正常螺距可得到正常进给量 32 种,英制传动路线可得到较大进给量 8 种,再经扩大螺距又得到 16 种加大进给量。主轴在最高转速段时还有细进给量 8 种。③溜板箱内的安全离合器在牵引力过大时起过载保护作用。④单向超越离合器可避免高、低速运动的干涉。

传动计算式及结论公式如下。

正常进给量（刀架左移、正常螺距、公制传动路线）为

$$f_1=1\ \mathrm{r}_{(主轴)}\times\frac{58}{58}\times\frac{33}{33}\times\frac{63}{100}\times\frac{100}{75}\times\frac{25}{36}\times u_a\times\frac{25}{36}\times\frac{36}{25}$$

$$\times u_b\times\frac{58}{56}\times\frac{36}{32}\times\frac{32}{56}\times\frac{4}{29}\times\frac{40}{30}\times\frac{30}{48}\times\frac{28}{80}\times\pi\times2.5\times12(\mathrm{mm/r})$$

解得

$$f_1=0.71u_au_b(\mathrm{mm})$$

代入 u_a、u_b 各值，可得到 32 种正常进给量 $f_1=0.08\sim1.22$ mm。

当主轴在最高转速段 $n=450\sim1400$ r/min（500 r/min 除外）时，有时希望进给量更小些，即细进给量（刀架左移、扩大螺距、公制传动路线）为

$$f_1=1\ \mathrm{r}_{(主轴)}\times\frac{50}{63}\times\frac{44}{44}\times\frac{26}{58}\times\frac{33}{33}\times\frac{63}{100}\times\frac{100}{75}\times\frac{25}{36}\times u_a\times\frac{25}{36}\times\frac{36}{25}$$

$$\times u_b\times\frac{28}{56}\times\frac{36}{32}\times\frac{32}{56}\times\frac{4}{29}\times\frac{40}{30}\times\frac{30}{48}\times\frac{28}{80}\times\pi\times2.5\times12$$

$f_1=0.253u_au_b$(mm)，仅取 $u_b=1/8$，则得 8 种细进给量，即

$$f_1=0.0315u_a=0.028\sim0.054(\mathrm{mm})$$

可见，主轴在最高转速段时，经扩大螺距机构，实际并未起“扩大”作用，进给量反而“减小”细化，因为此时扩大螺距机构为降速传动，其传动比为 $u=\frac{50}{63}\times\frac{44}{44}\times\frac{26}{58}=\frac{1}{2.8}$。

1.2.3.3 刀架快移传动链的传动分析

快速移动刀架是为了减轻工人的劳动强度及缩短辅助运动时间。纵向快移速度为 4 m/min，横向快移速度是纵向的一半，即 2 m/min。现对刀架纵向（左移）快移传动链进行分析。

两端件：快移电动机-刀架。

计算位移：1360 r/min（快移电动机）-v_{f_1}（刀架）。

传动路线：当刀架需快移时，压下按钮启动快移电动机，由图 1.5 可知，经溜板箱内的传动使刀架纵向快移，传动路线表达式如图 1.5 所示。

传动计算式及结论公式为

$$v_{f_1}=1360(\mathrm{r/min})\times\frac{18}{24}\times\frac{4}{19}\times\frac{40}{30}\times\frac{30}{48}\times\frac{28}{80}\times\pi\times2.5\times12(\mathrm{mm/r})$$

$$=3860(\mathrm{mm/min})\approx4(\mathrm{m/min})$$

1.2.4 机床结构分析

1.2.4.1 主轴箱

机床主轴箱是一个结构复杂的传动部件，为了表达主轴箱中各传动部件的结构和装配关系，常采用展开图。展开图即按传动轴传递运动的先后顺序，沿其轴心线剖开，并将这些剖切面展开在一个平面上形成的视图。图 1.6 所示是 CA6140 型卧式车床主轴箱的展开图。它是将轴Ⅳ-Ⅰ-Ⅱ-Ⅲ（Ⅴ）-Ⅵ-Ⅺ-Ⅸ-Ⅹ的轴心线剖切、展开后绘制的。轴Ⅶ、轴Ⅷ无法按顺序绘出，在不改变轴向位置的情况下单独画在适当位置上。

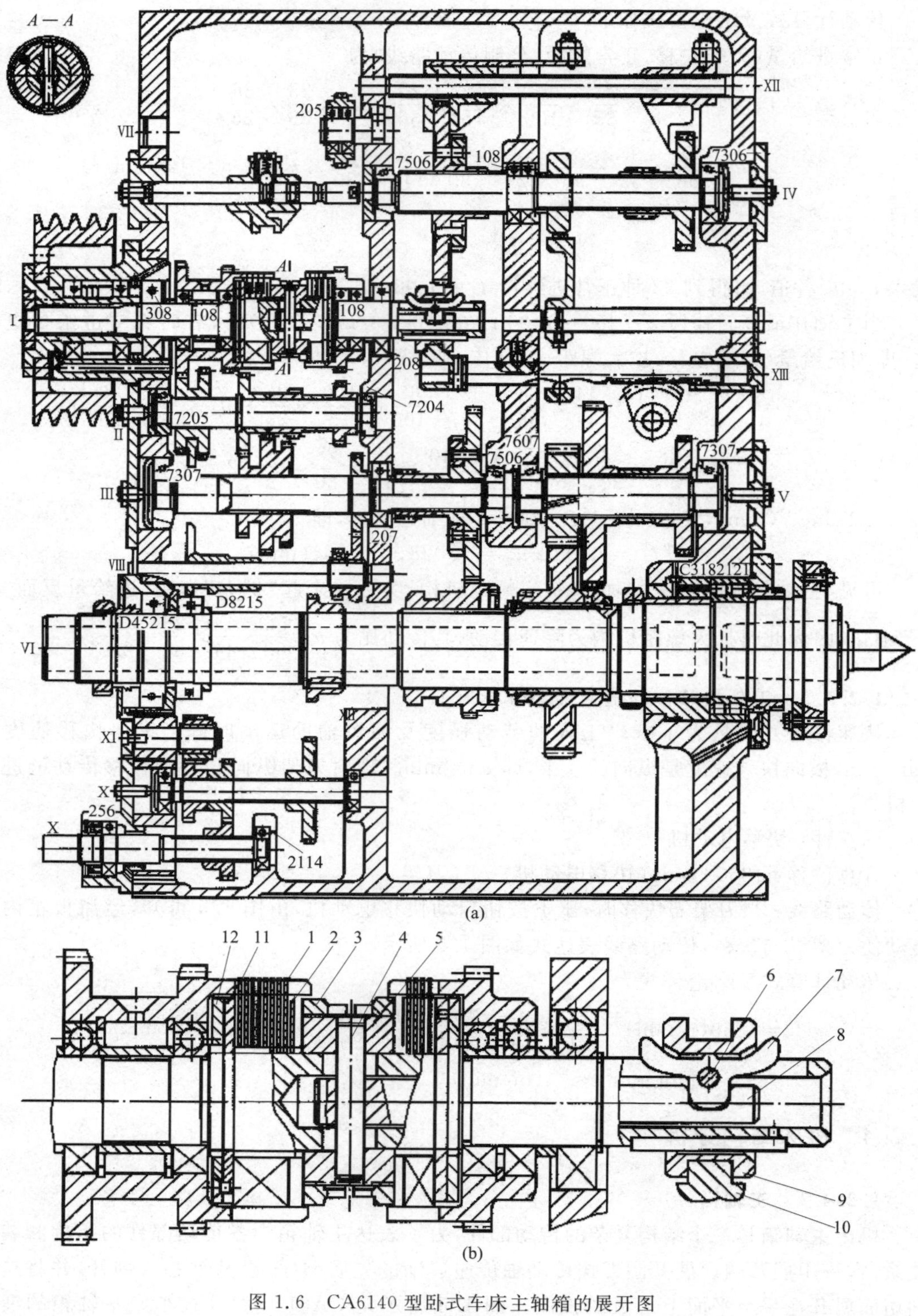

图 1.6 CA6140 型卧式车床主轴箱的展开图

1—外片；2—内片；3—螺母；4—圆柱销；5—压紧环；6—销；7—杠杆；8—推动杆；9—加力环；10—拨叉；11、12—止推片

展开图主要用于表达各传动件的传动关系及各轴组件的装配关系，不表示各轴的实际位置。由于展开图是把立体的传动结构展开在一个平面上，其中有些轴之间的距离会被拉开，如轴Ⅳ画得离轴Ⅲ与轴Ⅴ较远，从而使原来相互啮合的齿轮副分开了，因此，读展开图时应弄清其相互关系。

为了完整表达主轴箱部件的结构，还要采用各种视图和剖视图。其中横向剖视图是指垂直于传动轴心线方向的剖视图(又称截面图)，主要用于表达各轴的空间位置、操纵机构及其他有关结构的装配关系等。

CA6140型卧式车床的主轴箱内包括：离合器、制动器、主轴组件及其他轴的组件、主运动的全部变速机构、一部分进给运动的传动机构、操纵机构及润滑系统等。

1. 多片摩擦离合器

1）功用

(1) 在电动机连续旋转的情况下通过摩擦离合器的离与合，可实现主轴的频繁起动与停止。

(2) 实现主轴正反转的换向。

(3) 兼起过载保护作用，当传递转矩过载时，摩擦片会打滑，可保护主电动机及主传动元件不受损坏。

2）结构组成

多片摩擦离合器是由结构相同的左、右两部分组成的，如图1.7(b)所示。每部分又由内片2、外片1、止推片11与12、压紧环5、螺母3及空套齿轮等组成。内、外摩擦片相互叠放在一起，内片是主动片，它的花键孔装在工轴的花键部位上，可随轴一起转动；外片是从动片，它的内孔为圆孔，与Ⅰ轴花键的大径有间隙，在外圆上有4个凸缘卡在空套齿轮外壳的槽口内，可带动空套齿轮一起转动。左离合器用来传动主轴正转，用于切削加工，需传递的转矩较大，所以片数较多。右离合器用来传动主轴反转，主要用于退刀，片数较少。

3）工作原理

如图1.7(b)所示，当压紧环5处于中间位置时，虽然内片随Ⅰ轴转动，但因内、外片间存在间隙，外片不能被带动，因此Ⅰ轴上两边的空套齿轮都不转动，主传动链被断开，主轴处于停止状态。离合器由进给箱或溜板箱右侧的手柄分别操纵，将手柄向上或向下扳动时，通过立轴(如图1.7(b)所示)摆动、扇形齿轮、齿条轴以及拨叉10使加力环9向右、左移动。需要接通主轴正转时，通过操纵机构使加力环9右移，其内孔锥面压下元宝形杠杆7(又称元宝销或羊角杠杆，由销6支承在Ⅰ轴上)的右角，使其顺时针转动，通过下端左凸缘推动杆8左移，由圆柱销4拨动压紧环5左移，通过调整螺母3将左部内、外片互相压紧(止推片11固定在工轴上)，依靠内、外摩擦片间的摩擦力传递转矩，带动外片及空套齿轮一起转动，再经变速齿轮传动使主轴正转。同理，加力环9左移，元宝形杠杆7逆时针转动，推动杆8右移，则压紧环5右移，压紧右部的一组内、外摩擦片，可带动右部空套齿轮旋转，经Ⅶ轴上的介轮改变Ⅱ轴的转向，再经变速齿轮传动使主轴反转。

4）性能特点

多片摩擦离合器的摩擦片多，径向尺寸小，可在较高速旋转的情况下离合，手动操纵可逐渐起动，比较平稳，避免起动时工件错位，用手操纵还有晃车性能，便于工件找正及位置调整；但摩擦片容易摩擦打滑，磨损大，发热高，有噪声。

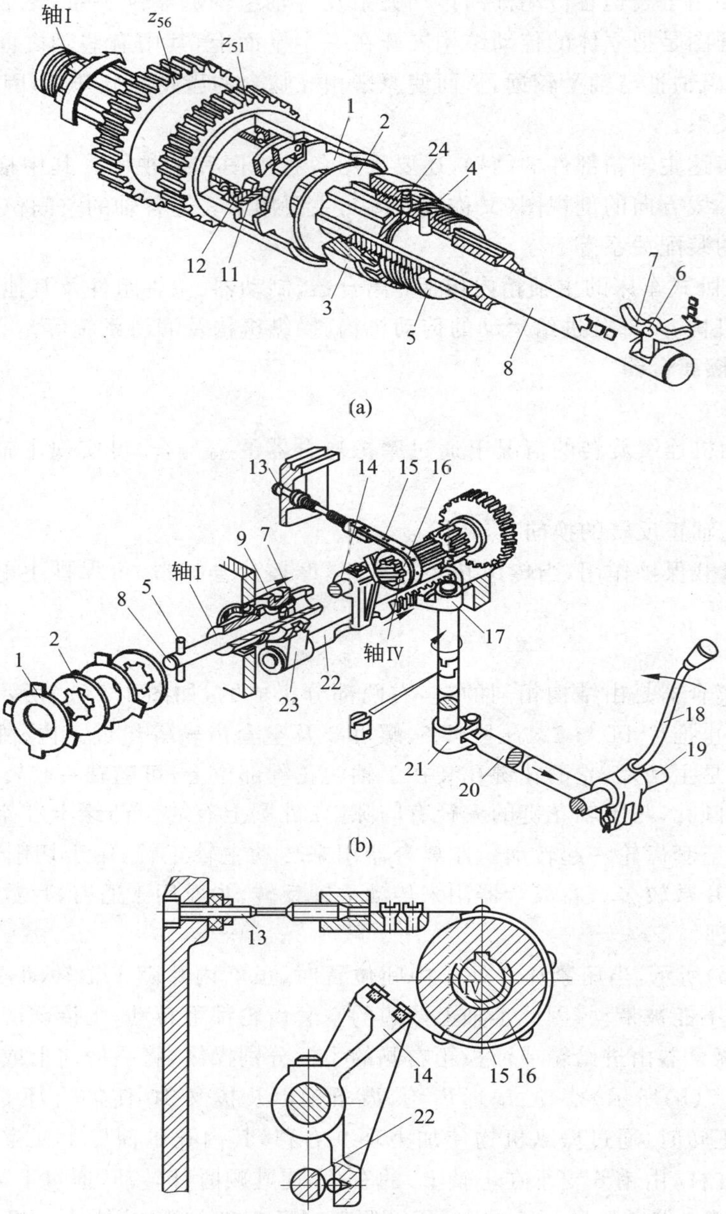

图 1.7 摩擦离合器、制动器及其操纵机构

5）工作可靠性

（1）多片摩擦离合器的操纵力较小，通过操纵传动的增力作用及多片摩擦力可传递较大的转矩，故用较小的操纵力就可实现离合器的接通与断开。

（2）多片摩擦离合器的工轴组件不承受轴向力，正转时，螺母 3 向左的压紧力通过内片 2、外片 1 和止推片 11（内花键孔在花键轴Ⅰ的环形槽中转半个键距，与止推片 12 固定在一起），由轴槽肩作用在Ⅰ轴上；与此同时，螺母 3 向右的反作用力通过销 4、中心推杆 8、杠杆

7 和销 6，由销孔作用在Ⅱ轴上。因此Ⅰ轴在左部止推片 11 的槽肩处至右部销 6 孔处的轴段上作用着一个大小相等且方向相反的拉力，在Ⅰ轴中形成一个封闭力系，不使Ⅰ轴组件承受轴向力，所以支承处可选用向心球轴承。同理，反转时，Ⅰ轴在右部止推片槽肩处至销 6 孔处的轴段，作用着一个大小相等且方向相反的压力，亦在轴中形成一个封闭力系，不使轴组件承受轴向力。

(3) 多片摩擦离合器有自锁性能，当操纵手柄不继续加力时，摩擦片间的压紧力仍不消失，继续保持接合位置而不能脱开。如主轴正转时，加力环 9 右移使左部摩擦片压紧，元宝形杠杆 7 的右角顶在加力环 9 的内孔圆柱面上，其作用力与加力环轴向移动方向垂直，不产生轴向分力，故不能推开加力环，具有自锁性能。

6) 结构工艺性

(1) 多片摩擦离合器装卸方便，因其结构复杂，为了便于Ⅰ轴组件的整体装卸，将其设计成“倒塔形”结构，使其径向尺寸“外大里小”，可由主轴箱的左部箱孔方便装卸。

(2) 多片摩擦离合器间隙调整方便，摩擦片间的压紧力是根据离合器应传递的额定转矩确定的，因此摩擦片间要保持适当的间隙量。因压紧环 5 的行程固定，若间隙过大，会降低压紧力，使摩擦力过小，不能传递额定转矩，摩擦片打滑发热，加剧磨损；若间隙过小，则压紧力过大，操纵费力，且不会起到过载保护作用。因此，为保证摩擦片间的合理压紧力及补偿摩擦片在工作中造成的磨损，摩擦片的间隙应能方便地调整。摩擦片磨损后，压紧力减小，可用一字头旋具将弹簧销按下，同时拧动压紧环 5 上的螺母 3，可调整其轴向位置，直到螺母压紧离合器的摩擦片。调整好位置后，使弹簧销重新卡入螺母 3 的缺口中，防止螺母松动，如图 1.6(a)中 *A*—*A* 所示。

2. 闸带式制动器

(1) 功用。在离合器脱开时，制动器迅速制动主轴，使主轴迅速停止转动，以缩短辅助时间。

(2) 结构组成。制动器的结构如图 1.7(b)和图 1.7(c)所示。制动盘 16 是一个钢制圆盘，与轴Ⅳ用花键连接，周边围着制动带 15。制动带是一条钢带，内侧有一层酚醛石棉以增加摩擦，一端与杠杆 14 连接，另一端通过调节螺钉 13 等与箱体相连。

(3) 工作原理。为了操纵方便并避免出错，制动器和摩擦离合器共用一套操纵机构，也由手柄 18 操纵。当离合器脱开时，齿条 22 处于中间位置，这时齿条轴 22 上的凸起正处于与杠杆 14 下端相接触的位置，使杠杆 14 向逆时针方向摆动，将制动带拉紧，靠制动带与制动轮之间的摩擦力进行制动。齿条轴 22 凸起的左、右边都是凹槽，当左、右离合器中任一个接合时，杠杆 14 都按顺时针方向摆动，使制动带放松。

(4) 性能特点。该制动器的尺寸小，能以较小的操纵力产生较大的制动力矩，但是制动带在制动轮上产生较大的径向单侧压力，对Ⅳ轴有不良影响。

(5) 工作可靠性。①制动器与离合器联动，放松制动可靠，即离合器脱开的同时进行制动，离合器接通的同时制动带放松，二者保持联动关系。当接通主轴转动需松开制动器时，轴ⅩⅢ凸起移开，杠杆靠自重放松制动带，由闸皮外面的钢带弹性恢复力松开制动轮。②松边制动，制动力较小：制动过程中，在摩擦力的作用下会使制动带像带传动那样出现紧边和松边，因制动力作用于松边上，制动力方向与制动轮转向一致，所需制动力较小，制动平稳。③制动轮的位置：Ⅳ轴转速较高，所需的制动力矩较小，故制动器尺寸小；按传动顺序，Ⅳ轴靠近主轴，制动时传动系统的冲击力较小，制动平稳。

(6) 结构工艺性。闸带式制动器结构简单，装卸、调整方便，制动带的拉紧程度由调节螺钉 13 调整，并用螺母防松。调整后应检查在压紧离合器时制动带是否松开。

3. 带轮卸荷装置

1) 功用

卸掉带轮对Ⅰ轴的径向载荷，只向Ⅰ轴传递转矩，可改善Ⅰ轴的工作条件。因V带传动使带轮承受较大的径向载荷，若直接作用于Ⅰ轴的悬臂端，将造成较大的弯曲变形，恶化轴上齿轮及轴承的工作条件，为此Ⅰ轴左端应安装带轮卸荷装置。

2) 结构组成

带轮卸荷装置主要由带轮花键套、法兰套和轴承等组成。如图 1.6 所示，带轮用螺钉固定在一个花键套的端面上，花键套靠花键孔与Ⅰ轴左端的花键轴相连接，并用轴端处的螺母固定。花键套又通过两个向心球轴承支承在空心法兰套(固定于箱体)内。

3) 工作原理

传动时，V带作用于带轮上的径向载荷通过花键套、轴承和空心法兰套传给箱体，因此Ⅰ轴并不承受这个径向载荷，而是将它“卸掉”，仅传递转矩。

4) 工作可靠性

该带轮的卸荷装置为内支承式(法兰套内孔支承)，适于较大带轮的卸荷，但不如外支承式(法兰套外表面支承)工作可靠。

5) 结构工艺性

该带轮卸荷装置的尺寸小，结构复杂，装卸不方便，结构工艺性较差。

4. 主轴组件

主轴组件是机床的一个关键组件，其功用是夹持工件转动进行切削，传递运动、动力及承受切削力，并保证工件具有准确、稳定的运动轨迹。主轴组件主要由主轴、支承及传动件等组成，其性能也与它们有很大关系。

1) 主轴

图 1.6 所示的主轴是个空心的阶梯轴，通孔用于卸下顶尖或夹紧机构的拉杆或通过长棒料进行加工；主轴前端采用莫氏 6 号锥度的锥孔，有自锁作用，可通过锥面间的摩擦力直接带动顶尖或心轴旋转。主轴前锥孔与内孔之间留有较长的空刀槽，便于锥孔磨削并避免顶尖尾部与内孔壁相碰。主轴后端的锥孔是为主轴加工时安装轴堵的工艺孔。

主轴前端采用短锥法兰式结构，用于安装卡盘或拨盘，靠短锥定心，用法兰螺栓紧固，短外锥面的锥度为 1∶4，卡盘座在其上定位后与主轴法兰前端面有 0.05～0.1 mm 的间隙。如图 1.8 所示，卡盘或拨盘在安装时，使事先装在卡盘或拨盘座 4 上的 4 个双头螺柱 5 及其螺母 6 通过主轴的轴肩及锁紧盘 2 的圆柱孔，然后将锁紧盘 2 转过一个角度，双头螺柱 5 处于锁紧盘 2 的沟槽内，并拧紧螺钉 1 和螺母 6，就可以使卡盘或拨盘可靠地安装在主轴的前端。主轴法兰上的圆形传动键(端面键)与卡盘座上的相应圆孔配合，可传递转矩。这种结构虽然制造工艺复杂，但工作可靠，定心精度高(短锥面磨损后间隙可补偿)，而且主轴前端的悬伸长度很短，有利于提高主轴组件的刚度。

主轴尾端的外圆柱面是各种辅具的安装基面，螺纹用于与辅具连接。为了便于主轴组件的装配，主轴外径的尺寸从前端至后端逐渐递减。

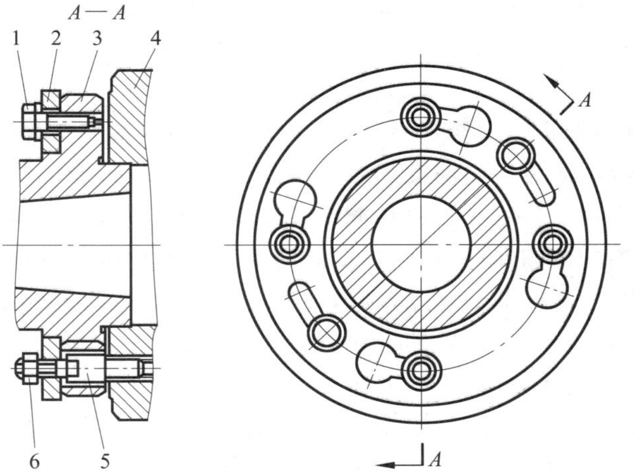

图 1.8 卡盘或拨盘的安装

2）主轴传动件

主轴上安装有3个传动齿轮，右边较大的左旋斜齿圆柱齿轮(58×4)的螺旋升角为10°，空套在主轴上。它与可以在主轴花键上滑移的中间滑移齿轮(50×3)组成齿式离合器，当离合器处于中间位置时，主轴空挡，此时可用手扳动主轴，便于工件的装夹、找正和测量；当离合器处于左边位置时，中间滑移齿轮与轴Ⅲ上的齿轮(63×3)啮合，使主轴高速转动；当离合器处于右边位置时，通过齿式离合器可使主轴中、低速转动。采用斜齿可使传动平稳、承载能力高，轴向力指向主轴头，与进给切削力方向相反，可减小主轴支承所受的轴向力，有利于粗加工。为减小主轴的弯曲变形和扭转变形，将大齿轮布置在靠近主轴前支承处，而左边齿轮(58×2)采用平键连接，通过弹性挡圈进行轴向固定，用于驱动进给系统。

3）主轴支承

主轴组件采用两支承结构，前支承选用D级精度的3182121型双列圆柱滚子轴承，用于承受径向力，这种轴承具有刚性好、承载能力大、尺寸小、精度高、允许转速高等优点。后支承有两个轴承，一个是D级精度的8215型推力球轴承，用于承受向左的轴向力；另一个是D级精度的46215型角接触球轴承，大口向外安装于箱体后箱壁的法兰套中，用于承受径向力和向右的轴向力。

主轴支承对主轴的刚度和回转精度影响很大，主轴轴承需要在无间隙(有适量过盈)的条件下运转，否则会影响加工精度。前支承处的D3182121轴承内圈较薄，锥度为1∶12的锥孔与主轴锥面相配合，当内圈与主轴有相对轴向位移(配合趋紧)时，由于锥面作用使轴承内圈产生径向弹性变形，则使内圈的外滚道直径增大，从而可消除轴承滚子与内、外圈滚道间的径向间隙，得到需要的过盈量。调整该轴承间隙时，先将主轴前端螺母旋离轴承，然后松开调整螺母(周向锁紧)上的锁紧螺钉并转动螺母，通过隔套向右推动轴承内圈，靠主轴锥面作用，使其产生径向弹性变形，即可消除D3182121轴承的径向间隙。控制前螺母的轴向位移量，将轴承间隙调整适当，然后把前螺母旋紧，使之靠在D3182121轴承内圈的端面上，最后要把调整螺母上的锁紧螺钉拧紧。主轴的前螺母还可用于退下D3182121轴承内圈；另外，螺母上的甩油沟还可起到密封作用。调整后支承处两个轴承的间隙时，先将主轴后端调整螺母的锁紧螺钉松开，转动螺母通过隔套推动 46215 轴承内圈右移，可消除该轴承的径向和轴向间隙；与此同时，还拉动主轴左移，通过轴肩、垫圈压紧 8215 轴承，消除其轴向间隙。

为了保证滚动轴承的正常工作，必须使其得到充分的润滑和可靠的密封。该主轴箱采用箱外循环的强制润滑，润滑油由前支承处的箱体凸缘进油孔，经油膜阻尼器流入 3182121 轴承；后支承处用油管插入法兰套进油孔润滑 46215 轴承，油管滴油润滑 8215 轴承。主轴前、后支承处采用结构相同的非接触式密封，如前支承外流的润滑油，由旋转的前螺母上油沟甩到法兰的接油槽中，随回油孔流到箱内，即使有少量的外流油液，也被转动的前螺母和法兰间的微小间隙所阻止，具有良好的密封效果。

5. 滑移齿轮的操纵机构

主轴箱中共有 7 个滑移齿轮，其中 5 个用于主轴变速，1 个用于加工左、右螺纹的变换，1 个用于正常螺距和扩大螺距的变换。主轴箱采用 3 套操纵机构，都是用盘形凸轮作控制件，结构紧凑，操作方便，工作可靠。滑移齿轮到达的每个位置，都必须可靠定位，它由结构简单的钢球定位方式来实现。

Ⅱ轴双位和Ⅲ轴三位滑移齿轮的操纵如图 1.9 所示。Ⅱ轴的双联滑移齿轮有左、右两个位置(称双位)，Ⅲ轴的三联滑移齿轮有左、中、右 3 个位置(3 位)，通过凸轮曲柄单手柄集中操纵，这两个滑移齿轮不同位置的组合使Ⅲ轴得到 6 种不同的转速。由主轴箱外面的操纵手柄，通过链轮使轴 4 转动，其上同心固定有盘形凸轮 3 和曲柄 2。凸轮 3 上有一条封闭形的曲线槽，是由两段不同半径的圆弧和直线组成的，凸轮上有 6 个变速位置，用 1～6 标出。凸轮曲线槽通过杠杆 5 操纵Ⅱ轴上的双联滑移齿轮 A，当杠杆一端的滚子处于曲线槽的短半径时，齿轮在左位；若处于长半径时，则操纵柄移到右位。曲柄 2 上圆销的滚子在拨叉 1 的长槽中滑动，当曲柄 2 随轴 4 转一周时，可拨动 l 到达左、中、右 3 个位置，因此曲柄 2 操纵Ⅲ轴的三联滑移齿轮 B，可实现 3 个位置的变换。如图所示，齿轮 A 在第 1 变速位置时，是在左位；齿轮 B 在第 2 变速位置时，是左位。若逆时针将轴 4 转过 30°，齿轮 A 变成第 2 变速位置时，杠杆 5 的滚子仍处于凸轮曲线的长半径，故齿轮 A 的位置不动，曲柄 2 的圆销转到凸轮的正下方，使拨叉 1 带动齿轮 B 到达中位。依次继续转动凸轮，齿轮 A 和 B 就能实现不同位置的组合，表 1.6 是滑移齿轮的位置表。

表 1.6 滑移齿轮的位置组合

Ⅱ轴的齿轮 A	右(1)	右(2)	右(3)	左(4)	左(5)	左(6)
Ⅲ轴的齿轮 B	左(2′)	中(1′)	右(6′)	右(5′)	中(4′)	左(3′)
Ⅰ-Ⅱ轴的齿轮副	51/43	51/43	51/43	56/38	56/38	56/38
Ⅱ-Ⅲ轴的齿轮副	39/41	22/58	30/50	30/50	22/58	39/41

1.2.4.2 进给箱

CA6140 型卧式车床进给箱包括机动进给变速机构、直连丝杠机构、变换丝杠光杠机构、变换公英制螺纹路线的移换机构、操纵机构及润滑系统等。进给箱上有 3 个操纵手柄，右边两个手柄套装在一起。全部操纵手柄及操纵机构都装在前箱盖上，以便装卸及维修。

ⅩⅤ轴上有 4 个公用的滑移齿轮，均有左、右两位，分别与ⅩⅣ轴上的 8 个固定齿轮中的

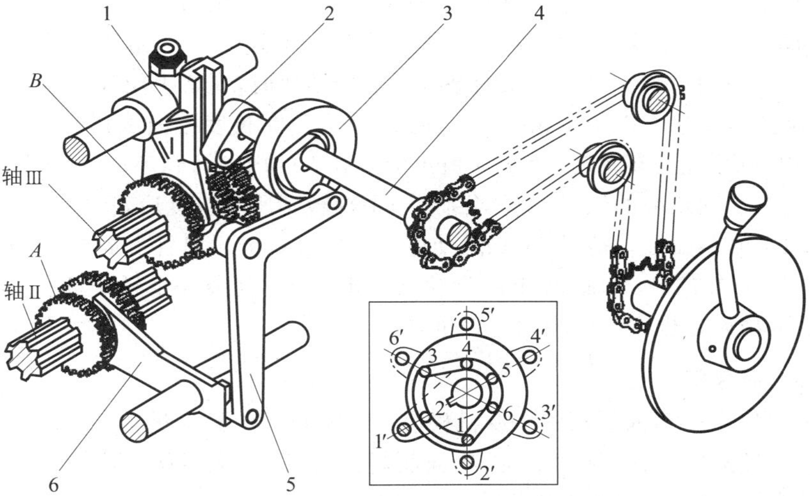

图 1.9 Ⅱ-Ⅲ轴滑移齿轮的变速操纵机构

两个相啮合，且两轴间只允许有一对齿轮啮合，其余 3 个滑移齿轮则处于中间空位。4 个滑移齿轮用一个内梅花式的单手柄操纵，属于选择变速机构，可拨动任一滑移齿轮直接进入啮合位置，其余滑移齿轮则没有进入啮合位置的动作。变速时，将手柄拉出，转到需要的位置(有标牌指示)上，再将手柄推进去即完成了变速操纵。在转速不高的情况下还可在运转中变速，因此它变速方便省力、安全可靠、操纵性能好。

图 1.10 所示是进给箱中基本组的 4 个滑移齿轮操纵机构的工作原理图。基本组的 4 个滑移齿轮是由一个手轮集中操纵的。手轮 6 的端面上开有一环形槽 E，在槽 E 中有两个间隔 45°的、直径比槽的宽度大的孔 a 和 b，孔中分别安装带斜面的压块 1 和 2，其中压块 1 的斜面向外斜(图中的 A—A 剖面)，压块 2 的斜面向里斜(图中的 B—B 剖面)。在环形槽 E 中还有 4 个均匀分布的销子 5，每个销子通过杠杆 4 来控制拨块 3，4 个拨块 3 分别拨动基本组的 4 个滑动齿轮。

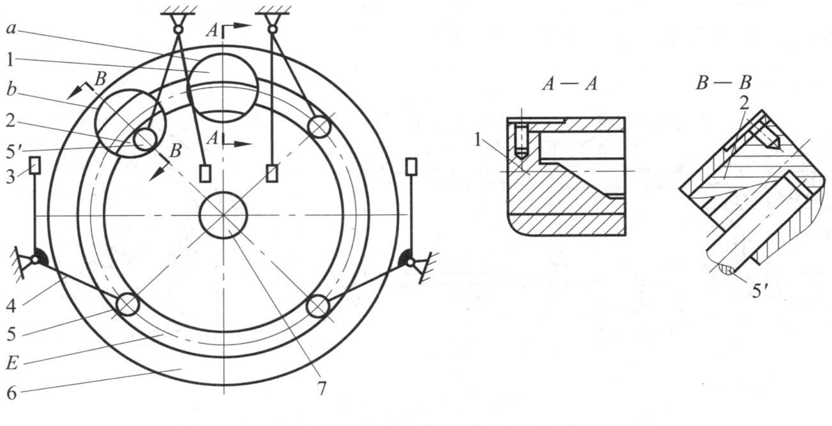

图 1.10 4 个滑移齿轮操纵机构的工作原理图

手轮 6 在圆周方向有 8 个均布的位置，当它处于图示位置时，只有左上角杠杆的销子 5′

在压块 2 的作用下靠在孔 b 的内侧壁上，此时由销子 5′控制的拨块 3 将滑动齿轮 $Z28$ 拨至左段位置，与轴 XIV 上的齿轮 $Z2$ 相啮合，其余 3 个销子都处于环形槽 E 中，其相应的滑动齿轮都处于各自的中间位置。当需要改变基本组的传动比时，先将手轮 6 沿轴外拉，拉出后就可以自由转动进行变速。由于手轮 6 向外拉后，销子 5 在长度方向上还有一小段仍保留在槽 E 及孔 b 中，则手轮 6 转动时，销子 5′就可沿着孔 b 的内壁滑到环形槽 E 中；手轮 6 欲转达的周向位置可从固定环的缺口中观察到。当手轮转到所需位置后，将手轮重新推入，这时孔 a 中的压块 1 的斜面推动销子 5′向外，使左上角的杠杆向顺时针方向摆动，于是便将相应的滑动齿轮 $Z2$ 推向右端，与轴 XIV 上的齿轮 $Z2$ 相啮合。其余 3 个销子 5 仍都在环形槽 E 中，其相应的滑动齿轮也都处于中间空挡位置。

1.2.4.3 溜板箱

CA6140 型卧式车床溜板箱的主要机构有：纵向和横向机动进给的传动机构及其反正向机构、开合螺母机构、快速移动机构、单向超越离合器、操纵机构、手动进给机构、读数机构、过载保护机构、碰停机构及连锁机构等。溜板箱上的操纵手柄有：开合螺母手柄用于开合螺母操作，合上螺母可加工螺纹，打开螺母可普通进给；十字操纵手柄用于操纵刀架的机动进给方向，其顶端的点动按钮可控制刀架快移；大手轮用于控制床鞍的手动纵向移动。为操纵方便，溜板箱的右下方也装有主轴换向操纵手柄。

1. 单向超越离合器

机动进给时，光杠运动经齿轮传动使蜗杆轴 XXII 慢速转动，刀架快移时，快移电动机的运动经一对齿轮直接传给蜗杆轴 XXII，使之快速转动。假若没有适当的措施，使这两种不同转速的运动同时传到一根轴上，由于运动干涉就会损坏传动机构，为此采用了单向超越离合器。单向超越离合器由 5 种零件组成，如图 1.11 所示，它们分别为：外面的齿轮套 27、中间的星轮（或星形体）26、3 个滚柱 29、顶销 32 和弹簧 33。平时在弹簧、顶销的作用下，滚柱停在楔缝中。机动进给时，由于齿轮套逆时针转动使滚柱在楔缝中越挤越紧，即摩擦力作用使之自锁，从而带动星轮并使蜗杆轴一起慢速转动。如同时又接通快移电动机，星轮就随蜗杆轴直接进行逆时针快速转动，因为它比齿轮套的转速高，迫使滚柱从楔缝中滚出，则齿轮套的慢速转动便不能传给星轮，即断开了慢速机动进给运动，当快移电动机一停止，如前所述，又可恢复蜗杆轴的慢速转动，即进行机动进给。

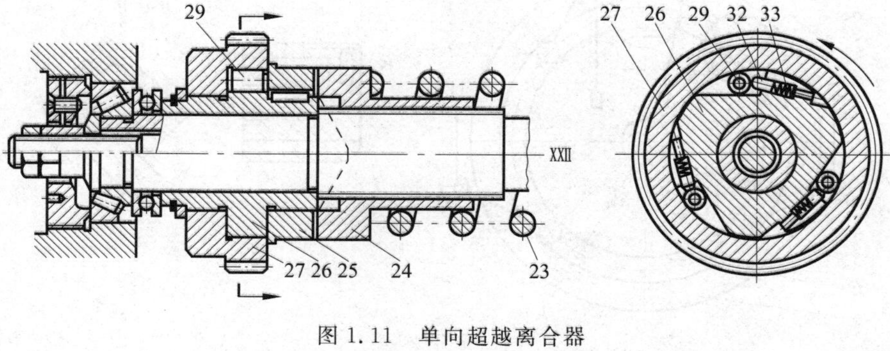

图 1.11 单向超越离合器

单向超越离合器的结构较简单紧凑、使用方便、工作可靠。装配和使用时应注意转动方向，如齿轮套转向反了（主轴箱手柄位于左螺纹位置），则会出现光杠空转而溜板箱不动的现象，这是因为齿轮套具有单向“超越”性能，不能带动星轮。如果星轮转向反了(快移电动机接线错误)，则它不起超越离合器作用，甚至要损坏传动机构或快移电动机。

2. 开合螺母机构

开合螺母机构的功用是接通或断开由丝杠传来的运动。车削螺纹时，合上开合螺母，丝杠即通过开合螺母带动溜板箱和刀架纵向移动。普通车削时，必须打开开合螺母。

开合螺母由上、下两个半螺母组成，两个半螺母各带一个销柱，分别插在盘形凸轮的两条曲线槽中。压下或抬起操纵手柄，使凸轮随之转动，其曲线槽可使上、下半螺母合上或打开。两半螺母沿溜板箱箱体的燕尾形导轨上下移动，用以保证螺母与丝杠的正确啮合位置，导轨的间隙靠镶条调整。凸轮曲线槽有自锁性能，即当合上开合螺母后，不再继续加力，开合螺母的销柱也不会自行脱开那段曲线，以保证工作可靠。螺母闭合的位置要适当，与丝杠的啮合间隙不可过大或过小，可用螺钉调整限位销钉的伸出长度来加以控制。

3. 十字手柄操纵机构

该操纵机构可操纵刀架纵向、横向机动进给和快速移动的正反向。位于溜板箱右部的操纵手柄可在十字槽中向左右、前后方向扳动(避免同时接通纵向和横向运动)，控制刀架的左移、右移、前移和后移，手柄顶端的点动按钮可起动刀架的快移，是一个形象化的单手柄集中操纵机构，使用方便。

如图 1.12 所示是溜板箱操纵机构的立体图。手柄 1 在中间位置时，刀架不移动。若手柄 1 向左或向右扳动时，使操纵轴 3 向右或向左移动，通过杠杆 7 和推杆 8，使鼓形凸轮 9 转动，由于凸轮曲线槽的作用，使拨叉 10 随轴移动，因此可操纵齿形离合器 M_6 向后或向前滑移，接通纵向机动进给传动链，使刀架向左移动或向右移动。当手柄 1 向前或向后扳动时，可通过轴 14 使鼓形凸轮 13 转动(此时操纵轴 3 不动)，凸轮 13 上的曲线槽迫使杠杆 12 摆动，通过拨叉 11 可操纵齿形离合器 M_7 向前或向后滑移，接通横向机动进给传动链，使刀架

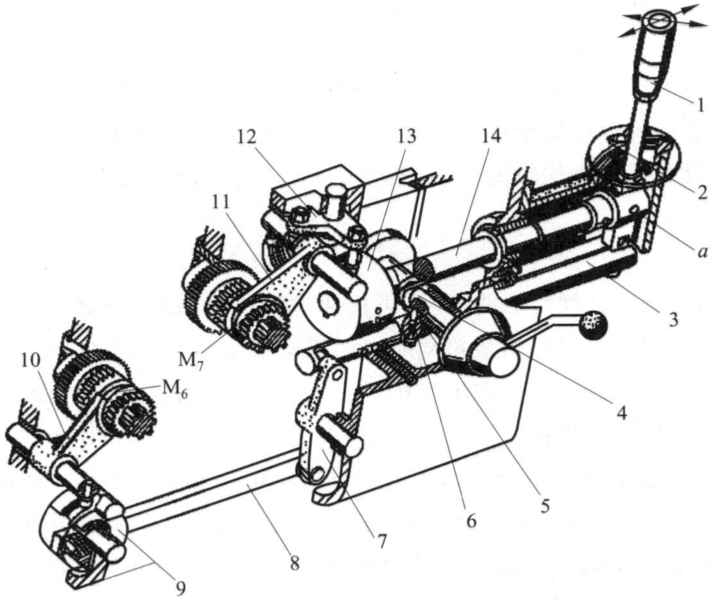

图 1.12 溜板箱操纵机构的立体图

向前移动或向后移动。

当纵向和横向某一运动接通时，按下手柄 1 上端的快速移动按钮，快速电动机起动，刀架就可以向相应方向快速移动，直到松开快速移动按钮时为止。为了避免同时接通纵向和横向运动，在盖 2 上开有十字形槽以限制手柄 1 的位置，使它不能同时接通纵向和横向运动。

4. 过载保护机构

在机动进给过程中，当进给力过大或刀架移动受到阻碍时，为了避免传动机构受到损坏，需要设置过载保护装置，以便使刀架在过载时自动停止进给。

如图 1.13 所示，该机构是由两个端面凸轮式结合子组成的，属于一种安全离合器。左边结合子 25 与超越离合器的星轮固定在一起，并空套在蜗杆轴上；右边结合子 24 装在蜗杆轴的花键部位上，能在轴上滑移，靠弹簧力使之与左结合子紧贴在一起。安全离合器的工作原理如图 1.13 所示，在正常机动进给时，运动由超越离合器和左结合子 25，靠端面凸轮带动右结合子 24，使蜗杆轴一起转动。当出现过载情况时，蜗杆轴的转矩大增并超过许用值，左结合子 25 所传递的转矩也随之增大，以致在结合子凸轮端面处产生的轴向推力超过弹簧 23 的压力，则推开右结合子 24。此时，左结合子 25 继续转动，而右结合子 24 却不能被带动，在凸轮端面处打滑，因而断开传动，刀架停止移动。当过载现象消除后，安全离合器又恢复到原先的正常状态。

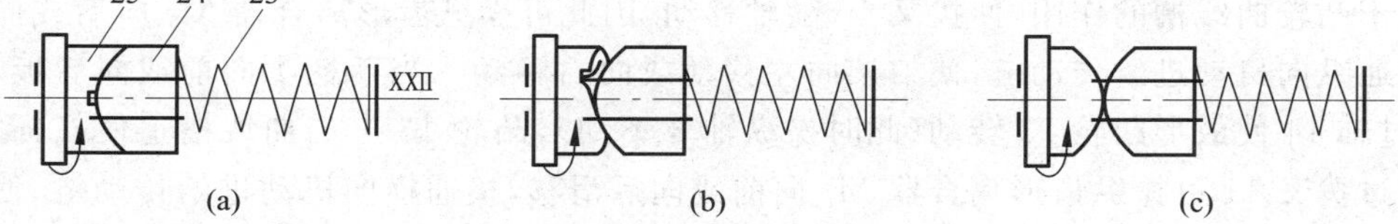

图 1.13 安全离合器的工作原理

机床许用的最大进给力由弹簧力的大小来限定，可通过蜗杆轴左端的螺母、杆及件来调整。蜗杆轴两端的圆锥滚子轴承用于承受径向力和轴向力；而左端的推力球轴承是在过载打滑时起作用。过载保护机构较简单，调整方便，但结合子端面的磨损较大，过载保护性能不够灵敏。

5. 互锁机构

操纵车床时，合上开合螺母后，不允许再接通进给机动系统；反之，接通机动进给后，就不允许再合上开合螺母。否则，溜板箱同时接通机动进给和开合螺母，就会损坏传动件和造成安全事故。因此，开合螺母手柄和十字操纵手柄之间，必须互相制约而不能同时动作，故采用了互锁机构（又称连锁机构）。

互锁机构的结构比较复杂，加工、装配比较困难，但工作比较可靠。互锁机构的原理如图 1.14 所示，图 1.14(a)所示为中间位置，这时机动进给未接通，开合螺母也处于脱开状态，此时可任意压下开合螺母手柄 15 或者扳动十字操纵手柄。图 1.14(b)所示为已压下开合螺母手柄的情况，手柄轴 4 转了一个角度，它上面的凸肩旋入操纵轴 14 的槽中，卡住轴 14，使其不得转动。与此同时，凸肩又将销子 5 压进操纵轴 3 的孔中，由于销子 5 的另一半还留在固定套

16 里,故能卡住轴 3 不能轴向移动(此时轴 3 的柱销 6 被压缩)。由此可见,合上开合螺母后,十字操纵手柄就被锁住而不能扳动,即可避免再接通机动进给。图 1.14(c)所示为十字操纵手柄向左(或向右)扳动接通纵向进给后,操纵轴 3 向右移动,其上的圆孔随之移开,此时开合螺母手柄不能压下,这是因为销子 5 被轴 3 顶住,不能下移,它的上面又卡在轴 4 凸肩的 V 形槽里,故能锁住轴 4,使其不得转动。图 1.14(d)所示为十字操纵手柄向前(或向后)扳动接通横向进给时,因操纵轴 14 转动,其上的长槽随之转开,此时开合螺母手柄也不能压下,这是因为轴 4 上的凸肩被轴 14 顶住而不得转动。可见,十字操纵手柄动作后,开合螺母手柄也被锁住而不能扳动,即可避免再接通螺纹系统。

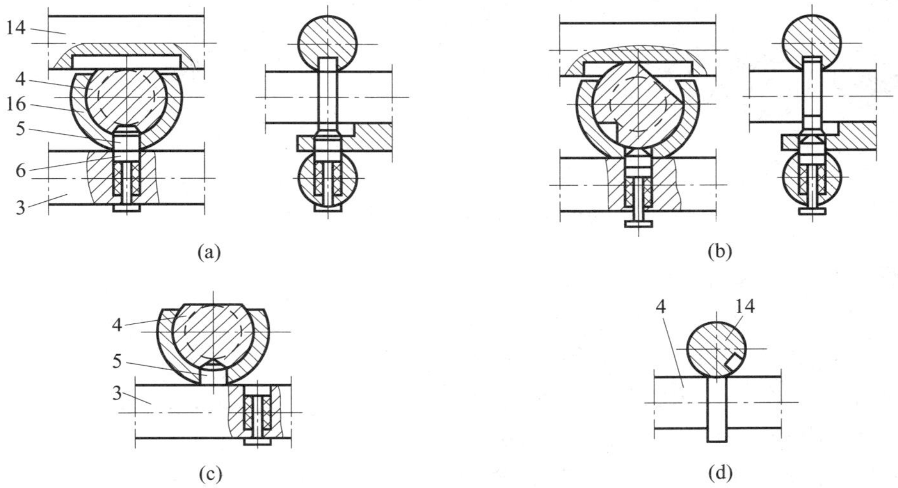

图 1.14 互锁机构的工作原理图

1.3 铣 床

1.3.1 概述

铣床是用铣刀进行切削加工的机床。它的特点是以多齿刀具的旋转运动为主运动;而进给运动可根据加工要求,由工件在相互垂直的三个方向中作某一方向运动来实现。在少数铣床上,进给运动也可以是工件的回转或曲线运动。由于铣床上使用多齿刀具,加工过程中通常有几个刀齿同时参与切削,因此,可获得较高的生产率。就整个铣削过程来看是连续的,但就每个刀齿来看切削过程是断续的,且切入与切出的切削厚度亦不等。因此,作用在机床上的切削力相应地发生周期性的变化,这就要求铣床在结构上具有较高的静刚度和动刚度。铣床的工艺范围很广,可以加工平面(水平面、垂直面等)、沟槽(T 形槽、键槽、燕尾槽等)、螺旋表面(螺纹、螺旋槽等)、多齿零件(齿轮、链轮、棘轮和花键轴等)以及各种曲面,如图 1.15 所示。此外,铣床还可用于加工回转体表面及内孔,以及进行切断工作等。

铣床的类型很多,主要类型有卧式万能升降台铣床、立式升降台铣床、龙门铣床、工具铣床和各种专门化铣床等。

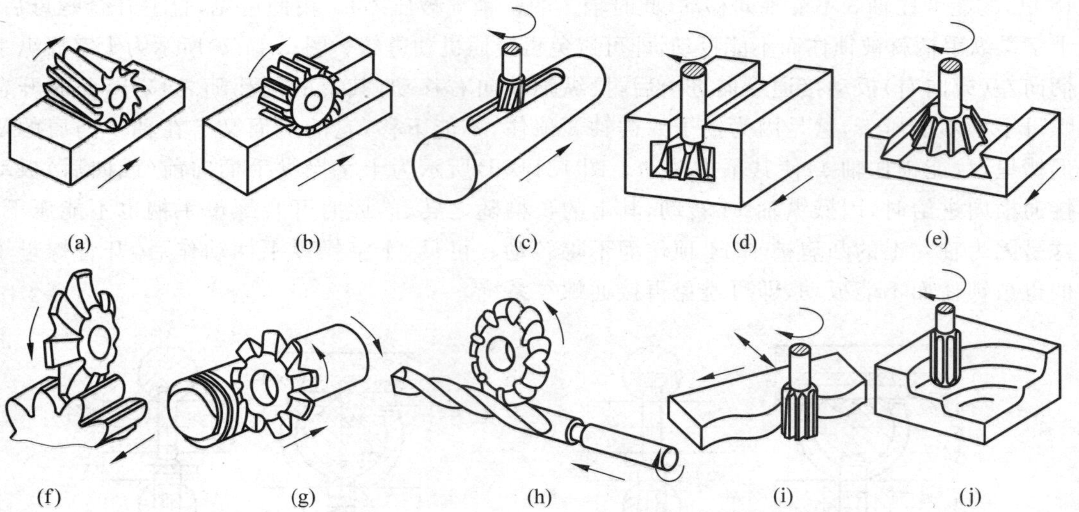

图 1.15 铣床加工的典型表面

1. 卧式万能升降台铣床

卧式万能升降台铣床(如图 1.16 所示)的主轴是卧式布置的,简称卧铣。X6132 型万能卧式升降台铣床由底座 1、床身 2、悬梁 3、刀杆支架 4、主轴 5、工作台 6、床鞍 7、升降台 8 及回转盘 9 组成。床身 2 固定在底座 1 上,用于安装和支承其他部件。床身内装有主轴部件、主变速传动装置及其变速操纵机构。悬梁 3 安装在床身 2 的顶部,并可沿燕尾导轨调整前后位置。悬梁上的刀杆支架 4,用于支承刀杆的悬伸端,以提高其刚度。升降台 8 安装在床身 2 前侧面垂直导轨上,可作上下移动,以适应工件不同的厚度。升降台内装有进给运动传动装置及其操纵机构。升降台 8 的水平导轨上装有床鞍 7,可沿主轴轴线方向作横向移动。床鞍 7 上装有回转盘 9,回转盘上面的燕尾导轨上安装有工作台 6。因此,工作台除了可沿导轨作垂直于主轴轴线方向的纵向移动外,还可通过回转盘绕垂直轴线在±45°范围内调整角度,以便铣削螺旋表面。卧式万能升降台铣床主要用于铣削平面、沟槽和多齿零件等。

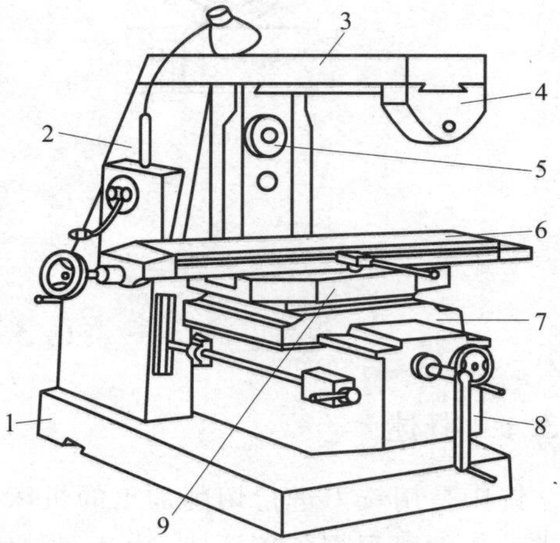

图 1.16 卧式升降台铣床

1—底座;2—床身;3—悬梁;4—刀杆支架;5—主轴;6—工作台;7—床鞍;8—升降台;9—回转盘

2. 立式升降台铣床

立式升降台铣床(如图 1.17 所示)的主轴是垂直布置的,简称立铣。其工作台 3、床鞍 4 和升降台 5 的结构与卧式升降台铣床相同,主轴 2 安装在立铣头 1 内,可沿其轴线方向进给或通过手动调整位置。立铣头 1 可根据加工需要在垂直面内摆转一个角度(≤45°),使主轴与台面倾斜成所需角度,以扩大铣床的加工范围。这种铣床可用端铣刀或立铣刀加工平面、斜面、沟槽、台阶、齿轮和凸轮等表面。

3. 龙门铣床

龙门铣床(如图 1.18 所示)是一种大型高效率的铣床,主要用于加工各种大型工件的平面和沟槽,借助于附件还能完成斜面、内孔等的加工。

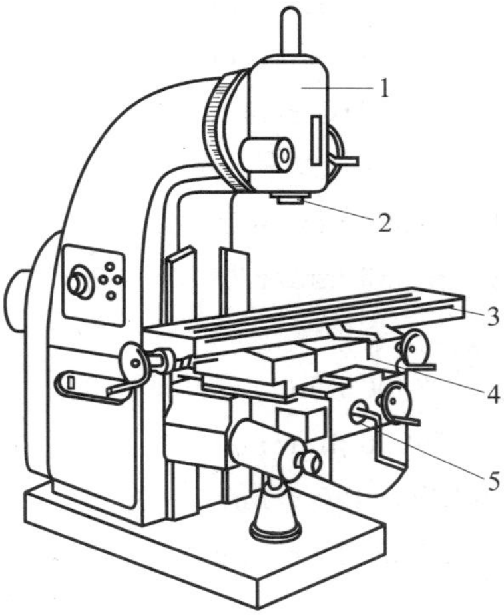

图 1.17 立式升降台铣床

1—立铣头;2—主轴;3—工作台;4—床鞍;5—升降台

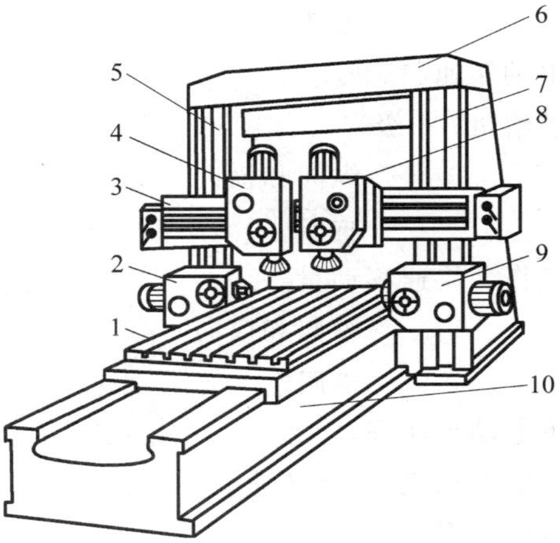

图 1.18 龙门铣床

1—工作台;2、9—水平铣头;3—横梁;4、8—垂直铣头;5、7—立柱;6—顶梁;10—床身

龙门铣床因有顶梁 6、立柱 5 及 7、床身 10 组成的"龙门"式框架而得名。通用的龙门铣床一般有 3~4 个铣头。每个铣头均有单独的驱动电动机、变速传动机构、主轴部件及操纵机构等。横梁 3 上的两个垂直铣头 4 和 8,可在横梁上沿水平方向(横向)调整其位置。横梁 3 以及立柱 5、7 上的两个水平铣头 2 和 9,可沿立柱的导轨调整其垂直方向上的位置。各铣刀的切削深度均由主轴套筒带动铣刀主轴沿轴向移动来实现。加工时,工作台 1 连同工件作纵向进给运动。龙门铣床可用多把铣刀同时加工几个表面,所以生产率较高,在成批、大量生产中得到广泛应用。

1.3.2 X6132 型万能卧式升降铣床的总体结构

X6132 型万能卧式升降台铣床(其结构如图 1.16 所示)是一种用途广泛的铣床,可用圆柱铣刀、圆盘铣刀、角度铣刀、成形铣刀和端铣刀等铣削平面、沟槽、成形面等。如果使用万能铣头、分度头、回转工作台等附件还可以扩大机床的使用范围,如铣削齿轮的轮齿、螺旋槽、凸轮等。

X6132 型万能卧式升降台铣床的主要技术规格如下:

工作台台面面积(宽×长)	320 mm×1250 mm
工作台最大行程(机动)	
纵向	680 mm
横向	240 mm
垂向	300 mm
工作台最大回转角度	±45°

主轴锥孔锥度	7∶24
主轴孔径	29 mm
刀杆直径	22 mm、27 mm、33 mm
主轴中心线至工作台面的距离	
最大	350 mm
最小	30 mm
主轴转速(18 级)	30～1500 r/min
进给量(21 级)	
纵向和横向	10～1000 mm/min
垂向	3.3～333 mm/min
工作台快速移动量	
纵向和横向	2300 mm/min
垂向	766.6 mm/min
主电动机功率、转速	7.5 kW,1450 r/min
进给电动机功率、转速	1.5 kW,1410 r/min
机床工作精度	
加工表面平面度	0.02 mm/150 mm
加工表面平行度	0.02 mm/150 mm
加工表面垂直度	0.02 mm/150 mm

1.3.3 X6132 型万能卧式升降铣床的传动系统

X6132 型万能卧式升降台铣床的主运动为主轴带动铣刀的旋转运动,进给运动为工作台带动工件的直线运动,工作台还可以手动和快速移动。机床的主运动和进给运动由两台电动机分别驱动,图 1.19 为 X6132 型万能卧式升降台铣床的传动系统图。

1.3.3.1 主运动传动链

主运动的两端件是主电动机和主轴。运动由主电动机经三角带传动副 $\phi150/\phi290$ 传至轴Ⅱ,再经轴Ⅱ-Ⅲ、Ⅲ-Ⅳ间的两个三联滑移齿轮变速组、轴Ⅳ-Ⅴ间的双联滑移齿轮变速组传至主轴Ⅴ,并使主轴Ⅴ获得 18 级转速。在铣削过程中,由于主轴不需反复开、停和频繁换向,所以主轴旋转方向的改变由主电动机正、反转实现。主轴的制动由装在轴Ⅱ上的电磁离合器 M 来控制。

主运动传动链的传动路线表达式为

$$\text{主电动机}(7.5\ \text{kW}, 1450\ \text{r/min}) — \text{I} — \frac{\phi150}{\phi290} — \text{II}$$

$$— \begin{bmatrix} \frac{22}{33} \\ \frac{19}{36} \\ \frac{16}{38} \end{bmatrix} — \text{III} — \begin{bmatrix} \frac{38}{26} \\ \frac{27}{37} \\ \frac{17}{46} \end{bmatrix} — \text{IV} — \begin{bmatrix} \frac{80}{40} \\ \frac{18}{71} \end{bmatrix} — \text{V}(\text{主轴})$$

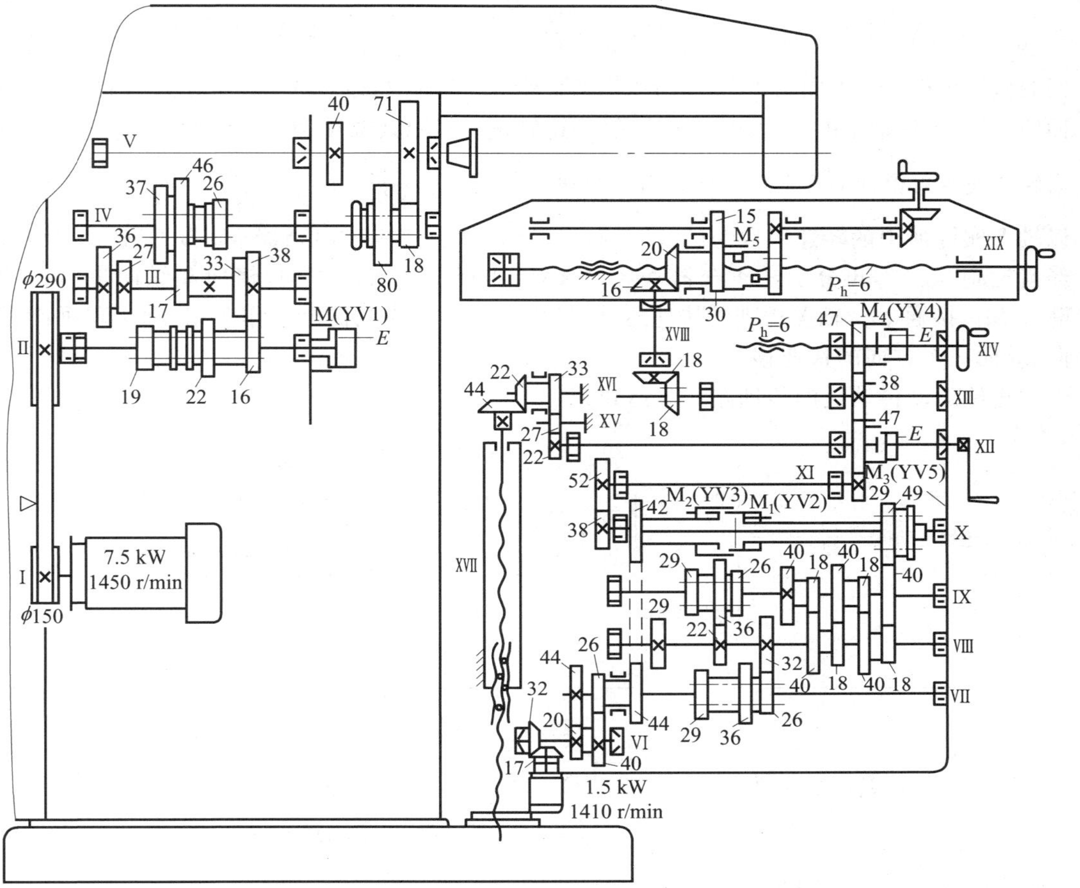

图 1.19 X6132 型万能卧式升降台铣床传动系统

1.3.3.2 进给运动传动链

进给运动由进给电动机单独拖动,工作台有纵向、横向和垂向三个方向的进给运动和快速移动。电动机的运动经圆锥齿轮副 17/32 传至轴Ⅵ,然后分两条传动路线传出。

第一条传动路线为机动进给传动路线,轴Ⅵ的运动经齿轮副 20/44 传至轴Ⅶ,再经轴Ⅶ-Ⅷ、Ⅷ-Ⅸ间的两个三联滑齿轮变速组和轴Ⅸ-Ⅷ-Ⅹ间的回曲机构(见图 1.20)、离合器 M_1 传至轴Ⅹ。第二条传动路线为快速移动传动路线,轴Ⅵ的运动经齿轮副 40/26、44/42、离合器 M_2 传至轴Ⅹ。在机动进给传动链中,轴Ⅹ上的滑移齿轮 Z_{49} 有 a、b、c 三个不同的位置。当 Z_{49} 处于位置 c 时,轴Ⅸ的运动经 40/49直接传至轴Ⅹ;处于位置 b 时,运动经$\frac{18}{40}\times\frac{18}{40}$

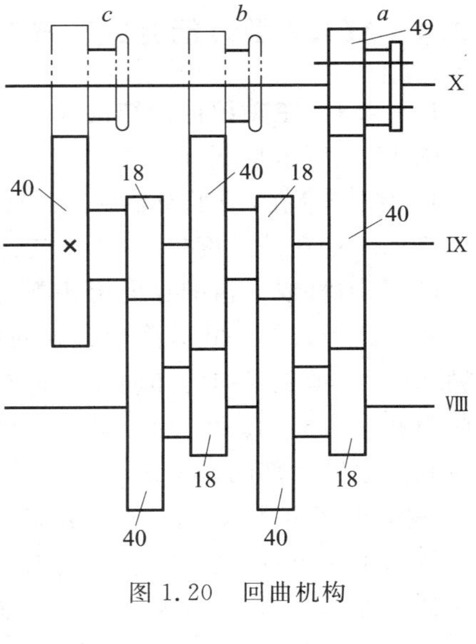

图 1.20 回曲机构

$\times\frac{40}{49}$传至轴Ⅹ；处于位置 a 时，运动经$\frac{18}{40}\times\frac{18}{40}\times\frac{18}{40}\times\frac{18}{40}\times\frac{40}{40}$传至轴Ⅹ。由以上分析可知，通过回曲机构可得三个不同的传动比，所以当离合器 M_1 接通时，通过两个三联滑移齿轮变速组和回曲机构，可使轴Ⅹ获得 3×3×3＝27 级理论转速。但因其轴Ⅶ-Ⅷ、Ⅷ-Ⅸ间的两个三联滑移齿轮变速组可得到的 9 个传动比中有 3 个是相等的$\left(\frac{26}{32}\times\frac{32}{26}=1,\frac{29}{29}\times\frac{29}{29}=1,\frac{36}{22}\times\frac{22}{36}=1\right)$，所以轴Ⅹ实际所得的转速级数为(3×3－2)×3＝21 级。当电磁离合器 M_1 接通时，21 级转速经齿轮副 38/52，再分别经离合器 M_3、M_4、M_5 实现工作台的垂向、横向和纵向进给运动。断开 M_1，接通 M_2，轴Ⅹ得到的快速运动，经相同的传动路线传至工作台，分别实现垂向、横向、纵向三个方向的快速移动。

进给运动传动链的传动路线表达式为

$$\text{进给电动机}-\frac{17}{32}-\text{VI}-\begin{bmatrix}\frac{20}{44}-\text{VII}-\begin{bmatrix}\frac{26}{32}\\\frac{29}{29}\\\frac{36}{22}\end{bmatrix}-\text{VIII}-\begin{bmatrix}\frac{32}{26}\\\frac{29}{29}\\\frac{22}{36}\end{bmatrix}-\text{IX}-\begin{bmatrix}\frac{40}{49}\\\frac{18}{40}\times\frac{18}{40}\times\frac{40}{49}\\\frac{18}{40}\times\frac{18}{40}\times\frac{18}{40}\times\frac{18}{40}\times\frac{40}{49}\end{bmatrix}-M_{1\text{合}}\\\frac{40}{26}\times\frac{44}{42}-M_{2\text{合}}\end{bmatrix}-\text{X}-\frac{38}{52}-\text{XI}-\frac{29}{47}-\begin{bmatrix}\frac{47}{38}-\text{XIII}-\begin{bmatrix}\frac{18}{18}-\text{XVIII}-\frac{16}{20}-M_{5\text{合}}-\text{XIX}\ \text{（纵向移动）}\\\frac{38}{47}-M_{4\text{合}}-\text{XIV}\ \text{（横向移动）}\end{bmatrix}\\M_{3\text{合}}-\text{XII}-\frac{22}{27}\times\frac{27}{33}\times\frac{22}{44}-\text{XVII}\ \text{（垂向移动）}\end{bmatrix}$$

根据传动路线表达式可列出运动平衡方程式，计算出各级进给量。机床可在开车的情况下变换其进给速度。三个方向的运动是互锁的，工作台进给方向的变换由进给电动机的正、反转实现。

1.3.4 X6132 型万能卧式升降铣床的主要部件结构

1.3.4.1 主轴部件的结构

图 1.21 所示是 X6132 型万能卧式升降台铣床的主轴部件。该主轴为空心轴，前端有 7∶24 的精密锥孔，用于安装铣刀刀杆或带尾柄的铣刀，并可通过拉杆将铣刀或刀杆拉紧。由于 7∶24 锥孔的锥度较大，不能传递大的转矩，因此在主轴前端的两个径向槽中装有两个端面键，与刀杆或刀盘的径向槽相配合，以传递转矩。

X6132 型万能卧式升降台铣床的主轴采用三支承结构，前支承 6 为 P5 级精度的圆锥滚子轴承，用于承受径向力和向左的轴向力；中支承 4 为 P6 级精度的圆锥滚子轴承，用于承受径向力和向右的轴向力；后支承 2 是辅助支承，为 P0 级精度的深沟球轴承，只能承受径向力。利用主轴中部的调整螺母 10 可调整轴承间隙。调整时，首先移开悬梁并拆下床身顶部盖板，然后松开锁紧螺钉 3，用专用的勾头扳手勾在螺母 10 的径向槽内，再用铁棒通过端面键 7 扳动主轴顺时针转动，使中支承 4 的内圈向右移动，从而消除了中轴承的间隙；待中支承 4 的间隙完全消除后，继续转动主轴，则可使主轴向左移动，通过主轴前端肩台，推动前支

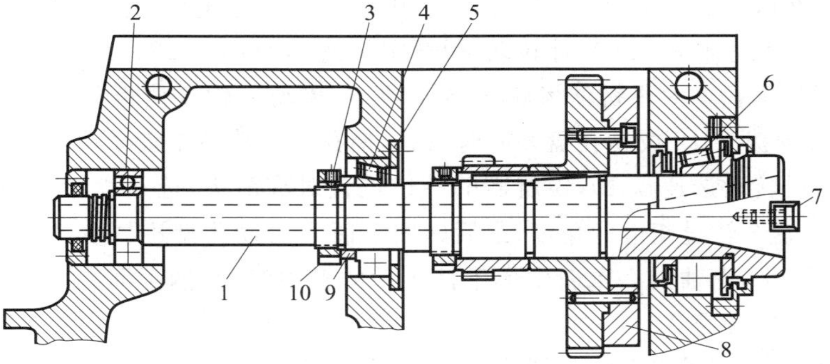

图 1.21 X6132 型万能卧式升降台铣床主轴部件

1—主轴；2—后支承；3—锁紧螺钉；4—中支承；5—轴承盖；6—前支承；
7—端面键；8—飞轮；9—隔套；10—调整螺母

承 6 内圈左移，使前支承 6 的间隙消除。调整完毕后，必须拧紧锁紧螺钉 3，再盖上盖板，推回悬梁。轴承间隙的调整应保证在 1500 r/min 的转速下空运转 1 h，温度不超过 60℃为宜。

1.3.4.2 主变速操纵机构

图 1.22 所示为 X6132 型万能卧式升降台铣床的主变速操纵机构。该机构为孔盘变速

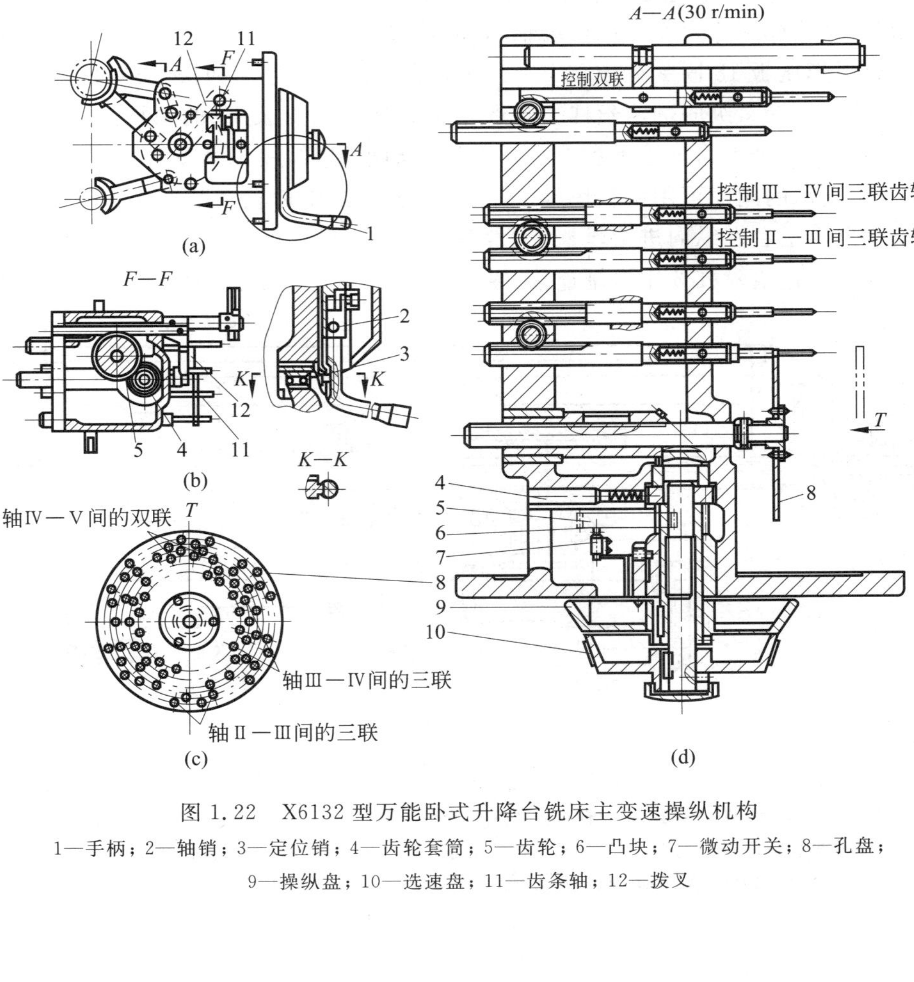

图 1.22 X6132 型万能卧式升降台铣床主变速操纵机构

1—手柄；2—轴销；3—定位销；4—齿轮套筒；5—齿轮；6—凸块；7—微动开关；8—孔盘；
9—操纵盘；10—选速盘；11—齿条轴；12—拨叉

操纵机构，安装在床身的左侧(见图 1.22(a))，由手柄 1 和选速盘 10 联合操纵。变速时，首先扳动手柄 1，使其绕轴销 2 逆时针转动，脱开定位销 3(见图 1.22(c))；继续扳动手柄 1 约转至 250°时，经操纵盘 9 及平键使齿轮套筒 4 转动，传动齿轮 5 使齿条轴 11 向左移动(见图 1.22(b))，带动拨叉 12 拨动孔盘 8 同时右移，使孔盘 8 从各组齿条轴 11 上退出，为选速时做好准备；然后转动选速盘 10，使所需的转速位置对准箭头，选速盘 10 的转动经圆锥齿轮副 Z_1/Z_2 使孔盘 8 转过相应的角度；最后转回手柄 1，带动孔盘 8 左移，从而推动各组齿条轴 11 作相应的位移，当轴销 2 重新卡入手柄 1 后的槽中时，手柄 1 回到原位，齿条轴 11 亦全部到位，完成一次变速。

变速时为使滑移齿轮在改变位置后容易啮合，机床上设有主电动机瞬时冲动装置。利用齿轮 5 上的凸块 6(见图 1.22(d))压合微动开关 7(SQ_6)，瞬时接通主电动机电源，使主电动机实现一次冲动，带动主轴箱内齿轮缓慢转动，使滑移齿轮能顺利地移动到另一啮合位置。

1.3.4.3 工作台结构及顺铣机构

图 1.23 所示为 X6132 型万能卧式升降台铣床工作台结构，它由床鞍 1、回转台 2 和工作台 6 等组成。床鞍 1 可在升降台上作横向移动，若工作台不需作横向移动时，可用手柄 15 经偏心轴 14 将床鞍 1 锁紧在升降台上。工作台 6 可沿回转台 2 上的燕尾槽导轨作纵向移动。回转台 2 连同工作台 6 一起可绕轴 XVIII 的轴线回转±45°，调整到所需位置后，可用螺柱 19 和两个弧形压板 18 固紧在床鞍 1 上。工作台 6 的纵向进给和快速移动都由纵向进给丝杠螺母传动副传动。纵向进给丝杠 3 支承在前支架 5、后支架 12 的轴承上。前支承为滑动轴承，后支承由一个推力球轴承和一个圆锥滚子轴承组成，用以承受径向力和向左、向右的轴向力。后支承的间隙可用调整螺母 13 进行调整。圆锥齿轮 7 与左半离合器 8 用键连接，左半离合器 8 空套在纵向进给丝杠 3 上，右半离合器 9 与花键套筒 11 用花键连接，花键套筒 11 又与纵向进给丝杠 3 用滑键连接，纵向进给丝杠 3 上铣有长键槽。若扳动纵向工作

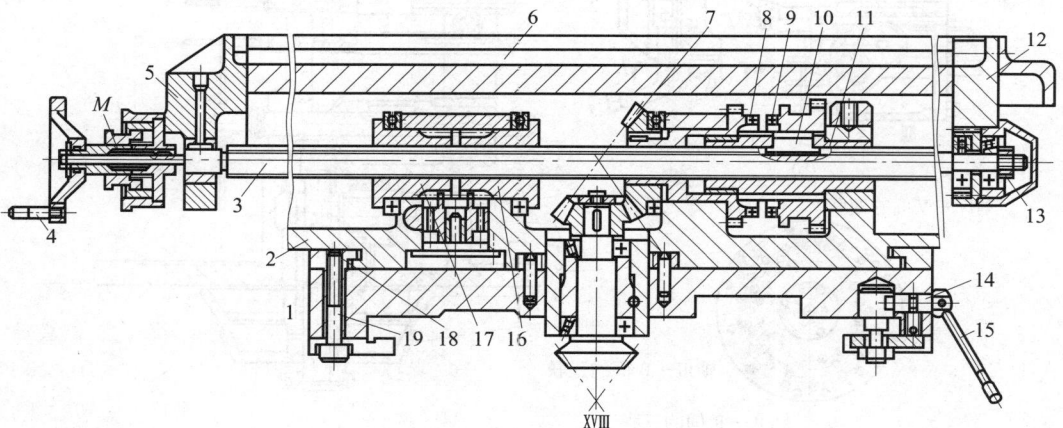

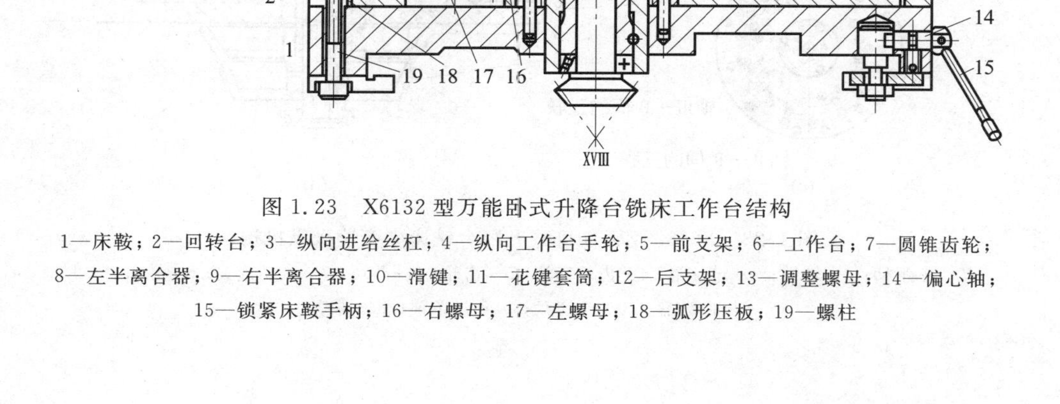

图 1.23 X6132 型万能卧式升降台铣床工作台结构

1—床鞍；2—回转台；3—纵向进给丝杠；4—纵向工作台手轮；5—前支架；6—工作台；7—圆锥齿轮；8—左半离合器；9—右半离合器；10—滑键；11—花键套筒；12—后支架；13—调整螺母；14—偏心轴；15—锁紧床鞍手柄；16—右螺母；17—左螺母；18—弧形压板；19—螺柱

台操纵手柄，接通左、右半离合器 8、9，则轴 XVIII 传来的运动经圆锥齿轮副 7、左半离合器 8、右半离合器 9、花键套筒 11、滑键 10 带动纵向进给丝杠 3 转动。因为与纵向进给丝杠 3 啮合的两个螺母 16 与 17 是固定安装在回转台 2 上的，所以纵向进给丝杠 3 在螺母内转动的同时，又作轴向移动，从而带动工作台 6 实现纵向进给运动。转动纵向工作台手轮 4，可实现工作台 6 手动纵向运动。

铣床工作时，常采用逆铣和顺铣两种铣削方式，如图 1.24 所示。逆铣时(见图 1.24(a))，切削速度 v、水平分力 F_x 的方向与工作台进给运动方向相反；顺铣时(见图 1.24(b))，切削速度 v、水平分力 F_x 与工作台进给运动方向相同。当丝杠(右旋)按图示方向转动时，丝杠连同工作台一起向右进给，此时丝杠螺纹左侧与螺母螺纹右侧接触，而在另一侧则存在着间隙。逆铣时，水平分力 F_x 使丝杠螺纹的左侧始终与螺母螺纹右侧接触，因此在切削过程中，工作稳定。顺铣时，水平分力 F_x 通过工作台带动丝杠向右窜动，且由于 F_x 是变化的，又将会使工作台产生振动，影响切削过程的稳定性，甚至会造成铣刀刀齿折断等现象。因此，在铣床工作台纵向进给丝杠与螺母间必须设置顺铣机构，来消除丝杠螺母之间的间隙，以便能采用顺铣。

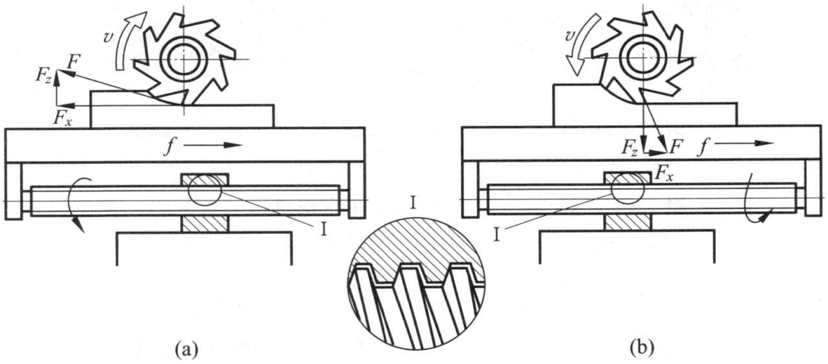

图 1.24 逆铣和顺铣
(a) 逆铣；(b) 顺铣

如图 1.25 所示，为 X6132 型万能卧式升降台铣床顺铣机构，该机构由右旋丝杠 3、左螺母 1、右螺母 2、冠状齿轮 4 及齿条 5、弹簧 6 组成。齿条 5 在弹簧 6 的作用下右移，推动冠状齿轮 4 沿箭头所示方向回转，使左螺母 1 螺纹左侧面紧靠丝杠螺纹右侧面，右螺母 2 螺纹右侧紧靠丝杠螺纹左侧面。机床工作时，工作台所受的向右作用力，通过丝杠由左螺母 1 承受，向左的作用力由右螺母 2 承受。因此，在顺铣时自动消除了丝杠螺母间的间隙，工作台不会产生窜动，切削过程平稳，保证了顺铣的加工质量。

合理的顺铣机构不仅能消除丝杠螺母间的间隙，还应在逆铣或快速移动时，能自动地使丝杠与螺母松开，以减少丝杠与螺母的磨损。该机构在逆铣时，因右螺母 2 与丝杠 3 间的摩擦力较大，右螺母 2 有随丝杠一起转动的趋势，从而通过冠状齿轮 4 传动左螺母 1，使左螺母 1 作与丝杠相反方向的转动，因此在左螺母 1 的螺纹左侧与丝杠螺纹右侧之间产生间隙，从而减少了丝杠的磨损。

1.3.4.4 工作台纵向进给操纵机构

如图1.26所示，为X6132型万能卧式升降台铣床工作台纵向进给操纵机构。工作台

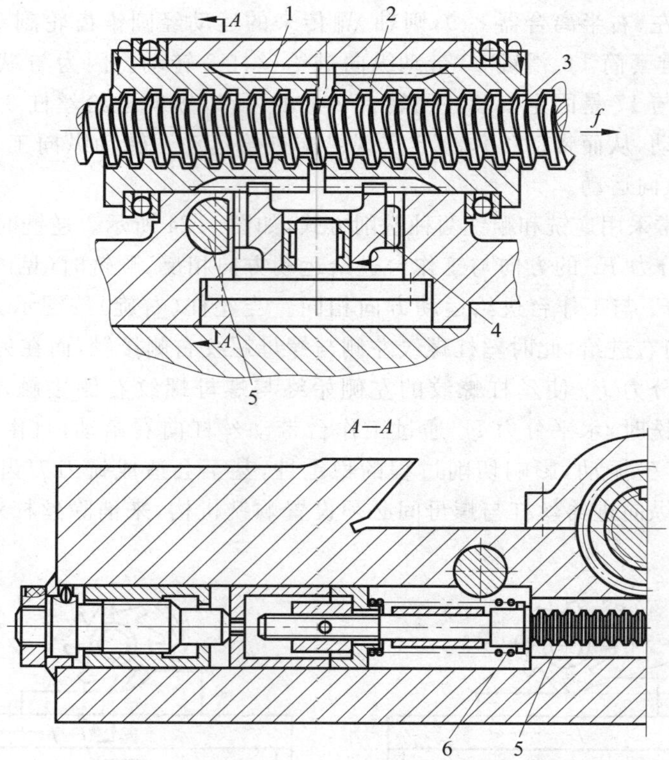

图 1.25 X6132 型万能卧式铣床顺铣机构工作原理

1—左螺母；2—右螺母；3—右旋丝杠；4—冠状齿轮；5—齿条；6—弹簧

纵向进给运动，由位于工作台正面中部的手柄 23 操纵。扳动手柄 23，可压合微动开关 SQ_1 或 SQ_2，使进给电动机正转或反转，同时可使右半离合器 4 啮合，实现工作台向右或向左的纵向移动。

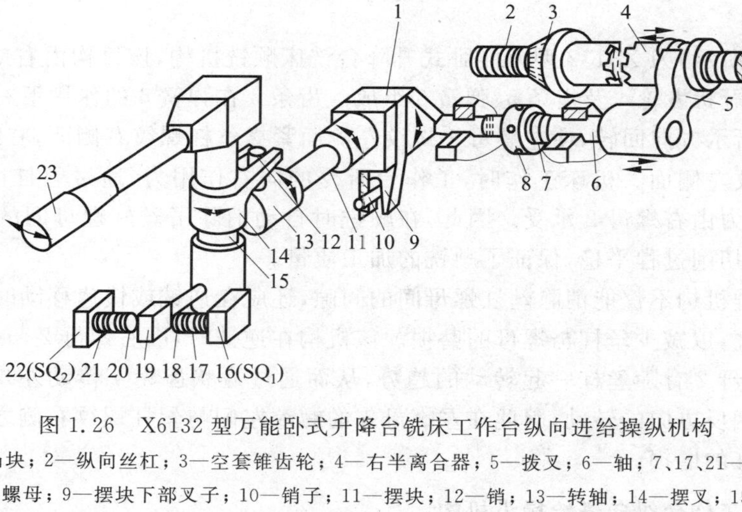

图 1.26 X6132 型万能卧式升降台铣床工作台纵向进给操纵机构

1—凸块；2—纵向丝杠；3—空套锥齿轮；4—右半离合器；5—拨叉；6—轴；7、17、21—弹簧；8—调整螺母；9—摆块下部叉子；10—销子；11—摆块；12—销；13—转轴；14—摆叉；15—立轴；16—微动开关(SQ_1)；18、20—调节螺钉；19—压块；22—微动开关(SQ_2)；23—手柄

向右扳动手柄 23，使立轴 15 下端压块 19 随之向右摆动，压合微动开关（SQ_1）16，进给电动机正转，同时使手柄 23 中部摆叉 14 逆时针摆动，通过销 12、转轴 13 使摆块 11 绕销子 10 逆时针转动，因凸块 1 与摆块 11 是螺钉连接，所以凸块 1 也作逆时针转动，使其上的凸出部分离开轴 6 左端面，在弹簧 7 的作用下，迫使轴 6 连同拨叉 5 一起向左移动，拨动右半离合器 4 向左移动啮合。同理，当手柄 23 向左扳动时，压合（SQ_2）22 微动开关，进给电动机反转，同时凸块 1 顺时针转动，使凸出部分离开轴 6 左端面，在弹簧 7 的作用下，使拨叉 5 拨动右半离合器 4 向左移动啮合。而当手柄 23 扳至中间位置时，两微动开关均未被压合，进给电动机停止转动，同时凸块 1 转动使其上凸出部分压在轴 6 左端面上，使轴 6 连同拨叉 5 一起右移，拨动右半离合器 4 向右移动，脱开啮合，工作台停止移动。

1.3.4.5 工作台横向和垂向进给操纵机构

如图 1.27 所示，为 X6132 型万能卧式升降台铣床工作台横向和垂向进给操纵机构。工作台横向和垂向进给运动由手柄 1 集中操纵，因此手柄 1 应具有上、下、前、后、中五个位置。微动开关 SQ_7 用于控制电磁离合器 YV_4 的接通或断开，SQ_8 用于控制电磁离合器 YV_5 的接通或断开，即分别接通或断开工作台横向或垂向进给运动。SQ_3 与 SQ_4 用于控制进给电动机的正、反转，实现工作台向前、向下或向后、向上的进给运动。扳动手柄 1 可使鼓轮 9 轴向移动或摆动，鼓轮圆周上带斜面的槽迫使顶销压下微动开关，接通某一方向的运动。

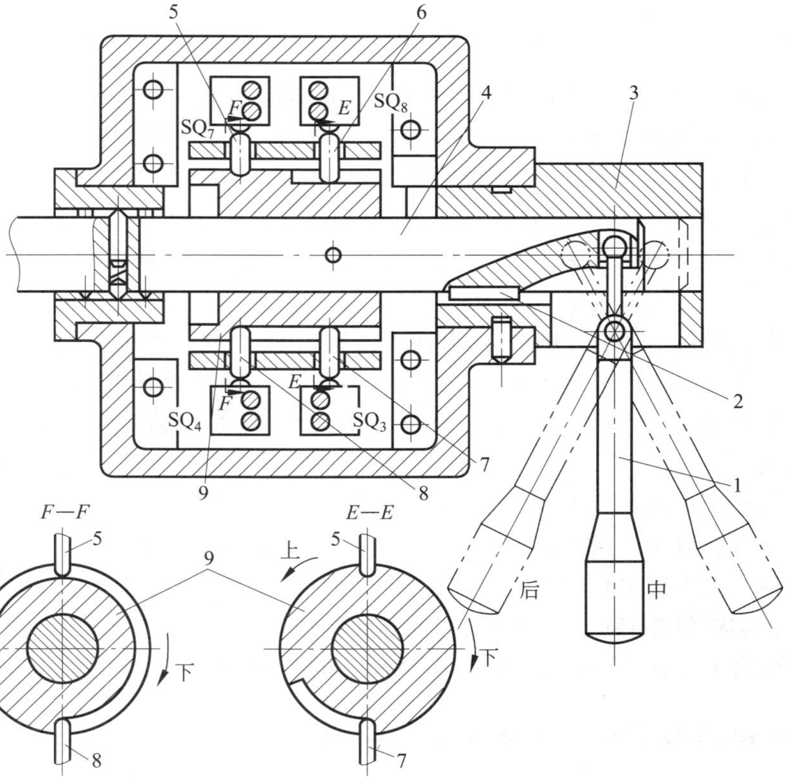

图 1.27 X6132 型万能卧式升降台铣床工作台的横向和垂向进给操纵机构示意图

1—手柄；2—平键；3—毂体；4—轴；5、6、7、8—顶销；9—鼓轮

向前扳动手柄 1，通过手柄 1 前端球头拨动鼓轮 9 向左移动，顶销 7 被鼓轮斜面压下．使微动开关 SQ_3 压合，进给电动机正转；同时顶销 5 位于鼓轮 9 圆周边缘位置而压下微动开关 SQ_7，电磁离合器 YV_4 通电，压紧摩擦片工作，从而实现工作台向前的横向进给运动。

向后扳动手柄 1，鼓轮 9 向右轴向移动，顶销 8 向下压合微动开关 SQ_4，进给电动机反转，顶销 5 仍处于鼓轮 9 圆周边缘，压合微动开关 SQ_7，仍接通 YV_4，工作台则向后作横向进给运动。当向上扳动手柄 1 时，通过毂体 3 上的扁槽、平键 2、轴 4 使鼓轮 9 逆时针转动(见图 1.27*F*—*F* 截面)，鼓轮 9 上的斜面压下顶销 8，作用于微动开关 SQ_4，进给电动机反转；同时顶销 6 处于鼓轮 9 圆周边缘(见图 1.27*E*—*E* 截面)，压合微动开关 SQ_8 使电磁离合器 YV_5 接通，从而实现工作台向上的进给运动。

当向下扳动手柄 1 时，鼓轮 9 作顺时针转动，其上斜面压下顶销 7，作用于微动开关 SQ_3，进给电动机正转；顶销 6 仍处于鼓轮圆周边缘，SQ_8 也被压合，电磁离合器 YV_5 通电工作，从而实现工作台向下的进给运动。

将手柄 1 扳至中间位置，顶销 7、8 同时处于鼓轮槽中，微动开关 SQ_3 和 SQ_4 都处于放松状态，进给电动机停止转动；同时顶销 5、6 也处于鼓轮槽中，使微动开关 SQ_7 和 SQ_8 也处于放松状态，电磁离合器 YV_4、YV_5 断电，于是工作台处于停止进给状态。

1.4 磨 床

1.4.1 概述

磨床是用磨料磨具(如砂轮、砂带、油石、研磨料)为工具对工件进行切削加工的机床。它们是由于精加工和硬表面加工的需要而发展起来的，目前也有少数应用于粗加工的高效磨床。磨床可以加工各种表面，如内外圆柱面和圆锥面、平面、渐开线齿廓面、螺旋面以及各种成形面等，还可以刃磨刀具和进行切断等，工艺范围非常广泛。

为了适应磨削各种加工表面、工件形状及生产批量的要求，磨床的种类很多，其中主要类型有：

(1) 外圆磨床包括普通外圆磨床、万能外圆磨床、端面外圆磨床和无心外圆磨床等。

(2) 内圆磨床包括内圆磨床、无心内圆磨床和行星式内圆磨床等。

(3) 平面磨床包括卧轴矩台平面磨床、立轴矩台平面磨床、卧轴圆台平面磨床和立轴圆台平面磨床等。

(4) 工具磨床包括工具曲线磨床、钻头沟槽磨床和丝锥沟槽磨床等。

(5) 刀具刃磨磨床包括万能工具磨床、拉刀刃磨床和滚刀刃磨床等。

(6) 各种专门化磨床专门用于磨削某一类零件的磨床，如曲轴磨床、凸轮轴磨床、花键轴磨床、叶片磨床、活塞环磨床、齿轮磨床和螺纹磨床等。

(7) 其他磨床包括珩磨机、抛光机、超精加工机床、砂带磨床、研磨机和砂轮机等。

1.4.2 M1432A 型万能外圆磨床的总体结构

1.4.2.1 外圆磨床的工作方法与主要类型

外圆磨床主要用来磨削外圆柱面和圆锥面，基本的磨削方法有两种：纵磨法和切入磨法。纵磨时(图 1.28(a)),砂轮旋转作主运动(n_t),进给运动有:工件旋转作圆周进给运动(n_ω);工件沿其轴线往复移动作纵向进给运动(f_a);在工件每一纵向行程或往复行程终了时,砂轮周期地作一次横向进给运动(f_r);全部余量在多次往复行程中逐步磨去。切入磨时(图 1.28(b)),工件只作圆周进给运动(n_ω);而无纵向进给运动,砂轮则连续地作横向进给运动(f_r),直到磨去全部余量,达到所要求的尺寸为止。在某些外圆磨床上,还可用砂轮端面磨削工件的台阶面(图 1.28(c))。磨削时工件转动(n_ω),并沿其轴线缓慢移动(f_a),以完成进给运动。

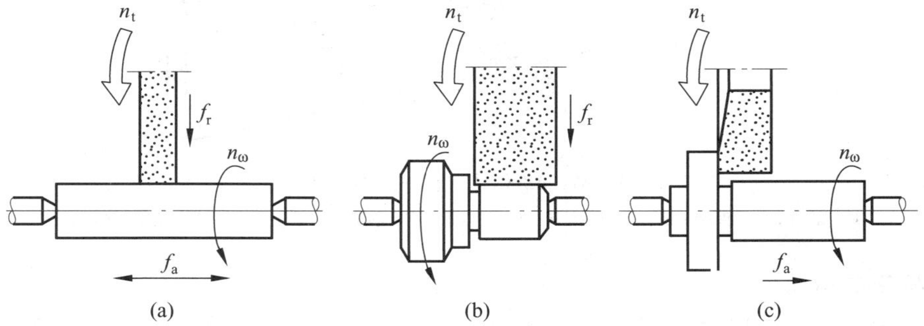

图 1.28 外圆磨床的磨削方法

(a) 纵磨;(b) 切入磨;(c) 用砂轮端面磨削工件的台阶面

n_t—砂轮旋转角速度;n_ω—工件旋转角速度;f_r—砂轮横向进给量;f_a—工件纵向进给量

1.4.2.2 M1432A 型万能外圆磨床

M1432A 型万能外圆磨床,主要用于磨削圆柱形或圆锥形的外圆和内孔,也能磨削阶梯轴的轴肩和端平面。工件最大磨削直径为 320 mm。这种磨床属于普通精度级,精度可达圆度 5 μm,表面粗糙度为 Ra0.16～0.32 μm,通用性较大,但自动化程度不高,磨削效率较低,适用于工具车间、机修车间和单件小批生产的车间。

1. 机床的组成

图 1.29 为 M1432A 型万能外圆磨床的外形图,在床身 1 顶面前部的纵向导轨上装有工作台 3,台面上装着头架 2 和尾座 6。被加工工件支承在头架和尾座顶尖上,或夹持在头架主轴上的卡盘中,由头架上的传动装置带动旋转,实现圆周进给运动。尾座 6 在工作台 3 上可左右移动调整位置,以适应装夹不同长度工件的需要。工作台 3 由液压传动沿床身 1 导轨往复移动,使工件实现纵向进给运动,也可用手轮操纵,作手动进给或调整纵向位置。工作台由上下两层组成,其上部(即上工作台)可相对于下部(即下工作台)在水平面内偏转一定角度(一般不大于 10°),以便磨削锥度不大的圆锥面。装有砂轮主轴及其传动装置的砂轮架 5 安装在床身 1 顶面后部的横向导轨上,利用横向进给机构可实现周期或连续的横向进给运动以及调整位移。为了便于装卸工件和进行测量,砂轮架 5 还可以作定距离的快进快退运动。装在砂轮架 5 上的内磨装置 4 中装有供磨削内孔用的砂轮主轴部件(通常称为内圆磨具)。M1432A 型万能外圆磨床的砂轮架 5 和头架 2 都可绕垂直轴线转动一定角度,以便磨削锥度较大的圆锥面。

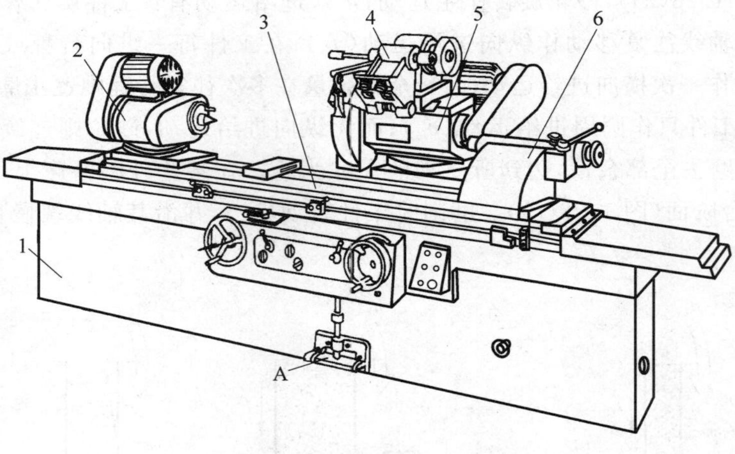

图 1.29　M1432A 型万能外圆磨床的外形图

1—床身；2—头架；3—工作台；4—内磨装置；5—砂轮架；6—尾座；A—脚踏操纵板

2. 机床的运动

图 1.30 是 M1432A 型万能外圆磨床上四种典型的加工示意图，由图可知，为了实现磨削加工，机床应具有以下运动：砂轮的旋转主运动，工件圆周进给运动，工件（工作台）往复纵向进给运动和砂轮横向进给运动。机床的传动原理如图 1.31 所示。

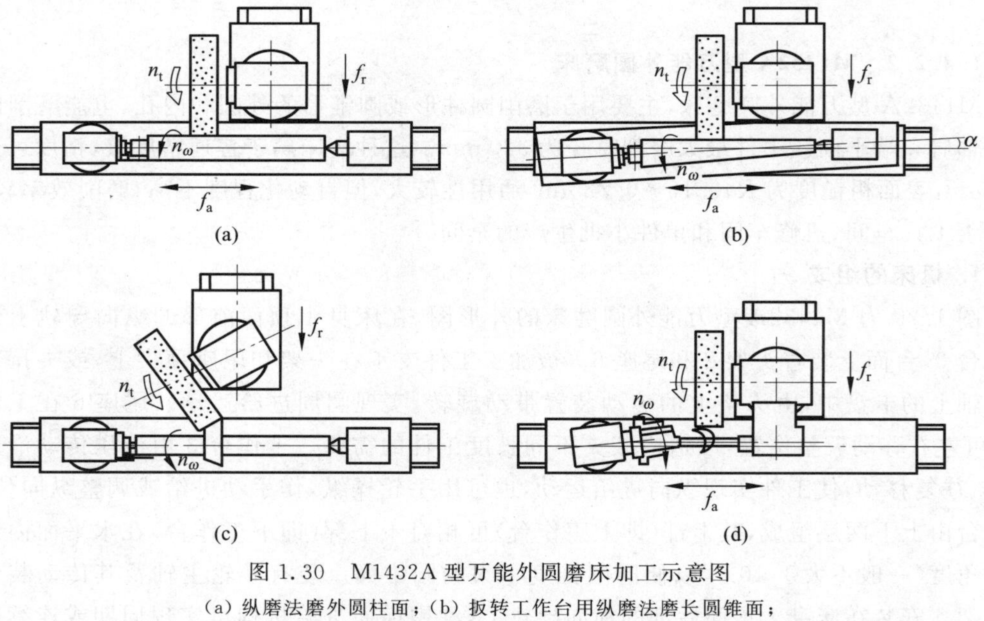

图 1.30　M1432A 型万能外圆磨床加工示意图

(a) 纵磨法磨外圆柱面；(b) 扳转工作台用纵磨法磨长圆锥面；
(c) 扳转砂轮架用切入法磨短圆锥面；(d) 扳转头架用纵磨法磨内圆锥面

(1) 砂轮旋转主运动 n_t（单位：r/min）。这是磨削加工的主运动，转速较高，通常由电动机通过V带直接带动砂轮主轴旋转。由于采用不同的砂轮磨削不同材料的工件时，磨削速度的变化范围较大，故主运动一般不变速。但当砂轮直径因修整而减少较多时，为了获得

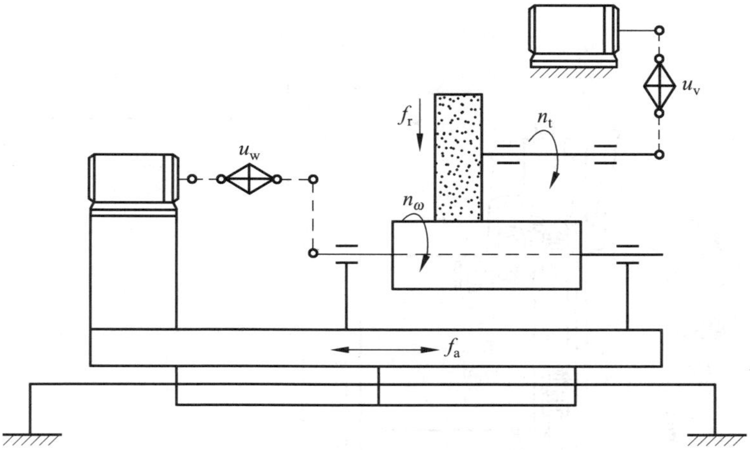

图 1.31　M1432A 型万能外圆磨床的传动原理图

所需的磨削速度，可采用更换带轮变速。近来有些外圆磨床的砂轮主轴采用直流电动机驱动，可以无级调速，以保证砂轮直径变小时始终保持合理的磨削速度，实现所谓的恒速磨削。

(2) 工件圆周进给运动 n_ω(单位：r/min)。转速较低，通常由单速或多速异步电动机经塔轮变速机构传动，也可用电气或机械无级变速装置传动。

(3) 工件纵向进给运动 f_a(单位：mm/min)。通常采用液压传动，以保证运动的平稳性，并便于实现无级调速和往复运动循环的自动化。

(4) 砂轮周期或连续横向进给运动 f_r(单位：mm/工作行程、mm/往复行程或 mm/min)。由横向进给机构用手动或液动实现。

此外，机床还有两个辅助运动(砂轮架横向快速进退和尾架套筒缩回)，以便装卸工件，这两个运动通常都由液压传动。

1.4.3　M1432A 型万能外圆磨床的机械传动系统

M1432A 型万能外圆磨床的运动由机械和液压联合传动，除工作台的纵向往复运动、砂轮架的快速进退和周期自动切入进给及尾座顶尖套筒的缩回为液压传动外，其余运动都是机械传动。其机械传动系统图如图 1.32 所示。

1. 头架拔盘(带动工件)的运动

此传动链用于实现工件的圆周进给运动，其传动路线表达式为

$$\text{头架电动机} - \text{I} - \begin{Bmatrix} \dfrac{\phi 49}{\phi 165} \\ \dfrac{\phi 112}{\phi 110} \\ \dfrac{\phi 131}{\phi 91} \end{Bmatrix} - \text{II} - \frac{\phi 61}{\phi 184} - \text{III} - \frac{\phi 68}{\phi 178} - \text{拔盘(工件转动)}$$

头架电动机是双速的(700～1360 r/min，1.1～1.55 kW)，轴 Ⅰ 和轴 Ⅱ 之间有 3 级的 V 带塔轮变速，故工件可获得 6 级转速。

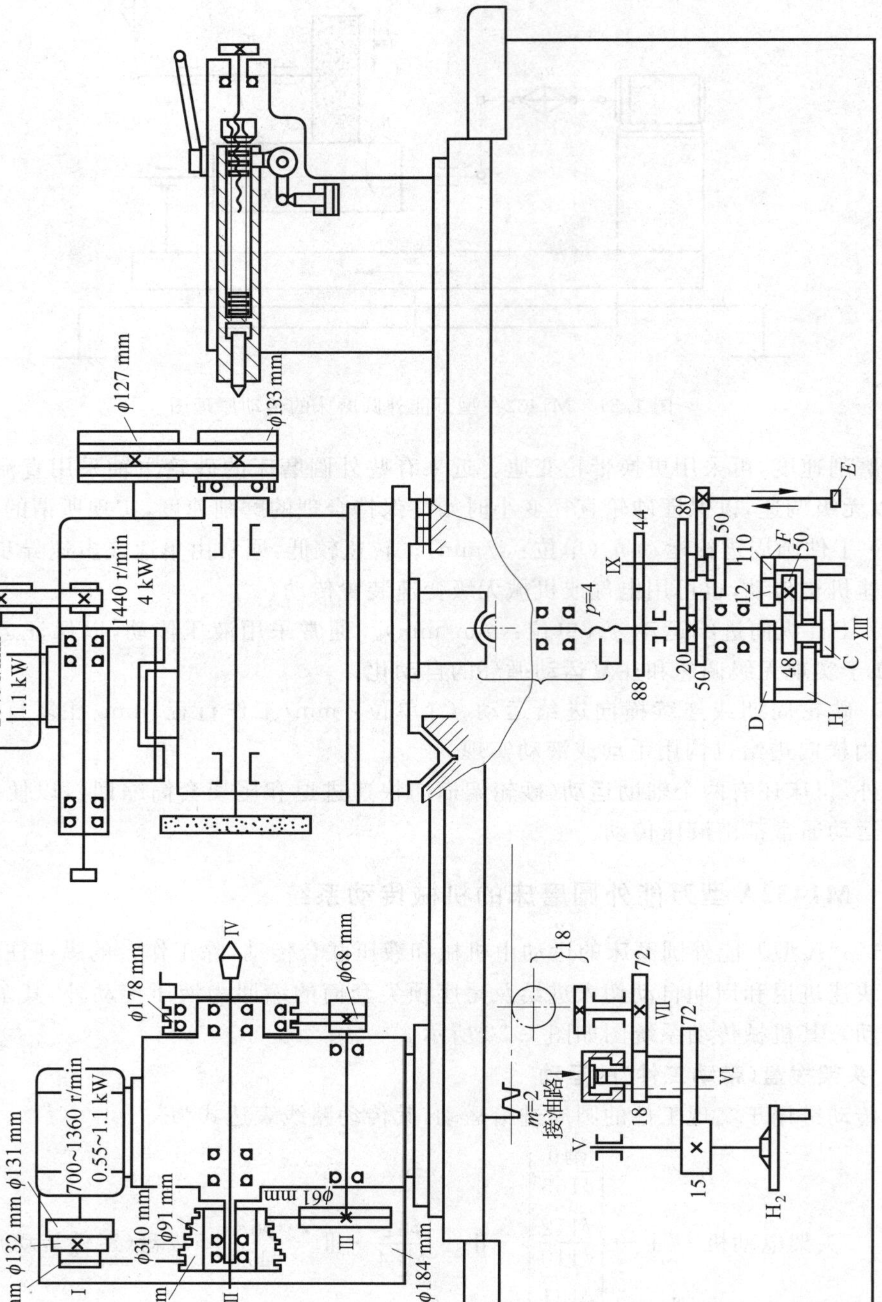

图 1.32 M1432A 型万能外圆磨床机械传动系统图

2. 砂轮的传动

外圆磨削砂轮主轴只有一种转速，由电动机通过 4 根 V 带和带轮$\frac{\phi127}{\phi113}$传动。一般在外圆磨削时磨削速度取 $v_1\approx35$ m/s。

内圆磨削砂轮主轴由电动机(1.1 kW，2840 r/min)经平带和带轮$\frac{\phi127}{\phi113}$或传动，可获得两种转速。

3. 砂轮架的横向进给运动

砂轮架的横向进给是用操作手轮 H_1 实现的，手轮 H_1 固定在轴Ⅷ上，由手轮至砂轮架的传动路线为

$$\text{手轮 } H_1-\text{Ⅷ}-\begin{Bmatrix}\frac{50}{50}(\text{粗进给})\\ \frac{20}{80}(\text{细进给})\end{Bmatrix}-\text{Ⅸ}-\frac{44}{88}\text{横向进给丝杠}(t=4\ \text{mm})-\text{砂轮架}$$

采用粗进给时，轴Ⅷ和轴Ⅸ间由齿轮副 50/50 传动，手轮 H_1 转 1 转，砂轮架横向移动 2 mm，而手轮刻度盘的圆周分度为 200 格，故每格的进给量为 0.01 mm；采用细进给时，传动齿轮副为 20/80，故每格进给量为 0.0025 mm。

4. 工作台的手动驱动

用手轮 H_2 操作工作台时，传动路线为

手轮 H_2-Ⅴ-15/72-Ⅵ-18/72-Ⅶ-齿轮齿条($z=8$，$m=2$)。工作台手轮 H_2 转 1 转时，工作台纵向移动量为

$$1\times\frac{15}{72}\times\frac{18}{72}\times15\times2\approx6(\text{mm})$$

工作台的液压驱动和手动驱动之间有互锁装置。当工作台由液压驱动作纵向进给运动时，压力油进入液压缸，推动轴Ⅵ上双联滑移齿轮，使齿轮 18 与轴Ⅶ上齿轮 72 脱离啮合，此时工作台移动而 H_2 不转，故可避免因工作台移动带动手轮转动可能引起的伤人事故。

1.4.4 M1432A 型万能外圆磨床的主要部件结构

1. 砂轮架

M1432A 型万能外圆磨床砂轮架由壳体、砂轮主轴及其轴承、转动装置与滑鞍等组成。砂轮主轴及其支承部分的结构将直接影响工件的加工精度和表面粗糙度，是砂轮架部件的关键部分。它应保证砂轮主轴具有较高的旋转精度、刚度、抗振性及耐磨性。

在砂轮架中，砂轮主轴的前、后支承均采用“短三瓦”动压滑动轴承。每个轴承由均布在圆周上的三块扇形轴瓦组成(其长径比为 0.75)，每块扇形轴瓦都支承在球头螺钉的球形端头上，由于球头螺钉中心在周向偏离扇形轴瓦对称中心，当砂轮主轴高速旋转时，在扇形轴瓦与主轴颈之间形成 3 个楔形液压油膜，将砂轮主轴悬浮在轴承中心而呈纯液体摩擦状态。调整球头螺钉的位置，即可调整主轴轴颈与扇形轴瓦之间的间隙，通常间隙应保持为 0.01～0.02 mm。调整好以后.用通孔螺钉和拉紧螺钉锁紧，以防止球头螺钉松动而改变轴承间隙，最后用封口螺塞密封。

砂轮的圆周速度很高(约为 35 m/s)，为了保证砂轮运转平稳，装在砂轮主轴上的零件

都需仔细校静平衡，整个主轴部件还要校动平衡。此外，砂轮周围必须安装防护罩，以防止砂轮意外碎裂时损伤工人及设备。

砂轮架壳体内装润滑主轴的轴承，油面高度可通过油标观察。砂轮主轴两端用橡胶油封，实现密封。

2. 头架

M1432A 型万能外圆磨床的头架由壳体、头架主轴及其轴承、工件传动装置与底座等组成。头架主轴支承在 4 个 D 级精度的角接触球轴承上，靠修磨垫圈的厚度，可对轴承进行预紧，以保证主轴部件的刚度和旋转精度。轴承用锂基脂润滑，头架主轴的前后端用橡胶油封密封。双速电动机经塔轮变速机构和两组带轮带动工件转动，使传动平稳。而头架主轴按需要可以转动或不转动。传动带的张紧分别靠转动偏心套和移动电动机座实现。头架主轴上的带轮采用卸荷结构，以减少头架主轴的弯曲变形。

3. 尾座

尾座的功用是利用安装在尾座套筒上的顶尖(后顶尖)与头架主轴上的前顶尖一起支承工件，使工件实现准确定位。某些外圆磨床的尾座可在横向作微量位移调整，以便精确地控制工件的锥度。

4. 横向进给机构

横向进给机构用于实现砂轮架的周期或连续横向工作进给，调整位移和快速进退，以确定砂轮和工件的相对位置，控制被磨削工件的直径尺寸。因此对它的基本要求是保证砂轮架有高的定位精度和进给精度。

横向进给机构的工作进给有手动的，也有自动的，调整位移一般用手动，而定距离的快速进退通常都采用液压传动。

1.4.5 其他磨床

1.4.5.1 其他外圆磨床

1. 普通外圆磨床

普通外圆磨床的结构与万能外圆磨床基本相同，所不同的是：①头架和砂轮架不能绕轴心在水平面内调整角度位置；②头架主轴直接固定在箱体上不能转动，工件只能用顶尖支承进行磨削；③不配置内圆磨头装置。因此，普通外圆磨床工艺范围较窄，只能磨削外圆柱面和锥度较小的外圆锥面。但由于主要部件的结构层次少、刚性好，且可采用较大的磨削用量，因此生产率较高，同时也易于保证磨削质量。

2. 半自动宽砂轮外圆磨床

半自动宽砂轮外圆磨床的结构与普通外圆磨床类似，但其具有更好的结构和刚度。它采用大功率电动机驱动宽度很大的砂轮，按切入磨法工作。为了使砂轮磨损均匀和获得小的表面粗糙度，某些宽砂轮外圆磨床的工作台或砂轮主轴可作短距离的往复运动。这种磨床常配备有自动测量仪以控制磨削尺寸，按半自动循环进行工作，进一步提高了自动化程度和生产率。但由于磨削力和磨削热量大，工件容易变形，所以加工精度和表面粗糙度比普通外圆磨床差些，主要适用于成批和大量生产中磨削刚度较好的工件，如汽车和拖拉机的驱动轴、电动机转子轴和机床主轴等。

3. 端面外圆磨床

端面外圆磨床的主要特点是砂轮主轴轴线相对于头、尾座顶尖中心连线倾斜一定角度(如MB1632型半自动端面外圆磨床倾斜26°36′)。端面外圆磨床的磨削方法如图1.33所示,砂轮架沿斜向进给(图1.33(a)),且砂轮装在主轴右端,以避免砂轮架与尾座和工件相碰。这种磨床以切入磨法同时磨削工件的外圆和台阶端面,通常按半自动循环进行工作,由定程装置或自动测量仪控制工件尺寸,生产率较高,且台阶端面由砂轮锥面进行磨削(图1.33(b)),砂轮和工件的接触面积较小,能保证较高的加工质量。这种磨床主要用于大批量生产中磨削带有台阶的轴类和盘类零件。

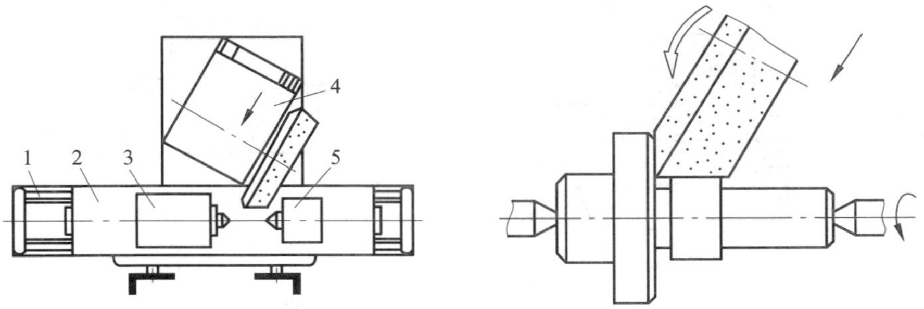

(a) (b)

图1.33 端面外圆磨床的磨削方法

(a) 砂轮架沿斜向进给;(b) 砂轮锥面磨削台阶端面

1—床身;2—工作台;3—头架;4—砂轮架;5—尾座

4. 无心外圆磨床

无心外圆磨床的工作原理如图1.34所示。磨削时,工件不是支承在顶尖上或夹持在卡盘中,而是直接放在砂轮1和导轮3之间,由托板2和导轮3支承,工件被磨削外圆表面本身就是定位基准面。磨削时工件在磨削力以及导轮和工件间的摩擦力作用下带动旋转,实现圆周进给运动。导轮是摩擦系数较大的树脂或橡胶结合剂砂轮,其线速度在10～50 m/min之间,工件的线速度基本上等于导轮的线速度。磨削砂轮1采用一般的外圆磨砂轮,通常不变速,线速度很高,一般为35 m/s左右,所以在磨削砂轮与工件之间有很大的相对速度,这就是磨削工件的切削速度。

无心磨削时,工件的中心必须高于导轮3和砂轮1的中心连线(高出的距离一般等于(0.15～0.25)d,d为工件直径),使工件与砂轮1和导轮3间的接触点不在工件的同一直径线上,从而使工件在多次转动中逐渐被磨圆。

无心磨床有纵磨法和横磨法两种磨削方法,分别如图1.34(a)、(b)所示。

1.4.5.2 内圆磨床

内圆磨床有普通内圆磨床、无心内圆磨床和行星内圆磨床等多种类型,用于磨削各种圆柱孔(通孔、盲孔、阶梯孔和断续表面的孔等)和圆锥孔,其磨削方法有下列几种。

(1) 普通内圆磨削如图1.35(a)所示,磨削时,工件4用卡盘或其他夹具装夹在机床主轴上,由主轴带动其旋转作圆周进给运动,砂轮高速旋转,实现主运动,同时砂轮或工件4往复移动作纵向进给运动,在每次(或n次)往复行程后,砂轮或工件4作一次横向进给运动。这种磨削方法适用于形状规则、便于旋转的工件。

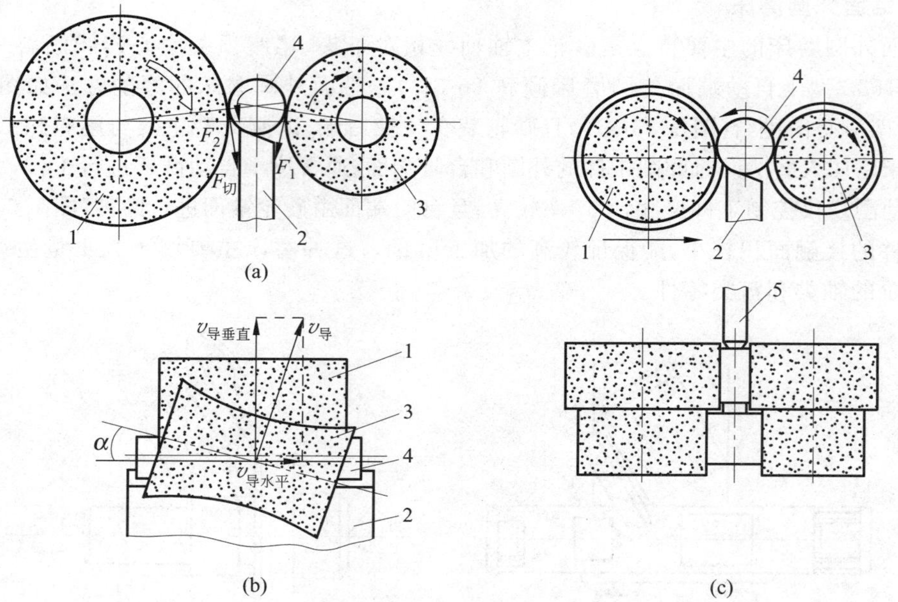

图 1.34 无心外圆磨床工作原理

(a) 工作原理；(b) 纵磨法；(c) 横磨法

1—砂轮；2—托板；3—导轮；4—工件；5—挡块

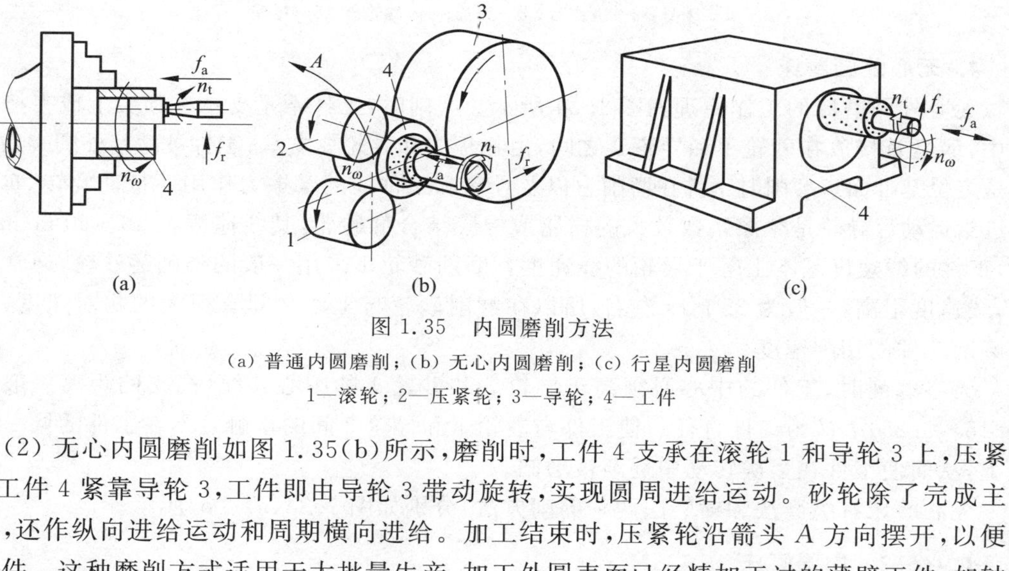

图 1.35 内圆磨削方法

(a) 普通内圆磨削；(b) 无心内圆磨削；(c) 行星内圆磨削

1—滚轮；2—压紧轮；3—导轮；4—工件

(2) 无心内圆磨削如图 1.35(b)所示，磨削时，工件 4 支承在滚轮 1 和导轮 3 上，压紧轮 2 使工件 4 紧靠导轮 3，工件即由导轮 3 带动旋转，实现圆周进给运动。砂轮除了完成主运动外，还作纵向进给运动和周期横向进给。加工结束时，压紧轮沿箭头 A 方向摆开，以便装卸工件。这种磨削方式适用于大批量生产，加工外圆表面已经精加工过的薄壁工件，如轴承套圈等。

(3) 行星内圆磨削如图 1.35(c)所示，磨削时，工件固定不转，砂轮除了绕其自身轴线高速旋转实现主运动外，同时还绕被磨内孔的轴线作公转运动，以完成圆周进给运动。纵向往复运动由砂轮或工件完成。周期地改变砂轮与被磨内孔轴线间的偏心距，即增大砂轮公转运动的旋转半径，可实现横向进给运动。这种磨削方式适用于磨削大型或形状不对称、不便于旋转的工件。

内圆磨床按自动化程度分,有普通、半自动和全自动内圆磨床三类。一般机械制造厂中以普通磨床应用最普遍。磨削时,根据工件形状和尺寸不同,可采用纵磨法或切入磨法(图 1.36(a)、图 1.36(b))。有些普通内圆磨床上备有专门的端磨装置,可在工件一次装夹中磨削内孔和端面(图 1.36(c)、图 1.36(d)),这样不仅易于保证内孔和端面的垂直度,而且生产率较高。

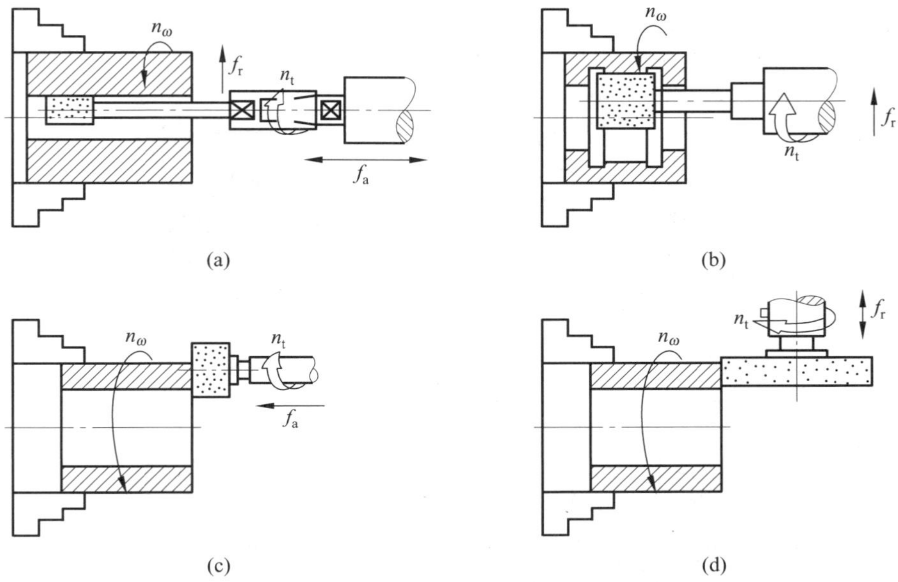

图 1.36 普通内圆磨床的磨削方法

图 1.37 是常见的两种普通内圆磨床布局形式。图 1.37(a)所示磨床的工件头架安装在工作台上,随工作台一起往复移动,完成纵向进给运动。图 1.37(b)所示磨床砂轮架安装在工作台上作纵向进给运动。两种磨床的横向进给运动都由砂轮架实现。工件头架都可绕垂直轴线调整角度,以便磨削锥孔。

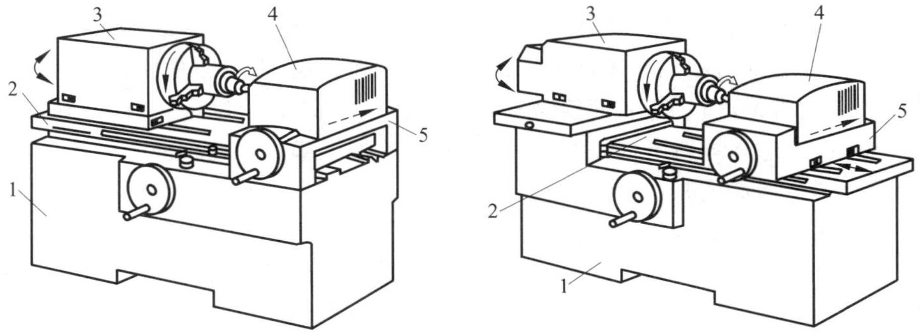

图 1.37 普通内圆磨床

1—床身;2—工作台;3—头架;4—砂轮架;5—滑座

1.4.5.3 平面磨床

平面磨床用于磨削各种零件的平面。根据砂轮的工作面不同，平面磨床可分为用砂轮周边磨削和砂轮端面磨削两类。用砂轮周边磨削(图 1.38(a)，图 1.38(b))的平面磨床，砂轮主轴常处于水平位置(卧式)；而用砂轮端面磨削(图 1.38(c)，图 1.38(d))的平面磨床，砂轮主轴常为立式的。根据工作台的形状不同，平面磨床又可分为矩形工作台和圆形工作台两类。所以，根据磨削方法和机床布局不同，平面磨床主要有下列四种类型：卧轴矩台平面磨床、卧轴圆台平面磨床、立轴矩台平面磨床和立轴圆台平面磨床。其中，卧轴矩台平面磨床和立轴圆台平面磨床最为常见。

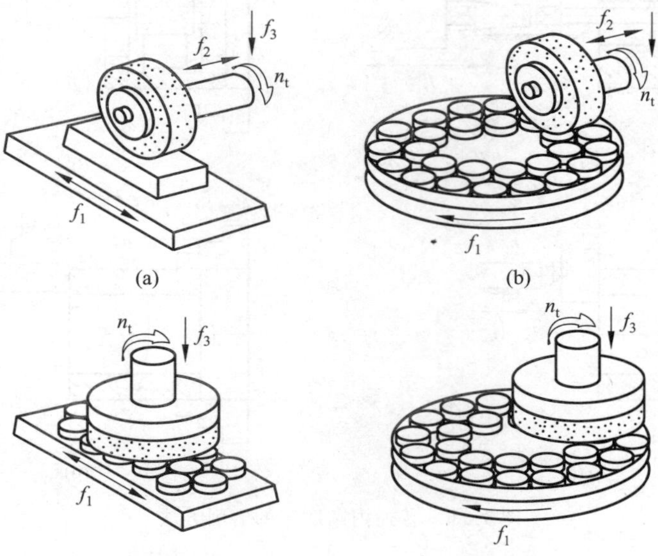

图 1.38 平面磨床的磨削方法

(a) 周边磨削：工件往复运动；(b) 周边磨削：工件圆周进给

(c) 端面磨削：工件往复运动；(d) 端面磨削：工件圆周进给

在上述四类平面磨床中，用砂轮端面磨削的平面磨床与用砂轮周边磨削的平面磨床相比较，由于端面磨削的砂轮直径往往比较大，能一次磨出工件的全宽，磨削面积较大，所以生产率较高，但端面磨削时砂轮和工件表面成弧形线或面接触，接触面积大，冷却困难，且切屑不易排除，所以加工精度较低，表而粗糙度较大；而用砂轮周边磨削，由于砂轮和工件接触面较小，发热量少，冷却和排屑条件较好，可获得较高的加工精度和较小的表面粗糙度。另外，采用卧轴矩台的布局形式时，工艺范围较广。除了用砂轮周边磨削水平面外，还可用砂轮的端面磨削沟槽和台阶等的垂直侧平面。

圆台平面磨床与矩台平面磨床相比，圆台平面磨床生产率稍高些，这是由于圆台平面磨床是连续进给，而矩台平面磨床有换向时间损失。但是圆台平面磨床只适于磨削小零件和大直径的环形零件端面，不能磨削窄长零件；而矩台平面磨床可方便地磨削各类零件，包括直径小于矩台宽度的环形零件。

目前，最常见的平面磨床为卧轴矩台式平面磨床和立轴圆台式平面磨床。

图 1.39 是最常见的两种卧轴矩台式平面磨床布局形式。图 1.39(a)为砂轮架移动式，

工作台只作纵向往复运动，而由砂轮架沿滑鞍上的燕尾导轨移动来实现周期的横向进给运动；滑鞍和砂轮架一起可沿立柱导轨移动，作周期的垂直进给运动。图 1.39(b)为十字导轨式，工作台装在床鞍上，它除了作纵向往复运动外，还随床鞍一起沿床身导轨作周期的横向进给运动，而砂轮架只作垂直周期进给运动。这类平面磨床工作台的纵向往复运动和砂轮架的横向周期进给运动，一般都采用液压传动。砂轮架的垂直进给运动通常是手动的。为了减轻工人的劳动强度和节省辅助时间，有些机床具有快速升降机构，用以实现砂轮架的快速机动调位运动。砂轮主轴采用内连电动机直接传动。

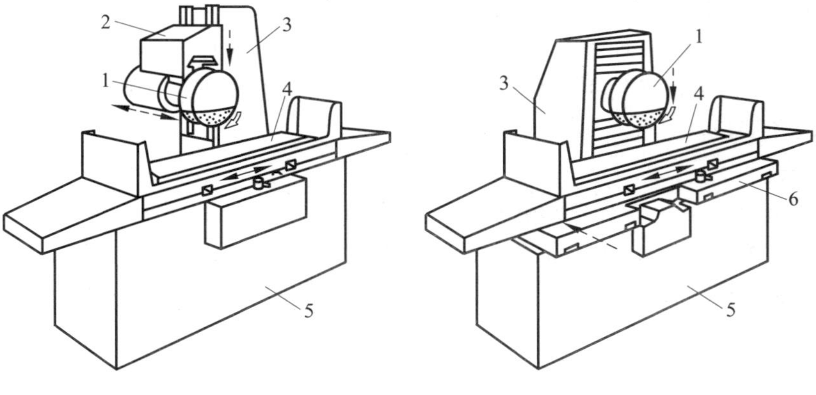

(a) (b)

图 1.39 卧轴矩台式平面磨床

1—砂轮架；2—滑鞍；3—立柱；4—工作台；5—床身；6—床鞍

图 1.40 是立轴圆台平面磨床的外形。圆形工作台装在床鞍上，它除了作旋转运动实现圆周进给外，还可以随同床鞍一起，沿床身导轨纵向快速退离或趋近砂轮，以便装卸工件。砂轮的垂直周期进给通常由砂轮架沿立柱导轨移动来实现，但也有采用移动装在砂轮架体壳中的主轴套筒来实现。砂轮架还可作垂直快速调位运动，以适应磨削不同高度工件的需要。以上这些运动，都由单独电动机经机械传动装置传动。这类磨床的砂轮主轴轴线位置，可根据加工要求进行微量调整，使砂轮端面和工作台台面平行或倾斜一个微小的角度（一般小于 10′）。粗磨时，常采用较大的磨削用量以提高磨削效率，为避免发热量过大而使工件产生热变形和表面烧伤，需将砂轮端面倾斜一些，以减少砂轮与工件的接触面积。精磨时，为了保证磨削表面的平面度与平行度，需使砂轮端面与工作台台面平行或倾斜一极小的角度。此外，磨削内凹或内凸的工作表面时，也需使砂轮端面在相应方向倾斜。砂轮主轴轴线位置可通过砂轮架相对立柱或立柱相对于床身底座偏斜一个角度来调整。

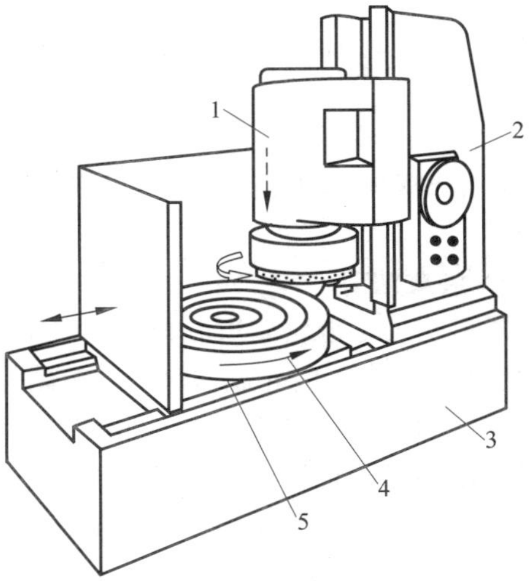

图 1.40 立轴圆台平面磨床

1—砂轮架；2—立柱；3—床身；4—工作台；5—床鞍

1.5 齿轮加工机床

1.5.1 概述

用来加工齿轮轮齿表面的机床,称为齿轮加工机床。齿轮是现代机械设备、仪器仪表中的重要零件。

1.5.1.1 齿轮的加工方法

齿轮的加工方法很多,如铸造、锻造、热轧、冲压以及切削加工等。目前,前四种方法的加工精度还不够高,精密齿轮主要靠切削法。按形成轮齿的原理,切削齿轮的方法可分为两大类:成形法和展成法。

1. 成形法

成形法用与被加工齿轮齿槽形状相同的成形刀具切削轮齿。图1.41(a)是用盘形齿轮铣刀加工直齿齿轮。铣完一个齿槽后,退回原处,齿坯作分度运动——转过$360°/z$(z是被加工齿轮的齿数);然后再铣下一个齿,直到全部齿被铣削完毕。分度运动属于辅助运动。

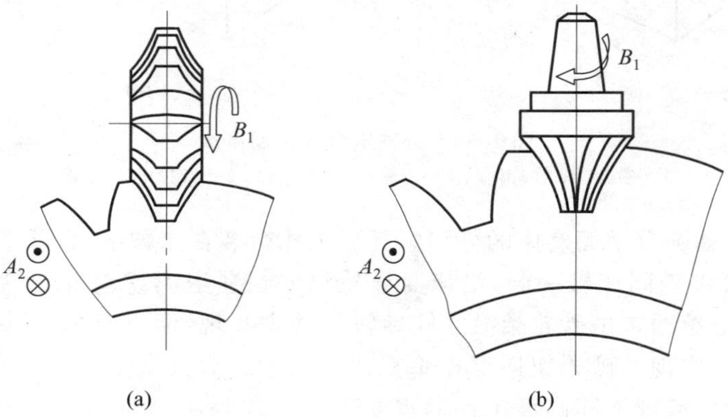

图1.41 成形法加工齿轮

(a) 用盘形齿轮铣刀;(b) 用指状齿轮铣刀

加工模数较大的齿轮时,常用指状齿轮铣刀,如图1.41(b)所示。所需运动与用盘形铣刀相同。

2. 展成法

展成法加工齿轮应用齿轮啮合的原理。切齿过程中,模拟某种齿轮副的啮合过程,如交错轴齿轮副、齿轮-齿轮副、齿轮-齿条副等,把其中的一个做成刀具来加工另外一个。被加工齿的齿廓表面是在刀具和工件包络(展开)过程中,由刀具切削刃的位置连续变化形成的。用展成法加工齿轮的优点是,只要模数和压力角相同,一把刀具可以加工任意齿数的齿轮;生产率和加工精度也都比较高。在齿轮加工中,展成法应用最为广泛。

1.5.1.2 齿轮加工机床的类型

齿轮加工机床的种类繁多,一般可分为圆柱齿轮加工机床和锥齿轮加工机床两大类。

1. 圆柱齿轮加工机床

按形成齿轮轮齿的原理不同，又可分为以下两类。

(1) 展成法加工机床　包括滚齿机、插齿机、剃齿机、珩齿机和磨齿机等。

(2) 成形法加工机床　包括铣齿机、拉齿机和成形砂轮磨齿机等。

2. 锥齿轮加工机床

锥齿轮加工机床种类也很多，主要有如下两类。

(1) 直齿锥齿轮加工机床　包括直齿锥齿轮粗切机、直齿锥齿轮刨齿机、直齿锥齿轮铣齿机、直齿锥齿轮拉齿机和直齿锥齿轮磨齿机。

(2) 弧齿锥齿轮加工机床　包括弧齿锥齿轮粗切机、弧齿锥齿轮铣齿机、弧齿锥齿轮拉齿机、弧齿锥齿轮磨齿机和弧齿锥齿轮研齿机。

用来精加工齿轮齿面的机床是上述机床中的研齿机、剃齿机和磨齿机等。

1.5.2 滚齿机

滚齿机主要用于滚切直齿、斜齿圆柱齿轮和蜗轮。与滚齿机加工原理相同的，还有花键轴铣齿机。

1.5.2.1 滚齿原理

滚齿加工是根据展成法原理来加工齿轮轮齿的，滚齿原理见图 1.42。用齿轮滚刀加工齿轮的过程，相当于一对螺旋齿轮啮合滚动的过程(图 1.42(a))。将其中一个螺旋齿轮的齿数减少到一个或几个，轮齿的螺旋倾角很大，就成了蜗杆(图 1.42(b))。将蜗杆开槽并铲背后，就成了齿轮滚刀(图 1.42(c))。当机床使滚刀和工件严格地按一对螺旋齿轮的传动关系作相对旋转运动时，就可在工件上连续不断地切出齿来。

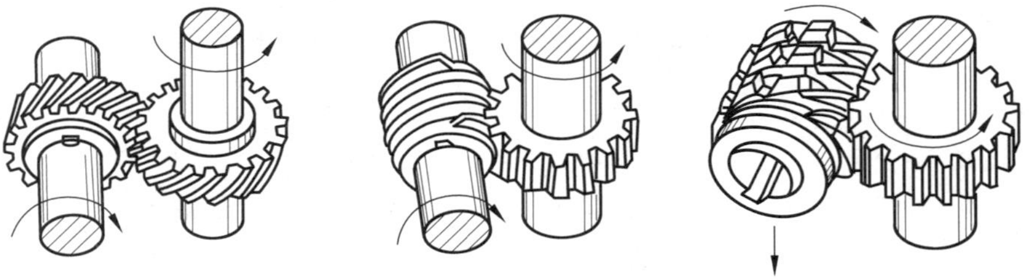

(a)　(b)　(c)

图 1.42　滚齿原理

1.5.2.2 滚切直齿圆柱齿轮

用滚刀加工直齿圆柱齿轮必须具有以下两个运动：形成渐开线(母线)所需的展成运动(B_{11}，B_{12})和形成导线所需的滚刀沿工件轴线的移动(A_2)，如图 1.43 所示。

滚切直齿圆柱齿轮的工作状态和传动原理如图 1.44 所示。

1. 展成运动

展成运动是滚刀与工件之间的啮合运动，是一个复合的表面成形运动。这个运动可以被分解为两个部分：滚刀的旋转运动 B_{11} 和工件的旋转运动 B_{12}。复合运动的两部分 B_{11} 和 B_{12} 之间需要有一个内联系传动链，用以保持 B_{11} 和 B_{12} 之间的相对运动关系。在图 1.44 中，

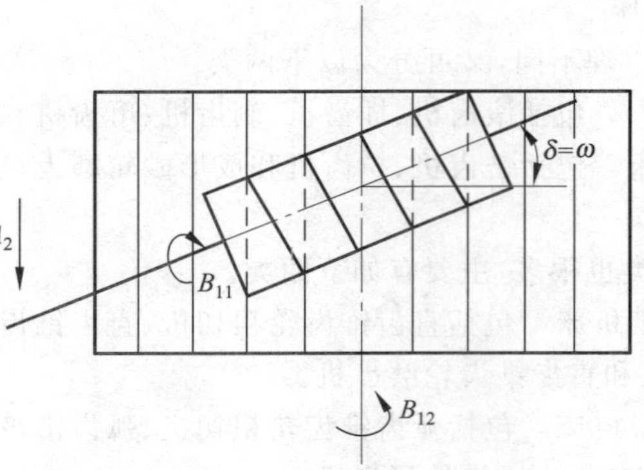

图 1.43　滚切直齿圆柱齿轮所需的运动

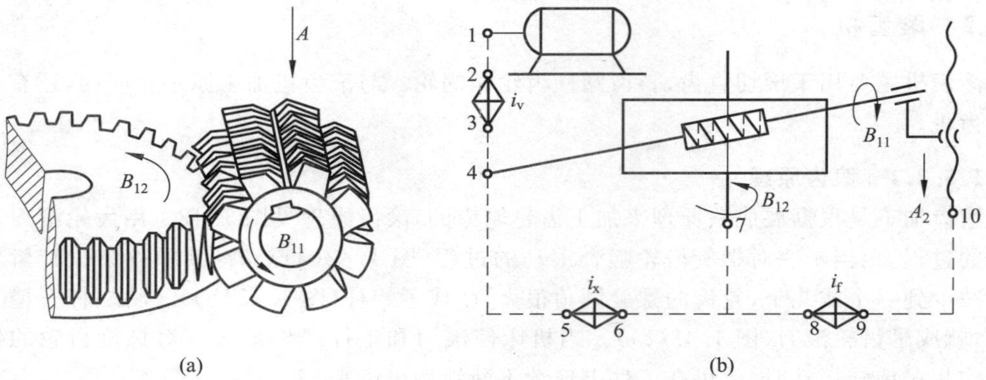

(a)　　(b)

图 1.44　滚切直齿圆柱齿轮工作状态和传动原理图

(a) 工作状态及切削加工时所需运动；(b) 传动原理图

这条传动链是：滚刀-4-5-i_x-6-7-工件。

2. 主运动

展成运动还应有一条外联系传动链与动力源相联系。这条传动链为：电动机-1-2-i_v-3-4-滚刀。从切削的角度分析，滚刀的旋转是主运动，因此这条传动链称为主运动链。

3. 竖直进给运动

为了形成直线，滚刀还需作轴向的直线运动 A_2。这个运动是维持切削得以连续的运动，是进给运动。

A_2 是一个简单运动，可以使用独立的动力源驱动。在图 1.44 中，这条传动链为：工件-7-8-i_f-9-10-刀架升降丝杠。这是一条外联系传动链，称为进给传动链。

综上所述，滚切直齿齿轮时，用展成法和相切法加工轮齿的齿面。用展成法形成渐开线(母线)，需要一个复合的成形运动，这个运动需要一条内联系传动链(展成运动链)和一条外联系传动链(主运动链)。用相切法形成直线，需要两个简单的成形运动。一个是滚刀的旋转，与展成法成形运动的一部分——B_{11} 重合；另一个是直线运动，需要一条外联系传动链(进给传动链)。

1.5.2.3 滚切斜齿圆柱齿轮

斜齿圆柱齿轮的轮齿，端面上的齿廓是渐开线，而在轮齿齿长方向，看起来是一条倾斜的直线，但实际上是一根螺旋线。图1.45表示一个比较宽的斜齿圆柱齿轮，可以明显看到齿长方向的齿线是螺旋线。

图1.45 斜齿圆柱齿轮

由此，与直齿圆柱齿轮轮齿相比较，斜齿圆柱齿轮齿面的成形，与滚切直齿圆柱齿轮齿面的差别仅在于导线的形状不同：直齿圆柱齿轮为直线；而斜齿圆柱齿轮的导线为螺旋线。因此，只要了解螺旋线的成形方法，就可以同分析滚切直齿圆柱齿轮时的方法一样，分析滚切斜齿圆柱齿轮齿面的成形方法以及它的传动原理图。

从机床运动分析考虑，就斜齿圆柱齿轮加工而言，也需要两个运动：一个是产生渐开线（母线）的展成运动；另一个是产生螺旋线（导线）的运动。滚切斜齿圆柱齿轮所需的运动见图1.46。

滚切斜齿圆柱齿轮时的两个成形运动都各需一条内联系传动链和一条外联系传动链，如图1.47所示。展成运动的传动链与滚切直齿时完全相同。产生螺旋运动的外联系传动链——进给链，也与切削直齿圆柱齿轮时相同。但是，这时的进给运动是复合运动，还需一条产生螺旋线的内联系传动链。它连接刀架移动 A_{21} 和工件的附加转动 B_{22}，以保证当刀架直线移动距离为螺旋线的一个导程 T 时，工件的附加转动为一转。

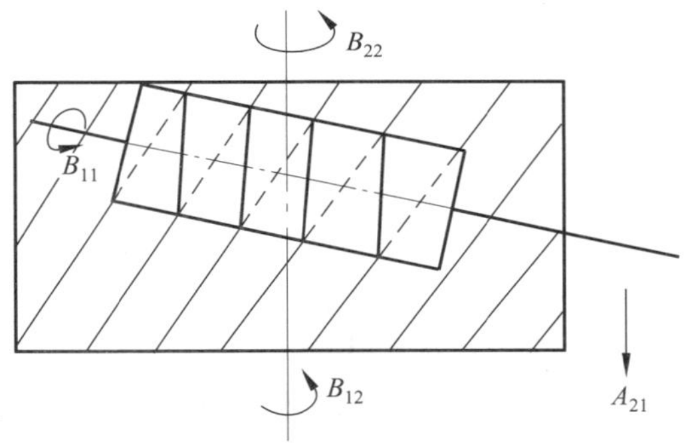

图1.46 滚切斜齿圆柱齿轮所需的运动

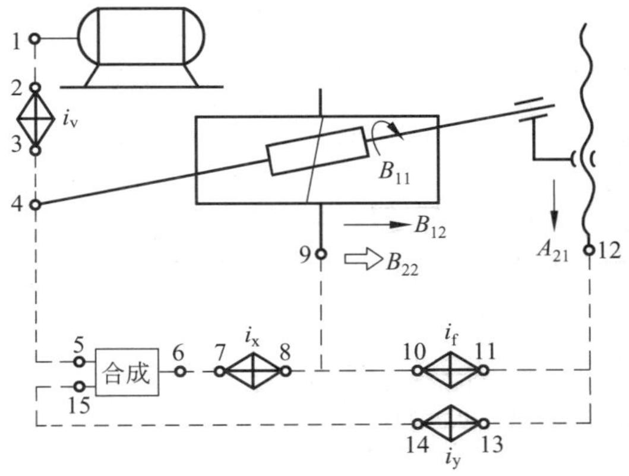

图1.47 滚切斜齿圆柱齿轮的传动原理图

由前所述，由于斜齿圆柱齿轮的导线是螺旋线，滚切时随着刀架的直线移动，工件要有一个附加转动。因而，在刀架与工件之间要有一个传动联系，以保证刀架直线移动一个导程 T 时，通过合成机构使工件得到附加转动为一转。由于这个传动联系是通过合成机构的差动作用使工件的转速加快或减慢，所以这个传动联系一般称为差动传动链。如图1.47所示，差动链为丝杠-12-13-i_y-14-15-$i_{合}$-6-7-i_x-8-9-工件。换置器官的传动比 i_y 根据被加工齿轮的螺旋线导程 T 或螺旋倾角 β 调整。这条差动链中刀架的轴向直线移动 A_{21} 和工件的附加转速 B_{22} 之间的速比要求严格、准确。因此差动传动链的性质，属于内联系传动链。

1.5.2.4 Y3150E型滚齿机

Y3150E型滚齿机主要用于滚切直齿圆柱齿轮和斜齿圆柱齿轮，可加工工件最大直径为

500 mm，工件最大模数为 8 mm，工件最小齿数 $z_{min}=5\times k_{滚刀头数}$，滚刀转速为 40～250 r/min，分 9 级变速。该机床使用蜗轮滚刀时，还可以用手动径向进给法滚切蜗轮。也可用于加工花键轴。

图 1.48 是 Y3150E 型滚齿机的外形图。刀架 3 可以沿立柱 2 上的导轨上下直线移动，还可以绕自己的水平轴线转动，调整滚刀和工件间的相对位置（安装角），使它们相当于一对轴线交叉的螺旋齿轮啮合；滚刀装在滚刀主轴 4 上作旋转运动；小立柱 5 可以连同工作台一起作水平方向移动，以适应不同直径的工件及在用径向进给法切削蜗轮时作进给运动；工件装在工件心轴 6 上随同工作台一起旋转。

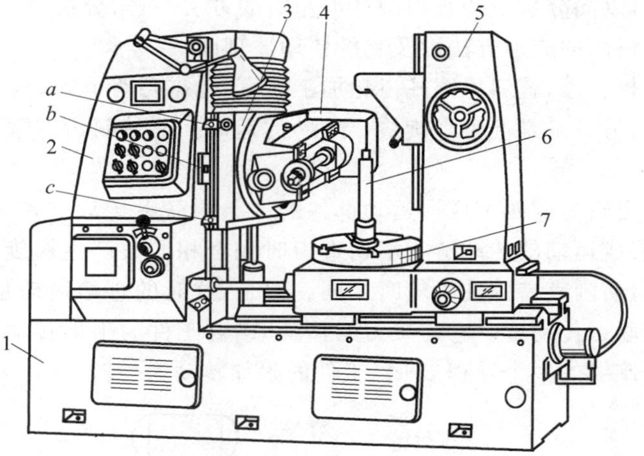

图 1.48 Y3150E 型滚齿机

1—床身；2—立柱；3—刀架；4—滚刀主轴；5—小立柱；6—工件心轴；7—工作台

Y3150E 型滚齿机的传动系统图如图 1.49 所示。

Y3150E 型滚齿机传动路线表达式为

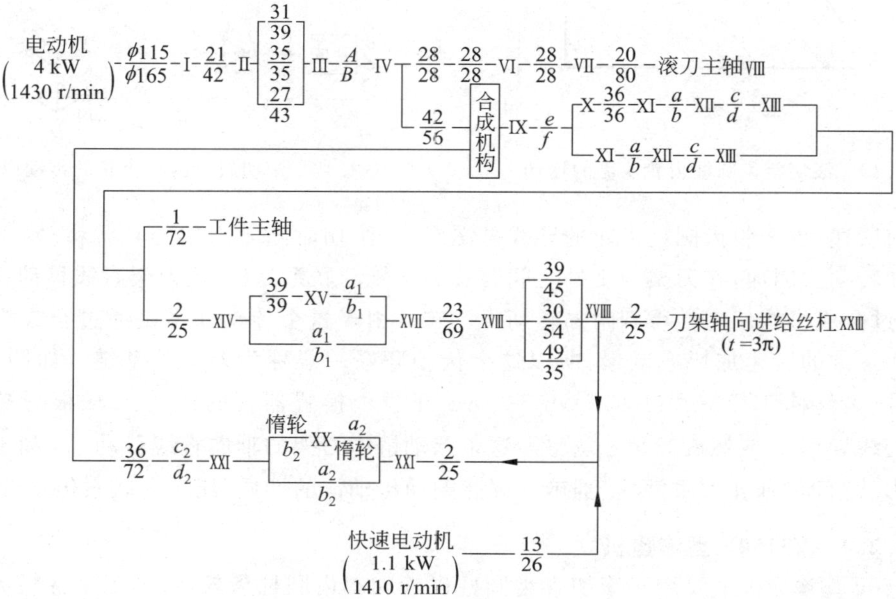

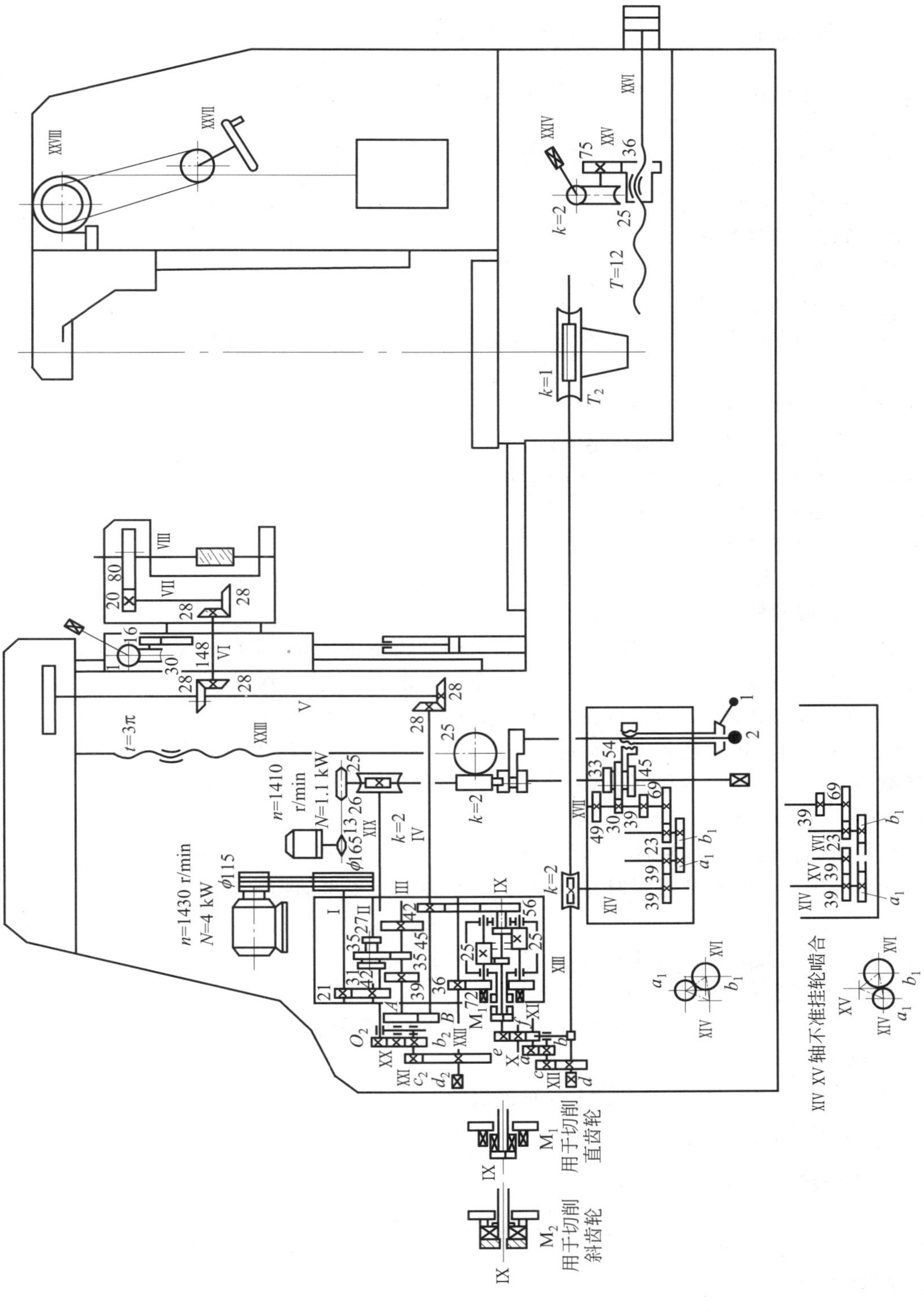

图 1.49 Y3150E 型滚齿机的传动系统图

从传动路线表达式中可以清楚地表明机床的传动原理图与传动系统图是一一对应的。例如在 Y3150E 型滚齿机传动原理图的主运动传动链中，除虚线对应传动系统图中各定比传动副外，该传动链的换置机构 i_v，对应在传动系统图中为 $i_{变速组}\cdot\frac{A}{B}$；同样对展成链来说，其换置机构 i_x 相应在传动系统图中为 $\frac{a}{b}\cdot\frac{c}{d}$；在差动链中，其换置机构 i_y，对应为 $\frac{a_2}{b_2}\cdot\frac{c_2}{d_2}$；轴向进给链中 i_f 对应为 $\frac{a_1}{b_1}\cdot i_{进给组}$。这就说明在传动链中，除了传动比固定的传动件外，还有传动比可以改变的换置机构。

1. 滚切直齿圆柱齿轮

用滚刀滚切直齿圆柱时，机床需要三条传动链。

1）主运动传动链

主运动传动链是联系电动机和滚刀主轴之间的传动链，由它决定形成渐开线的速度，是“外联系”传动链。

两端件：电动机-滚刀。

2）展成运动传动链(简称展成链)

这是一条形成渐开线(母线)的展成运动 $B_{11}+B_{12}$，属于“内联系”传动性质的传动链。

两端件：滚刀-工件。

3）轴向进给传动链

刀架沿工件轴向运动的轴向进给传动链是“外联系”传动链。两端件：工作台-刀架。

2. 滚切斜齿圆柱齿轮

从前面已知，滚切直齿圆柱齿轮与滚切斜齿圆柱齿轮的差别，仅在于导线的形状不同。前者是直线，后者为螺旋线。从确定运动的 5 个参数来看，这个差别，仅是轨迹参数的不同。因而得出，在滚切斜齿圆柱齿轮时，在刀架直线移动与工件旋转之间还存在传动联系，以形成螺旋线。构成这一传动联系的传动链称为差动传动链。除差动传动链之外，其他的传动链都与滚切直齿圆柱齿轮时相同。

1）展成运动传动链

滚切斜齿圆柱齿轮时的展成运动传动链的传动路线、两末端件之间的相对运动关系(计算位移)等，与滚切直齿圆柱齿轮时完全相同，只是在最后得出的换置公式的符号相反。

2）主运动传动链

主运动传动链与滚切直齿圆柱齿轮时完全相同。

3）轴向进给传动链

沿工件轴向运动的刀架轴向进给传动链也与滚切直齿圆柱齿轮时完全相同。

4）差动传动链

差动传动链的功用是，当滚刀沿工件轴向进给时使工件作相应的附加转动。

两端件：刀架-工件。

1.5.3 插齿机

1.5.3.1 插齿原理

1. 插齿原理

使用齿轮形插齿刀的插齿机，加工原理很简单，类似一对相啮合的圆柱齿轮。其中的一个是工件，另一个是特别的齿轮，即齿轮形插齿刀，它的模数和压力角分别与被加工齿轮的模数和压力角相等；但每个齿的渐开线齿廓和齿顶上，都作成刀刃，一个顶刃和两个侧刃。

图 1.50 表示插齿原理及加工时所需的成形运动。其中插齿刀旋转 B_{11} 和工件旋转 B_{12} 组成复合的成形运动——展成运动，这个运动是形成渐开线齿廓所必需的。插齿刀上下往复运动 A_2 是一个简单的成形运动，以形成轮齿齿面的导线——直线（加工直齿圆柱齿轮）。

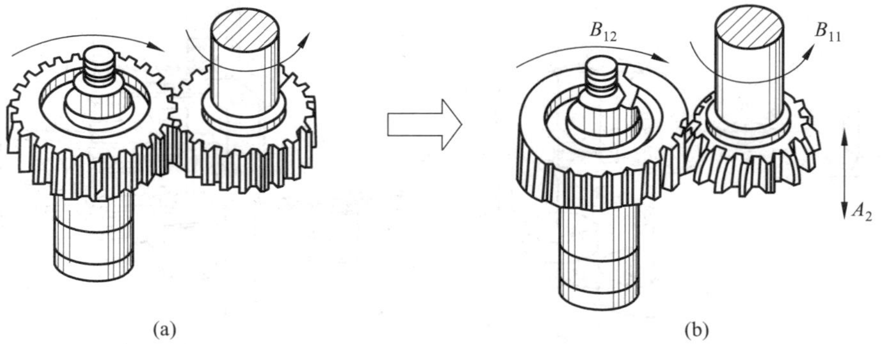

图 1.50 插齿原理及加工时所需的成形运动

插齿时，首先是插齿刀相对于工件作径向切入运动，直到全齿深时停止切入，这时工件和插齿刀继续对滚（即插齿刀以 B_{11}，工件以 B_{12} 的相对运动关系转动），当工件再转过一圈后，全部轮齿即切削完。然后插齿刀与工件分开，机床停机。因此，插齿机除了两个成形运动外，还需要一个径向切入运动。此外，插齿刀在往复运动的回程时不切削，为了减少刀刃的磨损，机床上还需要有让刀运动。

2. 插齿机的传动原理图

图 1.51 是用齿轮形插齿刀插削直齿圆柱齿轮时机床的传动原理图。传动原理图中，仅表明成形运动。切入运动及让刀运动并不影响加工表面的成形，所以在传动原理图中没有表示出来。图中，点 8 到点 11 之间的传动为展成运动传动链。点 4 到点 8 之间的传动为圆周进给传动链，这条传动链决定插齿刀和工件对滚的速度。由于插齿刀上下往复一次时，插齿刀本身转动的快慢，对形成渐开线齿廓精度有关，因此，圆周进给运动以插齿刀上下往复一次时插齿刀在节圆上所转过的弧长来表示。

上面所说的两条传动链分别用来确定展成运动的轨迹和速度。

由电动机点 1 至曲柄偏心盘点 4 之间的传动是机床的主运动传动链，由它确定插齿刀每分钟上下往复的次数（速度）。

1.5.3.2 Y5132 型插齿机

1. 机床的用途及外形

Y5132 型机床主要用来粗、精加工外啮合或内啮合的直齿圆柱齿轮、双联和多联的齿轮。

图 1.52 是机床的外形图。图中，插齿刀装在刀架的刀具主轴上作上下往复插削运动并旋转；工件装在工作台上作旋转运动，并随同工作台直线移动，实现径向切入运动；挡块支架调整在它上面的挡块位置，可使整个加工过程自动进行。

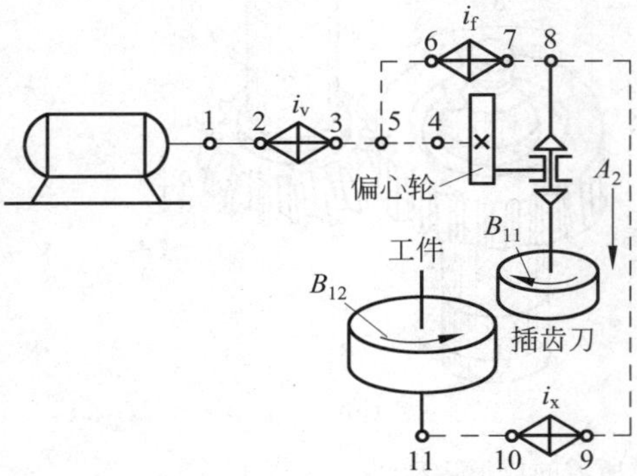

图 1.51 插齿机的传动原理图

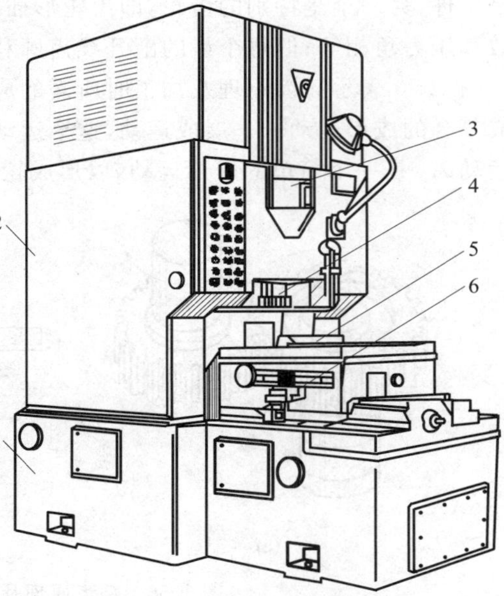

图 1.52 Y5132 型插齿机

1—床身；2—立柱；3—刀架；4—插齿刀；5—工作台；6—挡块支架

2. 机床的传动系统分析

Y5132 型插齿机传动系统图见图 1.53，该机床的传动路线表达式为

$$\begin{pmatrix}\text{双速电动机}\\ 960/1440\ \text{r/min}\\ 3/4\ \text{kW}\end{pmatrix}-\frac{\phi100}{\phi278}-\text{I}-\begin{bmatrix}\begin{bmatrix}\frac{38}{52}\\ \frac{45}{45}\end{bmatrix}-\frac{39}{51}-\frac{33}{57}\\ \frac{33}{57}\\ \frac{38}{52}\\ \frac{45}{45}\\ \frac{51}{39}\end{bmatrix}-\text{II}-\begin{cases}\text{曲柄偏心盘}-\text{刀具主轴往复}\ A\\ \frac{57}{57}-\text{III}-\frac{15}{15}-\text{IV}-\frac{3}{23}-\text{V}-\frac{E}{F}-\text{VI}-\begin{bmatrix}\frac{58}{52}\\ \frac{52}{58}\end{bmatrix}-\text{VII}-\end{cases}$$

$$-\begin{bmatrix}\frac{52}{38}-\text{XVII}-\frac{38}{52}\\ \frac{58}{52}\end{bmatrix}-\text{VIII}-\begin{cases}\frac{20}{30}-\text{XV}-\frac{1}{80}-\text{刀具主轴旋转}\ B_1\\ \frac{A}{B}-\frac{C}{D}-\text{IX}-\underbrace{\begin{bmatrix}\frac{27}{27}\\ \frac{27}{27}\end{bmatrix}}_{\text{锥齿轮变向机构}}-\text{X}-\frac{23}{23}-\text{XI}-\frac{1}{120}-\text{工作台旋转}\ B_2\end{cases}$$

$$\text{XI}-\frac{23}{69}-\text{快速电动机}\begin{pmatrix}0.6\ \text{kW}\\ 1380\ \text{r/min}\end{pmatrix}$$

1）展成运动传动链

由传动原理图可知展成运动传动链联系插齿刀旋转和工件的旋转。

2）主运动传动链

对照传动原理图，主运动传动链联系主电动机与曲柄偏心盘机构之间的传动链。这条

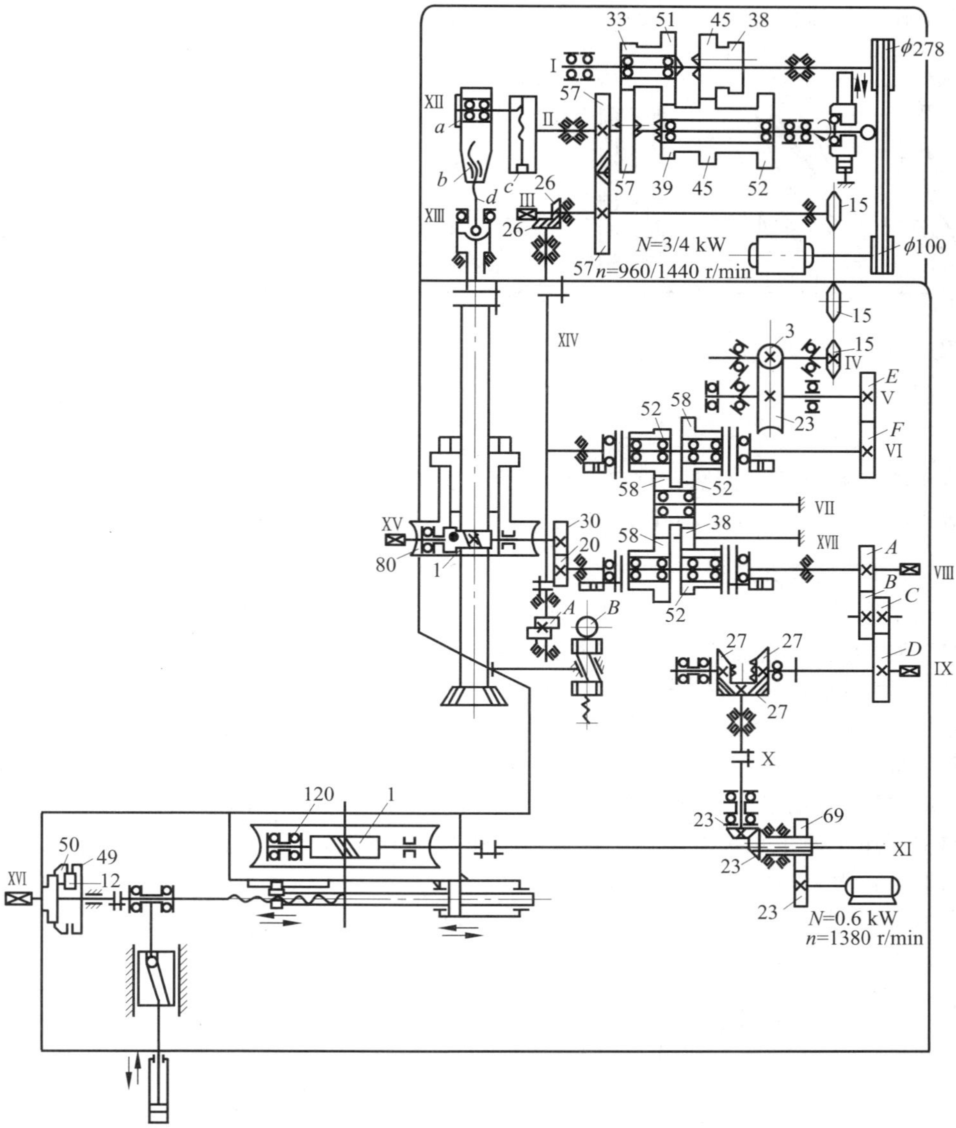

图 1.53　Y5132 型插齿机的传动系统网

传动链的传动路线很简单，运动由双速电动机经轴Ⅰ传至轴Ⅱ。轴Ⅱ端部是一个曲柄偏心机构，把旋转运动变为上下往复运动。

1.6　其他加工机床

1.6.1　钻床

钻床是孔加工用机床，主要用来加工外形比较复杂、没有对称回转轴线的工件上的孔，如杠杆、盖板、箱体和机架等零件上的各种孔。在钻床上加工时，工件固定不动，刀具旋转作主运动，同时沿轴向移动作进给运动。钻床可完成钻孔、扩孔、铰孔、攻螺纹、锪埋头孔和锪端面等工作。钻床的加工方法及所需的运动如图 1.54 所示。

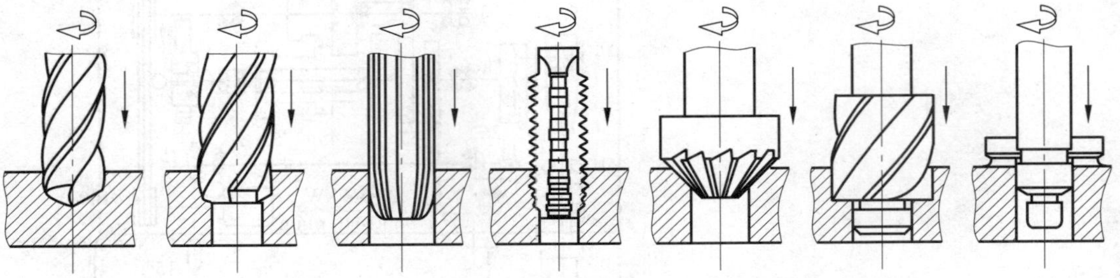

图 1.54 钻床的加工方法

(a) 钻孔；(b) 扩孔；(c) 铰孔；(d) 攻螺纹；(e)、(f) 锪埋头孔；(g) 锪端面

钻床的主参数是最大钻孔直径。钻床的主要类型有立式钻床、台式钻床、摇臂钻床和专门化钻床(如深孔钻床和中心孔钻床)等。

1.6.1.1 立式钻床

立式钻床是钻床中应用较广的一种,其特点为主轴轴线垂直布置,而且其位置是固定的。加工时,为使刀具旋转中心线与被加工孔的中心线重合,必须移动工件(相当于调整坐标位置)。因此立式钻床只适于加工中小型工件上的孔。

方柱立式钻床的外形如图 1.55 所示。主轴箱 3 中装有主运动和进给运动的变速传动机构和主轴部件等。加工孔时,主运动是由主轴 2 带着刀具作旋转运动实现的,而主轴箱 3 固定不动,进给运动是由主轴 2 随同主轴套筒在主轴箱 3 中作直线移动来实现。主轴箱 3 右侧的手柄用于使主轴 2 升降。工件放在工作台 1 上。工作台 1 和主轴箱 3 都可沿立柱 4 调整其上下位置,以适应加工不同高度的工件。

立式钻床的传动原理如图1.56所示。主运动一般采用单速电动机经齿轮分级变速传

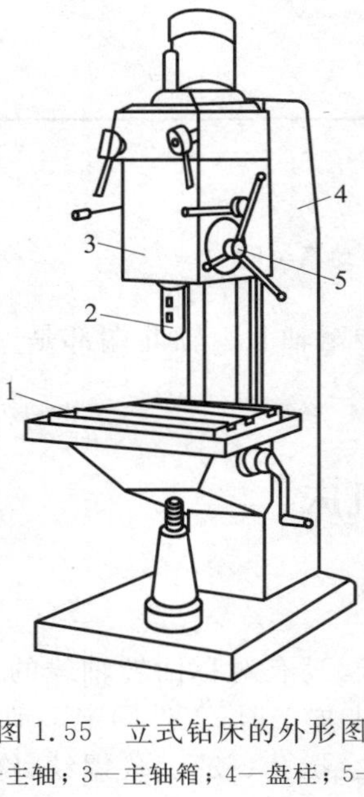

图 1.55 立式钻床的外形图

1—工作台；2—主轴；3—主轴箱；4—盘柱；5—进给操纵机构

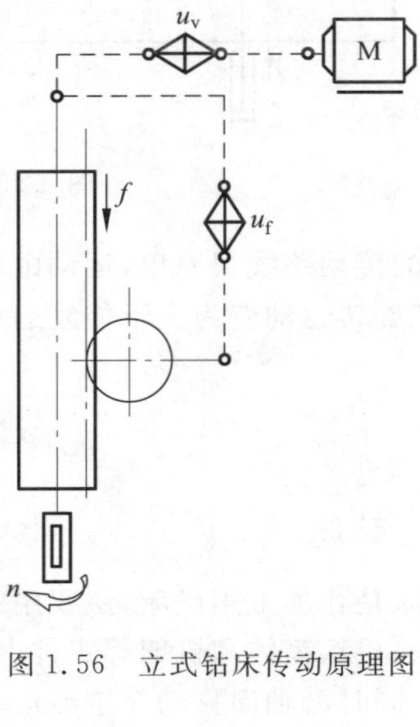

图 1.56 立式钻床传动原理图

动机构传动，也有采用机械无级变速传动的；主轴旋转方向的变换主要靠电动机的正反转来实现。钻床的进给量用主轴每转一转时主轴的轴向移动量来表示。另外，攻螺纹时进给运动和主运动之间也需要保持一定的关系，因此，进给运动由主轴传出，与主运动共用一个动力源。进给运动传动链中的换置机构 u_f 通常为滑移齿轮机构。

由于立式钻床主轴轴线垂直布置，且其位置是固定的，加工时必须通过移动工件才能使刀具轴线与被加工孔的中心线重合，因而操作不便，生产率不高。常用于单件、小批生产加工中、小型工件，且被加工孔数不宜过多。

立式钻床还有一些变形品种，常见的有排式或可调式多轴立式钻床（如图 1.57 所示）。排式多轴立式钻床相当于几台单轴立式钻床的组合，它有多个主轴，用于顺次地加工同一工件的不同孔径或分别进行各种孔工序（钻、扩、铰和攻螺纹等）。它和单轴立式钻床相比，可节省更换刀具的时间，但加工时仍是逐个孔进行加工。因此，这种机床主要适用于中、小批生产加工中、小型工件。可调式多轴立式钻床的机床布局与立式钻床相似，其主要特点是主轴箱上装有若干个主轴，且可根据加工需要调整主轴位置。加工时，由主轴箱带动全部主轴转动，进给运动则由进给箱带动。这种机床是多孔同时加工，生产效率较高，适用于成批生产。

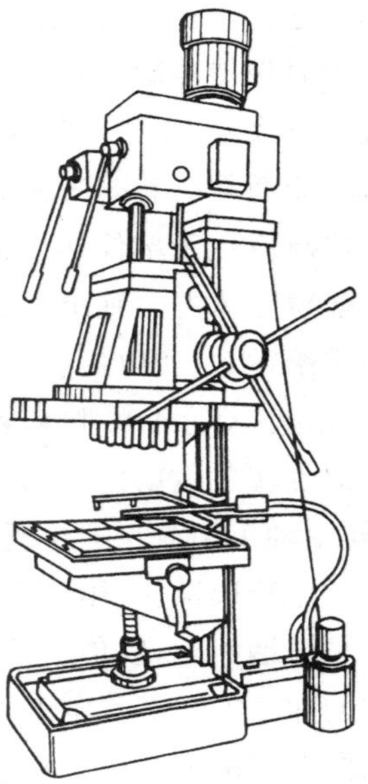

图 1.57 可调式多轴立式钻床

1.6.1.2 摇臂钻床

由于大而重的工件移动费力，找正困难，加工时希望能固定工件，主轴能任意调整坐标位置，因而产生了摇臂钻床（如图 1.58(a)所示）。工件和夹具可以安装在底座 1 或工作台 8

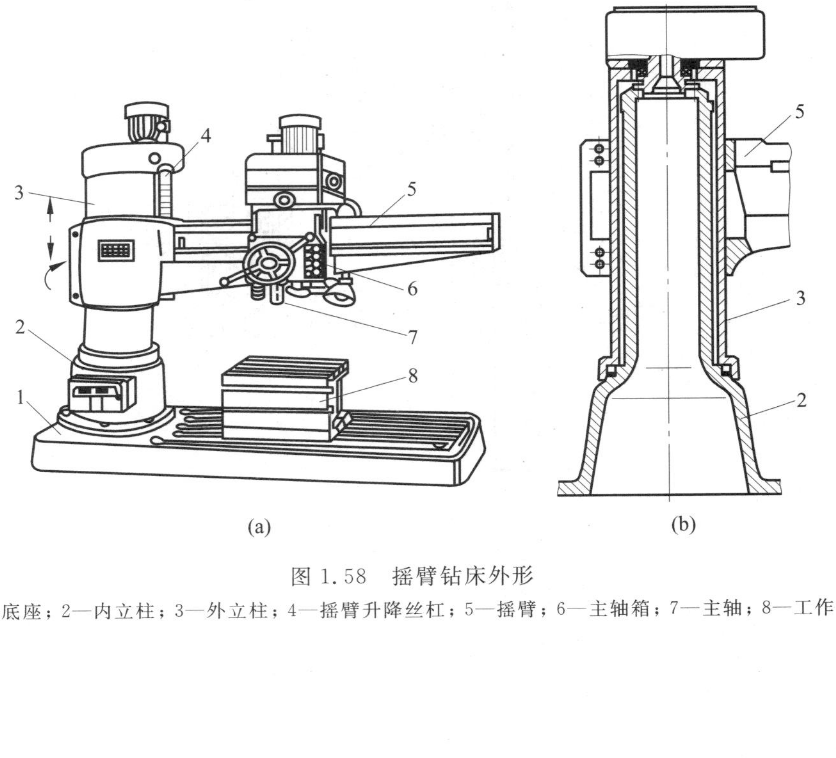

图 1.58 摇臂钻床外形

1—底座；2—内立柱；3—外立柱；4—摇臂升降丝杠；5—摇臂；6—主轴箱；7—主轴；8—工作台

上。立柱为双层结构，内立柱2固定在底座1上，外立柱3由滚动轴承支承，可绕内立柱转动，立柱结构如图1.58(b)所示。摇臂5可沿外立柱3升降，主轴箱6可沿摇臂的导轨水平移动。这样，就可在加工时使工件固定而可以很方便地调整主轴7的位置。为了使主轴7在加工时保持准确的位置，摇臂钻床上具有立柱、摇臂及主轴箱6的夹紧机构。当主轴7的位置调整妥当后，就可快速地将其夹紧。由于摇臂钻床在加工时需要经常改变切削量，因此摇臂钻床通常具有既方便又节省时间的操纵机构，可快速地改变主轴转速和进给量。摇臂钻床广泛应用于单件和中、小批生产中加工大中型零件。

摇臂钻床的主轴组件如图1.59所示。摇臂钻床的主轴在加工时既作旋转主运动，又作轴向进给运动，所以主轴1用轴承支承在主轴套筒2内，主轴套筒2装在主轴箱体孔的镶套11中，由小齿轮4和主轴套筒2上的齿条驱动主轴套筒2连同主轴1作轴向进给运动。主轴1的旋转主运动由主轴尾部的花键传入，而该传动齿轮则通过轴承直接支承在主轴箱体上，使主轴1卸荷。这样既可减少主轴的弯曲变形，又可使主轴移动轻便。主轴1的前端有一个4号莫氏锥孔，用于安装和紧固刀具。主轴的前端还有两个并列的横向腰形孔，上面一个可与刀柄相配，以传递转矩，并可用专用的卸刀扳手插入孔中旋转卸刀；下面一个用于在特殊的加工方式下固定刀具，如倒刮端面时，需要将楔块穿过腰形孔将刀具锁紧，以防止刀具在向下切削力作用下从主轴锥孔中掉下来。

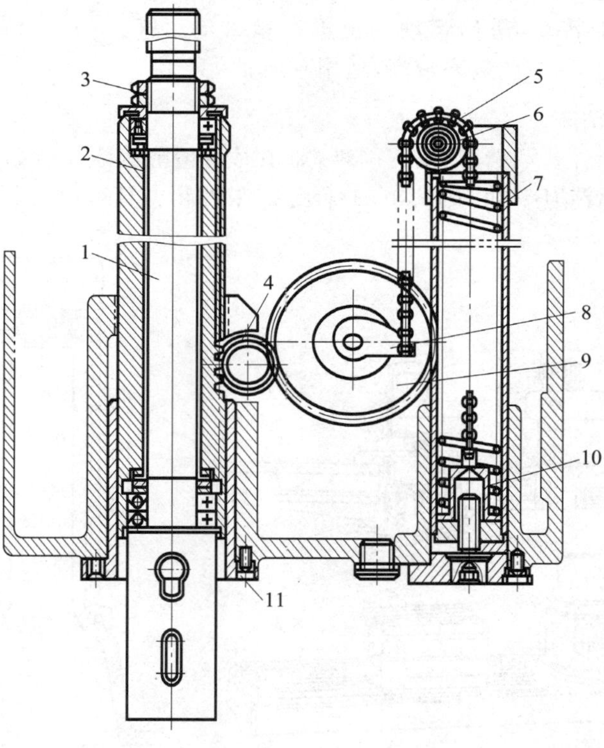

图1.59 主轴部件

1—主轴；2—主轴套筒；3—螺母；4—小齿轮；5—链条；6—链轮；7—弹簧；
8—凸轮；9—齿轮；10—套；11—镶套

钻床加工时，主轴要承受较大的进给力，而背向力不大，因此主轴的轴向切削力由推力轴承承受，上面的一个推力轴承用以支承主轴的重量。螺母 3 用以消除推力轴承内滚珠与滚道的间隙；主轴的径向切削力由深沟球轴承支承。钻床主轴的旋转精度要求不是太高，故深沟球轴承的游隙不需要调整。

为了防止主轴因自重而脱落，以及使操纵主轴升降轻便，在摇臂钻床内设有圆柱弹簧-凸轮平衡机构(如图 1.59 所示)。弹簧 7 的弹力通过套 10、链条 5、凸轮 8、齿轮 9 和小齿轮 4 作用在主轴套筒 2 上，与主轴 1 的重量相平衡。主轴 1 上下移动时，齿轮 4、9 和凸轮 8 转动，并拉动链条 5 改变弹簧 7 的压缩量，使其弹力发生变化，但同时由于凸轮 8 的转动改变了链条 5 至凸轮 8 及齿轮 9 回转中心的距离，即改变了力臂的大小，从而使力矩保持不变。

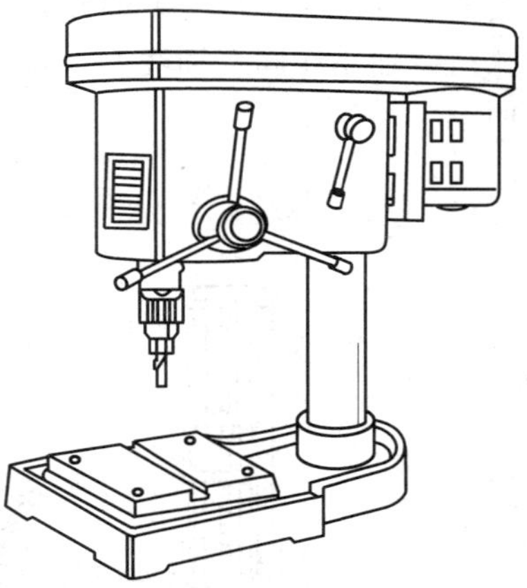

图 1.60　台式钻床

1.6.1.3　台式钻床

台式钻床简称台钻，它实质上是一种加工小孔的立式钻床。台式钻床的外形如图 1.60 所示。台钻的钻孔直径一般在 15 mm 以下，最小可达十分之几毫米。因此，台钻主轴的转速很高，最高可达每分钟几万转。台钻结构简单，使用灵活方便，适于加工小型零件上的孔。但其自动化程度较低，通常用手动进给。

1.6.2　镗床

镗床常用于加工尺寸较大且精度要求较高的孔，特别是分布在不同表面上、孔距和位置精度(平行度、垂直度和同轴度等)要求较严格的孔系，如各种箱体和汽车发动机缸体等零件上的孔系加工。

镗床的主要工作是用镗刀镗削工件上铸出或已粗钻出的孔。机床加工时的运动与钻床类似，但进给运动则根据机床类型和加工条件不同，或者由刀具完成，或者由工件完成。在镗床上，除镗孔外，还可以进行铣削、钻孔、铰孔等工作，因此镗床的工艺范围较广。根据用途，镗床可分为卧式铣镗床、坐标镗床以及精镗床。此外，还有立式镗床、深孔镗床和落地镗床等。

1.6.2.1　卧式铣镗床

卧式铣镗床的工艺范围十分广泛，因而得到普遍应用。卧式铣镗床除镗孔外，还可车端面，铣平面，车外圆，车内、外螺纹，及钻、扩、铰孔等。零件可在一次安装中完成大量的加工工序，而且其加工精度比钻床和一般的车床、铣床高，因此特别适合加工大型、复杂的箱体类零件上精度要求较高的孔系及端面。由于机床的万能性较大，所以又称为万能镗床。

卧式铣镗床的外形如图 1.61 所示。由上滑座 12、下滑座 11 和工作台 3 组成的工作台部件装在床身 10 导轨上。工件安装在工作台 3 上，可与工作台 3 一起随下滑座 11 或上滑座 12 作纵向或横向移动。工作台 3 还可绕上滑座 12 的圆导轨在水平面内转位，以便加工互相成一定角度的平面和孔。主轴箱 8 可沿前立柱 7 上的导轨上下移动，以实现垂直进给运动或调整主轴在垂直方向的位置。在主轴箱 8 中装有镗轴 4、平旋盘 5，主运动和进给运动变速传动机构和操纵机构。此外，机床上还有坐标测量装置，以实现主轴箱和工作台之间的准确定位。根据加工情况不同，刀具可以装在镗轴 4 的锥孔中，或装在平旋盘 5 的径向刀具溜板 6 上。镗轴 4 旋转作主运动，并可沿轴向移动作进给运动；平旋盘 5 只能作旋转主运动。装在平旋盘径向导轨上的径向刀具溜板 6，除了随平旋盘一起旋转外，还可作径向进给运动。装在后立柱 2 上的后支架 1 用于支承悬伸长度较大的镗轴 4 的悬伸端，以增加刚度。后支架 1 可沿后立柱 2 上的导轨上下移动，以便于与主轴箱 8 同步升降，从而保持后支架支承孔与镗轴 4 在同一轴线上。后立柱 2 可沿床身 10 的导轨移动，以适应镗轴 4 的不同程度悬伸。

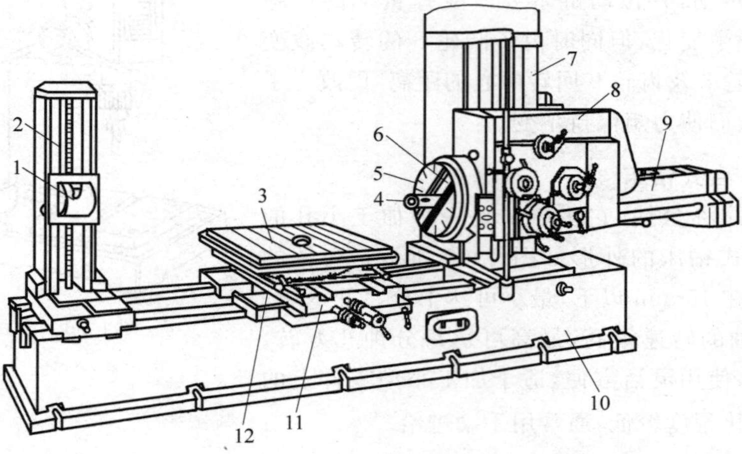

图 1.61　卧式铣镗床外形图

1—后支架；2—后立柱；3—工作台；4—镗轴；5—平旋盘；6—径向刀具溜板；
7—前立柱；8—主轴箱；9—后尾筒；10—床身；11—下滑座；12—上滑座

综上所述，卧式铣镗床的主运动有镗轴和平旋盘的旋转运动；进给运动有镗轴的轴向运动，平旋盘刀具溜板的径向进给运动，主轴箱的垂直进给运动，工作台的纵向和横向进给运动；辅助运动有主轴、主轴箱及工作台在进给方向上的快速调位运动，后立柱的纵向调位运动，后支架的垂直调位移动，工作台的转位运动。

图 1.62 所示为卧式铣镗床的典型加工方法：图 1.62(a)为用装在镗轴上的悬伸刀杆镗孔；图 1.62(b)所示为利用长刀杆镗削同一轴线上的两孔；图 1.62(c)所示为用装在平旋盘上的悬伸刀杆镗削大直径的孔；图 1.62(d)所示为用装在镗轴上的端铣刀铣平面；图 1.62(e)、(f)所示为用装在平旋盘刀具溜板上的车刀车内沟槽和端面。

1.6.2.2　坐标镗床

坐标镗床是一种高精度机床，其特征是具有测量坐标位置的精密测量装置。为了保证高精度，这种机床的主要零部件的制造和装配精度都很高，并具有较好的刚度和抗振性。它主要用来镗削精密孔(IT5 级或更高)和位置精度要求很高的孔系(定位精度可达 0.002～0.010 mm)。例如，镗削钻模和镗模上的精密孔。

坐标镗床的工艺范围很广，除镗孔、钻孔、扩孔、铰孔、锪端面以及精铣平面和沟槽外，还可进行精密刻线和划线，以及进行孔距和直线尺寸的精密测量工作。

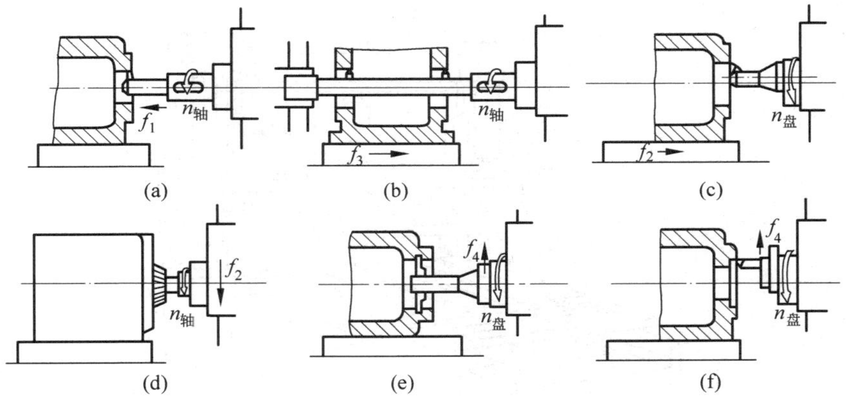

图 1.62 卧式铣镗床的典型加工方法

坐标镗床主要用于工具车间加工工具、模具和量具等，也可用于生产车间成批地加工精密孔系，如在飞机、汽车、拖拉机、内燃机和机床等行业中加工某些箱体零件的轴承孔。

坐标镗床按其布局形式有单柱、双柱和卧式等主要类型。

1. 单柱坐标镗床

如图 1.63 所示为单柱坐标镗床。工件固定在工作台 1 上，坐标位置由工作台沿床鞍 5 导轨的纵向移动（X 向）和床鞍沿床身 6 导轨的横向移动（Y 向）来实现。装有主轴组件的主轴箱 3 可以在立柱 4 的竖直导轨上调整上下位置，以适应不同高度的工件。主轴箱 3 内装有主电动机和变速、进给及其操纵机构。主轴 2 由精密轴承支承在主轴套筒中。当进行镗孔、钻孔、扩孔和铰孔等工作时，主轴 2 由主轴套筒带动，在竖直方向作机动或手动进给运动。当进行铣削时，则由工作台在纵、横方向完成进给运动。

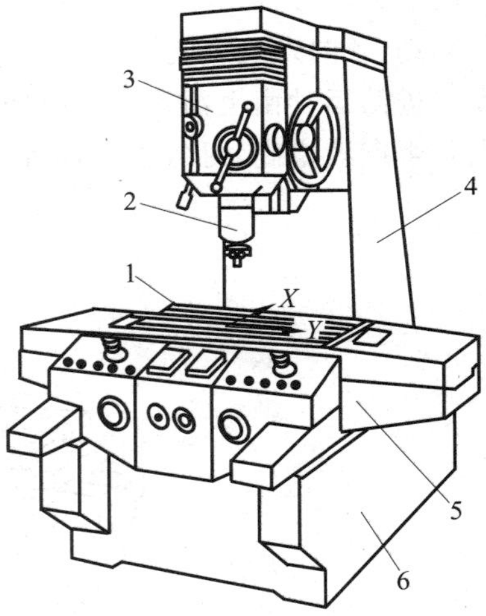

图 1.63 单柱坐标镗床

1—工作台；2—主轴；3—主轴箱；4—立柱；5—床鞍；6—床身

这种类型机床工作台的三个侧面都是敞开的，操作比较方便，但主轴箱悬臂安装，机床尺寸大时，将会影响机床刚度和加工精度。因此，此种形式多为中、小型机床。

2. 双柱坐标镗床

这类坐标镗床采用了两个立柱、顶梁和床身构成的龙门框架的布局形式，并将工作台直接支承在床身导轨上（如图 1.64 所示）。主轴箱 5 沿横梁 2 的导轨作横向移动（Y 向），工作台 1 沿床身 8 的导轨作纵向移动（X 向）。横梁 2 可沿立柱 3 和 6 的导轨上下调整位置，以适应不同高度的工件。双柱坐标镗床主轴箱悬伸距离小，且装在龙门框架上，刚性好；工作台和床身的层次少，承载能力较强。因此，大、中型坐标镗床常采用此种布局。

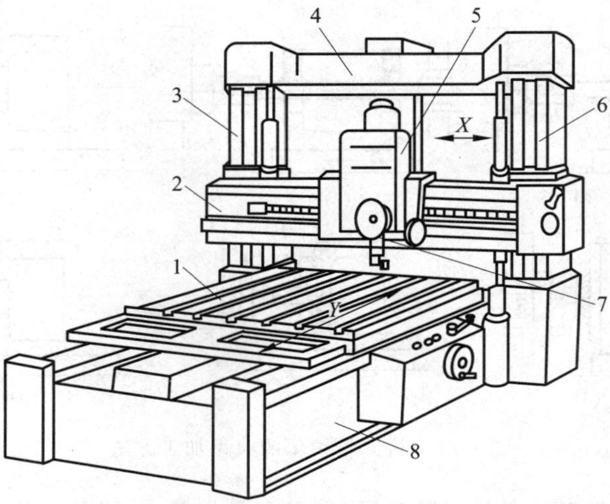

图 1.64 双柱坐标镗床

1—工作台；2—横梁；3、6—立柱；4—顶梁；5—主轴箱；7—主轴；8—床身

3. 卧式坐标镗床

卧式坐标镗床(如图 1.65 所示)的主轴 3 是水平布置的。与工作台平行。机床两个坐标方向的移动分别由下滑座 7 沿床身 6 的导轨横向移动(Y 向)和主轴箱 5 沿立柱 4 的导轨上下移动(Z 向)来实现。回转工作台 2 可以在水平面内回转至一定角度位置，以进行精密分度。进给运动由上滑座 1 的纵向移动或主轴 3 的轴向移动(X 向)实现。卧式坐标镗床的特点是生产效率高，可省去镗模等复杂工艺装备，且装夹方便。

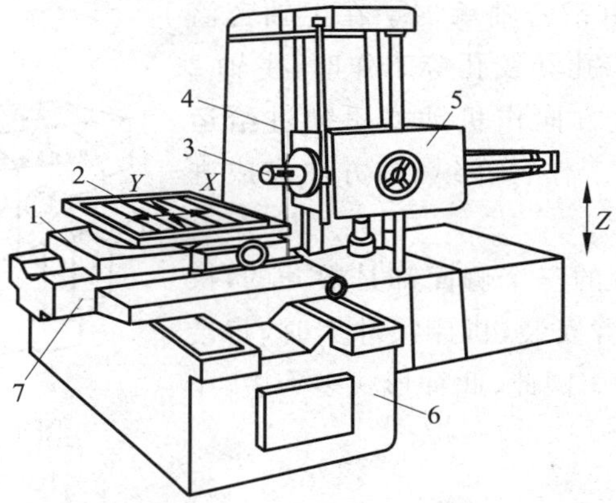

图 1.65 卧式坐标镗床

1—上滑座；2—回转工作台；3—主轴；4—立柱；5—主轴箱；6—床身；7—下滑座

1.6.2.3 精镗床

精镗床是一种高速镗床，因它以前采用金刚石镗刀，故又称其为金刚镗床。精镗床现已广泛使用硬质合金刀具。这种机床的特点是切削速度很高，而切深和进给量极小，因此可以获得很高的加工精度和表面质量。工件的尺寸精度可达 0.003～0.005 mm，表面粗糙度值

可达 $Ra0.16 \sim 1.25\ \mu m$。精镗床广泛应用于成批、大量生产中，如用于加工发动机的汽缸、连杆、活塞和液压泵壳体等零件上的精密孔。

精镗床种类很多，按其布局形式可分为单面、双面和多面；按其主轴位置可分为立式、卧式和倾斜式；按其主轴数量可分为单轴、双轴和多轴。单面卧式精镗床外形图如图 1.66 所示。

机床主轴箱 1 固定在床身 4 上，主轴 2 短而粗，在镗杆端部设有消振器，主轴 2 采用精密的角接触轴承或静压轴承支承，并由电动机经带轮直接带动主轴 2，以保证主轴组件准确平稳地运转。主轴 2 高速旋转带动镗刀作主运动。工件通过夹具安装在工作台 3 上，工作台 3 沿床身导轨作平稳的低速纵向移动以实现进给运动。工作台 3 一般为液压驱动，可实现半自动循环。

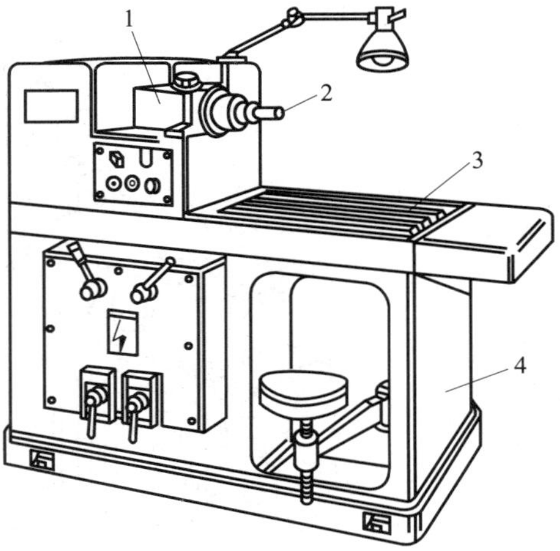

图 1.66 单面卧式精镗床

1—主轴箱；2—主轴；3—工作台；4—床身

1.6.3 刨床、插床和拉床

刨床、插床和拉床是主运动为直线运动的机床，所以常称它们为直线运动机床。

1.6.3.1 刨床

刨床类机床主要用于加工各种平面和沟槽，其主运动是刀具或工件所作的直线往复运动。它只在一个方向上进行切削，称为工作行程；返程时不进行切削，称为空行程。空行程时刨刀抬起，以便让刀，避免损伤已加工表面和减少刀具的磨损。进给运动是刀具或工件沿垂直于主运动方向所作的间歇运动。由于刨刀结构简单，刃磨方便，在单件、小批生产中加工形状复杂的表面比较经济。但由于其主运动反向时需克服较大的惯性力，限制了切削速度和空行程速度的提高，同时还存在空行程所造成的时间损失，因此，在大多数情况下其生产率较低。这类机床一般适用于单件、小批生产，特别在机修和工具车间，是常用的设备。

刨床类机床主要有牛头刨床和龙门刨床两种类型。

1. 牛头刨床

牛头刨床主要用于加工小型零件，其外形如图 1.67 所示。主运动为滑枕 3 带动刀架 2 在水平方向所作的直线往复运动。滑枕 3 装在床身 4 顶部的水平导轨中，由床身 4 内部的曲柄摇杆机构传动来实现主运动。刀架 2 可沿刀架座的导轨上下移动，以调整刨削深度，也可在加工垂直平面和斜面时作进给运动。调整刀架 2，可使刀架 2 左右旋转 60°，以便加工斜面或斜槽。加工时，工作台 1 带动工件沿横梁 8 作间歇的横向进给运动。横梁可沿床身上的垂直导轨上下移动，以调整工件与刨刀的相对位置。

牛头刨床主运动的传动方式有机械传动和液压传动两种。机械传动常用曲柄摇杆机构，其结构简单、工作可靠、维修方便。液压传动能传递较大的力，可实现无级调速，运动平稳；但结构复杂、成本高，一般用于规格较大的牛头刨床。

牛头刨床工作台的横向进给运动是间歇进行的，它可由机械或液压传动实现。

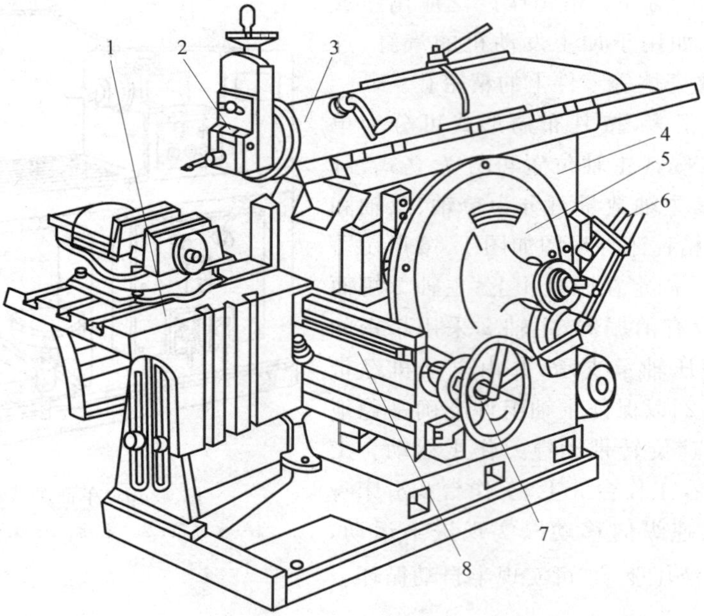

图 1.67　牛头刨床

1—工作台；2—刀架；3—滑枕；4—床身；5—摇臂机构；
6—变速机构；7—进给机构；8—横梁

2. 龙门刨床

龙门刨床(如图 1.68 所示)由顶梁 5、立柱 6 和床身 1 组成了一个“龙门”式框架，其主运动是工作台 2 带动工件沿床身 1 的水平导轨所作的直线往复运动。横梁 3 上装有两个垂

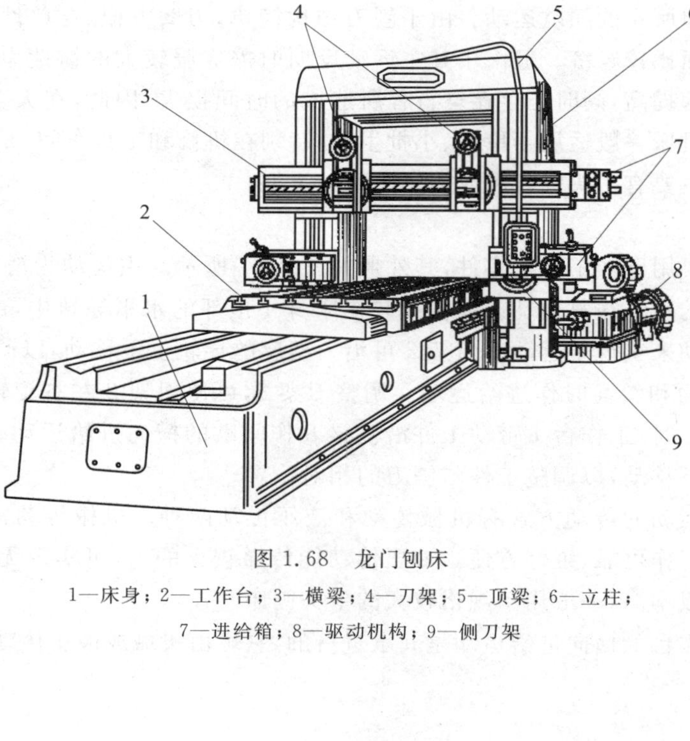

图 1.68　龙门刨床

1—床身；2—工作台；3—横梁；4—刀架；5—顶梁；6—立柱；
7—进给箱；8—驱动机构；9—侧刀架

直刀架 4，可分别作横向、垂直进给运动和快速调整移动，以刨削工件的水平面。刀架 4 的溜板可使刨刀上下移动，作切入运动或刨削垂直平面。垂直刀架的溜板还能绕水平轴调整至一定的角度，以加工倾斜的平面。装在立柱 6 上的侧刀架 9 可沿立柱导轨在垂直方向间歇地移动，以刨削工件的垂直平面。横梁 3 可沿左右立柱的导轨作垂直升降，以调整垂直刀架的位置，适应不同的工件加工。进给箱 7 共有三个：一个在横梁端，驱动两个垂直刀架；其余两个分装在左右侧刀架上。工作台 2、各进给箱 7 及横梁 3 的升降等都有其单独的电动机。

龙门刨床主要用于加工大型或重型零件上的各种平面、沟槽和各种导轨面，也可在工作台上一次装夹数个中小型零件进行加工。应用龙门刨床进行精细刨削，可得到较高的加工精度(直线度 0.02 mm/1000 mm)和较好的表面质量(表面粗糙度 $Ra \leqslant 2.5\ \mu m$)。在大批生产中龙门刨床常被龙门铣床所代替。大型龙门刨床往往还附有铣主轴箱(铣头)和磨头，以便在一次装夹中完成更多的工序，这时就称为龙门刨铣床或龙门刨铣磨床。这种机床的工作台既可作快速的主运动(刨削)，也可作低速的进给运动(铣、磨)。

1.6.3.2 插床

图 1.69 为插床外形，插床实质上是立式的刨床，其主运动是滑枕带着刀具所作的直线往复运动。滑枕 2 向下移动为工作行程，向上移动为空行程。滑枕导轨座 3 可以绕销轴 4 在小范围内调整角度，以便于加工倾斜的内外表面。床鞍 6 和溜板 7 可分别带动工件完成横向和纵向进给运动，回转工作台 1 可绕垂直轴线旋转，实现圆周进给运动或分度运动。回转工作台的分度运动由分度装置 5 来实现。回转工作台 1 在各个方向上的间歇进给运动是在滑枕 2 空行程结束后的短时间内进行的。插床主要用于加工工件的内表面，如插削内孔中的键槽、平面或成形表面等。

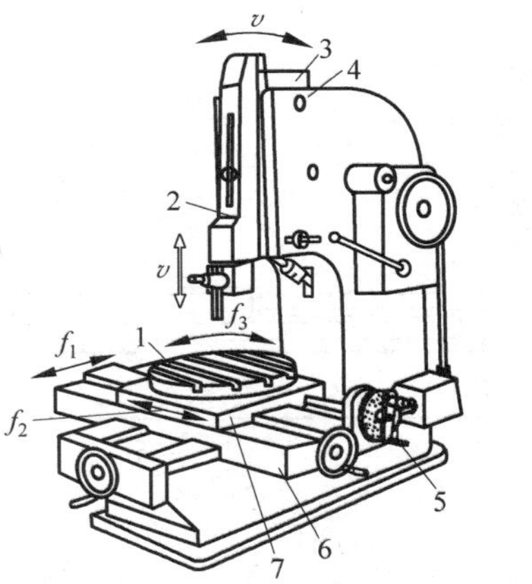

图 1.69 插床

1—回转工作台；2—滑枕；3—滑枕导轨座；4—销轴；5—分度装置；6—床鞍；7—溜板

1.6.3.3 拉床

拉床是用拉刀进行加工的机床。采用不同结构形状的拉刀，可以完成各种形状的通孔、通槽、平面及成形表面的加工。如图 1.70 所示是适于拉削的一些典型表面形状。

拉床的运动比较简单，只有主运动而没有进给运动。拉削时，一般由拉刀作低速直线运动，被加工表面在一次走刀中形成。考虑到拉刀承受的切削力很大，同时为了获得平稳的切削运动，所以拉床的主运动通常采用液压驱动。

拉床的主参数是额定拉力，通常为 50～400 kN。

拉床按加工表面种类不同可分为内拉床和外拉床，前者用于拉削工件的内表面，后者用于拉削工件的外表面。按机床的布局，拉床又可分为卧式和立式两类。如图 1.71(a)所示为卧式内拉床，是拉床中最常用的，用以拉花键孔、键槽和精加工孔。如图 1.71(b)所示为立式内拉床，常用于齿轮淬火后，校正花键孔的变形。如图 1.71(c)所示为立式外拉床，用

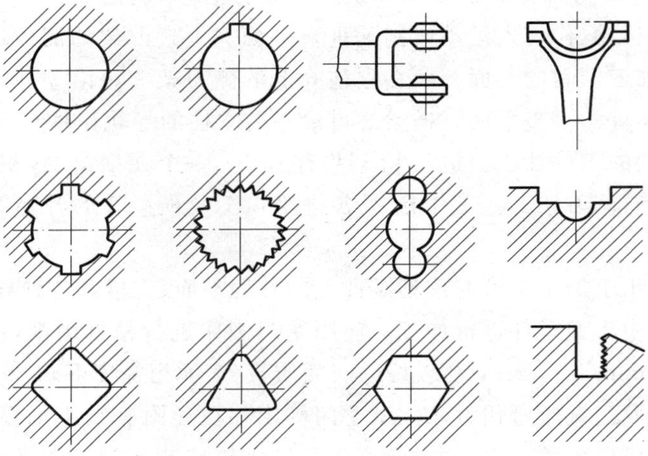

图 1.70 拉削的典型表面形状

于汽车、拖拉机行业加工汽缸体等零件的平面;如图 1.71(d)所示为连续式外拉床,它生产率高,适用于大批量生产中加工小型零件。

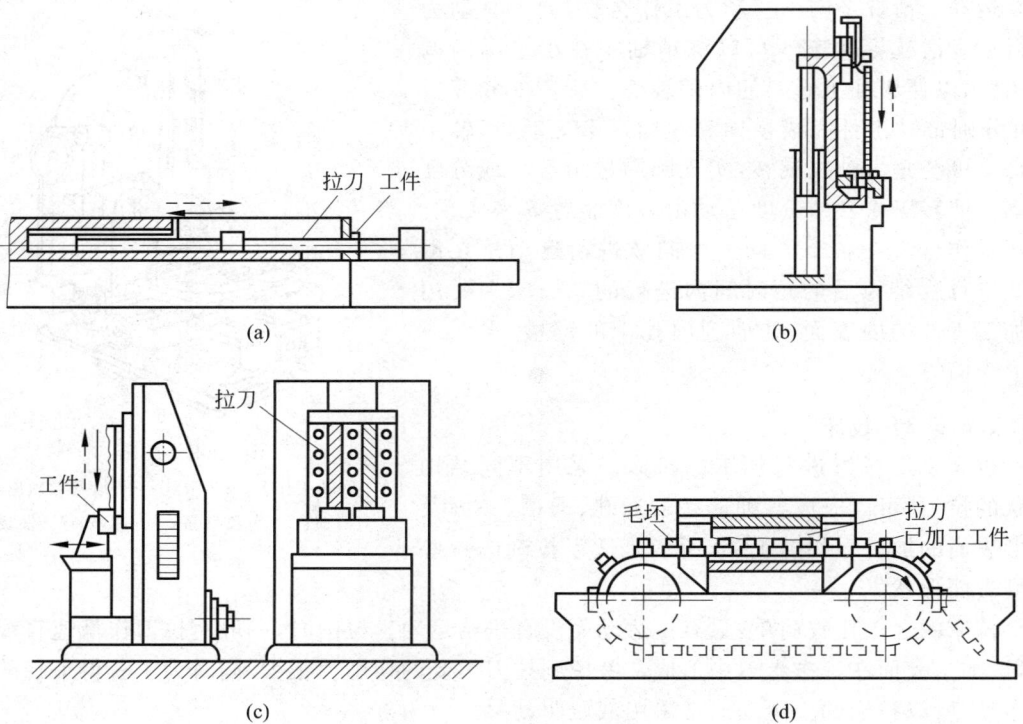

图 1.71 拉床

[习题与思考题]

1. 说出下列机床的名称和主参数(第二参数),并说明它们具有何种通用和结构特性:

CM6132、C1336、C2150×6、Z3040×16、T6112、XK5040、B2021、MGB1432。

2. CA6140型普通车床的运动有哪些？

3. 为什么从CA6140型普通车床的传动系统图上看出主轴转速$Z_{正}=30$级，而实际计算是$Z_{正}=24$级？

4. 试写出CA6140型普通车床正、反转传动路线的表达式。

5. CA6140型普通车床为什么正转级数比反转级数多？而正转速度却比反转速度低？

6. 为什么分别用丝杠和光杠作为切螺纹和车削进给的传动？如果只用其中的一个，既切削螺纹又传动进给，将会有什么问题？

7. 为了提高传动精度，车螺纹进给运动的传动链中不应有摩擦传动件，而超越离合器却是靠摩擦来传动的，为什么它可以用于进给运动的传动链中？

8. 卧式铣床、立式铣床和龙门铣床在结构以及使用范围方面有何区别？

9. X6132型万能卧式升降台铣床的主运动、进给运动采用什么换向方式改变其运动方向？为什么可以采取这种方式？有何优点？

10. X6132型万能卧式升降台铣床进给传动链中采用两个三联滑移齿轮变速组和一个回曲机构串联扩展使工作台获得21级进给量。试问：可否再用一个三联滑移齿轮变速组代替回曲机构？哪一种方案更佳？

11. 以M1432A型外圆磨床为例，说明为了保证加工质量(尺寸精度、形状精度和表面粗糙度)，万能外圆磨床在传动与结构上采取了哪些措施？

12. 在M1432A型外圆磨床上磨削外圆时，问：

(1) 若用顶尖支承工件进行磨削，为什么工件头架的主轴不转动？另外，工件是怎样获得旋转(圆周进给)运动的？

(2) 若工件头架和尾座的锥孔中心在垂直平面内不等高，磨削的工件又将产生什么误差？如何解决？若二者在水平面内不同轴，磨削的工件又将产生什么误差？如何解决？

13. 分析无心外圆磨床和普通外圆磨床在布局、磨削方法、生产率及适用范围方面各有什么区别。

14. 内圆磨削的方法有哪几种？各适用于什么场合？

15. 分析比较应用成形法与展成法加工圆柱齿轮各有何特点。

16. 说明Y3150E型滚齿机传动系统由哪几条传动链组成。

17. 钻床主要有哪几种类型？各适用于什么场合？

18. 单柱、双柱及卧式坐标镗床在布局上各有什么特点？它们各适用于什么场合？

19. 卧式镗床上可做哪些工作？如何实现主运动和进给运动？

20. 插床和牛头刨床有何区别？插床主要加工何种表面？

2 数控机床

2.1 概　述

2.1.1 数控机床的工作原理

用金属切削机床加工零件时，操作者依据工程图样的要求，不断改变刀具与工件之间相对运动的参数（位置、速度等），使刀具对工件进行切削加工，最终得到所需要的合格零件。用数控机床加工零件时，首先应将加工零件的几何信息和工艺信息编制成加工程序，由输入部分送入数控装置，经过数控装置的处理、运算，按各坐标轴的分量送到各轴的驱动电路，经过转换、放大去驱动伺服电动机，带动各轴运动，并进行反馈控制，使刀具与工件及其他辅助装置严格地按照加工程序规定的顺序、轨迹和参数有条不紊地工作，从而加工出零件的全部轮廓。

刀具沿各坐标轴的相对运动是以脉冲当量为单位的（mm/脉冲）。

当走刀轨迹为直线或圆弧时，数控装置则在线段的起点和终点坐标值之间进行“数据点的密化”，求出一系列中间点的坐标值，然后按中间点的坐标值向各坐标输出脉冲数，保证加工出所需要的直线或圆弧轮廓。其加工原理如图 2.1 所示。

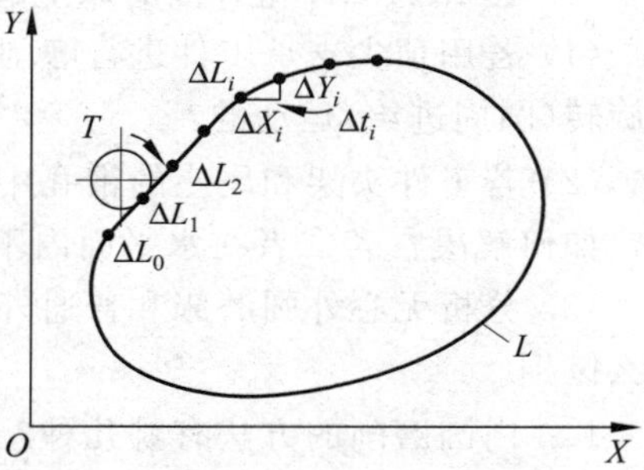

图 2.1　数控机床加工原理

2.1.2 数控机床的组成

数控机床一般由控制介质、数控装置、伺服系统和机床本体所组成，如图 2.2 所示，图中的实线部分为开环系统，虚线部分包含位置反馈构成了闭环系统。

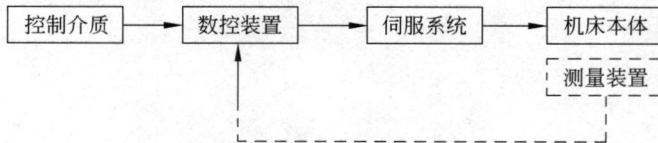

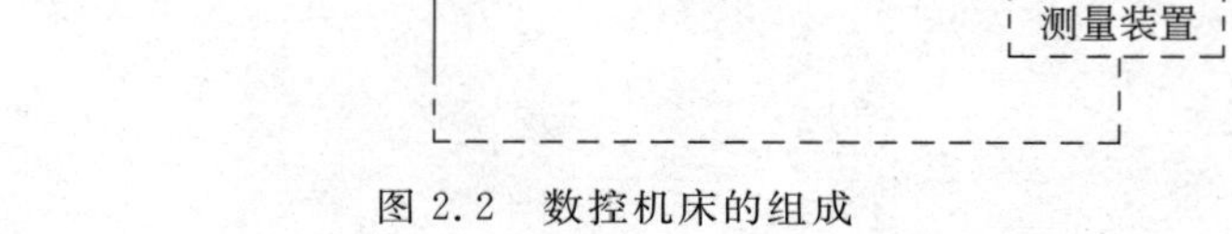

图 2.2　数控机床的组成

2.1.3 数控机床的分类

目前，数控机床的品种齐全，规格繁多。为了研究方便起见，可以从不同的角度对数控机床进行分类，常见的有以下几种分类方法。

1. 按工艺用途分类

1）一般数控机床

最普通的数控机床有钻床、车床、铣床、镗床、磨床和齿轮加工机床等。

2）数控加工中心

这类数控机床是在一般数控机床上加装一个刀库和自动换刀装置，构成一种带自动换刀装置的数控机床。

3）多坐标轴数控机床

有些复杂的工件，如螺旋桨、飞机发动机叶片曲面等用三坐标数控机床无法加工，于是就出现了多坐标轴的数控机床，其特点是控制轴数较多、机床结构比较复杂。坐标轴的轴数取决于加工工件的工艺要求。

2. 按控制的运动轨迹分类

1）点位控制数控机床

点位控制数控机床只要求获得准确的加工坐标点的位置。由于数控机床只是在刀具或工件到达指定位置后开始加工，刀具在工件固定时执行切削任务，在运动过程中并不进行加工，所以从一个位置移动到另一个位置的运动轨迹不需要严格控制。数控钻床、数控坐标镗铣床和数控冲床等均采用点位控制。

2）点位直线控制数控机床

点位直线控制数控机床除了要求控制位移的终点位置外，还能实现平行坐标轴的直线切削加工，并且可以设定直线切削加工的进给速度，例如在车床上车削阶梯轴，在铣床上铣削台阶面等。

3）轮廓控制数控机床

轮廓控制数控机床能够对两个或两个以上的坐标轴同时进行控制，不仅能够控制机床移动部件起点与终点的坐标值，而且能控制整个加工过程中每一点的速度与位移量。

3. 按控制方式分类

数控机床按照对被控量有无检测反馈装置可分为开环控制和闭环控制两种。在闭环系统中，根据测量装置安放的部位又分为全闭环控制和半闭环控制两种。

1）开环控制的数控机床

开环控制系统中没有检测反馈装置，数控装置将工件加工程序处理后，输出数字指令信号给伺服驱动系统，驱动机床运动，但不检测运动的实际位置，即没有位置反馈信号。开环控制的伺服系统主要使用步进电动机。

2）闭环数控系统

开环控制系统的控制精度不高，主要是没有检测工作台移动的实际位置，也就没有纠正偏差的能力。图 2.3 所示为闭环控制的系统框图，安装在工作台上的位置检测元件将工作台的实际位移量反馈到计算机中，与所要求的位置指令进行比较，用比较的差值进行控制，直到差值消除为止。

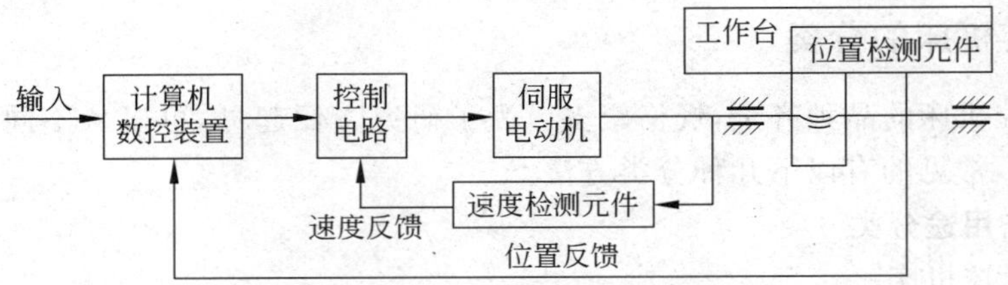

图 2.3　闭环控制的系统框图

3）半闭环控制的数控机床

半闭环控制的系统框图如图 2.4 所示，它不是直接检测工作台的位移量，而是采用转角位移检测元件，如用光电编码器测出伺服电动机或丝杠的转角，推算出工作台的实际位移量，将其反馈到计算机中进行位置比较，用比较的差值进行控制。由于反馈环内没有包含工作台，故称半闭环控制。

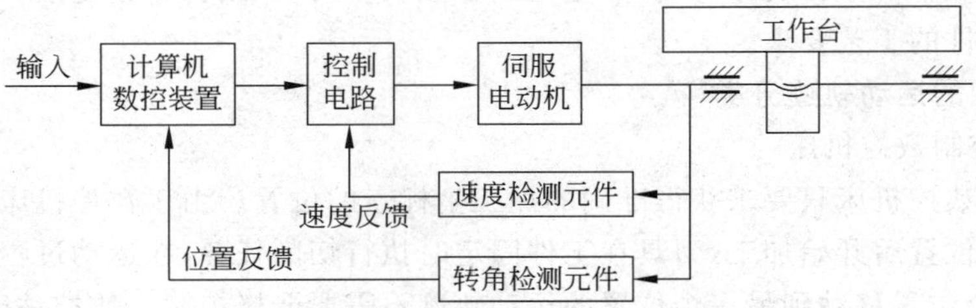

图 2.4　半闭环控制的系统框图

4. 按功能水平分类

按功能水平可把数控系统分为高级型、普及型和经济型 3 种，这种分类方法没有明确的定义和确切的界限。通常可以用下列指标作为评价数控系统档次的参考条件：主 CPU 的档次、分辨率和进给速度、联动的轴数、伺服水平、通信功能、人机界面等。

2.2　数控车床

本节以 CK7815 型数控车床为例进行介绍。

2.2.1　CK7815 型数控车床概述

1. 机床的使用范围

CK7815 型数控车床具有加工精度高、稳定性好、生产率高、工作可靠等优点。其主要用于加工圆柱形、圆锥形和各种成形回转表面和各种螺纹，也可对各种盘形零件进行钻、扩、铰和镗孔等加工。

2. 机床的总布局

图 2.5 为 CK7815 型数控车床外形图，它的主要组成部件如下。

（1）主轴箱。它固定在床身 4 的左端。装在主轴箱中的主轴由交流调速主轴电机驱动，可以无级调速和恒线速度切削，有利于降低端面切削时的表面粗糙度，且便于选取能发挥刀具切削性能的切削速度。主轴通过装在主轴中的卡盘 2 装夹工件。卡盘为高速液压夹

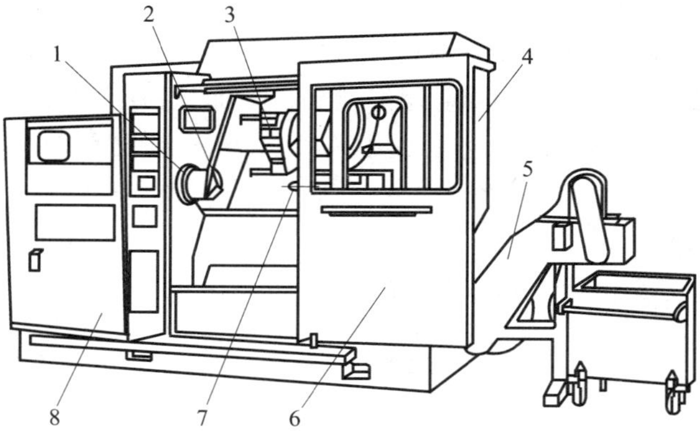

图 2.5 CK7815 型数控车床总布局

1—主轴箱；2—卡盘；3—刀架；4—床身；5—排屑装置；6—自动拉门；7—尾架；8—电控柜

盘，松夹工件由液压系统控制。

（2）转塔刀架。它是数控车床的最主要部件，装在机床床鞍上，和床鞍一起沿纵、横向导轨移动，并且实现加工中的自动换刀。

（3）尾架。它安装在床身 4 的纵向矩形导轨上，尾架套筒的旋转与伸缩由液压系统控制。

（4）数控系统。它安装在电控柜 8 中，可配用日本生产的 FANUC-6T、5T、6TB 等 CNC 系统。目前该机床的数控系统已换成 FANUC-OT、OTC 等 CNC 系统。

（5）排屑装置。使用它可以实现排屑自动化。

（6）自动拉门。加工时，拉门自动关闭，防止铁屑、冷却液溅到机床外；加工结束，拉门自动打开，以便装卸工件。

（7）床身。数控车床的床身按照床身导轨面与水平面的相关位置，主要可分为平床身、斜床身、平床身斜滑板和立床身 4 种布局形式（图 2.6）。一般来说，中小规格的数控车床采用斜床身和平床身斜滑板居多，少数采用立床身。只有大型数控车床和经济型数控车床或者小型精密数控车床才采用平床身。斜床身和平床身斜滑板结构在数控车床中得到广泛应用。

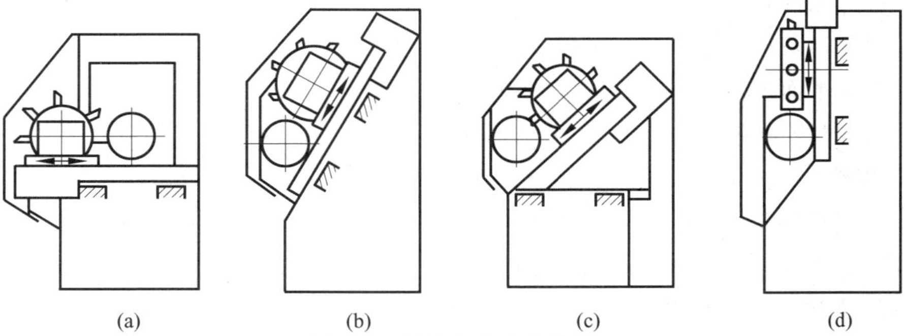

(a) (b) (c) (d)

图 2.6 数控车床床身结构

（a）平床身；（b）斜床身；（c）平床身斜滑板；（d）立床身

斜床身按导轨相对于地面倾斜角度不同，可分为30°、45°、60°、75°和90°。其中，30°和45°多为小型数控机床采用；60°适合于中等规格的数控车床；75°多为大型数控车床采用。倾斜角的大小将影响到机床的刚度、排屑，也影响到占地面积、宜人性、外形尺寸高度的比例，以及刀架重量作用于导轨面垂直分力的大小等。CK7815数控车床属于中型数控车床，其床身为75°形式。

3. 主要技术参数

最大回转直径	540/260 mm
最大切削直径	
轴类零件	150 mm
盘类零件	400 mm
最小外圆车削直径	10 mm
最大车削长度	500 mm
主轴转速范围	
高速区域	直流电动机 38～3000 r/min
	交流电动机 37.5～5000 r/min
低速区域	直流电动机 22～1800 r/min
	交流电动机 15～2000 r/min
锥孔锥度	莫氏5号
工作进给速度	0.01～500 mm/r，0.0001～50 in/r
	1～2000 m/min，0.01～600 in/min
快速移动速度	纵向12 m/min，横向9 m/min
刀具数	8或12把
主轴电机功率	连续：5.5 kW；30 min：7.5 kW
进给伺服电机	额定功率1.4 kW；额定转速1500 r/min
精度	
横向定位精度	±0.027 mm/300 mm
重复定位精度	±0.01 mm
车削工件直径误差	±0.018 mm
圆度误差	±0.01 mm
端面平面度误差	±0.027 mm

4. CNC数控系统

CNC数控系统中，计算机相当于一个软件控制器，将数控程序一次存入计算机的内存储器RAM（随机存储器）中，不需要其他硬件将数控程序译成机器码。计算机使用常驻执行程序将数控代码处理成电脉冲对机床进行控制。常驻执行程序称为固件，它写入EPROM（只读存储器）中，没有专用设备不能将它擦去，只需要开机就能执行EPROM中的程序。而RAM中的程序关机后就会消失。

国外生产数控系统的公司很多，较著名的有日本富士通、德国西门子和美国GE公司。

CK7815 型机床使用的是日本生产的使用最普遍的 FANUC-6T 系统。

2.2.2 车床的传动系统

数控车床主传动系统主要有四种传动方式，如图 2.7 所示。图 2.7(a)为带有变速齿轮的传动系统，在电动机和主轴之间经少数几对齿轮传动，可以扩大变速范围，一般用于大中型数控车床。图 2.7(b)为带传动的主传动系统，这种传动平稳、无噪声，适用于高速、低转矩的传动，CK7815 型数控机床的主传动属于此种方式。图 2.7(c)为由两个电动机分别驱动主轴。高速时，电动机通过带传动主轴；低速时，电动机通过齿轮传动主轴，齿轮传动起降速、增大转矩和扩大变速的作用。图 2.7(d)为内装主轴电动机结构，主轴和电动机链子装在一起，因为主轴和电动机之间无传动件，使主轴不受传动力的作用，提高了主轴的旋转精度，主要用于变速范围不大的高速主轴。

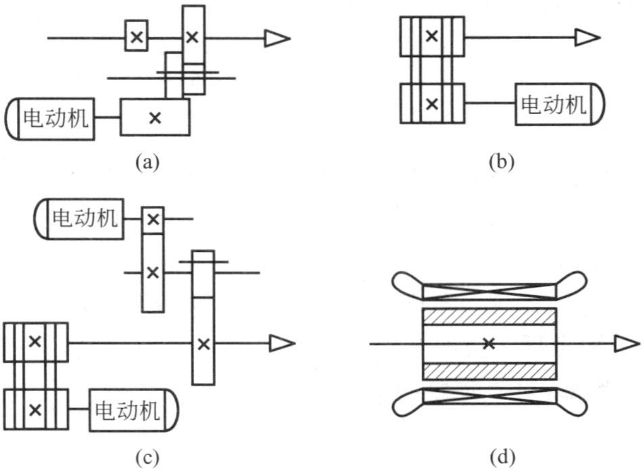

图 2.7 数控车床主传动的四种配置方式

图 2.8 是 CK7815 型数控车床传动系统图。主轴由 AC-6 型 5.5 kW 交流调速电机或 DC-8 型 1.1 kW 直流调速电动机 1 通过两级塔式皮带轮 2、3 直接带动，由电气系统无级调速。由于传动链中没有齿轮，故噪声很小。

纵向 Z 轴的进给运动是由伺服电动机 4 通过联轴器直接带动滚珠丝杠($t=8$)和螺母副 7 来实现的。

横向 X 轴的进给运动是由电动机 8，通过同步齿形带(23/23)带动横向滚珠丝杠($t=6$)和螺母来实现的。

尾架套筒内活顶尖支承在前后两组轴承上，由液压油缸来操纵。

排屑机构是由电动机 9、减速器 10 和链轮 11 传动的。

2.2.3 车床的主要结构

1. 主轴箱

图 2.9 是 CK7815 型数控车床的主轴箱展开图。电动机通过带轮 1、带轮 2 和三联 V 形带带动主轴。主轴 9 前端是三个角触球轴承，前面两个大口向外(朝向主轴前端)，承受向前

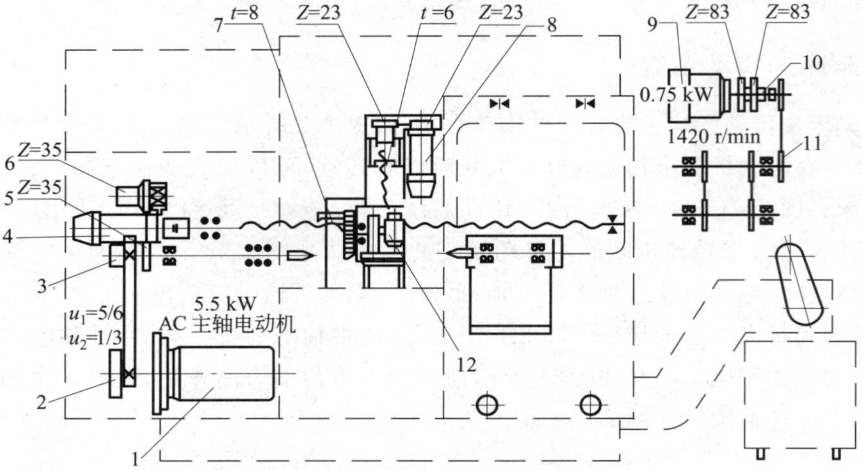

图 2.8 CK7815 型数控车床传动系统图

1,9,12—电动机；2,3—皮带轮；4,8—伺服电机；5—齿形带轮；

6—缩码器；7—螺母；10—减速器；11—链轮

的轴向力；后面一个大口朝里(朝向主轴后端)，承受向后的轴向力，两者形成背靠背组合形式，共同承受径向力，轴承由圆螺母 11 预紧，预紧量在轴承制造时已调好。因为带轮 2 直接安装在主轴上，又没有卸荷装置，为了加强刚性，主轴后轴承为双列向心短圆柱滚子轴承。其径向间隙由螺母 3、螺母 7 调整，螺母 8 和 10 是锁紧圆螺母，其作用是防止螺母 7 和螺母 11 的回松，通过螺母 7 和螺母 8 之间端面上的圆柱销来实现锁紧。主轴最后端螺母是压块锁紧螺母，因其在主轴尾部，对主轴影响不大。主轴脉冲发生器 4 是由主轴通过一对带轮与

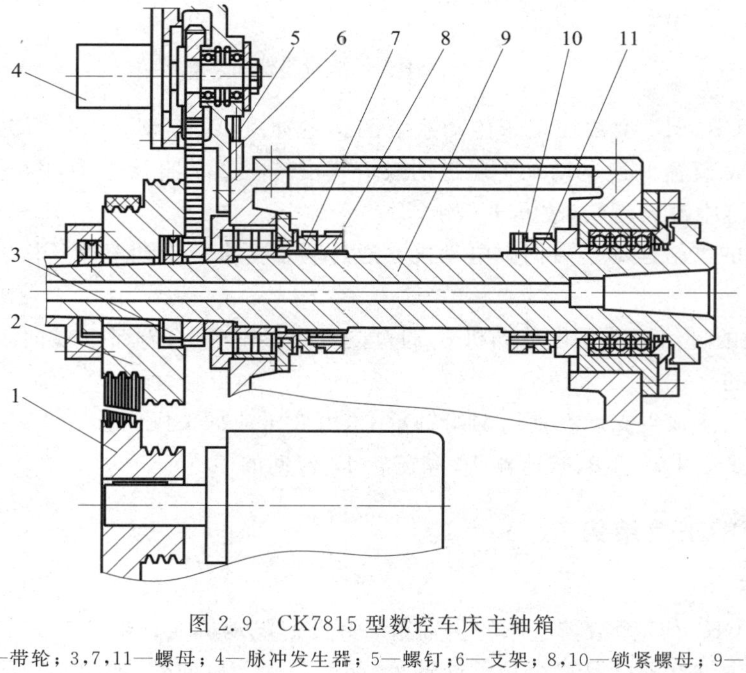

图 2.9 CK7815 型数控车床主轴箱

1,2—带轮；3,7,11—螺母；4—脉冲发生器；5—螺钉；6—支架；8,10—锁紧螺母；9—主轴

齿形带带动的，和主轴同步运转。齿形带的松紧由螺钉 5 来调节。调节时，先将机床上固定脉冲发生器支架 6 的螺钉略松，调整支架的位置，螺钉在支架的长槽中滑动，调好后，再用螺钉将支架 6 紧固。在机床主轴上安装有液动夹紧卡盘。

2. 尾架

CK7815 型数控车床尾架结构如图 2.10 所示。松开螺母 3，由手动移动尾架到所需位置后，再用螺栓 16 进行精确定位，拧紧螺栓 16，使两楔块 15 上的斜面顶出销轴 14，使得尾架紧贴在矩形导轨的两内侧面上，然后用螺母 3、螺栓 4 和压板 5 将尾架紧固。这种结构可以保证尾架定位精度。

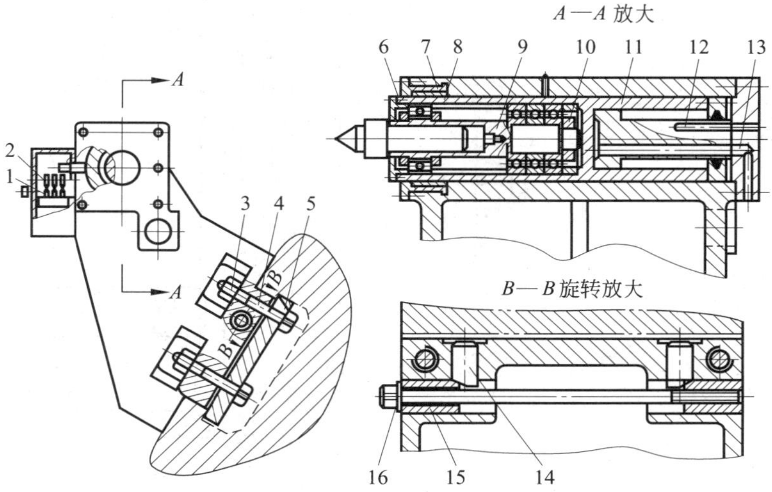

图 2.10 尾架

1—开关；2—挡块；3,6,8,10—螺母；4,16—螺栓；5—压板；7—锥套；9—套筒内轴；11—套筒；12,13—油孔；14—销轴；15—楔块

尾架套筒内轴 9 上装有顶尖，因轴 9 能在尾架套筒内的轴承上转动，故顶尖是活顶尖。为了保证顶尖有高的回转精度，前轴承选用的是 NN3000K 双列短圆柱滚子轴承，轴承径向间隙用螺母 8 和螺母 6 调整；后轴承为三个角接触球轴承，由防松螺母 10 来固定。

尾架套筒与尾架孔的配合间隙用内外锥套 7 来作微量调整。当向内压内锥套时，可使外锥套 7 内孔缩小，即可使配合间隙减小；反之，变大。压紧力用端盖来调整。尾架套筒的移动用压力油驱动。若在孔 13 内通入压力油，则尾架套筒 11 向前运动；若在孔 12 内通入压力油，尾架套筒就向后移动，移动的最大行程为 90 mm。夹紧力的大小用液压系统的压力来调整。在系统压力为$(5\sim15)\times10^5$ Pa 时，油缸的推力为 1500～5000 N。

尾架套筒行程大小可以用安装在套筒 11 上的挡块 2 通过行程开关 1 来控制，尾架套筒的进退由操作面板上的按钮来操纵。在电路上，尾架套筒的动作与主轴互锁，即在主轴转动时，按动尾架套筒退出按钮，套筒并不动作；只有在主轴停止状态下，尾架套筒才能退出，以保证安全。

3. 床鞍和横向进给装置

机床床鞍结构见图 2.11。在床鞍中部装有与横向导轨平行的外循环滚珠丝杠 1，滚珠丝杠支承在两个角接触球轴承上，精度为 p5 级。丝杠的导程为 6 mm。由 FB-15 型直流伺服电动机5通过一对齿形带轮和同步齿形带3带动旋转,带轮与电机轴用锥环无键连接。详见图中放大部分,图中12和13是锥面相互配合的锥环。当拧紧螺钉10时,经过法兰11压外锥环13,由于相配合的锥面的作用,结果使内锥环的外径膨胀、外锥环的内孔收缩,靠摩擦力使电机轴与带轮连接在一起。锥环的对数根据所传递转矩的大小来选择。使用这种联轴器,连接件之间的相对角度可任意调节,配合无间隙,故对中性好。

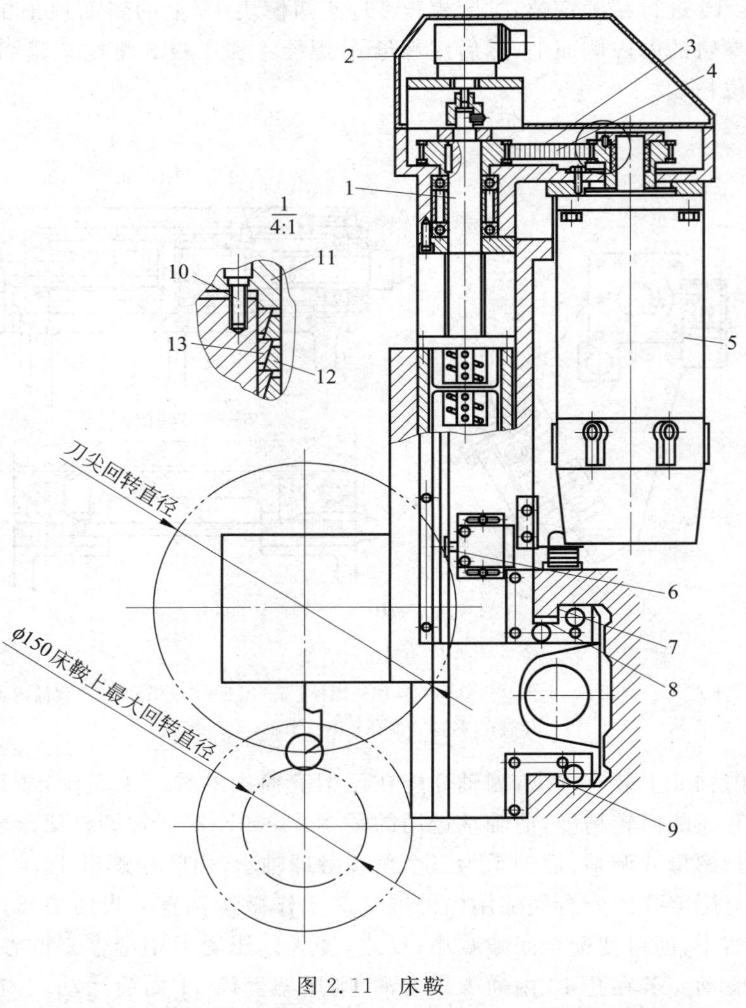

图 2.11 床鞍

1—滚珠丝杠;2—脉冲编码器;3—带轮;4—螺钉;5—伺服电动机;6—挡块;
7,8,9—镶条;10—调节螺钉;11—法兰;12,13—内外锥环

由于刀架为倾斜布置,而滚珠丝杠又不能自锁,为了防止刀架自动下滑,在直流伺服电机的后端装有电磁制动器。

为了消除齿形带传动误差对精度的影响,采用了分离检测系统,把反馈元件脉冲编码器2与丝杠1相连接,直接检测丝杠的回转角度,有利于系统精度的提高。齿形带的松紧用螺钉4来调整。

床鞍上与纵向导轨配合的表面均采用贴塑导轨,并用三根镶条7、8、9调整间隙。横向运动的机械原点、加工原点和超程限位点由三个可在槽内滑动的挡块6来调整。

4. 纵向驱动装置

纵向驱动装置的结构见图 2.12。床鞍的纵向移动由 FB-15 直流伺服电动机 1 带动丝杠 5 来实现。丝杠 5 的前端支承在成对的 p5 级角接触球轴承 4 上。后端支承在 p5 级深沟球轴承 6 上。前轴承由螺母 3 锁紧，后轴承由用两个密封环的套筒和轴用弹簧卡圈定位。由图可见，丝杠的前端轴向是固定的，后端轴向则是自由的，可以补偿由于温度引起的伸缩变形。

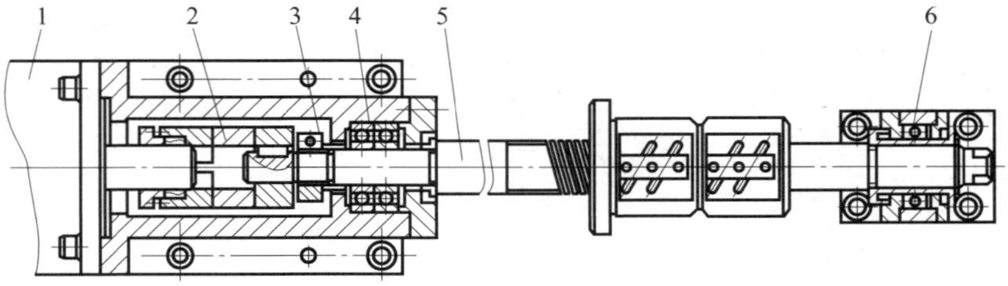

图 2.12 纵向驱动装置

1—伺服电动机；2—联轴节；3—螺母；4,6—轴承；5—丝杠

滚珠丝杠螺母副为外循环式，可以消除间隙的双螺母结构。丝杠前端与直流伺服电动机 1 之间用精密十字滑块联轴节 2 连接，可以消除电机轴与丝杠轴度不同的影响。伺服电机轴与十字滑块联轴节也采用锥环连接。

十字滑块联轴节由三件组成，与电机轴和丝杠连接的左右两件上开有通过中心的端面键槽，中间一件的两端面上均有通过中心且相互垂直的凸键，分别与左右两件的键槽相配合，以传递运动和扭矩。凸键和凹槽的配合很精确，间隙小于 0.003 mm。由于中间件的键是十字形的，故能补偿电机轴线与丝杠轴线的同轴度。

CK7815 型数控车床的双循环螺母是按照预加负荷配置的，纵向滚珠丝杠的导程为 8 mm。当伺服电动机转速为 1500 r/min 时，快速进给可达 12 m/min，最小移动单位为 0.001 mm。

2.3 车削中心

车削中心也是一机多用的多工序加工机床，它是数控车床在扩大工艺范围方面的发展。不少回转体零件上常常有钻孔、铣削等工序，例如钻油孔、钻横向孔、铣键槽、铣扁方及铣油槽等。这些工序最好能在一次装夹下完成，这对于降低成本、缩短加工周期、保证加工精度等都有重要意义。特别是对重型机床，因为其加工的重型工件吊装不易，最好是工件在一次安装后能完成多工序的加工。

2.3.1 车削中心的工艺范围

为了便于深入理解车削中心的结构原理，图 2.13 给出了车削中心能完成的除一般车削以外的工序。图 2.13(a)为铣端面槽，加工时，机床主轴不转，装在刀架上的铣削主轴带着铣刀旋转。端面槽有三种情况：①端面槽位于端面中央，则刀架带动铣刀作 Z 向进给，通过工件中心；②端面槽不在端面中央，如图(a)中的小图所示，则铣刀 X 向偏置；③端面不止一条槽，则需主轴带动工件分度。图 2.13(b)为端面钻孔、攻螺纹，主轴或刀具旋转，刀架作 Z 向进给。图 2.13(c)为铣扁方，机床主轴不转，刀架内的铣主轴带着刀旋转，可以作 Z 向进给(如左图)，也可作 X 向进给(如右图)。如需铣削加工多边形，则主轴分度。图 2.13(d)为端面分度钻孔、攻螺纹，刀具主轴装在刀架上，上偏置旋转并作 Z 向进给，每钻完一孔，主轴带动工件分度。图 2.13(e)、(f)、(g)为横向或在斜面上钻孔、铣槽、攻螺纹。此外，还可铣螺旋槽。

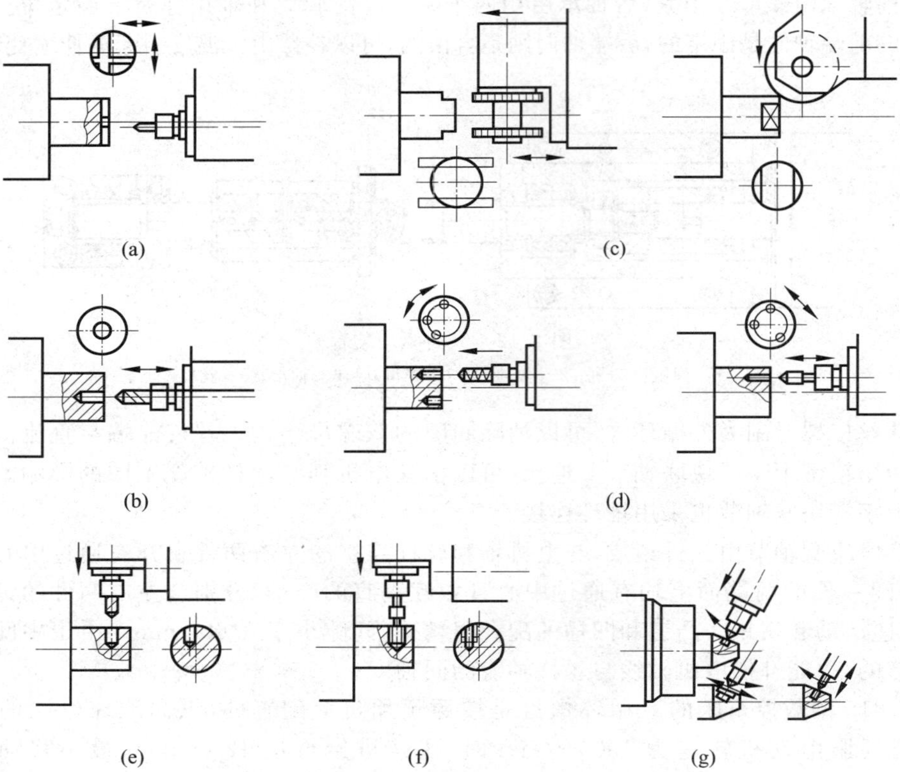

图 2.13　车削中心能完成的除车削以外的工序

(a) 铣端面槽；(b) 端面钻孔、攻螺纹；(c) 铣扁方；(d) 端面分度钻孔、攻螺纹；
(e) 横向钻孔；(f) 横向攻螺纹；(g) 斜面上钻孔、攻螺纹

2.3.2　车削中心的 C 轴

由以上对车削中心加工工艺的分析可见，车削中心在数控车床的基础上增加了两大功能。

(1) 自驱动力刀具。在刀架上备有刀具主轴电动机，自动无级变速，通过传动机构驱动装在刀架上的刀具主轴。

(2) 增加了主轴的 C 轴坐标功能。机床主轴旋转除作为车削的主运动外，还可作分度运动，即定向停车和圆周进给，并在数控装置的伺服控制下，实现 C 轴与 Z 轴联动，或 C 轴与 X 轴联动，以进行圆柱面上或端面上任意部位的钻削、铣削、攻螺纹及平面或曲面铣削加工。图 2.14 为 C 轴功能示意图。

车削中心在加工过程中，驱动刀具主轴的伺服电动机与驱动车削运动的主电动机是互锁的。即当进行分度和 C 轴控制时，脱开主电动机，接合伺服电动机；当进行车削时，脱开伺服电动机，接合主电动机。

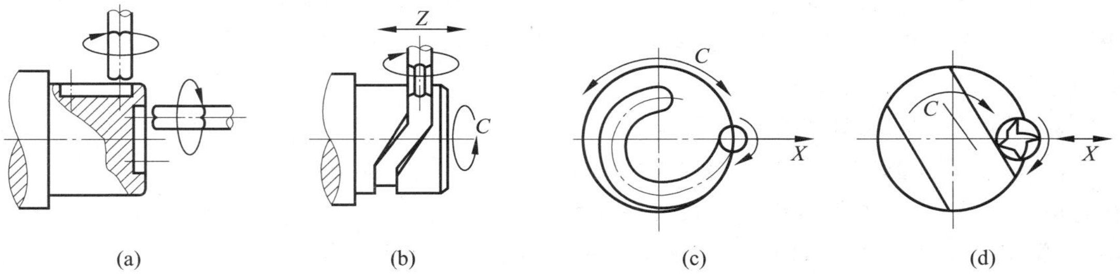

图 2.14 C 轴的功能

(a) C 轴定向时，在圆柱面或端面铣槽；(b) C 轴、Z 轴进给插补，在圆柱面上铣螺旋槽；(c) C 轴、X 轴进给插补，在端面上铣螺旋槽；(d) C 轴、X 轴进给插补，铣直线和平面

2.3.3 车削中心的主传动系统

车削中心的主传动系统包括车削主传动和 C 轴控制传动，下面介绍几种典型的传动系统。

1. 精密蜗杆副 C 轴结构

图 2.15 为车削柔性加工单元的主传动系统结构图(见图 2.15(a))和 C 轴传动及主传动传动链示意图(见图 2.15(b))。C 轴的分度和伺服控制采用可啮合和脱开的精密蜗杆副结构。它有一个伺服电动机驱动蜗杆 1 及主轴上的蜗轮 3，当机床处于铣削和钻削状态时，

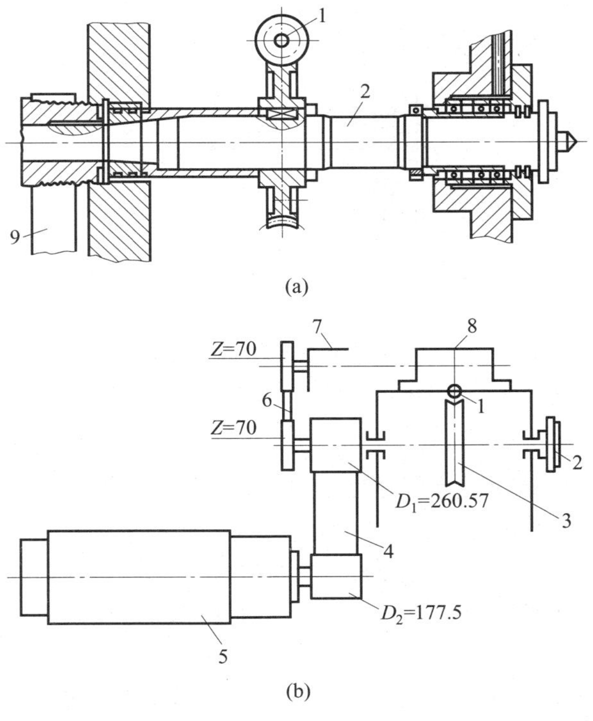

图 2.15 C 轴传动系统(一)

1—蜗杆；2—主轴；3—蜗轮；4,6—齿形带；5—主轴电动机；7—脉冲编码器；8—C 轴伺服电动机；9—同步带

即主轴需要通过 C 轴分度或对圆周进给进行伺服控制时，蜗杆与蜗轮啮合。该蜗杆蜗轮副由一个可固定的精确调整滑块来调整，以消除啮合间隙。C 轴的分度精度由一个脉冲编码器来保证。

2. 经滑移齿轮控制的 C 轴传动

图 2.16 为车削中心的 C 轴传动系统图，由主轴箱和 C 轴控制箱两部分组成。当主轴在一般车削状态时，换位液压缸 6 使滑移齿轮 5 与主轴齿轮 7 脱开，制动液压缸 10 脱离制动，主轴电动机通过 V 带带动 V 带轮使主轴 8 旋转。当主轴需要 C 轴控制作分度或回转时，主轴电动机处于停止状态，滑移齿轮 5 与主轴齿轮 7 啮合，在制动液压缸 10 未制动状态下，C 轴伺服电动机 15 根据指令脉冲值旋转，通过 C 轴变速箱变速，经滑移齿轮 5、主轴齿轮 7 使主轴分度，然后制动液压缸 10 工作使主轴制动。当进行铣削时，除制动液压缸制动主轴外，其他动作与上述相同，此时主轴按指令作缓慢的连续旋转进给运动。

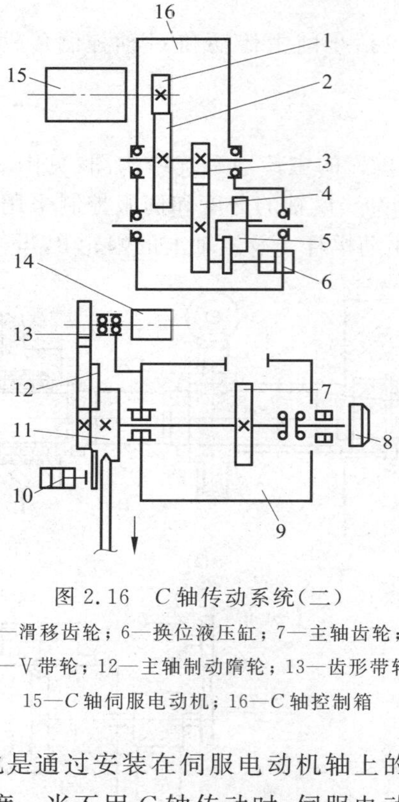

图 2.16 C 轴传动系统(二)

1,2,3,4—传动齿轮；5—滑移齿轮；6—换位液压缸；7—主轴齿轮；8—主轴；9—主轴箱；10—制动液压缸；11—V 带轮；12—主轴制动隋轮；13—齿形带轮；14—脉冲编码器；15—C 轴伺服电动机；16—C 轴控制箱

图 2.17 所示 C 轴传动也是通过安装在伺服电动机轴上的滑移齿轮带动主轴旋转的，可以实现主轴旋转进给和分度。当不用 C 轴传动时，伺服电动机上的滑移齿轮脱开，主轴由电动机带动，为了防止主传动与 C 轴传动之间产生干涉，在伺服电动机上滑移齿轮的啮合位置装有检测开关，利用开关的检测信号来识别主轴的工作状态。当 C 轴工作时，主轴电动机就不能起动。

主轴分度是采用安装在主轴上的三个 120 齿的分度齿轮来实现的。三个齿轮分别错开 1/3 个齿距，以实现主轴的最小分度值 1°。主轴定位靠带齿的连杆来实现，定位后通过液压缸压紧。三个液压缸分别配合三个连杆协调动作，用电气实现自动控制。

C 轴坐标除了以上介绍的用伺服电动机通过机械结构实现外，还可以用带 C 轴功能的

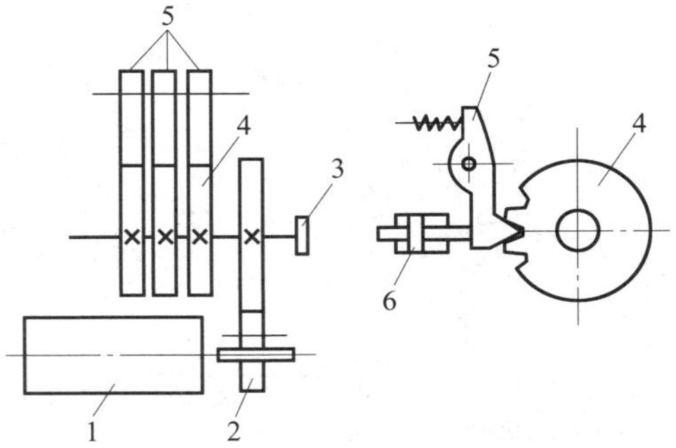

图 2.17 *C* 轴传动系统(三)

1—*C* 轴伺服电动机；2—滑移齿轮；3—主轴；4—分度齿轮；5—插销连杆；6—压紧液压缸

主轴电动机直接进行分度和定位。

2.4 数控铣床

数控铣床的用途十分广泛，不仅可以加工各种平面、沟槽、螺旋槽、成形表面和孔，而且还能加工各种平面曲线和空间曲线等复杂型面，适合于各种模具、凸轮、板类及箱体类零件的加工。

数控铣床的分类方法与通用机床类似，通常可以分为立式数控铣床、卧式数控铣床、立卧两用数控铣床。

本节以 XKA5750 数控立式铣床为例进行介绍。

2.4.1 XKA5750 数控铣床简介

XKA5750 数控立式铣床是北京第一机床厂生产的带有万能铣头的立卧两用数控铣床，可以实现三坐标联动，能够铣削具有复杂曲线轮廓的零件，如凸轮、模具、样板、叶片、弧形槽等零件。

1. 机床的基本构成及基本运动

图 2.18 是 XKA5750 数控立式铣床的外形图，该机床由机床本体部分和控制部分构成。对于机床本体部分，由底座 1、床身 5、升降滑座 16、滑枕 8、工作台 13、万能铣头 9、各个方向的伺服进给机构、限位装置等构成。而控制部分则包括数控柜 10、操作面板 11 等。

在图 2.18 所示的坐标系中，数控铣床存在以下三种运动：工作台 13 由伺服电动机 15 带动在升降滑座 16 上作纵向移动(*X* 轴方向)；伺服电动机 2 带动升降滑座 16 作垂直升降运动(*Z* 轴方向)；滑枕 8 作横向进给运动(*Y* 轴方向)。

XKA5750 数控立式铣床是立卧两用的数控铣床，其万能铣头不仅可以将铣头主轴调整到立式或卧式位置，而且还可以在前半球面内使主轴中心线处于任意空间角度。万能铣头立卧两个加工位置如图 2.19 所示。

2. 机床的主要技术参数

工作台面积(宽×长)	500 mm×1600 mm
工作台纵向行程	1200 m

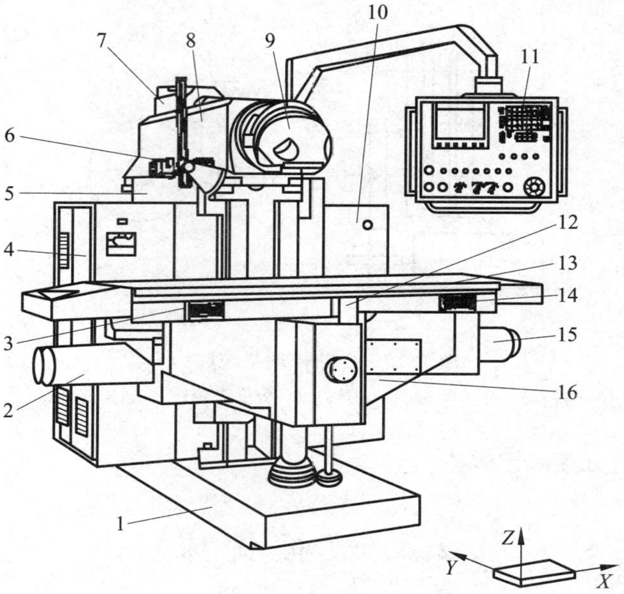

图 2.18 XKA5750 数控立式铣床

1—底座；2,15—伺服电动机；3,14—行程限位挡铁；4—强电柜；5—床身；6—横向限位开关；7—后壳体；8—滑枕；9—万能铣头；10—数控柜；11—操作面板；12—纵向限位开关；13—工作台；16—升降滑座

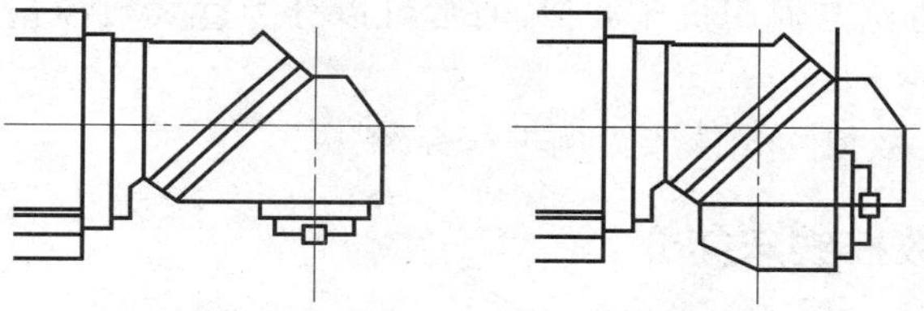

图 2.19 万能铣头立卧两个加工位置

滑枕横向行程	700 mm
工作台垂直行程	500 mm
主轴锥孔	ISO50
主轴端面到工作台面距离	50～550 mm
主轴中心线到床身立导轨面距离	28～728 mm
主轴转速	50～2500 r/min
进给速度	纵向（X 向） 6～3000 mm/min
	横向（Y 向） 6～3000 mm/min
	垂向（Z 向） 3～1500 mm/min
快速移动速度	纵向、横向 6000 mm/min
	垂向 3000 mm/min
主轴电动机功率	11 kW
进给电动机转矩	纵向、横向 9.3 N·m
	垂向 13 N·m

润滑电动机功率	60 W
冷却电动机功率	125 W
机床外形尺寸(长×宽×高)	2393×2264×2180 mm
控制轴数	3(可选4轴)
最大同时控制轴数	3
最小设定单位	0.001 mm/0.0001 in
插补功能	直线/圆弧
编程功能	多种固定循环、用户宏程序

2.4.2 机床的传动系统

1) 主传动系统

图2.20是XKA5750数控铣床的传动链示意图。主运动是铣床主轴的旋转运动，由装在滑枕后部的交流主轴伺服电动机驱动，电动机的运动通过速比为1∶2.4的一对弧齿同步齿形带轮传到滑枕的水平轴Ⅰ上，再经过万能铣头的两对弧齿锥齿轮副(33/34、26/25)将运动传到主轴Ⅳ，主轴的转速范围为50～2500 r/min(电动机转速范围120～6000 r/min)。主轴转速在625 r/min(电动机转速在1500 r/min)以下时为恒转矩输出；主轴转速在625～1875 r/min内为恒功率输出；超过1875 r/min后输出功率下降，转速到2500 r/min时，输出功率下降到额定功率的1/3。

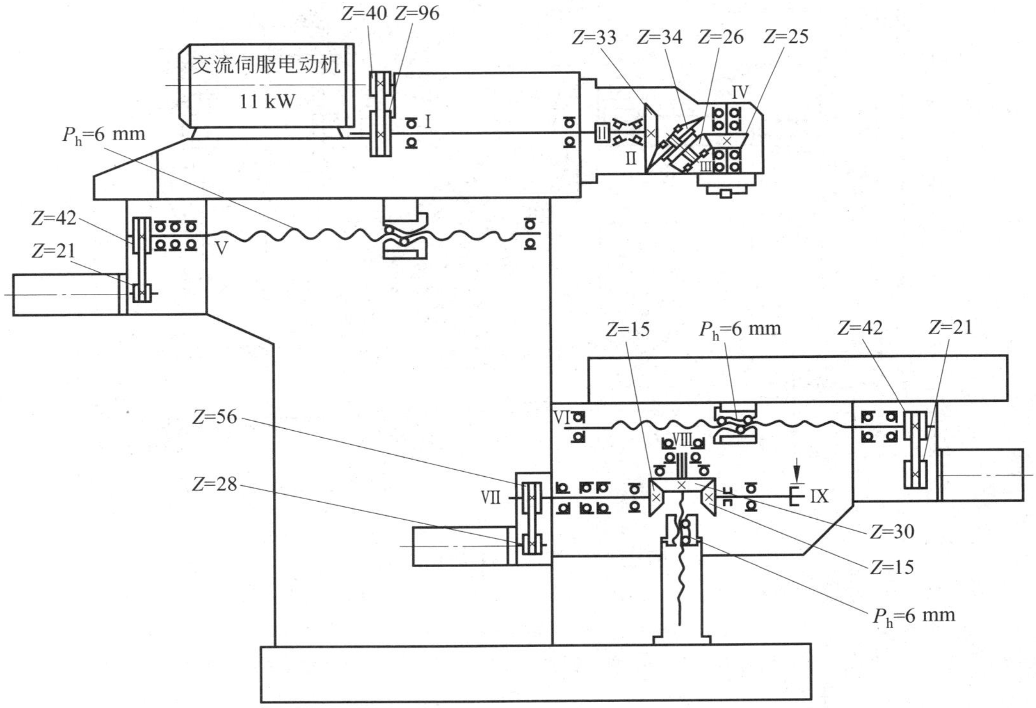

图2.20 XKA5750传动链示意图

2) 进给传动系统

工作台的纵向(X向)进给和滑枕的横向(Y向)进给传动系统，都是由交流伺服电动机通过速比为 1∶2 的一对同步圆弧齿形带轮，将运动传动至导程为 6 mm 的滚珠丝杠。升降台的垂直（Z 向）进给运动为交流伺服电动机通过速比为 1∶2 的一对同步齿形带轮将运动传到轴Ⅶ，再经过一对弧齿锥齿轮传到垂直滚珠丝杠上，带动升降台运动。垂直滚珠丝杠上的弧齿锥齿轮还带动轴Ⅸ上的锥齿轮，经单向超越离合器与自锁器相连，防止升降台因自重而下滑。

2.4.3 典型部件结构

1）万能铣头部件

万能铣头部件结构如图 2.21 所示，主要由前、后壳体 12、5，法兰 3，传动轴Ⅱ、Ⅲ，主轴Ⅳ及两对弧齿锥齿轮组成。万能铣头用螺栓和定位销安装在滑枕前端。铣削主运动由滑枕上的传动轴Ⅰ（见图 2.20）的端面键传到轴Ⅱ，端面键与连接盘 2 的径向槽相配合，连接盘与轴Ⅱ之间由两个平键 1 传递运动。轴Ⅱ右端为弧齿锥齿轮，通过轴Ⅲ上的两个锥齿轮 22、21 和用花键连接方式装在主轴Ⅳ上的锥齿轮 27，将运动传到主轴上。主轴为空心轴，前端有 7∶24 的内锥孔，用于刀具或刀具心轴的定心；通孔用于安装拉紧刀具的拉杆通过。主轴端面有径向槽，并装有两个端面键 18，用于主轴向刀具传递转矩。

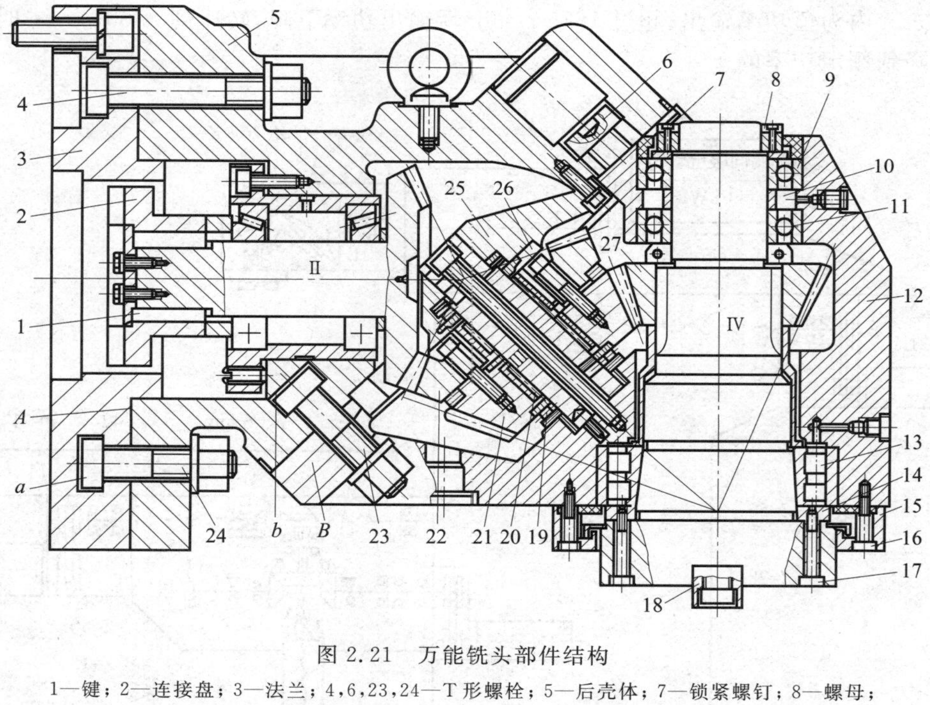

图 2.21 万能铣头部件结构

1—键；2—连接盘；3—法兰；4,6,23,24—T 形螺栓；5—后壳体；7—锁紧螺钉；8—螺母；9,11—角接触球轴承；10—隔套；12—前壳体；13—轴承；14—半圆环垫片；15—法兰；16,17—螺钉；18—端面键；19,25—推力圆柱滚子轴承；20,26—滚针轴承；21,22,27—锥齿轮

万能铣头能通过两个互成 45°的回转面 A 和 B 调节主轴Ⅳ的方位，在法兰 3 的回转面 A 上开有 T 形圆环槽 a，松开 T 形螺栓 4 和 24，可使铣头绕水平轴Ⅱ转动，调整到要求的位置时将 T 形螺栓拧紧即可；在万能铣头后壳体 5 的回转面 B 内，也开有 T 形圆环槽 b，松开 T 形螺栓 6 和 23，可使铣头主轴绕与水平轴线成 45°夹角的轴Ⅲ转动。绕两个轴线转动的

综合结果,可使主轴轴线处于前半球面的任意角度。

2）工作台纵向传动机构

工作台纵向传动机构如图2.22所示。交流伺服电动机20的轴上装有圆弧同步齿形带轮19,通过同步齿形带14和装在丝杠右端的同步齿形带轮11带动丝杠旋转,使底部装有螺母1的工作台4移动。装在伺服电动机中的编码器将检测到的位移量反馈给数控系统,形成半闭环控制。同步齿形带轮与电动机轴之间,都是采用锥环无键的连接方式,这种连接方法不需要开键槽,而且配合无间隙,对中性好。滚珠丝杠两端采用角接触球轴承支承,右端支承采用三个7602030TN/P4TFTA轴承,精度等级P4,径向载荷由三个轴承分担。两个开口向右的轴承6、7承受向左的轴向载荷,开口向左的轴承8承受向右的轴向载荷。轴承的预紧力,由两个轴承7、8的内、外圈轴向尺寸差实现,当用螺母10通过隔套将轴承内圈压紧时,外圈因为比内圈轴向尺寸稍短,仍有微量间隙,用螺钉9通过法兰盘12压紧轴承外圈时,就会产生预紧力。调整时修磨垫片13的厚度尺寸即可。丝杠左端的角接触球轴承(7602025TN/P4),除承受径向载荷外,还可通过螺母3的调整,使丝杠产生预拉伸,以提高丝杠的刚度和减小丝杠的热变形。图中5为工作台纵向移动时的限位行程挡铁。

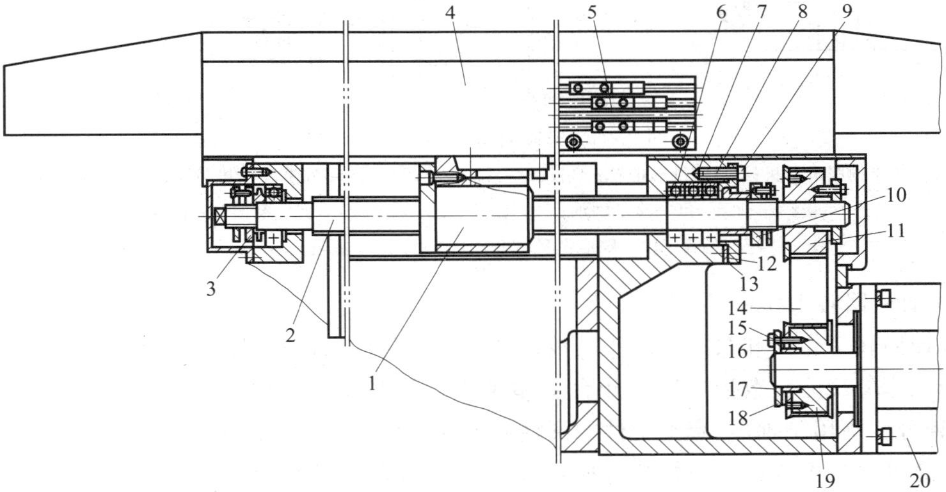

图2.22 工作台纵向传动机构

1,3,10—螺母;2—丝杠;4—工作台;5—限位挡铁;6,7,8—轴承;9,15—螺钉;11,19—同步齿形带轮;12—法兰盘;13—垫片;14—同步齿形带;16—外锥环;17—内锥环;18—端盖;20—交流伺服电动机

3）升降台传动机构及自动平衡机构

升降台升降传动部分的结构如图2.23所示,交流伺服电动机1经一对齿形带轮2、3将运动传到传动轴Ⅶ,轴Ⅶ右端的弧齿锥齿轮7带动锥齿轮8使垂直滚珠丝杠Ⅷ旋转,升降台上升下降。传动轴Ⅶ有左、中、右三点支承,轴向定位由中间支承的一对角接触球轴承来保证,由螺母4锁定轴承与传动轴的轴向位置,并对轴承预紧,预紧量用修磨两轴承的内外圈之间的隔套5、6的厚度来保证。传动轴的轴向定位由螺钉25调节。垂直滚珠丝杠螺母副的螺母24由支承套23固定在机床底座上,丝杠通过锥齿轮8与升降台连接,其支承由深沟

球轴承9和角接触球轴承10承受径向载荷；由D级精度的推力圆柱滚子轴承11承受轴向载荷。图中轴Ⅸ的实际安装位置是在水平面内，与轴Ⅶ的轴线呈90°相交(图中为展开画法)。其右端为自动平衡机构。因滚珠丝杠无自锁能力，当垂直放置时，在部件自重作用下，移动部件会自动下移。因此除升降台驱动电动机带有制动器外，还在传动机构中装有自动平衡机构，一方面防止升降台因自重下落，另外还可平衡上升下降时的驱动力。本机床的自动平衡机构由单向超越离合器和自锁器组成。

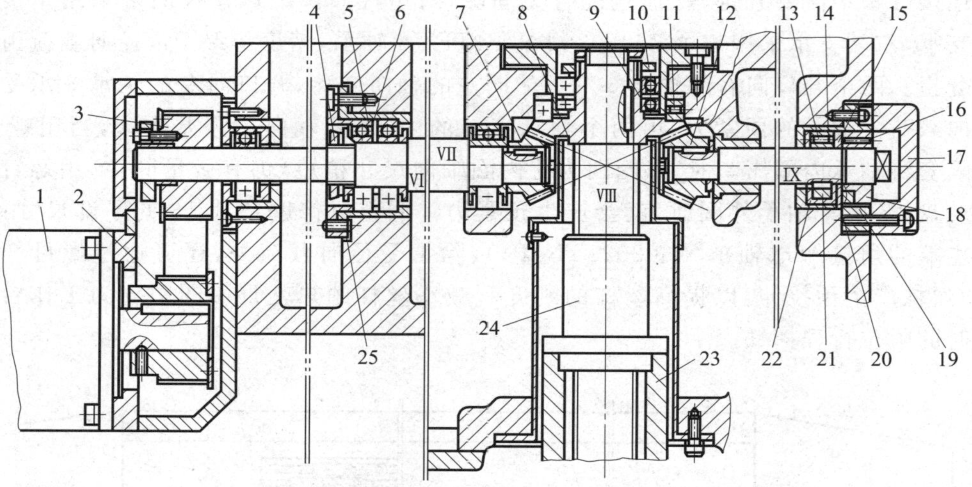

图 2.23　升降台升降传动及平衡机构

1—交流伺服电动机；2,3—齿形带轮；4,18,24—螺母；5,6—隔套；7,8,12—锥齿轮；9—深沟球轴承；10—角接触球轴承；11—滚子轴承；13—滚子；14—外环；15,22—摩擦环；16,25—螺钉；17—端盖；19—碟形弹簧；20—防转销；21—星轮；23—支承套

4）数控回转工作台

数控回转工作台和数控分度头是数控铣床常用附件，可使数控铣床增加一个数控轴，扩大数控铣床的功能。数控回转工作台适用于板类和箱体类工件的连续回转表面和多面加工；数控分度头用于轴类、套类工件的圆柱面上和端面上的加工。数控回转工作台和数控分度头可通过接口由机床的数控装置控制，也可由独立的数控装置控制。

图2.24所示为立卧式数控回转工作台，有两个相互垂直的定位面，而且装有定位键22，可方便地进行立式或卧式安装。工件可由主轴孔6定心，也可装夹在工作台4的T形槽内。工作台可以完成任意角度分度和连续回转进给运动。工作台的回转由直流伺服电动机17驱动，伺服电动机尾部装有检测用的每转1000个脉冲信号的编码器，实现半闭环控制。机械传动部分是两对齿轮副和一对蜗轮副。齿轮副采用双片齿轮错齿消隙法消隙，调整时卸下电动机17和法兰盘16，松开螺钉18，转动双片齿轮消隙，蜗轮副采用变齿厚双导程蜗杆消隙法消隙，调整时松开螺钉24和螺母25，转动螺纹套23，使蜗杆21轴向移动，改变蜗杆21与蜗轮20的啮合部位，消除间隙。工作台导轨面7贴有聚四氟乙烯，改善了导轨的动、静摩擦系数，提高了运动性能和减少了导轨磨损。

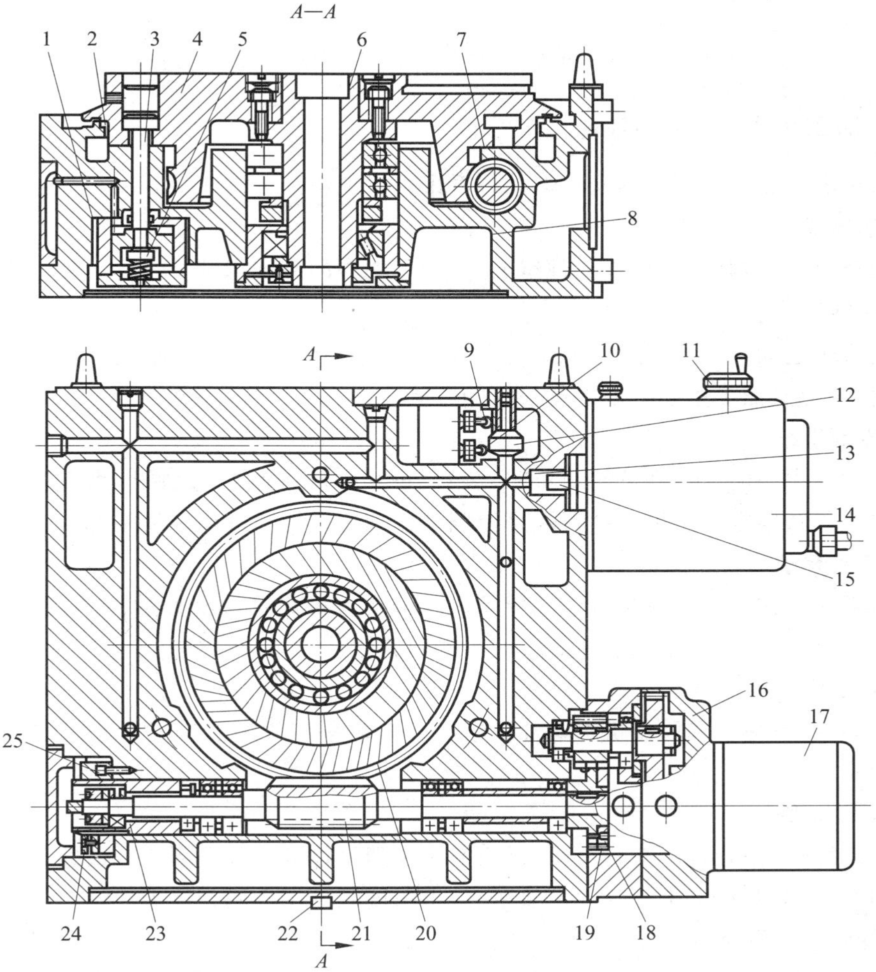

图 2.24 立卧两用数控回转工作台

1—夹紧液压缸；2—活塞；3—拉杆；4—工作台；5—弹簧；6—主轴孔；7—工作台导轨面；8—底座；9,10— 信号开关；11—脉冲发生器；12—触头；13—油腔；14—气液转换装置；15—活塞杆；16—法兰盘；17—直流伺服电动机；18,24—螺钉；19—齿轮；20—蜗轮；21—蜗杆；22—定位键；23—螺纹套；25—螺母

2.4.4 机床数控系统

数控系统采用的是 AUTOCON TECH 公司的 DELTA 40M CNC 系统，可以附加坐标轴增至四轴联动，程序输入输出可通过软驱和 RS232C 接口连接。主轴驱动和进给采用 AUTOCON 公司主轴伺服驱动和进给伺服驱动装置以及交流伺服电动机，其电动机机械特性硬，连续工作范围大，加减速能力强，可以使机床获得稳定的切削过程。检测装置为脉冲编码器，与伺服电动机装成一体，半闭环控制，主轴有锁定功能(机床有学习模式和绘图模式)。电气控制采用可编程控制器和分立电气元件相结合的控制方式，使电动机系统由可编程控制器软件控制，结构件简单，提高了控制能力和运行可靠性。

2.5 加工中心

2.5.1 加工中心的基本构成

加工中心种类繁多,外形各异,但总体看来由以下各部分构成。

1. 基础部件

它由床身、立柱和工作台等大件组成,是加工中心的基础构件。

2. 主轴组件

它由主轴电动机、主轴箱、主轴和主轴支承等零部件组成。主轴是加工中心的关键部件,其结构优劣对加工中心的性能有很大的影响。

3. 控制系统

单台加工中心的数控部分是由CNC装置、可编程序控制器、伺服驱动装置以及电动机等部分组成。它们是加工中心执行顺序控制动作和完成加工过程中的控制中心。

4. 伺服系统

伺服系统的作用是把来自数控装置的信号转换为机床移动部件的运动,其性能是决定机床的加工精度、表面质量和生产效率的主要因素之一。

5. 自动换刀装置

它由刀库、机械手和驱动机构等部件组成。刀库是存放加工过程所使用的全部刀具的装置。

6. 辅助系统

辅助系统包括润滑、冷却、排屑、防护、液压和随机检测系统等部分。辅助系统虽不直接参加切削运动,但对加工中心的加工效率、加工精度和可靠性起到保障作用。

7. 自动托盘更换系统

有的加工中心为进一步缩短非切削时间,配有两个自动交换工件托盘,一个安装在工作台上进行加工,另一个则位于工作台外进行装卸工件。当完成一个托盘上的工件加工后,便自动交换托盘,进行新零件的加工,这样可减少辅助时间,提高加工工效。

2.5.2 加工中心的分类

1. 按照加工中心布局方式分类

1) 立式加工中心

立式加工中心是指主轴轴线为垂直状态设置的加工中心,如图2.25所示。立式加工中心的结构简单,占地面积小,价格低。

2) 卧式加工中心

卧式加工中心是指主轴轴线为水平状态设置的加工中心,如图2.26所示。通常都带有可进行分度回转运动的正方形分度工作台。它能够使工件在一次装夹后完成除安装面和顶面以外的其余四个面的加工,最适合箱体类工件的加工。

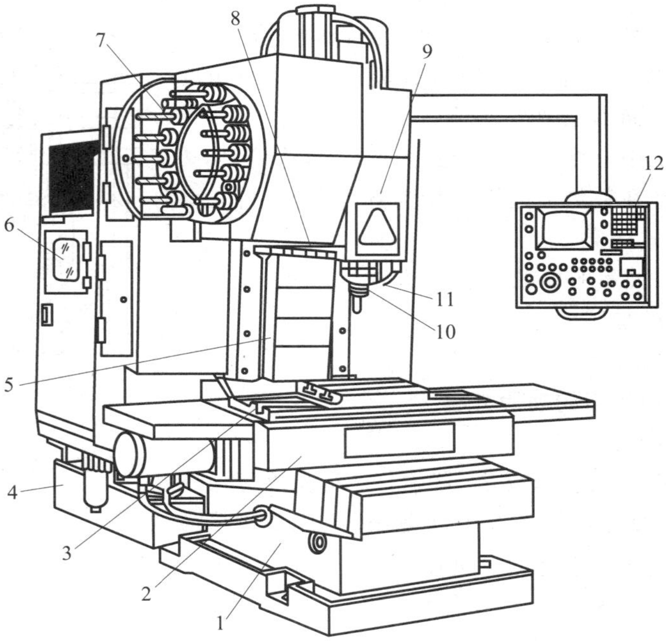

图 2.25 JCS-018 立式镗铣加工中心外形图

1—床身；2—滑座；3—工作台；4—润滑油箱；5—立柱；6—数控柜；7—刀库；8—机械手；9—主轴箱；10—主轴；11—控制柜；12—操作面板

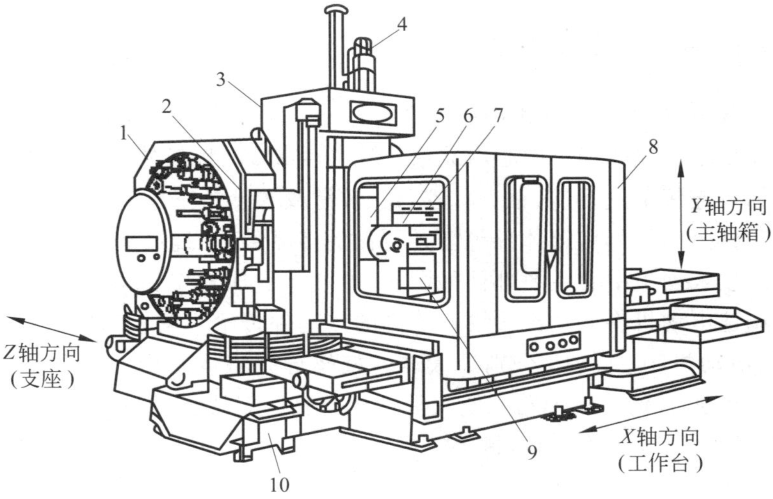

图 2.26 卧式加工中心外形图

1—刀库；2—换刀装置；3—支座；4—Y 轴伺服电动机；5—主轴箱；6—主轴；7—数控装置；8—防溅挡板；9—回转工作台；10—切屑槽

3）龙门式加工中心

龙门式加工中心如图 2.27 所示，形状与龙门铣床相似，主轴多为垂直设置。其带有自动换刀装置及可更换的主轴头附件，尤其适用于大型或形状复杂的工件加工。

4）万能加工中心(复合加工中心)

万能加工中心具有立式和卧式加工中心的功能，工件一次装夹后能完成除安装面外的所有侧面和顶面(五个面)的加工，也叫五面加工中心。

由于五面加工中心结构复杂，占地面积大，造价高，因此它的使用和生产在数量上远不如其他类型的加工中心。

2. 按换刀形式分类

1）带刀库、机械手的加工中心

2）无机械手的加工中心

3）转塔刀库式加工中心

3. 按加工中心机床的功用分类

1）镗铣加工中心机床

它主要用于镗削、铣削、钻孔、扩孔、铰孔及攻螺纹等工序，特别适合于加工箱体类及形状复杂、工序集中的零件。一般将此类机床简称为加工中心。

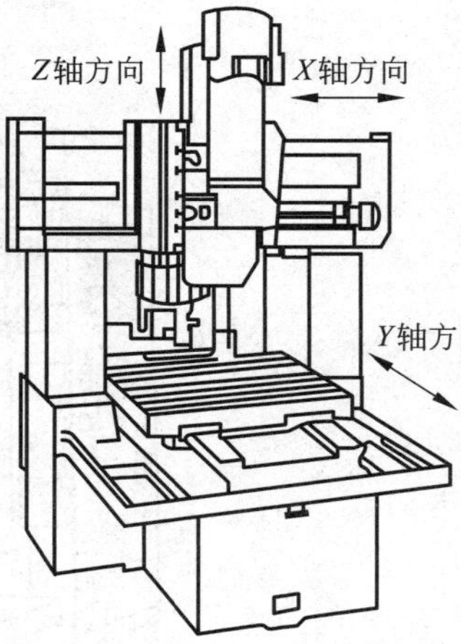

图 2.27 龙门式加工中心外形图

2）钻削加工中心机床

它主要用于钻孔，也可进行小面积的端铣。

3）车削加工中心机床

除用于加工轴类零件外，还进行铣(如铣扁方、铣六角等)、钻(如钻横向孔)等工序的加工，并能实现 C 轴功能。

2.5.3 JCS-018A 立式加工中心

2.5.3.1 JCS-018A 立式加工中心简介

JCS-018A 型小型立式加工中心由北京机床研究所研制，其外形如图 2.28 所示。工件在一次装夹后，可连续地进行铣、钻、镗、铰、锪、攻螺纹等多种工序的加工。该机床适用于小型板件、盘件、壳体件、模具和箱体件等复杂零件的多品种、小批量加工。

JCS-018A 立式加工中心主要部件如图 2.28 所示。床身 1、立柱 15 为该机床的基础部件，交流变频调速电动机将运动经主轴箱 5 内的传动件传给主轴，实现旋转主运动。3 个宽调速直流伺服电动机 10、17、13 分别经滚珠丝杠螺母副将运动传给工作台 8、滑座 9，实现 X、Y 坐标的进给运动，传给主轴箱 5 使其沿立柱导轨作 Z 坐标的进给运动。立柱左上侧的圆盘形刀库 6 可容纳 16 把刀，由机械手 7 进行自动换刀。立柱的左后部为数控柜 16，左下侧为润滑油箱 18。

2.5.3.2 传动系统

JCS-018A 型立式加工中心的传动系统如图 2.29 所示，共有 5 条传动链：主运动传动链，纵向、横向、垂向传动链，刀库的旋转运动传动链，分别用来实现刀具的旋转运动、工作台的纵横向进给运动、主轴箱的升降运动以及选择刀具时刀库的旋转运动。

1）主运动传动系统

JCS-018A 型立式加工中心的主运动驱动电动机是交流变频调速电动机，连续输出额定

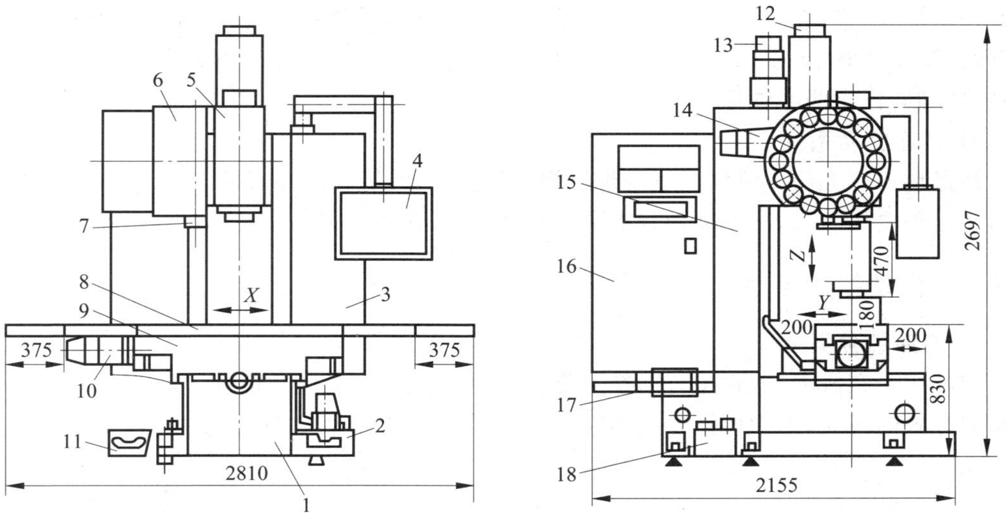

图 2.28 JCS-018A 型立式加工中心主要构成

1—床身；2—切削液箱；3—驱动电柜；4—操纵面板；5—主轴箱；6—刀库；7—机械手；8—工作台；9—滑座；10—*X* 轴伺服电动机；11—切屑箱；12—主轴电动机；13—*Z* 轴伺服电动机；14—刀库电动机；15—立柱；16—数控柜；17—*Y* 轴伺服电动机；18—润滑油箱

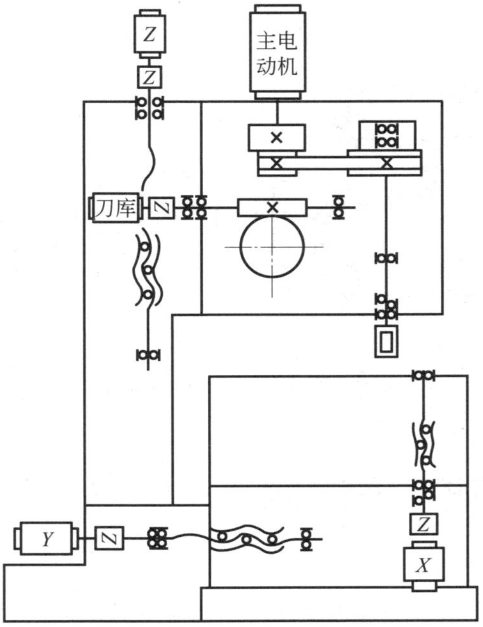

图 2.29 JCS-018A 型立式加工中心传动系统图

功率为 5.5 kW；最大输出功率为 7.5 kW。

主电动机经两级多楔带轮驱动主轴。无级调速，传动带采用一次成形的三联带。

2）进给传动系统

X、*Y*、*Z* 三个轴各有一套基本相同的进给伺服系统。脉宽调速直流伺服电动机直接带

动滚珠丝杠，功率都为 1.4 kW，无级调速。三个轴的进给速度均为 1～400 mm/min。快移速度时，X、Y 两轴皆为 15 m/min，Z 轴为10 m/min。三个伺服电动机分别由数控指令通过计算机控制，任意两个轴都可以联动。

3）刀库驱动系统

圆盘形刀库亦用直流伺服电动机经蜗轮蜗杆驱动，装在标准刀柄中的刀具，置于圆盘的周边。当需要换刀时，刀库旋转到指定位置准停，机械手换刀。

2.5.4 自动换刀装置

1. 刀库的种类

刀库用于存放刀具，它是自动换刀装置中的主要部件之一。根据刀库存放刀具的数量和取刀方式的不同，刀库可设计成不同类型。图 2.30 所示为常见的几种刀库的结构形式。

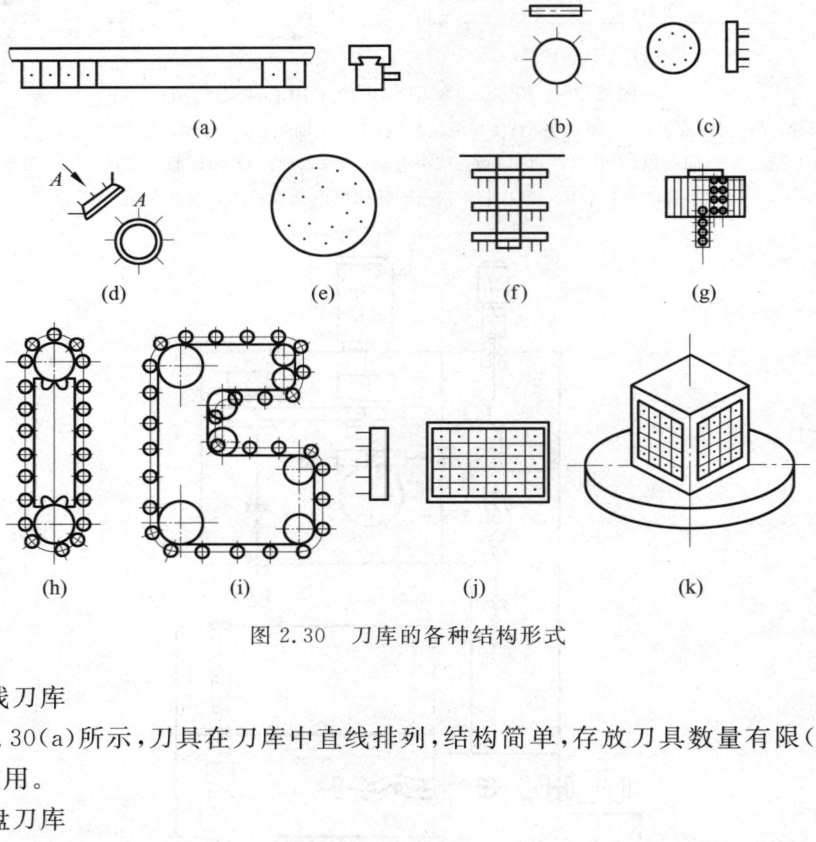

图 2.30 刀库的各种结构形式

1）直线刀库

如图 2.30(a)所示，刀具在刀库中直线排列，结构简单，存放刀具数量有限（一般 8～12 把），较少使用。

2）圆盘刀库

如图 2.30(b)～(g)所示，存刀量少则 6～8 把，多则 50～60 把，有多种形式。其中图 2.30(b)所示刀库，刀具径向布置，占有较大空间，一般置于机床立柱上端。

图 2.30(c)所示刀库，刀具轴向布置，常置于主轴侧面，刀库轴心线可垂直放置，也可以水平放置，较多使用。

图 2.30(d)所示刀库，刀具为伞状布置，多斜放于立柱上端。

上述三种圆盘刀库是较常用的形式，存刀量最多 50～60 把，存刀量过多则结构尺寸庞大，与机床布局不协调。

为进一步扩充存刀量,有的机床使用多圈分布刀具的圆盘刀库(见图 2.30(e))、多层圆盘刀库(见图 2.30(f))和多排圆盘刀库(见图 2.30(g))。多排圆盘刀库每排 4 把刀,可整排更换。后三种刀库形式使用较少。

3) 链式刀库

链式刀库是较常使用的形式(见图 2.30(h)、(i)),这种刀库刀座固定在链节上,常用的有单排链式刀库(见图 2.30(h)),一般存刀量小于 30 把,个别达到 60 把。若进一步增加存刀量,可使用加长链条的链式刀库(见图 2.30(i))。图 2.31 给出了链式刀库的应用。

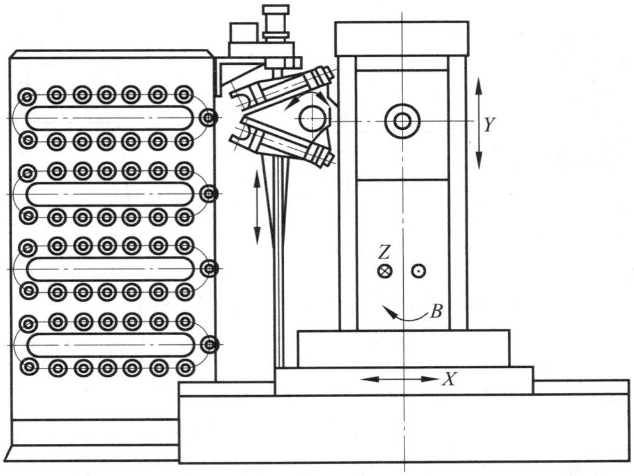

图 2.31 链式刀库

4) 其他刀库

刀库的形式还有很多,值得一提的是格子箱式刀库,如图 2.30(j)、(k)所示,刀库容量较大,可使整箱刀库与机外交换。为减少换刀时间,换刀机械手通常利用前一把刀具加工工件的时间,预先取出要更换的刀具,当然所配的数控系统应具备该项功能。图 2.30(j)为单面式,图 2.30(k)为多面式。

2. 常见的换刀方式

加工中心刀具的交换方式一般分为以下几种。

1) 无机械手换刀

无机械手换刀主要通过刀库和机床主轴的相对运动来实现换刀。换刀时,必须首先将用过的刀具送回刀库,然后再从刀库中取出新刀具,这两个动作不可能同时进行,因此换刀时间长。图 2.32 和图 2.33 分别给出了立式加工中心和卧式加工中心无机械手换刀的结构。

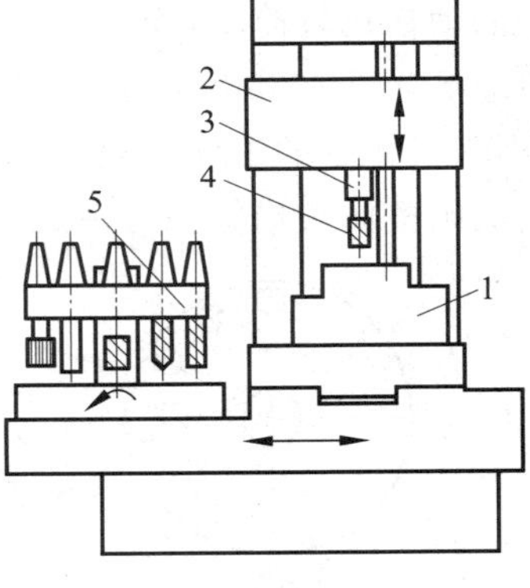

图 2.32 立式加工中心无机械手换刀
1—工件;2—主轴箱;
3—主轴;4—刀具;5—刀库

图 2.33 所示为卧式加工中心无机械手换刀的过程:数控系统发出换刀指令,圆盘式刀库转至所需刀具座的位置,主轴移动到换刀位置,刀具座夹持待更换的刀具,刀库前移,拔出用过的刀具,刀库旋转,直至下一工序要用的刀具位于主轴轴线位置,刀库后退,装上“新”刀,主

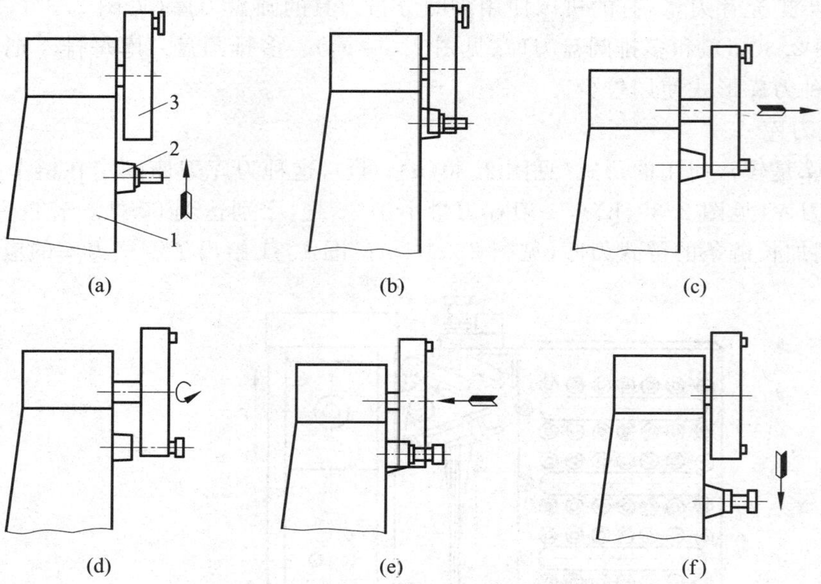

图 2.33　卧式加工中心无机械手换刀

1—立柱；2—主轴箱；3—刀库

轴下移至工作位置，换刀过程完毕。

2）机械手换刀

采用机械手换刀的方式在加工中心中应用最为广泛。当主轴上的刀具完成一个工步后，机械手把这一个工步的刀具送回刀库，并把下一个工步所需要的刀具从刀库中取出装在主轴部件上。对机械手的具体要求是迅速可靠，准确协调。由于不同的加工中心的刀库与主轴的相对位置不同，所以各种加工中心所使用的换刀机械手结构也不尽相同。从手臂的类型来看，有单臂机械手、双臂机械手等。

双臂机械手中最常用的有如图 2.34 所示的几种结构形式：图(a)是钩手，图(b)是抱手，图(c)是伸缩手，图(d)是插手。这几种机械手能够完成抓刀—拔刀—回转—插刀—返回等一系列动作。为了防止刀具掉落，各机械手的活动爪都带有自锁机构。由于双臂回转机械手的动作比较简单，而且能够同时抓取和装卸机床主轴和刀库中的刀具，因此换刀时间进一步缩短。图 2.35 所示是双刀库机械手装置，其特点是两个刀库和两个单臂机械手进行工作，因而机械手的工作行程大为缩短，可有效节省换刀时间。另外，还由于刀库分两处设立，故使机床整体布局较为合理。

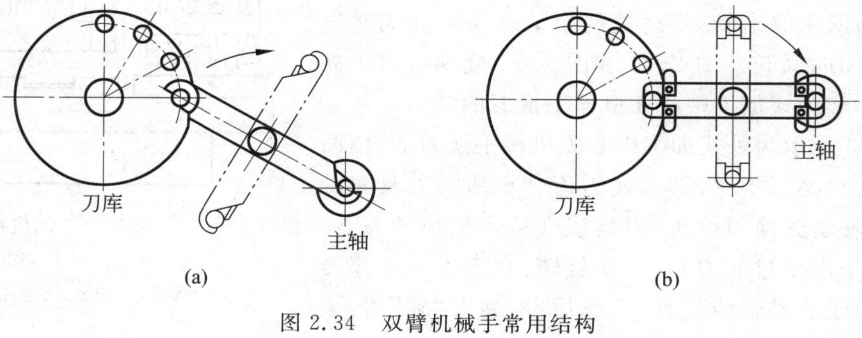

图 2.34　双臂机械手常用结构

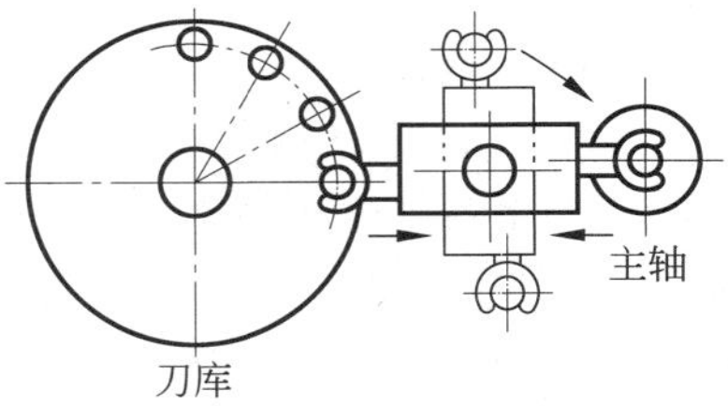

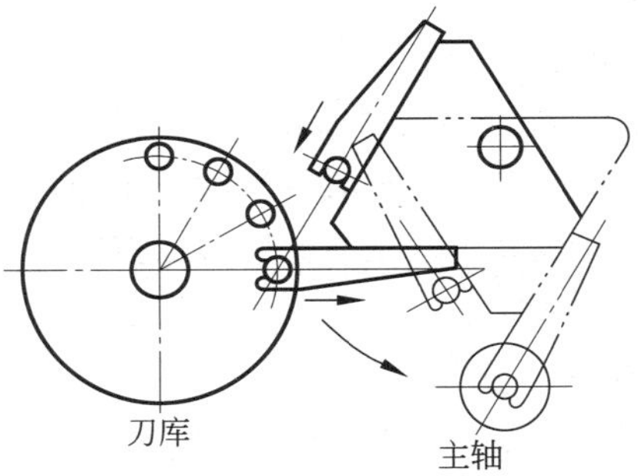

图 2.34（续）

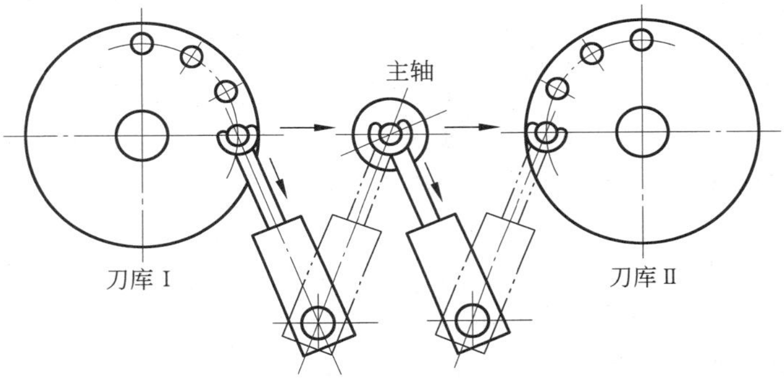

图 2.35 双刀库机械手换刀装置

3）转塔式自动换刀

转塔式自动换刀装置是数控机床中比较简单的换刀装置。转塔刀架上装有主轴头，转塔转动时更换主轴头以实现自动换刀。在转塔各个主轴头上，预先安装有各工序所需要的旋转刀具。如图 2.36 所示数控钻镗铣床采用的转塔刀库换刀，可绕水平轴转位的转塔自动换刀装置上装有 8 把刀具，但只有处于最下端"工作位置"上的主轴才能与主传动链接通并转动。待该工步加工完毕需要换刀时，首先脱开主传动链，然后转塔按照指令转过一个或几个位置，完成自动换刀，再进入下一步的加工。

这种自动换刀装置存储刀具的数量较少，适用于加工较简单的工件。其优点是结构简单、可靠性好、换刀时间短。但由于空间位置的限制，主轴部件的结构刚性较低，且安装在机床上，对机床的结构影响较大，适用于工序较少、精度要求不太高的数控钻镗铣床。

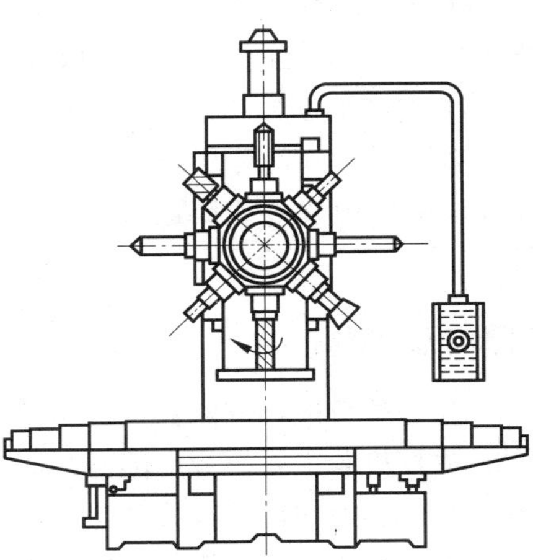

图 2.36 转塔刀库换刀

3. 刀具的选择方式

根据数控装置发出的换刀指令，刀具交换装置从刀库中挑选各工序所需刀具的操作称为自动选刀。自动选择刀具的方法主要有以下四种。

1）顺序选择

刀具的顺序选择方式是将刀具按加工工序的顺序，依次放入刀库的每一个刀座内。每次换刀时，刀库按顺序转动或移动一个刀座的位置，并取出所需要的刀具。已经使用过的刀具可以放回到原来的刀座内，也可以按顺序放入下一个刀座内。采用这种方式的刀库不需要刀具识别装置，而且驱动控制也比较简单，可以直接由刀库的分度机构来实现。因此刀具的顺序选择方式具有结构简单，工作可靠等优点。但由于刀库中同一规格的刀具在不同的工序中不能重复使用，因而必须相应增加刀具的数量和刀库的容量，这样就降低了刀具和刀库的利用率。此外，人工装刀操作必须十分谨慎，如果刀具在刀库中的顺序发生差错，将会造成设备或质量事故。

2）刀具编码选择

刀具的编码选择方式采用一种特殊的刀柄结构，对每把刀具进行编码。换刀时通过编码识别装置，按换刀指令代码，在刀库中寻找出所需要的刀具。由于每一把刀具都有自己的代码，因而刀具可以放入刀库中的任何一个刀座内，这样不仅刀库中的刀具可以在不同的工序中重复使用，而且换下来的刀具也不必放回原来的刀座，这对装刀和选刀都十分有利，刀库的容量也可相应地减少，而且还可以避免由于刀具顺序的差错所造成的事故。

3）刀座编码选择

刀座编码选择方式是对刀库中的刀座进行编码和对刀具进行编号。装刀时，将与刀座编码相对应的刀具放入刀座中，然后根据刀座的编码选取刀具。刀座编码的识别原理与上述刀具编码的识别原理完全相同。刀座编码方式取消了刀柄中的编码环，使刀柄的结构大为简化。因此，刀具识别装置的结构不受刀柄尺寸的限制，而且可以放置在较为合理的位置上。采用这种编码方式时，若操作者把刀具误放入编码不符的刀座内，仍然会造成事故。刀具在自动交换过程中必须将用过的刀具放回原来的刀座内，增加了刀库动作和复杂性。与顺序选择相比，刀座编码选择方式最突出的优点是刀具可以在加工过程中重复多次选用。

4）任意选刀

由于计算机技术的发展，可以利用软件选刀，它代替了传统的编码环和识刀器，在这种选刀与换刀方式中，刀库上的刀具与主轴上的刀具直接交换，即随机任意选刀换刀。主轴上换上的新刀号及还回刀库中的刀具号，均在计算机（或可编程序控制器）内部相应的存储单元记忆，不论刀具放在哪个地址，都始终能跟踪记忆。这种刀具选择方式需在计算机内部设置一个模拟刀库的数据表，其长度和表内设置的数据与刀库的刀座位置数和刀具号相对应。这种方法主要用软件完成选刀，从而消除了由于识刀装置的稳定性、可靠性所带来的选刀失误。

[习题与思考题]

1. 什么是数控机床？数控机床的特点是什么？
2. 数控机床主要由哪几部分组成？
3. 数控机床如何进行分类？
4. 数控车床的布局形式主要分为哪几种？分别应用于什么场合？
5. 车削中心能完成哪些工序？

6. 根据图 2.15 分析车削中心的主运动及 C 轴运动传动链?

7. 分析 XKA5750 型数控铣床的各条传动链。

8. 加工中心与一般数控机床有何异同?

9. 结合 JCS-018A 加工中心说明加工中心的基本组成。

10. 根据图详细说明机械手的自动换刀过程及动作的实现。

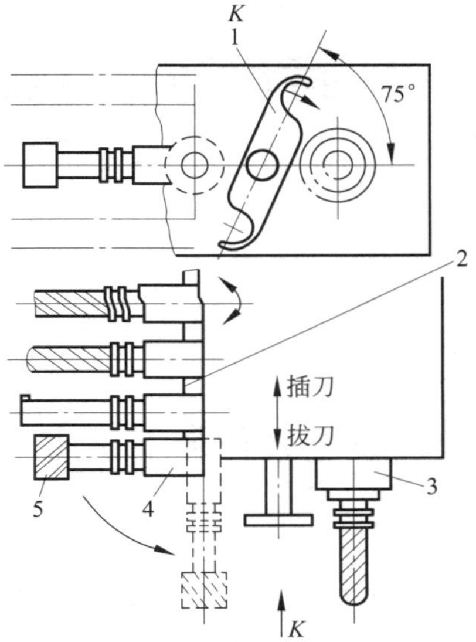

题 10 图

3 特种加工机床

特种加工机床包括电加工机床、超声波加工机床、激光加工机床、电子束和离子束加工机床、水射流加工机床;本章对常见的电火花加工机床和激光加工机床进行介绍。

3.1 电火花加工机床

3.1.1 概述

电火花加工方法是在20世纪40年代逐步发展起来的一种新的加工方法,人们又称为放电加工(electrical discharge machining,EDM),属于非传统加工。它是利用工具电极和工件(电极)间不断进行脉冲性火花放电时局部瞬时产生的高温来去除金属、进行加工的一种方法。

电火花加工机床是利用电火花加工原理,综合了微电子、自动控制及计算机等方面的技术而发展起来的一种典型的机电一体化产品,是各种复杂模具和复杂零件加工的必备设备。

1. 电火花加工的原理和机理

电火花加工是基于工具电极和工件之间脉冲性火花放电时的电腐蚀现象蚀出多余金属,对零件进行加工的。图3.1所示为电火花加工原理图,工具电极3和工件4都浸泡在绝

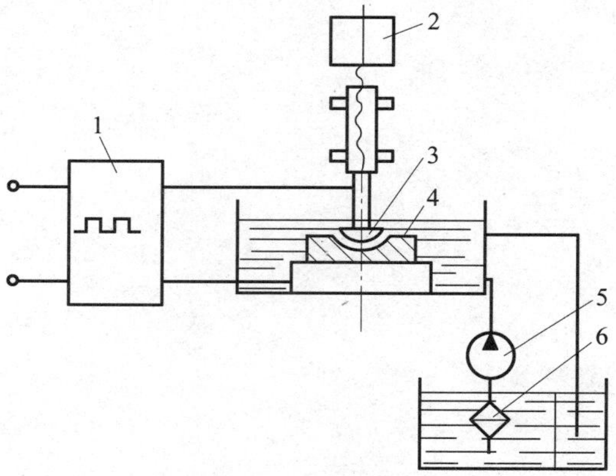

图3.1 电火花加工原理图

1—脉冲电源;2—伺服控制系统;3—工具电极;4—工件;5—泵;6—过滤装置

缘的工作液中，并分别与直流电源或交流电源 1 的负极和正极相连。电源是由限流电阻 R 与电容器 C 组成的 RC 脉冲电路或者其他晶体管脉冲电源和可控硅脉冲电源，其作用是利用电容器 C 的充电和放电，将直流电转换成脉冲电流。

在接通高频脉冲电源后，当工件和工具电极的距离小于放电间隙时，便在两点间产生了电场，在电场力的作用下，大量电子高速运动并撞击工件，从而将动能转化成热能，使工件表面融化，甚至气化，局部温度可瞬时达到 8000～12 000℃。被融化和气化的工件微粒被工作液冷却并冲刷带走，工件表面上的金属被蚀出形成小凹坑。一次火花放电形成一个小凹坑，多次火花放电就在工件表面上形成无数个小凹坑，如图 3.2 所示。在控制系统的控制下，进给系统带动工具电极连续进给即可达到对工件的加工要求。

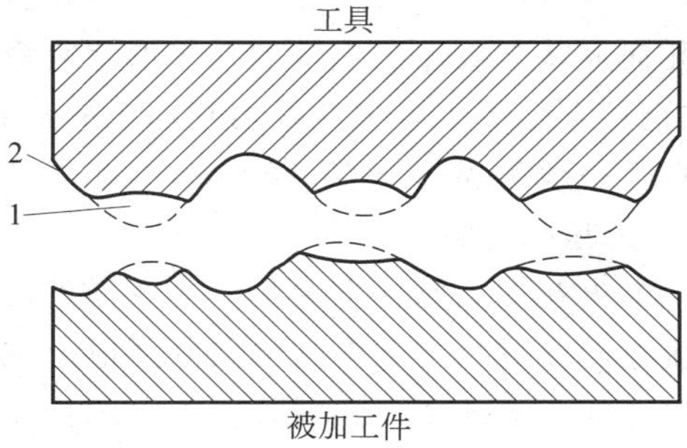

图 3.2 电火花加工工件表面放大图

1—凹坑；2—翻边凸起

2. 电火花加工的特点及用途

(1) 加工过程中，工具与工件不接触，避免了因切削力造成的工艺系统变形引起的加工误差，有利于实现微细加工。

(2) 因为脉冲放电产生的高温足以熔化和气化任何材料，所以它适合于切削加工无法加工的难加工材料。

(3) 电火花加工可以将工具电极的形状简单地复制到被加工工件上，同时由于数控技术的使用，使它特别适用于加工特殊及复杂形状的零件。如模具的各种型孔和型腔等。

(4) 由于电火花加工是直接利用电能进行加工，而电能和电参数又较机械量易于由数控和适应控制等控制，所以便于实现加工自动化。

3. 电火花加工机床的分类

电火花加工机床按工具电极和工件相对运动的方式以及用途的不同大致可分为六种。

(1) 电火花穿孔成形加工机床。目前该类机床约占电火花加工机床总数的 30%，主要用于加工各种冲模、挤压模、各类型腔模及各种异形孔、微孔等。

(2) 电火花线切割机床。该类机床目前应用范围最广泛，约占电火花加工机床总数的 60%，主要用于下料、截割、窄缝加工及切割各种冲模和具有直纹面的零件。

(3) 电火花内孔、外圆和成形磨削加工机床。该类机床主要用于加工外圆、小模数滚刀及各种高精度、表面粗糙度值小的小孔。

(4) 电火花同步共轭回转加工机床。该类机床数量很少，主要用于加工精密内孔、内齿轮、精密外圆、螺纹轧辊及各种共轭表面。

(5) 电火花高速小孔加工机床。主要用于加工深径比很大的小孔。

(6) 电火花表面强化、刻字机床。主要用于模具刃口、刀量具刃口的表面强化和镀覆以及电火花刻字等。

其中前五种属于电火花成形、尺寸加工机床，用于改变零件形状或尺寸，后一种属表面加工机床，用于改变零件表面质量。

4. 电火花数控加工机床的组成

由电火花加工原理可知，电火花加工机床是由工具电极、脉冲电源、自动进给调节系统、工作液循环过滤系统、主机以及控制柜所组成。

1）工具电极

工具电极是电火花加工用的工具，是电火花加工不可缺少的电极之一。成形加工的电极几何形状与被加工工件的几何形状完全相同。其常用材料有：铜、铸铁、钢、石墨、银钨合金、铜钨合金等。电火花线切割加工的工具是电极丝，一般采用钼丝、钨钼合金丝和铜丝等，其直径一般为 $\phi 0.1 \sim \phi 0.25$ mm，火花放电时不易烧断。

2）脉冲电源

电火花加工脉冲电源是电火花加工设备的主要组成部分之一，其作用是把直流或工频交流电转变成一定频率的单向脉冲电流，提供电火花加工所需要的放电能量。脉冲电源对电火花加工的效率、加工精度、加工的稳定性和工具损耗等指标都有很大的影响。

3）自动进给调节系统

自动进给调节系统的作用是用来调整工具电极与工件的相对位置，使两者在加工过程中始终保持一定的放电间隙。最早的自动进给调节系统是电气-液压式，执行件是活塞与活塞杆，用喷嘴-挡板和电-机械转换器或电液压伺服阀控制油缸和活塞的运动速度和方向，实现自动调节进给，如图 3.3 所示。

目前的中小型电火花数控加工设备都已广泛采用步进电机、直流伺服电机和交流伺服电机直接带动滚珠丝杠螺母作为自动进给系统。由于这种系统是由伺服电机直接带动滚珠丝杠螺母实现进给，所以进给传动链短、灵敏度高、结构简单、体积小，而且惯性小，便于加工过程的自动控制和数字程序控制。

4）工作液循环过滤系统

电火花加工时，工具电极和工件必须浸泡在具有一定绝缘强度的液体中，此液体被称为工作液。工作液循环过滤系统主要包括工作液箱、电机、管路、过滤装置以及测量仪表等（图 3.1）。工作液质量的好坏直接影响机床的加工精度，常用的工作液一般为定期更换的煤油。

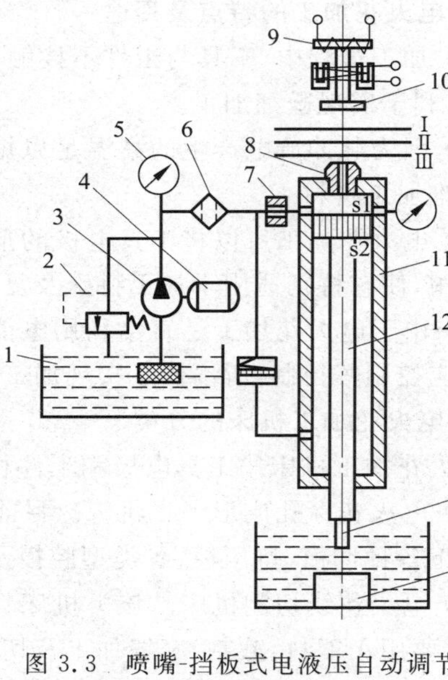

图 3.3 喷嘴-挡板式电液压自动调节装置工作原理

1—油箱；2—溢流阀；3—泵；4—电机；5—压力表；6—过滤器；7—节流阀；8—喷嘴；9—电-机械转换器；10—挡板；11—油缸；12—活塞杆；13—工具电极；14—工件

5）主机

主机是机床的本体，不同种类的电火花加工机床，其主机构造不尽相同。它主要由床身、工作台、立柱、附件等部分组成。

6）控制柜

控制柜内装有一台小型专用计算机，它是数控机床的核心部件，用来控制自动进给系统执行机构的各种运动，以便根据输入的加工程序加工出需要的工件。

3.1.2 DK7725 型数控电火花线切割机床

根据电极丝的走丝速度，电火花线切割机床分为快走丝线切割机床和慢走丝线切割机床两种。快速走丝线切割机床的电极丝作高速往复运动（一般走丝速度为 8～10 m/s），是我国特有的电火花加工方式。慢走丝线切割机床中电极丝做低速单向运动（一般走丝速度低于 0.2 m/s），目前国外应用较多。沙迪克公司生产的 DK7725 型线切割机床属于快走丝线切割机床。

DK7725 是数控电火花线切割机床的型号，其含义如下：

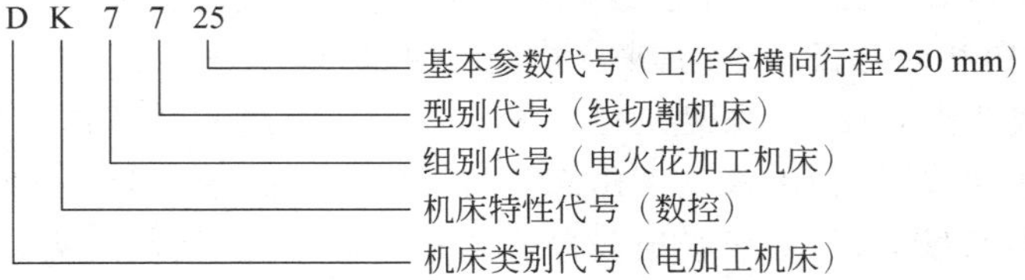

3.1.2.1 机床总布局

DK7725 型线切割机床如图 3.4 所示，主要由控制柜和切割台两大部分组成。

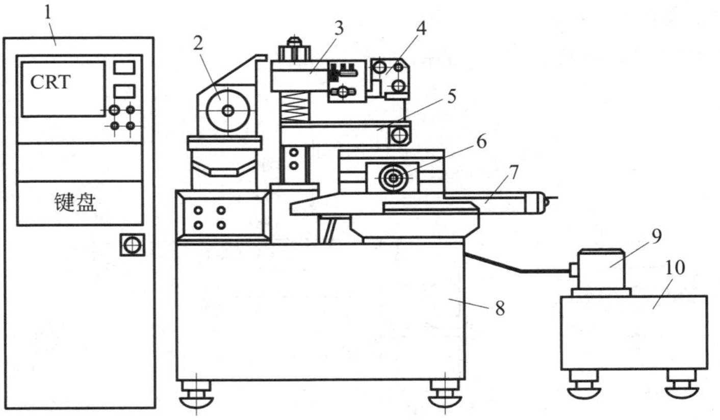

图 3.4 DK7725 型线切割机外形图

1—控制柜；2—储丝筒；3—上线架；4—导轮机构；5—下线架；6—Y 轴拖板；7—X 轴拖板；8—床身；9—电机；10—工作液箱

1. 控制柜

控制柜内装有一台小型专用计算机，在加工工件之前，先根据零件图上规定的要求，用计算机编程指令把被加工零件的几何形状、尺寸和机床的某些动作编制成加工程序，由输入介质输入计算机，计算机经过运算后发出控制伺服系统的各种指令，机床便按照人们预先设定的操作顺序依次动作，加工出要求的加工工件。控制柜外部是控制面板，控制面板共分成三个工作区。

（1）电源指示、启停操作区。主要包括电压表、电流表、起动按钮、急停按钮、关机按钮、机床电器按钮。其中电压表和电流表用来显示高频脉冲电源的加工电压和电流。

(2) 屏幕显示区。彩色显示器显示加工菜单及加工中的各种信息。CRT 左上区为图形显示,左下区显示加工菜单,右上区显示 X、Y、U、V 四轴坐标值,加工时间,机参数及电参数。

(3) 控制键盘操作区。对于简单零件,可以直接在键盘上进行手工编程。

2. 切割机

切割机主要由以下几大部分组成。

(1) 床身。床身 8 是切割机的基础件,其上安装有 Y 轴拖板 6 和 X 轴拖板 7、储丝筒 2、立柱、线架 3 和 5 等部件。由于床身 8 应具有足够的强度和刚度,故通常采用箱式结构的铸件。

(2) X-Y 工作台。其上装有固定工件用的夹具,用来带动被加工工件按照预定的路线在 X 轴和 Y 轴方向相对电极丝移动,来完成对工件的加工。

(3) 线架。线架由立柱、上线架 3 和下线架 5 三部分组成。其作用是通过线架上的两个导轮 4 来支承电极丝,并使电极丝工作部分与工作台面保持一定的几何角度,限制电极丝运行轨迹。即切割直壁时,电极丝必须保持与工作台面垂直;切割带有锥度的斜壁时,电极丝与工作台面必须保持一定角度的倾斜。线架与走丝机构组成了电极丝的运动系统。

(4) 工作液循环系统可以使加工时的工作液(水或水基工作液)由泵通过管道输送到加工区,然后再经过回液管回到工作液箱,达到使工作液重复使用的目的。

3.1.2.2 机床传动系统

图 3.5 是 DK7725e 型线切割机床传动系统简图。

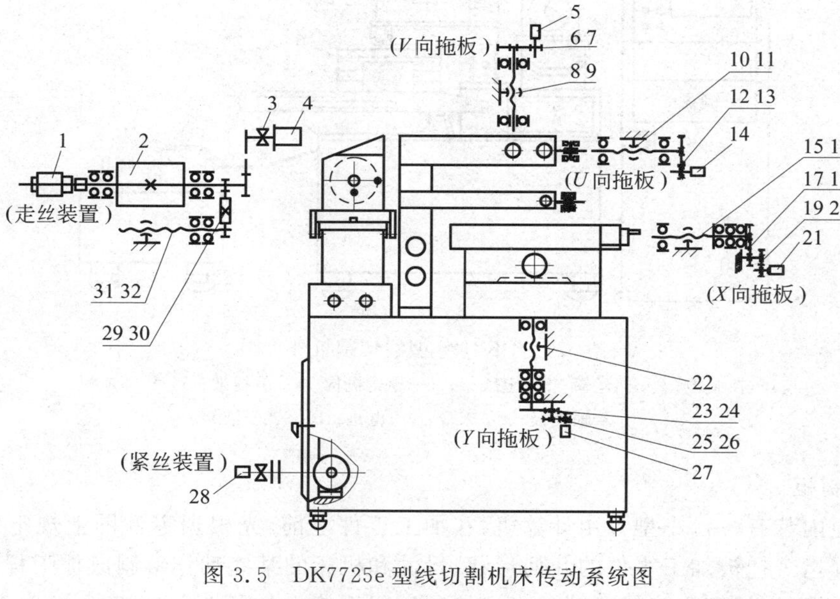

图 3.5 DK7725e 型线切割机床传动系统图

1,4,5,14,21,27,28—电动机;2—储丝筒;3,6,7,12,13,17~20,23~26—齿轮;8,9,10,11,15,16,22,31,32—滚珠丝杠螺母副;29,30—皮带传动

1. 坐标工作台传动链

功率为 72 W 的 75BF001 型步进电动机 21 经两对齿轮副 19、20 和 17、18(18/60×20/

100)驱动滚珠丝杠螺母副 15 和 16,带动工作台作 X 方向的进给运动。Y 坐标方向的伺服进给系统与 X 方向的完全相同。变频系统每发出一个脉冲信号,步进电机转过一个步距角,使工作台拖板移动 0.001 mm,即步进电机的脉冲当量为 0.001 mm。

2. 走丝机构传动链

上丝时,由上丝电机 4 经过齿轮副 3 将运动传给储丝筒轴,再经皮带与皮带轮 29、30 传动丝杠螺母副 31、32,完成上丝。储丝筒 2 与走丝电动机 1 装在同一根轴上。当走丝时,走丝电动机 1 通过轴上的键带动储丝筒 2 旋转,储丝筒旋转的同时由轴右端的皮带与皮带轮 29、30 传动丝杠螺母副 31、32,使运丝拖板移动完成走丝。电动机的正反转使绕在储丝筒 2 和线架之间的电极丝以一定速度往复运动。供液泵关闭时,紧丝电动机 28 与走丝电动机 1 低速运转,实现紧丝功能;打开供液泵时,紧丝电机 28 不转,实现切割功能。

3. 线架机构传动链

线架机构传动链是线架在 U、V 坐标方向的运动链,这两个方向的传动系统完全相同。36BF 型步进电动机 14 经一对齿轮副 12、13 传动滚珠丝杠螺母副 10、11,由滚珠丝杠螺母直接带动线架拖板作 U 坐标方向的运动。步进电动机 5 经过一对齿轮 6、7 传动丝杠螺母副 8、9 带动线架拖板作 V 坐标方向的运动。这两个坐标方向的运动是为调整电极丝与工作台面在两个方向的倾斜角度而设置的。

3.1.2.3 机床主要部件和系统的结构

1. 坐标工作台

X、Y 坐标工作台主要由拖板、导轨、齿轮传动机构和丝杠运动副四部分组成,如图 3.6 所示。

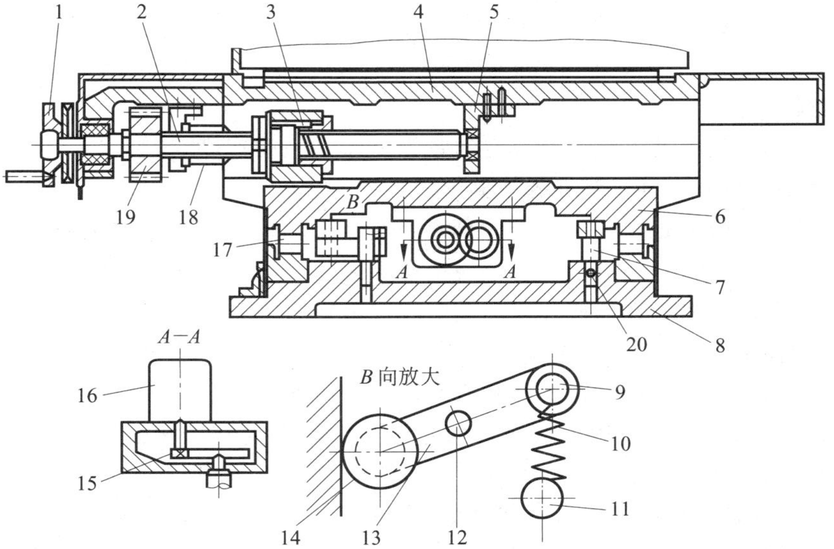

图 3.6 坐标工作台结构图

1—手轮;2—丝杠;3—螺母;4—上拖板;5—支架;6—中拖板;7—偏心轴;8—下拖板;9,11—销;10—拉簧;12—转轴;13—杠杆;14—滚轮;15,19—齿轮副;16,18—步进电动机;17—滚柱导轨;20—紧固螺钉

(1) 拖板。拖板分上、中、下三层，最上层为上拖板 4，置于中拖板 6 之上，运动方向为 X 坐标方向；第二层为中拖板 6，它位于上拖板 4 与下拖板 8 之间，运动方向为 Y 坐标方向；下拖板 8 固联在床身上，是中拖板的运动导轨。上拖板和中拖板一端呈悬臂形式，其上安装有拖板的传动机构 2 和 3。X、Y 坐标工作台的运动既可以手动，也可以机动。调整机床时，使用手轮 1 使工作台运动；加工时，由自动控制装置控制执行件伺服电机 16 实现机动。手轮 1 或伺服电动机 16 经一对齿轮 15 与丝杠 2 相连。螺母 3 固联在中拖板 6 上，丝杠 2 通过固联在上拖板上的支架 5 带动 X 向工作台沿导轨往复运动。

(2) 导轨。两个移动方向的导轨均采用了滚动导轨。其特点是摩擦阻力小，便于工作台实现精确和微量位移，而且移动均匀、运动灵敏、定位精度高。在线切割机床中，常用的滚动导轨有力封式和自封式两种。DK7725 型线切割机床采用了力封式滚柱导轨，如图 3.6 所示。力封式是借助运动件的重力将导轨副封闭而实现给定运动的结构形式。承导件上有两根滚柱导轨 17，在运动件上的侧导轨与四个滚轮 14 形成滚动导轨，偏心轴 7 用来调整工作台的运动方向，当需要调整 X、Y 向两拖板的垂直度时，以 X 拖板行程为基准，用专用扳手转动 Y 向拖板间前后两导轮所在的偏心轴 7 中的一根即可。调好后，用紧固螺钉 20 将偏心轴固定在承导件上。左侧的两个滚轮 14 固定在杠杆 13 的一端，杠杆 13 的另一端由弹簧 10 拉紧，靠拉簧的拉力使四个滚轮始终靠紧在侧导轨上，消除了侧导轨与滚轮之间的间隙。这种导轨的特点是滚轮与导轨的接触面积大，受力均匀，承载能力大，运动灵活，运动精度高，滚轮与侧导轨磨损后，间隙由拉簧的拉力自动补偿，润滑条件好，制造、装配、调整方便。

(3) 滚珠丝杠螺母副。螺母 3 固定在承导件上，利用双螺母螺纹调整式结构消除丝杠与螺母之间的间隙。丝杠由电机经一对齿轮传动，通过固定在移动拖板上的支架 5 带动拖板移动。这种丝杠螺母副的特点是结构紧凑、工作可靠、调整方便，但是准确性差，且易于松动。

2. 走丝机构

走丝机构的作用是使电极丝在一定的张力下以平稳的速度走丝，以便获得稳定的放电加工，同时使电极丝整齐地缠绕在卷丝筒上。

走丝方式分为慢速走丝和快速走丝两种：慢速走丝是单方向的一次用丝，即电极丝从放丝轮出发，经由各个滑轮、制动轮和导线机构等到达收丝轮的单方向走丝。快速走丝是由电机的正反转驱动电极丝作双向往复运动实现对工件的加工。同时，由于往复走丝时，需要电极丝在储丝筒上整齐的排列，储丝筒在旋转的同时还需要作相应的移动。

快速走丝机构又分为单丝筒驱动和双丝筒驱动两种形式。

DK7725e 型线切割机床用了单丝筒快速走丝机构，其传动过程见图 3.5 传动系统图。

单丝筒快速走丝机构结构图如图 3.7 所示，储丝筒 4 与电机 3 装在一根轴上，电机 3 的正、反转直接带动储丝筒 4 正、反转，实现电极丝的上、下往复运动。储丝筒转动的同时，装在储丝筒轴右端的皮带轮 5 通过皮带和皮带轮 10 将运动传给丝杠 12，螺母 13 固联在床身上，所以丝杠旋转时通过轴承座 11 和连接板 9 带动装储丝筒的拖板 8 往复运动，实现电极丝的均匀缠绕。移动方向由限位板 2 和接近开关 1 来控制。单丝筒快速走丝机构的特点是导向轮很少，机械结构简单，但是因为电机频繁地正反转和电极丝的不可调，走丝速度低。

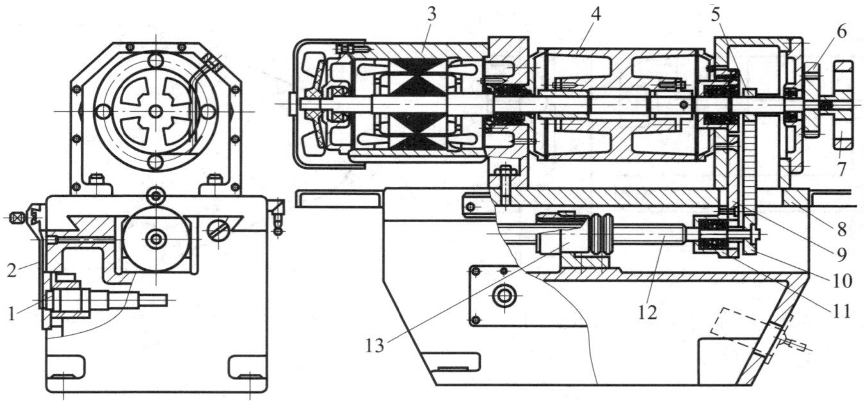

图 3.7 单丝筒快速走丝机构结构图

1—运丝极限开关；2—限位板；3—电动机；4—储丝筒；5—皮带轮；6—齿轮；
7—手轮；8—滑板；9—连接板；11—轴承座；12—丝杠；13—螺母

丝杠和螺母之间的间隙会影响排丝和切割精度，调整时，应先旋松固定副螺母 2 的两个 M5 的内六角螺钉 6 和 7，用工具将副螺母逆时针微量旋转，使间隙适量，重新紧固螺钉即可(图 3.8)。

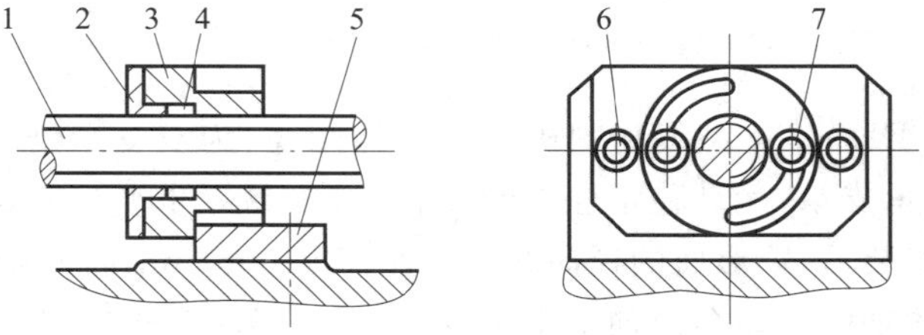

图 3.8 走丝机构丝杠螺母间隙的调整

1—丝杠；2—副螺母；3—主螺母；4—环形存油槽；5—螺母架；6,7—螺钉

走丝机构的组成主要包括储丝筒、线架和导轮组件等。

(1) 线架。因为线架的主要作用是通过安装在线架上的导轮支承电极丝，限定电极丝的运行轨迹，所以线架必须具有足够的刚度和强度，保证电极丝在运动时，不出现振动和变形。常用的线架本体结构按照功能的不同可分为固定式和活动升降式两种。DK7725e 型线切割机床采用了活动升降式线架，即单柱、双臂悬梁式结构，如图 3.9 所示。针对不同厚度的工件，活动丝臂 1 可在导轨上移动，上下移动的距离由丝杠螺母副调节。打开立柱上方的端盖，旋转丝杠 2，由固定在活动丝臂上的螺母带动丝臂移动，移动到位后，拧紧固定螺钉。为了适应丝臂升降高度的变化，在上、下线架中增设了副导轮，如图 3.10 所示。

(2) 导轮组件。导轮组件固定在上、下线架 3 和 5 的前端(图 3.4)，导轮组件的作用是支承电极丝，上导轮(有的机床是下导轮)还能带动电极丝实现 U、V 方向的平移，切割有斜度的内、外表面，如图 3.11 所示。

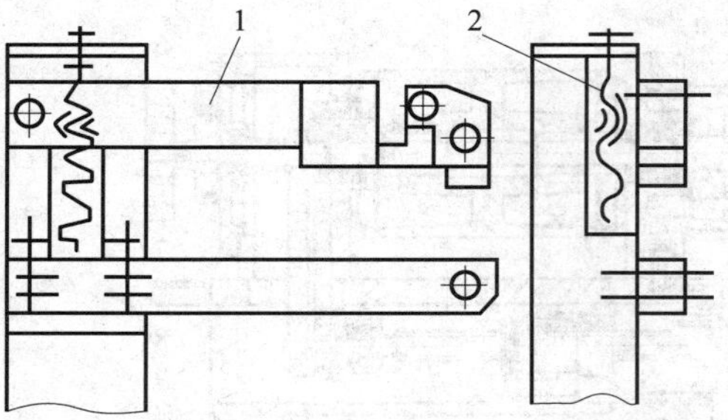

图 3.9 活动升降式线架结构示意图

1—活动丝臂；2—丝杠

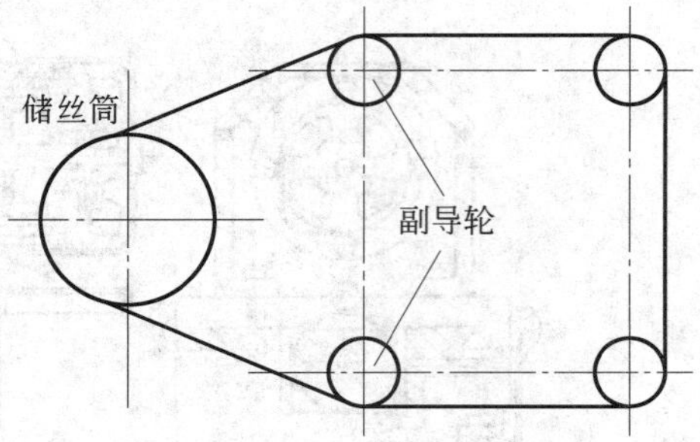

图 3.10 可移动丝臂走丝示意图

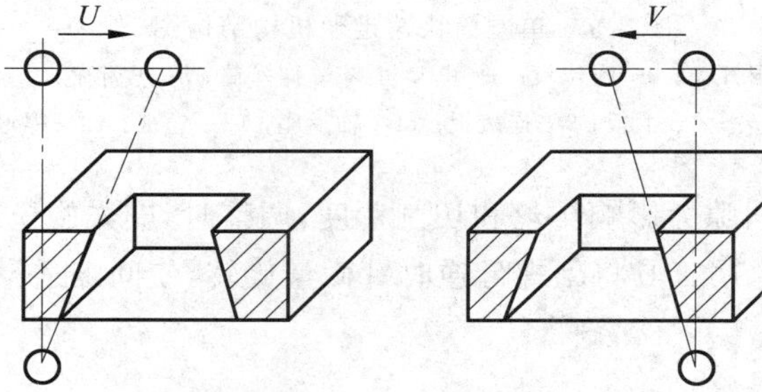

图 3.11 导轮平移，切割有斜度的内、外表面示意图

图 3.12 所示为 DK7725e 型线切割机导轮结构图，它为双支承结构。在这种结构中导轮 2 居中，两端用轴承支承，运动稳定性与刚度较好，不易发生变形及跳动，但结构较复杂，上丝麻烦。导轮 2 安装后，V 形面的径向跳动应小于 0.005 mm，否则会引起电极丝抖动，影响切割精度。导轮的轴向跳动会使加工精度变低，所以导轮安装后或者运行一段时间后，应

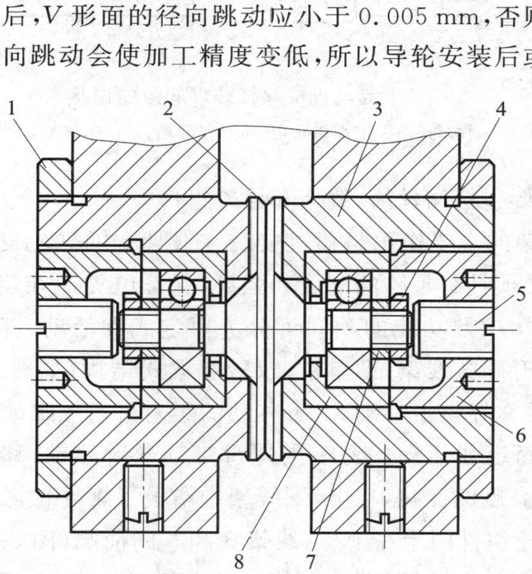

图 3.12 线切割机导轮结构简图

1—锁紧螺母；2—导轮；3—导轮座；4—小圆螺母；5—内六角螺钉；

6—压紧螺母；7—垫圈；8—轴承座

对导轮位置进行调整。因为导轮轴向跳动主要是轴承内外圈与滚珠的游隙所致,所以应调整轴承的预紧度,其方法是:旋紧锁紧螺母 1,迫使导轮座 3 向外移动即可消除轴向跳动。注意调整后导轮转动应灵活,不能有卡死现象。更换导轮时,先松开锁紧螺母 1,沿轴向移出整个导轮组件,拧下压紧螺母 6 和小圆螺母 4,就可将轴承和导轮全部拆下。

3. 工作液系统

在电火花线切割加工过程中,需要不断地供给工件和电极丝具有一定绝缘性能的工作液,以冷却电极丝和工件,排除电蚀产物等,以保证电火花放电持续进行。电火花线切割机床的供液系统主要由工作液箱 1,供油管 7、8,泵 3 及过滤装置 13 等,如图 3.13 所示。供液泵 3 开启后,工作液 2 经主上油管 4 流到分流管 5,分流管分流后分别经上线架供液管 8 和下线架供液管 7 送至上线架喷嘴 9 和下线架喷嘴 10,再经回液管 12 流回工作液箱,经过滤装置 13 过滤后再重新使用。加工前,要在工作液箱中加入足够的工作液,液面不得低于最低刻度线。

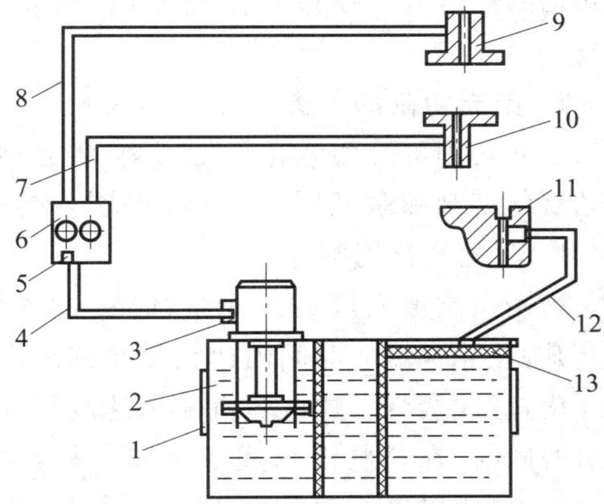

图 3.13 工作液系统示意图

1—工作液箱;2—工作液;3—供液泵;4—主上液管;5—分流管;6—调液手柄;7—下线架供液管;8—上线架供液管;9—上线架喷嘴;10—下线架喷嘴;11—工作台面;12—回液管;13—过滤装置

4. 脉冲电源

电火花线切割脉冲电源的作用是将工频交流电流转换成一定频率的单向脉冲电流,以供给两个电极放电蚀除金属所需要的能量。线切割脉冲电源主要由脉冲发生器、推动级、功放和直流电源四部分组成,如图 3.14 所示。

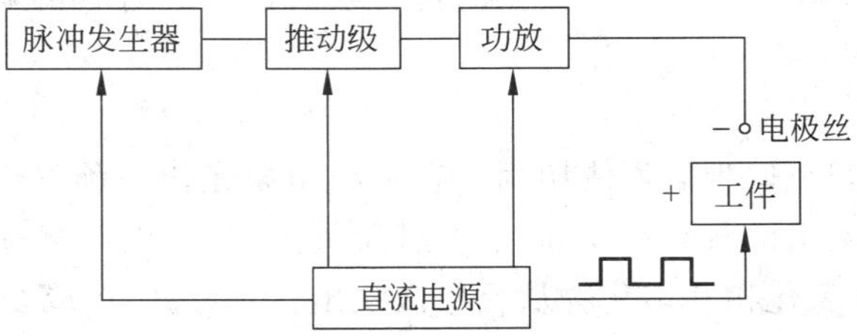

图 3.14 脉冲电源组成框图

3.2 激光加工

激光加工是一种先进的和广泛应用的加工技术。它是利用高能量密度的激光束作为工具对材料进行热处理、表面熔覆、切割和焊接等。数控多轴联动激光加工机床集激光技术、机械、传感技术、自动检测、信息处理、计算机自动控制和伺服驱动等多项技术于一体,能完成二维平面和三维曲面的加工,在国防建设、航空航天、工程机械等领域获得了广泛的应用。

3.2.1 激光切割的原理、分类及特点

1. 激光切割的原理

如图 3.15 所示，激光切割是利用经聚焦的高功率密度激光束照射工件，使被照射的材料迅速熔化、气化、烧蚀或达到燃点，同时借助与光束同轴的高速气流吹除熔融物质，从而实现将工件割开。

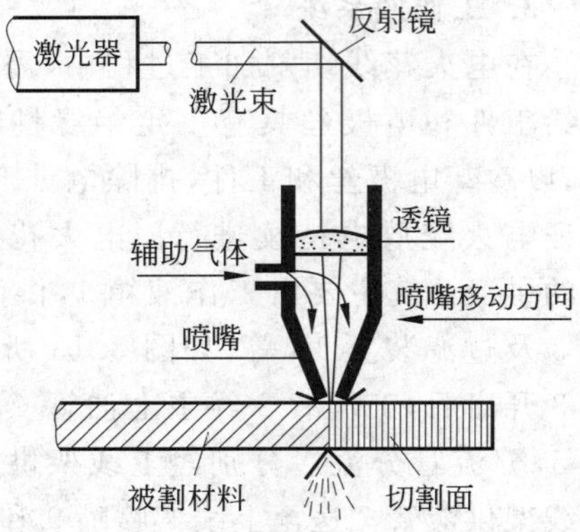

图 3.15 激光切割原理示意图

2. 激光切割的分类

激光切割可分为激光气化切割、激光熔化切割、激光氧化切割和激光划片与控制断裂等类型。

1）激光气化切割

利用高能量密度的激光束加热工件，使温度迅速上升，在非常短的时间内达到材料的沸点，材料开始气化，形成蒸汽。这些蒸汽喷出速度很大，在蒸汽喷出的同时，在材料上形成了切口。材料的汽化热一般很大，所以激光气化切割一般需要很大的功率和功率密度。

激光气化切割多用于极薄的金属材料和非金属材料（如纸、布、木材、塑料和橡皮等）的切割。

2）激光熔化切割

激光熔化切割时，用激光加热使金属材料熔化，然后通过与光束同轴的喷嘴喷吹非氧化性气体（Ar、He、N 等），依靠气体的强大压力使液态金属排出，形成切口。激光熔化切割不需要使金属完全气化，因此所需要的能量只有气化切割的 1/10。

激光熔化切割主要用于一些不易氧化的材料或活性金属材料的切割，如不锈钢、钛、铝及其合金材料等。

3）激光氧气切割

激光氧气切割原理类似于氧乙炔切割。它是利用激光作为预热热源，用氧气等活性气体作为切割气体。喷吹出的气体一方面与切割金属作用，发生氧化反应，放出大量的氧化热；另一方面把熔融的氧化物和熔化物从反应区吹出，在金属中形成切口。由于切割过程中的氧化反应产生了大量的热，所以激光氧气切割所需要的能量只是熔化切割的 1/2，而切割速度远远大于激光气化切割和熔化切割。

激光氧气切割主要用于碳钢、钛钢以及热处理钢等易氧化的金属材料。

4）激光划片与控制断裂

激光划片是利用高能量密度的激光在脆性材料的表面进行扫描，使材料受热蒸发出一条小槽，然后施加一定的压力，脆性材料就会沿小槽处裂开。激光划片用的激光器一般为 Q 开关激光器和 CO_2 激光器。

控制断裂是利用激光刻槽时所产生的陡峭温度分布，在脆性材料中产生局部热应力，使材料沿小槽断开。

3. 激光切割特点

1）切割质量好

激光切割切口细窄，切缝两边平行并且与表面垂直，切割零件的尺寸精度可达±0.05 mm。切口表面光洁美观，表面粗糙度值只有几十微米，甚至激光切割可以作为最后一道工序，无需机械加工，零部件可直接使用。材料经过激光切割后，热影响区宽度很小，切缝附近材料的性质几乎不受影响，并且工件变形小，切割精度高，切缝的几何形状好，切缝横断面呈规则的长方形。

激光切割、氧乙炔切割、等离子切割方法的比较见表 3.1，其中切割材料是板厚为6.2 mm 的低碳钢板。

表 3.1 激光切割、氧乙炔切割和等离子切割方法的比较

切割方法	切割宽度/mm	热影响区宽度/mm	切缝形态	切割速度	设备费用
激光切割	0.2～0.3	0.04～0.06	平行	快	高
氧乙炔切割	0.9～1.2	0.6～1.2	比较平行	慢	低
等离子切割	3.0～4.0	0.5～1.0	楔形且倾斜	快	中高

2）切割效率高

由于激光的传输特性，激光切割机床上一般配有多方向的进给运动，整个切割过程可以全部实现数控。操作时，只需改变数控加工程序，就可以适用不同工件、不同形状零件的切割。

3）切割速度快

用功率 1200 W 的激光束切割 2 mm 厚的低碳钢板，切割速度可达 600 cm/min；切割 5 mm 厚的聚丙烯树脂板，切割速度可达 1200 cm/min。材料在激光设备上切割时不需要装夹固定，既可节省工装夹具，又节省了上、下料的辅助时间。

4）非接触式切割

激光切割时割炬与工件无接触，不存在工具的磨损问题。加工不同形状的工件，不需要更换“刀具”，只需要改变加工程序和改变激光器输出的参数。激光切割过程噪声低，振动小，无污染。

5）激光切割加工的适应范围广

与氧乙炔切割和等离子切割比较，激光切割材料种类多，包括金属、非金属、金属基和非金属基复合材料、皮革、木材及纤维等。但是对于不同的材料，由于自身的热物理性能及对激光的吸收率不同，表现出不同的激光切割适应性。表 3.2 显示了使用 CO_2 激光器时，不同材料的激光切割性能。

表 3.2 各种材料激光切割性能的比较

<table>
<tr><th colspan="2">材　　料</th><th>吸收激光的能力</th><th>切割性能</th></tr>
<tr><td rowspan="3">金属</td><td>Au、Ag、Cu、Al</td><td>对激光的吸收量小</td><td>一般说来，较难加工，1～2 mm 的 Cu 和 Al 薄板可进行激光切割</td></tr>
<tr><td>W、Mo、Cr、Ta、Zr、Ti（高熔点材料）</td><td rowspan="2">对激光的吸收量大</td><td>若用低速加工，薄板能进行切割。但 Ti、Zr 等金属需用 Ar 作辅助气体</td></tr>
<tr><td>Fe、Ni、Pb、Sn</td><td>比较容易加工</td></tr>
</table>

续表

材料			吸收激光的能力	切割性能
非金属	有机材料	丙烯酰、聚乙烯、聚丙烯、聚酯、聚四氟乙烯	可透过白热光	大多数材料都能用小功率激光器进行切割。但因这些材料是可燃的，切割面易被碳化。丙烯酰、聚四氟乙烯不易碳化。一般可用氮气或干燥空气作辅助气体
		皮革、木材、布、橡胶、纸、玻璃、环氧树脂、酚醛塑料	透不过白热光	
	无机材料	玻璃、玻璃纤维	热膨胀大	玻璃、陶瓷、瓷器等在加工过程中或加工后易发生开裂。厚度小于 2 mm 的石英玻璃，切割性能良好
		陶瓷、石英玻璃、石棉、云母、瓷器	热膨胀小	

激光切割由于受激光器功率和体积的限制，激光切割只能切割中小厚度的板材和管材，而随着工件厚度的增加，切割速度显著降低。

3.2.2 激光切割的应用范围

大多数激光切割机床都是数控机床。激光切割作为一种精密加工方法，几乎可以切割所有材料，包括薄金属板的二维切割和三维切割。

在汽车制造领域，小汽车顶窗等空间曲线的切割技术已经获得广泛应用。德国大众汽车公司用功率 500 W 的激光器切割形状复杂的车身薄板和各种曲面件。在航空航天领域，激光切割技术主要用于特种航空材料的切割，如钛合金、铝合金、镍合金、铬合金、不锈钢、氧化铍、复合材料、塑料、陶瓷及石英等。用激光切割加工的航空航天零部件有发动机火焰筒、钛合金薄壁机匣、飞机框架、钛合金蒙皮、机翼长桁、尾翼壁板、直升机主旋翼、航天飞机陶瓷隔热瓦等。

激光切割成形技术在非金属材料领域也有着较为广泛的应用，不仅可以切割高硬度、脆性大的材料，如氮化硅、陶瓷、石英等；还能切割加工柔性材料，如布料、纸张、塑料板、橡胶板等。服装业用激光进行服装裁剪，可节省衣料 10%～12%，并可将工效提高 3 倍以上。

3.2.3 数控激光切割机床

1. 机床的主要构成

激光切割机床大都采用 CO_2 激光器，从大的方面来说主要由激光器、导光系统、数控系统、伺服系统、割炬、操作台、气源、水源及抽烟系统构成。典型的 CO_2 激光切割设备的基本构成如图 3.16 所示。

现将激光切割机床各部分的作用说明如下。

(1) 激光电源　供给激光振荡用的高压电源。

(2) 激光振荡器　产生激光的主要设备。

(3) 折射反射镜　用于改变激光的传输方向。为使光束通路不发生故障，所有反射镜都要用保护罩加以保护。

(4) 割炬　主要包括枪体、聚焦透镜、辅助气体喷嘴等。

(5) 切割工作平台　用于安装被切割的板材或工件，能够按照数控指令进行运动，工作

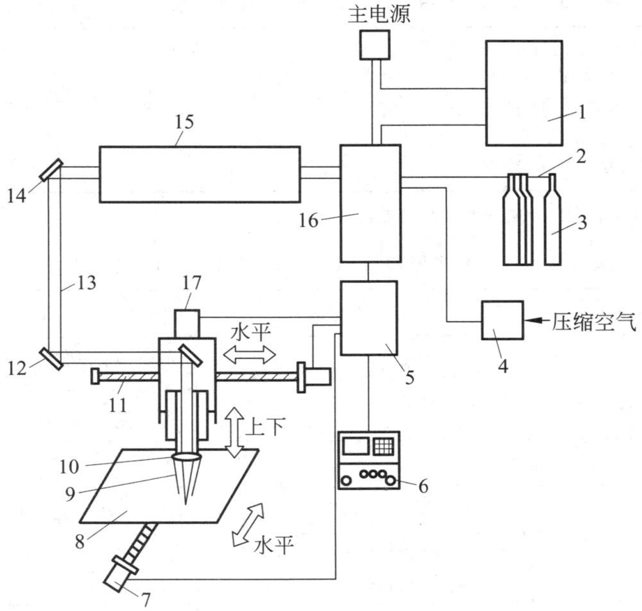

图 3.16 CO_2 激光切割机床基本构成

1—冷却水装置；2—激光工作介质气瓶；3—辅助气体瓶；4—空气干燥器；5—数控装置；6—操作盘；7—伺服电动机；8—切割工作平台；9—割炬；10—聚焦透镜；11—丝杠；12,14—反射镜；13—激光束；15—激光振荡器；16—激光电源；17—伺服电动机和割炬驱动装置

台各个方向的运动通常由伺服电动机驱动。

(6) 割炬驱动装置 二维或三维曲线或曲面的加工是由工作台和割炬的共同运动实现的。割炬驱动装置由伺服电动机和丝杠等传动件组成。

(7) CNC 数控装置 控制工作台和割炬的运动轨迹，切割出所要求的形状，同时也控制激光器在加工不同工件或材料时的输出功率。

(8) 操作盘 一个人机界面接口，既可以显示加工过程的状态，又可以通过操作盘对加工过程进行控制。

(9) 气瓶 包括激光工作介质气瓶和辅助气体瓶，用于补充激光振荡的工作气体和供给切割用的辅助气体。

(10) 冷却水循环装置 用于冷却激光振荡器。激光器是利用电能转换成光能的装置，如 CO_2 气体激光器的转换率一般为 20%，剩余的 80%能量转换成热能。冷却水的作用就是把多余的热量带走以维持激光振荡器的正常工作。

(11) 空气干燥器 用于向激光振荡器和光束通路供给洁净的干燥空气，以保持通路和反射镜的正常工作。

2. 激光切割用激光器

切割用激光器主要有 CO_2 气体激光器和钇铝石榴石固体激光器(即 YAG 激光器)。CO_2 气体激光器与 YAG 激光器的基本特性及主要用途见表 3.3。切割加工性能比较见表 3.4。

表 3.3 CO_2 激光器与 YAG 激光器的基本特性及主要用途

激光器	波长/μm	振荡形式	输出功率	效率[①](%)	用途
CO_2 激光器	1.06	脉冲/连续	1.8 kW 脉冲能量 0.1～150 J	3	打孔、焊接、切割、烧刻
YAG 激光器	10.6	脉冲/连续	20 kW	20	打孔、切割、焊接、热处理

注：① 效率指投入激光器工作介质的能量与激光输出能量之比。

表 3.4 CO_2 激光器与 YAG 激光器的切割加工性能比较

项　目	CO_2 激光器	YAG 激光器
聚焦性能	光束发散角小，易获得基模，聚焦后光斑小，功率密度高	光束发散角大，不易获得单模式（仅超声波 Q 开关 YAG 激光器能产生单模式），聚焦后光斑较大，功率密度低
金属对激光的吸收率（常温）	低	高
切割特性	好（切割厚度大，切割速度快）	较差（切割能力低）
结构特性	结构复杂，体积较小，对光路的精度要求高	结构紧凑，体积小，光路和光学零件简单
维护保养性能	差	良好
加工柔性	差（光束的传达依靠反射镜，难以传送到不同加工工位）	好（可利用光纤维传送光束，1 台激光器可用于多个工位，也可多台同型激光器连用）

CO_2 气体激光器是利用封闭在容器内的 CO_2 气体（实际上是 CO_2、N_2 和 He 的混合气）作为工作物质经受激振荡后产生的光放大。CO_2 气体激光器的基本结构如图 3.17 所示。气体通过施加高压电形成辉光放电状态，借助设在电源容器两端的反射镜使其在反射镜之间的区域不断受激励并产生激光。

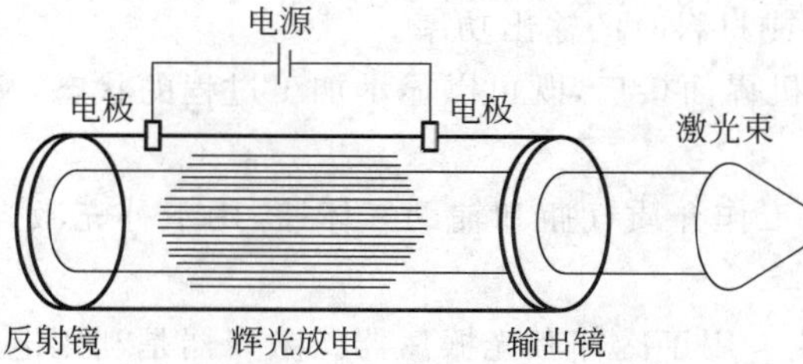

图 3.17 CO_2 气体激光器的基本结构

CO_2 气体激光器主要有气体封闭容器式、低速轴流式、高速轴流式和横流式（即放电方向、光轴方向与气体流动方向正交）等类型。激光切割一般使用轴流式 CO_2 气体激光器。

YAG 固体激光器的结构原理如图 3.18 所示。它是借助光学泵作用将电能转化的能量传送到工作介质中，使之在激光棒与电弧灯周围形成一个泵室。同时通过激光棒两端的反光镜，使光对准工作介质，对其进行激励以产生光放大，从而获得激光。

切割用 YAG 激光器的种类和主要用途见表 3.5。

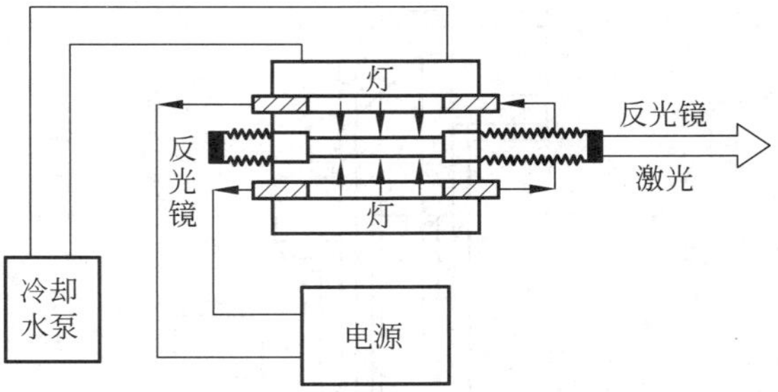

图 3.18 YAG 固体激光器结构示意图

表 3.5 切割用 YAG 激光器的种类和主要用途

项 目	连续激光器		脉冲激光器
	一般连续振荡	Q 开关振荡	
激励用灯	电弧灯	—	闪光灯
Q 开关	—	超声波 Q 开关	—
脉冲宽度	—	50～500 ns	0.1～20 ms
重复频率/kHz	—	<50	$(1～500)\times10^{-6}$
峰值频率/kW	—	10～250	1～20
平均输出功率/W	1～1800	100	1000
脉冲能量/mJ	—	1～30	100～150 000
主要用途	用于碳素钢、不锈钢薄板(厚度小于 3 mm)的切割	陶瓷和铝合金薄板(厚度约 1 mm)的精密切割	铜、铝合金板(厚度小于 20 mm)的精密切割

3. 割炬

激光切割用割炬的结构如图 3.19 所示，主要由割炬体、聚焦透镜、反射镜和辅助气体喷嘴等组成。激光切割时，割炬必须满足下列要求：

(1) 割炬能够喷射出足够的气流。

(2) 割炬内气体的喷射方向必须和反射镜的光轴同轴。

(3) 割炬的焦距能够方便调节。

(4) 切割时，保证金属蒸汽和切割金属的飞溅不会损伤反射镜。

割炬的移动是通过数控系统进行调节的。割炬与工件间的相对移动有三种情况：

(1) 割炬不动，工件通过工作台运动，主要用于尺寸较小的工件。

(2) 工件不动，割炬移动。

(3) 割炬和工作台同时运动。

以下简单介绍割炬的主要结构部分：

(1) 聚焦透镜　聚焦透镜用于把射入割炬的平行激光束进行聚焦，以获得较小的光斑和较高的功率密度。透镜经常采用能透过激光波长的材料制造。固体激光常用光学玻璃，而 CO_2 气体激光因透不过普通玻璃，则采用 ZnSe、GaAs 和 Ge 等材料制造，其中最常用的是 ZnSe。

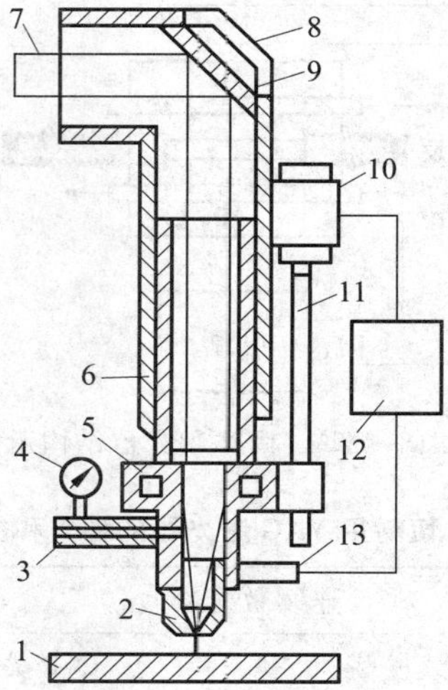

图 3.19 激光切割割炬结构图

1—工件；2—切割喷嘴；3—氧气进气管；4—氧气压力表；5—透镜冷却水管；6—聚焦透镜；7—激光束；8—反射镜冷却水管；9—反射镜；10—伺服电动机；11—滚珠丝杠；12—放大控制及驱动电器；13—位置传感器

(2) 反射镜　反射镜的功能是改变来自激光器的光束方向。对固体激光器发出的光束可使用由光学玻璃制造的反射镜，而 CO_2 气体激光切割装置中的反射镜常用铜或反射率高的金属制造。反射镜在使用过程中，为避免反射镜受光照过热而损坏，通常需用水进行冷却。

(3) 喷嘴　喷嘴用于向切割区喷射辅助气体，其结构形状对切割效率和质量有一定影响。图 3.20 所示为激光切割常用的喷嘴形状，而喷孔的形状有圆柱形、锥形和缩放形等。喷嘴一般根据切割工件的材质、厚度、辅助气体压力等选用，再经试验后确定。

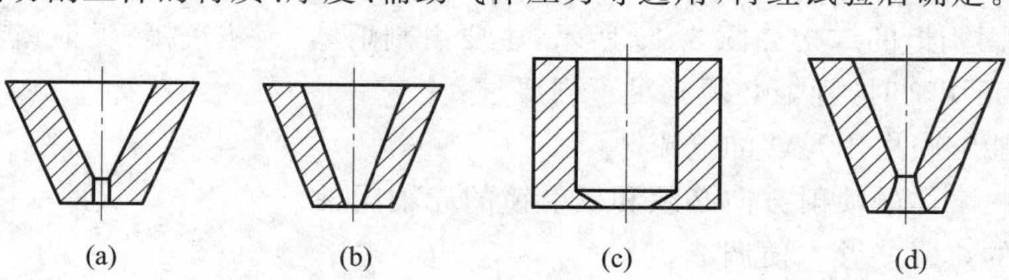

图 3.20 激光切割常用喷嘴形状

(a)收缩准值型；(b) 收缩型；(c) 准值收缩型；(d) 收缩扩张型

激光切割一般采用同轴(指气流与光轴同轴)喷嘴，若气流与光束不同轴，则在切割时易产生大量飞溅。喷嘴孔的孔壁应光滑，以保证气流的顺畅，避免因出现紊流而影响切口质量。为了保证切割过程的稳定性，一般应尽量减小喷嘴端面至工件表面的距离，常取 0.5～2.0 mm。

当用惰性气体切割某些金属时，为保护切口区金属不致因空气入侵(一般喷嘴在切割方向突然改变时常有空气卷入切割区而发生氧化或氮化)，则宜使用加保护罩的喷嘴。加玻璃绒保护罩的喷嘴结构如图 3.21 所示。

4. 数控激光切割设备的类型

随着激光切割应用范围的日益扩大，为适应不同尺寸零件切割加工的需要，开发出许多具有不同特性和用途的切割设备。常用的主要有割炬驱动式切割设备、XY坐标切割台驱动式切割没备、割炬一切割台双驱动式切割设备、一体式切割设备和激光切割机器人等。

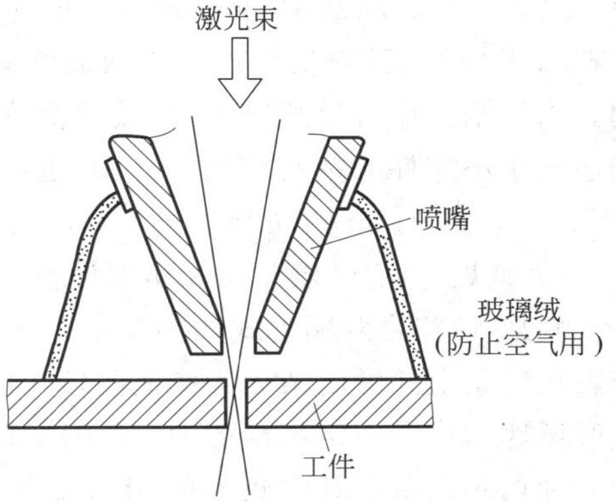

图 3.21　加玻璃绒保护罩的喷嘴结构

1）割炬驱动式切割设备

在割炬驱动式切割设备中，割炬安装在可移动式门架上并沿门架大梁横向（Y轴方向）运动，门架带动割炬沿X轴运动，工件固定在切割台上。由于激光器与割炬分离设置，在切割过程中，激光的传输特性、沿光束扫描方向的平行度和折光反射镜的稳定性都会受到影响。

割炬驱动式切割设备可以加工尺寸较大的零件，切割生产区占地相对较小，易与其他设备组成生产流水线，但是定位精度只有±0.04 mm。

割炬驱动式切割设备的典型结构如图 3.22 所示。采用 CO_2 气体连续激光，光束从激光器传送到割炬的距离为 18 m。为了保持光束直径在这一传送距离内其形状的变化不妨碍切割加工的进行，振荡器反光镜的组合应仔细设计。

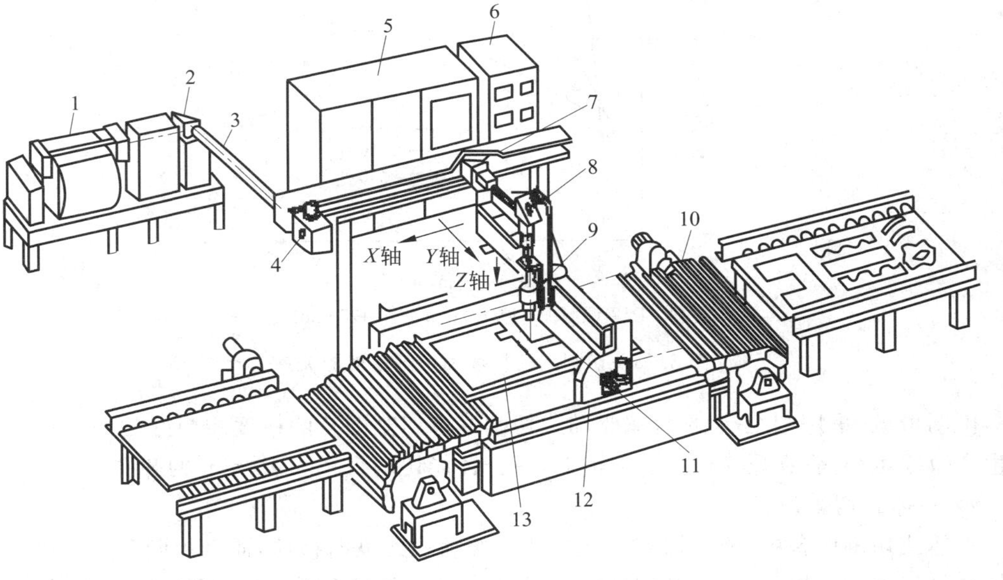

图 3.22　割炬驱动式切割设备的典型结构

1—激光器；2—反射镜 1；3—激光束；4—反射镜 2；5—激光电源；6—数控装置；7—反射镜 3；8—反射镜 4；9—聚焦透镜；10—传送带；11—高度传感器；12—齿轮齿条；13—钢板

2）XY坐标切割台驱动式切割设备

XY坐标切割台驱动式切割设备，割炬固定在基架上，工件置于切割台上。切割台按数

控指令沿 XY 方向运动，驱动速度一般为 0～1 m/min（可调）或 0～5 m/min（可调）。由于割炬相对工件固定，在切割过程中对激光束的调准对中影响小，因此能进行均匀且稳定的切割。当切割工作台尺寸较小、机械精度较高时，定位精度为±0.01 mm，切割精度相当好，特别适合于小零件的精密切割。另外，也有采用 X 轴方向行程 2300～2400 mm、Y 轴方向行程 1200～1300 mm 的切割工作台来加工较大尺寸的零件。

3）割炬-切割台双驱动式切割设备

割炬-切割台双驱动式切割设备介于割炬驱动式与 XY 坐标切割台驱动式之间。割炬安装在门架上并沿门架大梁作横向（Y 向）运动，切割台沿纵向驱动，兼有切割精度高和节省生产场地的优点。定位精度为±0.01 mm，切割速度调节范围为 0～20 m/min，是应用较多的一种切割设备。其中较大的切割设备 Y 轴方向行程为 2000 mm，X 轴方向行程为 6000 mm，可切割大尺寸零件。

激光振荡器和割炬一起安装在门架上，切割精度相当好。切割圆孔精度和切割速度的关系如图 3.23 所示。

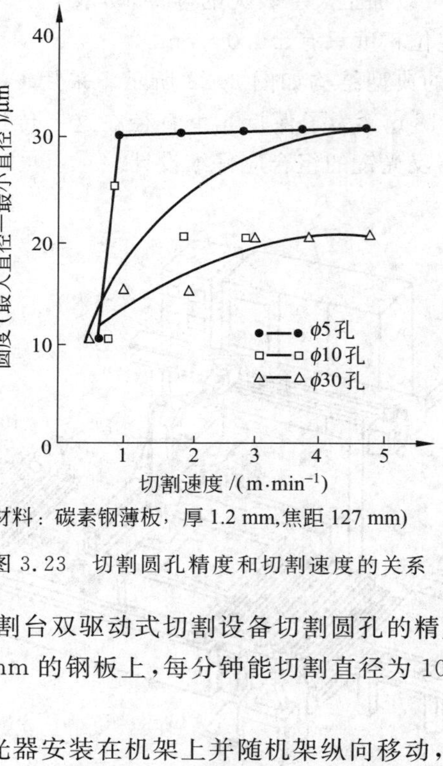

（材料：碳素钢薄板，厚 1.2 mm，焦距 127 mm）

图 3.23 切割圆孔精度和切割速度的关系

由图可见，采用割炬-切割台双驱动式切割设备切割圆孔的精度相当好。而且这种设备的生产效率也很高，在厚 1 mm 的钢板上，每分钟能切割直径为 10 mm 的圆孔 46 个。

4）一体式切割设备

一体式切割设备中，激光器安装在机架上并随机架纵向移动，而割炬同其驱动机构组成一体在机架大梁上横向移动，利用数控方式可进行各种成形零件的切割。为弥补割炬横向移动使光路长度变化，通常备有光路长度调整组件，能在切割区范围内获得均质的光束，保持切割面质量的同质性。

一体式切割设备一般采用大功率激光器，适用于中厚板（6～35 mm）大尺寸钢结构件的切割加工。表 3.6 列出一体式激光切割设备的加工能力。

表 3.6 一体式激光切割设备的加工能力

激光功率/kW	1.4	2	3	6
有效切割范围/mm	1830×7000	2440×36 000	4200×36 000	2600×36 000
切割碳素钢最大厚度/mm	9	16	19	40

[习题与思考题]

1. 说明电火花加工的原理。
2. 线切割加工必须具备哪些条件?
3. 分析线切割的运动,以及各运动的作用。
4. 试述激光切割常见的类型及各自特点。
5. 为了切割不同形状的工件,割炬与工件之间可以有几种运动方式?

4 金属切削机床设计

4.1 机床总体设计

金属切削机床的总体方案设计，是一项全局性的设计工作，其任务是研究确定机床产品的最佳设计方案，为技术设计工作提供依据。机床设计主要包括：拟定机床的工艺方案、运动方案，确定技术参数和机床总体布局等。

4.1.1 机床工艺方案拟定

机床工艺方案的主要内容有：确定加工方法、刀具类型、工件的工艺基准及夹压方式等。工艺方法在很大程度上决定了机床的类型、规格、运动、技术参数、布局及生产率等。因此，对工件进行工艺分析，通过调查研究拟定出经济合理的工艺方案，是机床设计的重要基础。工艺方案的拟定，应正确处理加工质量、生产率和经济性这三者的关系。

工件是机床的加工对象，是机床设计的依据。不同的工件表面可采用不同的加工方法，但相同的工件表面也可采用不同的加工方法，如平面加工可采用铣、刨、拉、磨、车等；回转表面加工可采用车、钻、镗、拉、磨、铣等。而且，工件的工艺基准、夹压方式及刀具类型等也是各式各样的。可见，一种工件的加工，可采用多种工艺方案来实现，随之所设计的机床也不同。因此，机床是实现工艺方案的一种工具。新工艺方法的出现，必然会促进新型机床的发展。

通用机床在生产中已广泛应用，其工艺比较成熟。通用机床的工艺方案可参照已有的成熟工艺来设计，但有时必须根据市场需求，在传统工艺的基础上，扩大工艺范围，以增加机床的功能和适应新工艺发展的需求。例如卧式车床增加仿形刀架附件，在完成传统车削工艺外，还可以进行仿形车削加工。又如立式车床增加磨头附件，还可对大型回转工件进行精加工等。数控加工中心由于采用了刀库和自动换刀装置，形成了可实现多种加工方法、工序高度集中的新型机床。

专用机床工艺方案的拟定，通常根据特定工件的具体加工要求，确定出多种工艺方案，通过方案比较加以确定，常需要绘制出加工示意图或刀具布置图等。

4.1.2 机床运动方案拟定

机床运动方案拟定的主要内容有：机床运动类型的确定，机床运动的分配及传动形式的选择等。

1. 机床运动类型的确定

机床运动方案拟定中，首先要确定机床运动的类型。根据运动的功能，可将机床运动划分成表面成形运动和辅助运动两大类。表面成形运动(或简称成形运动)是保证得到工件要求的表面形状的运动。成形运动又分为简单成形运动和复合成形运动。简单成形运动都是相对独立的旋转运动或直线运动，如外圆车削加工中的工件回转运动和车刀沿工件轴线的直线运动。复合成形运动可分解成两个或两个以上的旋转运动或直线运动，但分解后的旋转运动或直线运动之间必须保持严格的相对运动关系，这种严格的相对运动关系在普通机床上由内联系传动链来完成，在数控机床上由坐标轴之间的联动控制来完成。表面成形运动根据运动速度和消耗动力的大小又可分为主运动和进给运动，其中主运动是形成机床切削速度或消耗主要动力的成形运动，如车床上工件的旋转运动；进给运动是维持切削连续进行的运动，一般速度较低、动力消耗较小，如车床上刀架的纵向运动和横向运动。根据成形运动的类型，主运动和进给运动可能是简单成形运动，也可能是复合成形运动的一部分。

机床辅助运动类型很多，如切入及退刀运动、空行程调整运动、转位运动、各种操纵和控制运动等。

2. 机床运动的分配

由工艺方法确定的表面成形运动，还只是工件与刀具间的相对运动，因此还会有不同的运动分配形式。机床运动的分配是由多种因素决定的，应由全面的经济技术分析加以确定。一般应注意下述问题。

(1) 简化机床的传动和结构　一般把运动分配给重量小的执行件，如毛坯为棒料的自动车床，由工件旋转作为主运动；对于毛坯为卷料的车床，由于卷料不便于旋转，可由车刀旋转做主运动，形成套车加工。管螺纹加工机床也采用套车加工。

(2) 提高加工精度　对于一般钻孔加工，主运动和进给运动都由钻头完成，但在深孔加工中，为了提高被加工孔中心线的直线度，由工件回转运动形成主运动。

(3) 缩小占地面积　对于中小型外圆磨床，由于工件长度较小，多由工件移动完成进给运动，对于大型外圆磨床，为了缩短床身、减少占地面积，多采用砂轮架纵向移动实现进给运动。

3. 机床传动形式的选择

机床有机械、液压、电气、气动等多种传动形式，每种形式中又可采用不同类型的传动元件。为满足机床运动的功能要求、性能要求和经济要求，要对多种传动方案进行分析、对比，合理选择传动形式，并与机床的整体水平相适应。

4.1.3 机床技术参数确定

机床技术参数包括主参数和一般技术参数，一般技术参数又包括机床的尺寸参数、运动参数和动力参数。

4.1.3.1 主参数

主参数(或称主要规格)是机床最重要的一个或两个技术参数，它表示机床的规格和最大工作能力。通用机床和专门化机床的主参数已有标准规定，并已形成系列。它们通常是机床加工最大工件的尺寸，如卧式车床是床身上最大的回转直径、铣床是工作台的宽度、钻床是最大钻孔直径等。也有例外，如拉床是指额定拉力。有些机床还有第二主参数，一般是指主轴数、最大跨距或最大加工长度等。专用机床的主参数一般以工件或被加工表面的尺寸参数来代表。

4.1.3.2 尺寸参数

机床的尺寸参数是指机床的主要结构尺寸，特别包括与工件有关的尺寸和标准化工具或夹具的安装面尺寸，前者如卧式车床刀架上最大回转直径，后者如卧式车床主轴前端锥孔直径及其他有关尺寸等。通用机床的主要尺寸参数已在有关标准中做了规定，其他一般参数可根据使用要求，参考同类同规格机床加以确定。

4.1.3.3 运动参数

运动参数是机床执行件如主轴、刀架、工作台的运动速度，可分为主运动参数和进给运动参数两大类。

1. 主运动参数

机床主运动为回转运动时，主运动参数是机床的主轴速度；为直线运动时（如刨、插床），其主运动参数是刀具每分钟的往复次数（次/min），或称双行程数。

主运动是回转运动的专用机床，由于是完成特定工序，通常只需要一种固定的主轴转速，即

$$n = 1000v/\pi d \tag{4.1}$$

式中，n 为主轴转速，r/min；v 为切削速度，m/min；d 为工件或刀具直径，mm。

主运动是回转运动的通用机床或专门化机床，需适应不同尺寸、不同材料工件的加工，主轴应在一定范围内实现变速，为此在机床设计中要确定主轴的最高和最低转速，如果采用有级变速，还要确定变速级数和中间各级转速的排列。

1）最高转速和最低转速的确定

根据式(4.1)可知，主轴最高、最低转速可由下式求出：

$$n_{max} = 1000v_{max}/\pi d_{min} \tag{4.2}$$

$$n_{min} = 1000v_{min}/\pi d_{max} \tag{4.3}$$

式中，n_{max}、n_{min} 分别为主轴的最高、最低转速，r/min；v_{max}、v_{min} 分别为最高、最低的切削速度，m/min；d_{max}、d_{min} 分别为相应最大、最小计算直径，mm。

使用式(4.2)和式(4.3)时，必须通过调查和分析，在机床的全部工艺范围内，要选择可能出现最低转速和最高转速的若干加工类型，再根据相应的切削速度和加工直径进行计算，从中选定 n_{max}、n_{min}。最大、最小计算直径由下式确定：

$$d_{max} = kD \tag{4.4}$$

$$d_{min} = R_d \cdot d_{max} \tag{4.5}$$

式中，D 为机床的最大加工直径，mm；R_d 为计算直径范围，$R_d=0.20\sim0.35$，卧式车床 $R_d=0.25$，摇臂钻床 $R_d=0.20$，多刀车床 $R_d=0.30$；k 为系数，根据现有机床调查而定，卧式车床 $k=0.5$，丝杠车床 $k=0.1$，多刀车床 $k=0.9$，摇臂钻床 $k=1.0$。

为给今后工艺和刀具方面的发展留有储备，一般可将 n_{max} 的计算值提高 20%～25%。

2）主轴转速数列

对于有级变速传动，主轴转速一般按等比级数排列，即 $n_1=n_{min}$，$n_2=n_{min}\varphi$，$n_3=n_{min}\varphi^2$，…，$n_Z=n_{max}=n_{min}\varphi^{Z-1}$，则

$$R_n = n_{max}/n_{min} = \varphi^{Z-1} \tag{4.6}$$

可得

$$Z = \frac{\lg R_n}{\lg\varphi} + 1 \tag{4.7}$$

式中，R_n 为主轴变速范围；φ 为主轴转速数列的公比；Z 为主轴转速级数。

主轴转速采用等比级数排列，主要为了实现均匀的相对速度损失。如某一工序要求的合理转速为 n，该转速却处于主轴转速数列的 n_j 与 n_{j+1} 之间，为了保证刀具的耐用度，一般选取低于理想转速 n 的转速 n_j，此时便会出现所谓相对速度损失 $A=(n-n_j)/n$。当理想转速 n 趋近于 n_{j+1} 时，会出现最大相对速度损失 A_{max}，即

$$A_{max} = \lim_{n\to n_{j+1}} \frac{n-n_j}{n} = \frac{n_{j+1}-n_j}{n_{j+1}} = 1-\frac{1}{\varphi} = \text{const} \tag{4.8}$$

3）标准公比和标准转速数列

为了便于机床的设计与使用，机床主轴转速数列的公比值已经标准化，如表 4.1 所示。

表 4.1　标准公比 φ

φ	1.06	1.12	1.26	1.41	1.58	1.78	2
$\sqrt[E_1]{10}$	$\sqrt[40]{10}$	$\sqrt[20]{10}$	$\sqrt[10]{10}$	$\sqrt[20/3]{10}$	$\sqrt[5]{10}$	$\sqrt[4]{10}$	$\sqrt[10/3]{10}$
$\sqrt[E_2]{2}$	$\sqrt[12]{2}$	$\sqrt[6]{2}$	$\sqrt[3]{2}$	$\sqrt{2}$	$\sqrt[3/2]{2}$	$\sqrt[6/5]{2}$	2
A_{max}	5.7%	11%	21%	29%	37%	44%	50%
与 1.06 的关系	1.06^1	1.06^2	1.06^4	1.06^6	1.06^8	1.06^{10}	1.06^{12}

标准公比值的制定原则是：

（1）限制最大相对速度损失 $A_{max}\leqslant 50\%$，因此 $1<\varphi\leqslant 2$；

（2）为方便记忆和使用，转速数列为 10 进位，即相隔一定数级，使转速呈 10 倍关系，即 $n_j\varphi^{E_1}=10n_j$（E_1 为相隔的转速级数），$\varphi=\sqrt[E_1]{10}$；

（3）转速数列为 2 进位，即相隔一定级数，使转速成 2 倍关系，以便于采用转速成倍数关系的双速或三速电动机，即 $n_j\varphi^{E_2}=2n_j$（E_2 为相隔的转速级数），$\varphi=\sqrt[E_2]{2}$。

在 7 个标准公比 φ 值中，只有 1.06、1.12 和 1.26 完全满足上述三原则，1.58 和 1.78 仅符合 10 进位，1.41 和 2 仅符合 2 进位。

若采用标准公比时，转速数列可以从表 4.2 中查出。表中列出的是 1～15 000 间公比为 1.06 时的全部数值；对于其他标准公比，可根据其与 1.06 的整数次方关系，以整数次方数为间隔查出转速数列。例如某卧式车床，$n_{min}=25$(r/min)，$Z=12$，$\varphi=1.41$，则相应转速数列可由 25 查起，按相隔 6 级取值，即 25，35.5，50，71，100，140，200，280，400，560，800，1120。

表 4.2 不仅可用于主轴转速数列，还可用于双行程数列、进给量数列以及机床尺寸和功率等数列。

表 4.2 标准数列

1	2	4	8	16	31.5	63	125	250	500	1000	2000	4000	8000
1.06	2.12	4.25	8.5	17	33.5	67	132	265	530	1060	2120	4250	8500
1.12	2.24	4.5	9	18	35.5	71	140	280	560	1120	2240	4500	9000
1.18	2.36	4.75	9.5	19	37.5	75	150	300	600	1180	2360	4750	9500
1.25	2.5	5	10	20	40	80	160	315	630	1250	2500	5000	10 000
1.32	2.65	5.3	10.6	21.2	42.5	85	170	335	670	1320	2650	5300	10 600
1.4	2.8	5.6	11.2	22.4	45	90	180	355	710	1400	2800	5600	11 200
1.5	3	6	11.8	23.6	47.5	95	190	375	750	1500	3000	6000	11 800
1.6	3.15	6.3	12.5	25	50	100	200	400	800	1600	3150	6300	12 500
1.7	3.35	6.7	13.2	26.5	53	106	212	425	850	1700	3350	6700	13 200
1.8	3.55	7.1	14	28	56	112	224	450	900	1800	3550	7100	14 100
1.9	3.75	7.5	15	30	60	118	236	475	950	1900	3750	7500	15 000

4）标准公比的选用

在机床主轴转速范围一定的情况下，公比 φ 越小，相对速度损失越小，但转速级数越多，主传动系统结构越复杂，反之亦然。因此，公比值的选择应根据机床的结构和使用特点合理确定。一般说来，下列原则可供参考。

(1) 小型通用机床，由于工件尺寸小、切削时间较短而辅助时间较长，转速损失的影响不明显，但要求机床结构简单、体积小，因此，可选取较大的标准公比，取 $\varphi=1.58$、1.78 或 2。

(2) 中型通用机床，由于应用广泛，兼顾速度损失适当小些和结构不致过于复杂，公比应取中等值，取 $\varphi=1.26$ 或 1.41。

(3) 大型通用机床，由于工件尺寸大因而切削时间较长，速度损失影响明显，需选用较合理的切削速度，而主传动系统结构复杂些、体积大些是允许的，因此，应选用较小的公比，取 $\varphi=1.06$、1.12、1.26。

(4) 自动和半自动机床，用于成批或大批量生产，生产率高，转速损失的影响较为显著，但这类机床转速范围一般不大，且多用交换齿轮变速，因此，公比应选用小些，取 $\varphi=1.12$ 或 1.26。

确定主运动参数小结：①确定主轴极限转速 n_{max} 和 n_{min}；②初定主轴变速范围 $R_n=n_{max}/n_{min}$；③选定公比 φ 值；④确定主轴转速级数 $Z=(\lg R_n/\lg\varphi)+1$，并圆整为整数；⑤选定主轴各级转速值；⑥修正主轴变速范围 R_n。

2. 进给运动参数

数控机床的进给运动均采用无级调速方式，普通机床的进给运动既有无级调速方式，又有有级调速方式。

采用有级变速时，进给量一般为等比级数排列，其确定方法与主轴转速的确定方法相同，即首先根据工艺要求确定最大、最小进给量，然后选取进给量数列的公比或级数。

对于各种螺纹加工的机床，如卧式车床、螺纹车床和螺纹铣床等，因被加工螺纹的导程是分段成等差级数，因此，进给量也必须分段成等差级数排列。对于刨床和插床，若采用棘轮结构，由于受结构限制，进给量也设计成等差数列。

4.1.3.4 动力参数

机床动力参数包括电动机的功率，液压缸的牵引力，液压马达、伺服电动机或步进电动机的额定转矩等。各传动件的参数(如轴或丝杠的直径、齿轮与蜗轮的模数等)，都是根据动力参数设计计算的。机床的动力参数可通过调查类比法、试验法和计算法加以确定。

(1) 调查法。对国内外同类型、同规格机床的动力参数进行统计分析，对用户使用或加工情况进行调查分析，作为选定动力参数的依据。

(2) 试验法。利用现有的同类型、同规格机床进行若干典型的切削加工试验，测定有关电动机及动力源的输入功率，作为确定新产品动力参数的依据，这是一种简便、可靠的方法。

(3) 计算法。对动力参数可进行估算或近似计算。专用机床由于工况单一，通过计算可得到比较可靠的结果。通用机床工况复杂，切削用量变化范围大，计算结果只能作为参考。

1. 主电动机功率的估算

在主传动结构尚未确定之前，主电动机功率可按下式估算：

$$P_E = P_m / \eta_m \tag{4.9}$$

式中，P_E 为主电动机功率，kW；P_m 为切削功率，kW；η_m 为主传动系统结构传动效率的估算值。

对于通用机床，$\eta_m=0.70\sim0.85$，结构简单、速度较低时取大值；反之取小值。切削功率 P_m 应通过工艺分析来确定。

2. 主电动机功率的近似计算

在主传动系统的结构确定之后，可进行主电动机功率的近似计算：

$$P_E = P_0 + P_m / \eta \tag{4.10}$$

式中，P_0 为主传动系统的空载功率，kW；η 为主传动系统的机械效率，等于各传动副机械效率的乘积，即 $\eta=\eta_1\eta_2\eta_3\cdots$。

空载功率 P_0 是指消耗于机床空转时的功率损失，其主要影响因素是各传动件空转时的摩擦、搅油、空气阻力等，与传动件的预紧状态及装配质量有关。中型机床可用下列实验公式进行计算：

$$P_0 = k(3.5d_a\sum n_i + ncd_m)\times 10^6 \tag{4.11}$$

式中，d_m 为主轴前后轴颈的平均直径，mm；n 为主轴转速，r/min，应取切削功率 P_m。计算条件下的主轴转速，如果求 P_{0max}，则取主轴最高转速 n_{max}；d_a 为主传动系统中除主轴外所有传动轴的轴颈的平均直径，mm；$\sum n_i$ 为当主轴转速为 n 时，除主轴外所有运转的传动轴转速之和，r/min；c 为轴承系数，滚动滑动两支承主轴 $c=8.5$，滚动三支承主轴 $c=10$；k 为润滑油黏度影响系数，30 号机油 $k=1.0$，20 号机油 $k=0.9$，10 号机油 $k=0.75$。

3. 进给运动电动机功率确定

确定进给运动电动机功率时，可按下述三种情况考虑。

(1) 进给运动与主运动共用电动机。进给运动所需功率远小于主运动，如卧式车床、六角车床仅占 3%～4%，钻床占 4%～5%，铣床占 10%～15%。

(2) 进给运动与快速移动共用电动机。因快速移动所需功率远大于进给运动，且二者不同时工作，可只考虑快移所需功率或转矩，如数控机床伺服进给电动机。

(3) 进给运动采用单独电动机。因所需功率很小，可根据主电动机功率估算进给电动机功率。也可按下式计算：

$$P_f = Qv_f/6000\eta_f \tag{4.12}$$

式中，P_f 为进给电动机功率，kW；Q 为进给牵引力，N；v_f 为进给速度，m/min；η_f 为进给传动系统的机械效率。

进给牵引力等于进给方向上切削分力和摩擦力之和，进给牵引力估算公式见表 4.3。

表 4.3 进给牵引力的计算

导轨形式＼进给形式	水平进给	垂直进给
对三角形或三角形与矩形组合导轨	$KF_Z+f'(F_X+G)$	$K(F_Z+G)+f'F_X$
矩形导轨	$KF_Z+f'(F_X+F_Y+G)$	$K(F_Z+G)+f'(F_X+F_Y)$
燕尾形导轨	$KF_Z+f'(F_X+2F_Y+G)$	$K(F_Z+G)+f'(F_X+2F_Y)$
钻床主轴		$\approx F_f+f\dfrac{2T}{d}$

表中，G 为移动件的重力，N；F_Z，F_Y，F_X 为切削力的三向分力，N(在局部坐标系内)，其中 F_Z 为进给方向的分力，F_X 为垂直导轨面的力，F_Y 为横向力；F_f 为钻削进给抗力；f' 为当量摩擦因数，在正常润滑条件下，铸铁对铸铁的三角形导轨的 $f'=0.17\sim0.18$，矩形导轨的 $f'=0.12\sim0.13$，燕尾形导轨的 $f'=0.2$；铸铁对塑料的 $f'=0.03\sim0.05$；滚动导轨的 $f'=0.01$ 左右；f 为钻床主轴套筒上的摩擦因数；K 为考虑颠覆力矩影响的系数，三角形和矩形导轨的 $K=0.1\sim1.15$，燕尾形导轨的 $K=1.4$；d 为主轴直径，mm；T 为主轴的转矩，N·mm。

4. 快速移动电动机功率和转矩的确定

快速移动电动机起动时所需功率和转矩最大，要同时克服移动部件的惯性力和摩擦力，即

$$P_k = P_1 + P_2 \tag{4.13}$$

式中，P_k 为快移电动机功率，kW；P_1 为克服惯性力所需功率，kW；P_2 为克服摩擦力所需功率，kW，可参考进给运动计算。

$$P_1 = M_1 n/9500\eta \tag{4.14}$$

式中，M_1 为系统折算到电动机轴上的转矩，N·m；n 为电动机转速，r/min；η 为传动系统的机械效率。

$$M_1 = J\omega/t_a = J\pi n/30t_a \tag{4.15}$$

式中，J 为折算到电动机轴上的当量转动惯量(包括电动机转子的转动惯量)，kg·m^2；ω 为电动机的角速度，rad/s；t_a 为电动机的起动时间，s，中型普通机床 $t_a=0.5$ s，大型普通机床 $t_a=1.0$ s，数控机床可取伺服电动机机械时间常数的 3～4 倍。

$$J = \sum_k J_k\left(\frac{\omega_k}{\omega}\right)^2 + \sum_i m_i\left(\frac{v_i}{\omega}\right)^2 \tag{4.16}$$

式中，ω_k 为各旋转体的角速度，rad/s；J_k 为各旋转体的转动惯量，kg·m^2；v_i 为各直线移动件的速度，m/s；m_i 为各直线移动件的质量，kg。

应该指出，P_1 仅在起动过程中存在，当电动机正常运行时即消失。交流异步电动机的起动转矩约为额定转矩的1.6～1.8倍；此外，快速移动的时间一般很短，而电动机工作中允许短时间过载，输出转矩可为额定转矩1.8～2.2倍。为了减少快移电动机的功率，一般不按功率 P_k 选择电动机，而是根据起动转矩来选择，即

$$M_q > 9500P_k/n \tag{4.17}$$

式中，M_q 为交流电动机的起动转矩，N·m。

4.1.4 机床总体布局设计

在机床的运动方案及主要技术参数确定后，应进行机床的总体布局设计，机床总体布局的主要内容有：确定机床形式、机床主要零部件及其相对位置关系等。需绘制机床的总体尺寸联系图，应表明机床主要组成部分的外形尺寸及其相互位置的联系尺寸，保证工件与刀具间、其他各部件间所必需的相对运动和相互位置。这是进一步开展技术设计的依据，也是机床未来调整和安装的依据。机床总体布局设计及尺寸联系图的绘制是很难一次完成的，要由粗到精、由简到繁，需要多次反复修改和补充，逐步完善而成，即使在技术设计阶段，也可能作某些局部调整与修改。当机床的各部件设计完毕后，一般用机床总图代表尺寸联系图。经过长期的生产实践，通用机床和某些专门化机床的布局已形成了传统形式，如卧式、立式、斜置式、单臂式、龙门式等。专用机床则要根据加工工件的工艺方案和运动方案来确定，形式可以多种多样。机床的总体布局设计直接影响机床的性能、使用和外观造型，在此项工作中既要注意吸收传统布局的优点，又要注意根据技术发展富于创新性。在机床总体布局设计中应注意下述要求。

1. 工件特征要求

机床上被加工工件的形状、尺寸和重量等特征对机床总体布局有着重要影响。例如车削轴类和盘套类工件时，可采用卧式车床布局，见图4.1(a)。若车削直径较大但重量不大的盘、环类工件时，可采用落地式布局；主轴箱和刀架分别安装在地基上，见图4.1(b)。对重量大、短而粗工件的车削，可采用立式车床布局，其中，加工直径较小($D\leqslant1600$ mm)时可采用单立柱式布局，见图4.1(c)；加工直径较大($D\geqslant2000$ mm)时可采用双立柱式布局，见图4.1(d)。其他各类普通机床总体布局的差异，也大多与工件特征有关。

2. 机床性能要求

根据机床性能要求，在总体布局上应采取相应措施。为了提高机床的加工精度，在总体布局中要缩短传动链，改善受力状况，提高刚度，减少振动和热变形的影响等。如丝杠车床取消了进给箱，由挂轮实现主轴与丝杠间的传动联系，缩短传动链；将丝杠布置在床身两导轨之间，消除了力矩的影响。为了提高刚度、减少振动，龙门刨床、龙门铣床和坐标镗床等采用整体式框架结构；为了减小电动机、变速箱的振动和发热对主轴的影响，可采用分离式传动，单独布置液压站，将液压传动的油箱等与床身分开，减少液压油温对机床的影响等。

3. 生产批量要求

工件的生产批量对机床布局有重要影响。对于单件小批量生产，若加工精度和生产率要求不高，可采用工艺范围广、调整方便、成本和生产率较低的普通机床布局；若要求较高，

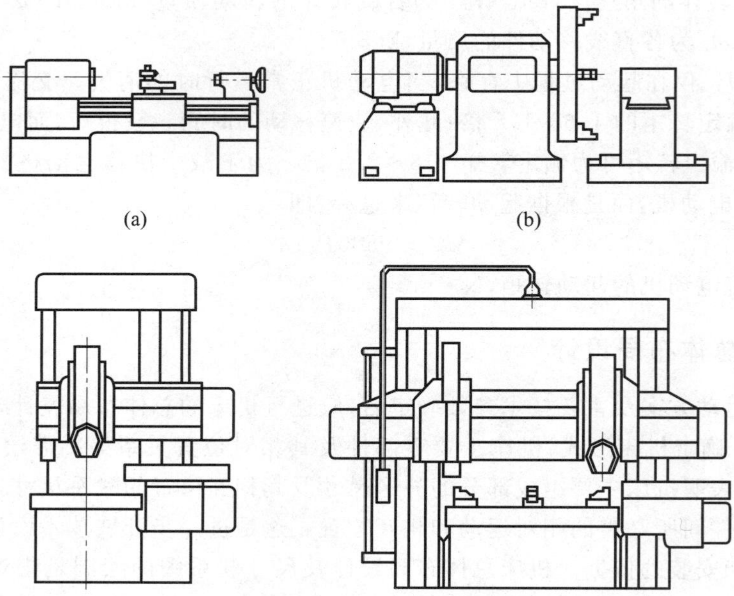
(a) (b) (c) (d)

图 4.1 车床布局形式

则采用数控机床和加工中心布局。对于大批量生产，可采用工艺范围较窄但适于高生产率要求的布局。例如车削盘类工件，可分别采用卧式车床、转塔式车床、多刀半自动车床、立式多轴半自动车床等。

4. 宜人性要求

车床布局必须符合人机工程原理，处理好人机关系，方便对机床的操作、观察与调整。例如普通卧式车床采用水平式床身，操纵、观察与调整方便，但数控车床一般不需要手工操作，可采用倾斜式床身，刀架位于上方或斜上方，方便操作者的观察，同时便于排屑、改善机床的受力状况。大型立车和落地式镗铣床，将基础部分落入地坑中，使操纵台略高于地面，减少了操作者的登高。

机床的外观造型应在总体布局设计中基本完成，要注意把机床的使用功能、物质技术条件与产品的艺术形象统一起来，贯穿于总体布局设计的始终。

4.2 主传动系统设计

4.2.1 概述

机床的主传动系统是用来实现机床主运动的，它应具有一定的转速（速度）和一定的变速范围，以便采用不同材料的刀具，加工不同材料、不同尺寸、不同要求的工件，并能方便地进行开、停、变速、换向和制动等。对于专门用来加工不同尺寸的一类（或几类）或一种零件的专用机床，上述限制就窄一些，故转速范围也就容易确定一些，相应的电机功率也好确定。以前的通用机床和专用机床多采用三相交流异步电动机，经分级变速箱实现主轴所需要的各级转速。随着微电子技术和电力电子技术的发展，直流(DC)和交流(AC)无级变速电动机普遍应用在数控机床和专用机床上。

机床一些运动参数的确定在4.1节中已经讲述，这里不再重复。

4.2.2　分级变速的主传动系统设计

4.2.2.1　传动系统的转速图

图4.2是某中型车床的主传动系统图。传动系统内共5根轴：电动机轴和轴Ⅰ至Ⅳ，其中轴Ⅳ为主轴。轴Ⅰ-Ⅱ之间为传动组 a，轴Ⅱ-Ⅲ和Ⅲ-Ⅳ之间分别为传动组 b 和 c。主轴转速范围为31.5～1400 r/min，公比 $\varphi=1.41$，转速级数 $Z=12$，电动机转速 $n_z=1440$ r/min。

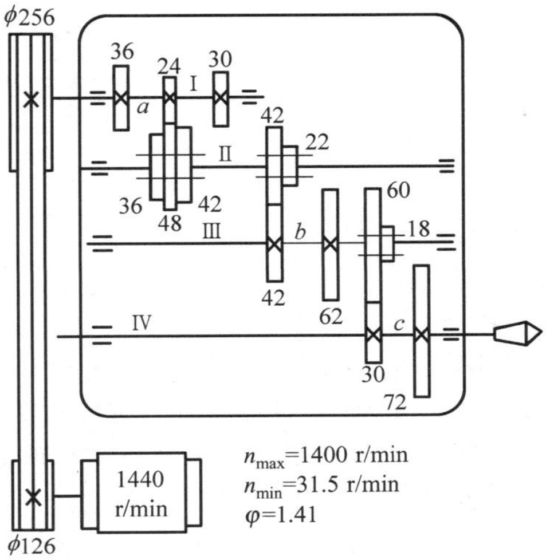

图4.2　12级主传动系统

各轴间传动副的传动比按如下方式写出。

电机轴与Ⅰ轴之间：

$$i=\frac{126}{256}\approx\frac{1}{2}=\frac{1}{1.41^2}=\frac{1}{\varphi^2}$$

Ⅰ-Ⅱ轴间传动组 a：

$$i_{a_1}=\frac{36}{36}=1$$

$$i_{a_2}=\frac{30}{42}=\frac{1}{1.41}=\frac{1}{\varphi}$$

$$i_{a_3}=\frac{24}{48}=\frac{1}{2}=\frac{1}{\varphi^2}$$

Ⅱ-Ⅲ轴间传动组 b：

$$i_{b_1}=\frac{42}{42}=1$$

$$i_{b_2}=\frac{22}{62}=\frac{1}{2.82}=\frac{1}{\varphi^3}$$

Ⅲ-Ⅳ轴间传动组 c：

$$i_{c_1}=\frac{60}{30}=\frac{2}{1}=\frac{1.41^2}{1}=\frac{\varphi^2}{1}$$

$$i_{c_2}=\frac{18}{72}=\frac{1}{4}=\frac{1}{1.41^4}=\frac{1}{\varphi^4}$$

图4.3为12级主传动系统的转速图。图中用距离相等的一组竖线代表各轴，轴号写在上面。从左到右依次标注电动机轴Ⅰ、Ⅱ、Ⅲ、Ⅳ，与传动系统图(图4.2)上各轴相对应。应当指出，这里的竖直线间的距离相等并不表示各轴中心距相同。用距离相等的一组水平线代表各级转速，与各竖线的交点代表各轴的转速。如，在Ⅳ轴上具有12级转速31.5，45，…，1400 r/min，由于分级变速机构的转速是按等比级数排列的，所以转速采用了对数坐标。相邻两水平线之间的间隔为199，因此代表各级转速的水平线的间距相等。习惯上常省去"lg"符号，而直接写出转速值。

各轴之间传动比的大小用转速连线的倾斜方向和倾斜程度表示。如：电动机轴与轴Ⅰ

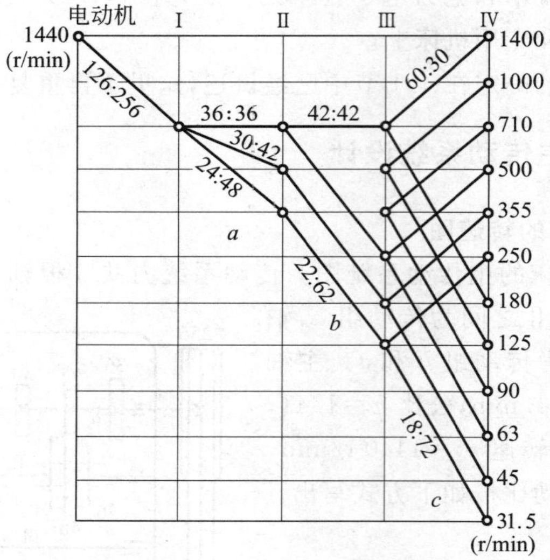

图 4.3　12 级主传动系统的转速图

之间是降速传动，连线向下倾斜两格；轴Ⅰ-Ⅱ之间有 3 对传动副，连线分别为水平、降 1 格和降 2 格 3 条；轴Ⅱ-Ⅲ之间有两对传动副，分别为水平和降 3 格的 2 条连线。由于轴Ⅱ有 3 种转速，每种转速都通过上述 2 条线与轴Ⅲ相连，故轴Ⅲ共得 3×2=6 种转速。连线中的平行线代表同一传动比。

轴Ⅲ-Ⅳ之间有两对传动副，分别为升 2 格及降 4 格的两条连线。轴Ⅳ的转速共为 3×2×2=12 级。

转速图简明直观地反映了传动系统中各级转速的传动路线、主轴得到这些转速所需要的传动组数目及每个传动组中的传动副数目、各个传动比的数值、传动顺序和各轴转速级数及大小。因此，通常把转速图作为分析和设计分级变速传动系统的重要工具。

4.2.2.2　分级变速主传动系统转速图的规律与设计

从图 4.3 可以看出，它的主传动系统是通过 1 个三级变速的传动组 a 和两个两级变速的传动组 b、c，使主轴获得由 31.5 ～1400 r/min，公比 $\varphi=1.41$ 的 12 级等比转速。但并不是任意几个变速传动组串联起来都能实现按等比级数排列的分级变速，而是存在一定的内在规律。

1. 各变速传动组的传动比排列的规律

1）第一变速组

变速组 a 有 3 对齿轮副，其传动比之间的关系为 $i_{a_1}:i_{a_2}:i_{a_3}=1:\dfrac{1}{\varphi}:\dfrac{1}{\varphi^2}$。通过这 3 个传动比使轴Ⅱ得到 3 种转速 355、500、710 r/min。这 3 种转速是以 φ 为公比的等比数列。

变速组中两大小相邻的传动比的比值称为级比，用符号 ψ 表示。级比一般写成 φ^X 形式，其中 X 为级比指数。

变速组 a 的级比为

$$\psi_a=\frac{i_{a_1}}{i_{a_2}}=\frac{i_{a_2}}{i_{a_3}}=\varphi$$

变速组的变速范围是指变速组中最大传动比与最小传动比的比值，用 R 表示。变速组 a 的变速范围为

$$R_a=\frac{i_{a_1}}{i_{a_3}}=\frac{1}{\frac{1}{\varphi^2}}=\varphi^2$$

而且从转速图中可见，Ⅱ-Ⅲ轴间、Ⅲ-Ⅳ轴间的变速组都是在变速组 a 的基础上逐步将其变速范围进行扩大而形成整个传动系统的转速数列的，故称变速组 a 为基本组。基本组级比指数为 1。

2）第二变速组

变速组 b 有两对齿轮副，传动比之间的关系为

$$i_{b_1}:i_{b_2}=\frac{1}{1}:\frac{1}{\varphi^3}=\varphi^3$$

级比

$$\psi_b=\varphi^3$$

变速范围

$$R_b=\frac{i_{b_1}}{i_{b_2}}=\varphi^3$$

变速组 b 将基本组的变速范围进行第一次扩大，故称它为第一扩大组，级比指数为 3。

3）第三变速组

变速组 c 有两对齿轮副，传动比之间的关系为

$$\frac{i_{c_1}}{i_{c_2}}=\frac{\varphi^2}{\frac{1}{\varphi^4}}=\varphi^6$$

级比

$$\psi=\varphi^6$$

变速范围

$$R_c=\frac{i_{c_1}}{i_{c_2}}=\frac{\varphi^2}{\frac{1}{\varphi^4}}=\varphi^6$$

变速组 c 是将基本组的变速范围进行第二次扩大，故称它为第二扩大组，级比指数为 6。由上述可以看出，变速顺序可用基本组、第一扩大组、第二扩大组表示。如果还有更多的变速组，则依次类推。

在本例中，基本组、第一扩大组、第二扩大组的排列次序与由电动机经Ⅰ、Ⅱ、Ⅲ轴传到主轴Ⅳ的传动次序是一致的，即扩大顺序与传动顺序相同。一般地说，扩大顺序不一定与传动顺序相同。传动系统最后一根轴的变速范围应等于各传动组的变速范围的乘积。

2. 分级变速系统转速图设计

由于传动组数和每一传动组的传动副数的不同，不同传动副数的传动组的排列次序不同，基本组、第一扩大组、第二扩大组……的排列次序不同，可以有很多种转速图方案实现所要求的转速级数和转速序列。因此，就存在着如何从众多方案中选择出经济合理方案的问题。

1) 结构网及结构式

为了分析比较变速系统的方案,常采用结构网和结构式。因为在设计传动系统时,往往首先比较和选择各传动比的相对关系。表示传动比的相对关系而不表示转速数值的线图称为结构网。由于不表示转速数值,故画成对称形式,如图 4.4 所示。

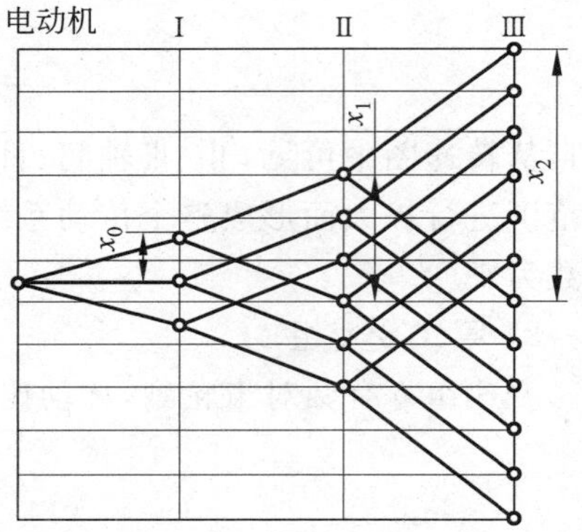

图 4.4 结构网

结构网表示各传动组的传动副数和各传动组的级比指数,还可以看出其传动顺序和变速顺序。

图 4.4 结构网也可写成结构式,如

$$12 = 3_1 \times 2_3 \times 2_6$$

结构网和结构式说明下列问题:

(1) 传动系统的组成及传动顺序为 12=3×2×2,12 表示主轴转速级数,3、2、2 的先后次序表示传动顺序,数值表示各传动组的传动副数。

(2) 各传动组的级比指数分别为 1、3、6,即结构式中的各个下标。

(3) 变速顺序,可从级比指数看出,即先基本组,再第一扩大组,然后第二扩大组。

结构式和结构网表达的内容是相同的,但结构网更直观些。一个结构式对应一个结构网。

2) 转速图的拟定

需设计的机床类型为中型机床,其 $Z=12$,$\varphi=1.41$,主轴转速为 31.5、45、63、90、125、180、250、355、500、710、1000、1400 r/min,电动机转速 $n_{电}=1440$ r/min。

设计步骤为:①确定有几个传动组;②各传动组的传动副数;③拟定结构网(式);④拟定转速图。

(1) 传动组和传动副数的确定

传动组和传动副数可能的方案有:

$$12 = 4 \times 3, \quad 12 = 3 \times 4$$

$$12 = 3 \times 2 \times 2, \quad 12 = 2 \times 3 \times 2, \quad 12 = 2 \times 2 \times 3$$

在上列两行方案中,第一行方案可以省掉一根轴,其缺点是有一个传动组内有 4 个传动副。如果用一个四联滑移齿轮,则会增加轴向尺寸;如果用 2 个双联滑移齿轮,则操纵机构必须互锁以防止 2 个滑移齿轮同时啮合。所以一般少用。

第二行方案,每个变速组的传动副数为 2 或 3,可以采用双联或三联滑移齿轮进行变速,总的传动副数量最少、轴向尺寸小、操纵机构简单。所以只要把主轴所需的转速级数 Z 分解成 2 或 3 的因子,就可以同时确定变速组的组数和每个变速组的传动副数了。因此,主轴为 12 级转速的分级变速系统中,通常采用第二行方案。

第二行的三个方案可根据下述原则比较:从电动机到主轴,一般为降速传动。接近电动机处的零件,转速较高,从而转矩较小,尺寸也就较小。如使传动副较多的传动组放在接近电动机处,则可使小尺寸的零件多些,大尺寸的零件少些,可节省材料。这就是“前多后少”的原则。从这个角度考虑,以取 12=3×2×2 的方案为好。

(2) 结构网或结构式各种方案的选择

在 12＝3×2×2 中，又因基本组和扩大组排列顺序的不同而有不同的方案。可能的 6 种方案结构网和结构式见图 4.5。

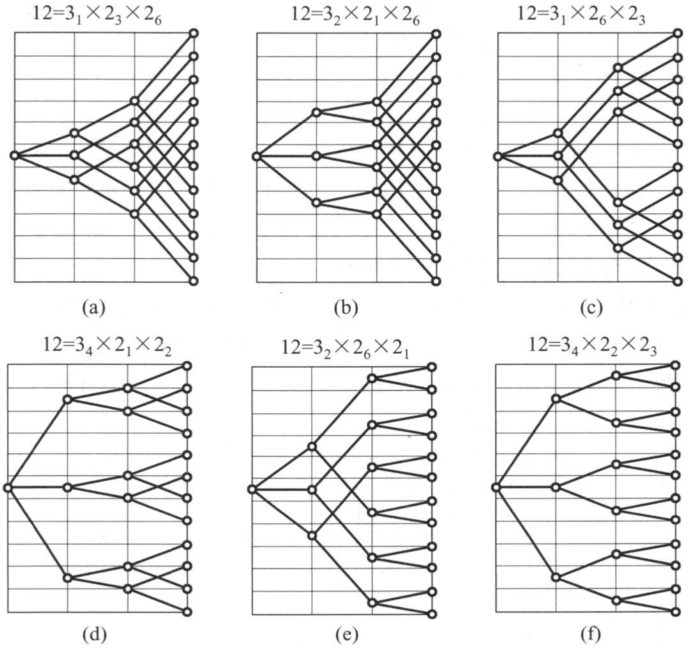

图 4.5　12 级结构网的各种方案

在这些方案中，可根据下列原则选择最佳方案。

① 传动副的极限传动比和传动组的极限变速范围。在降速传动时，为防止被动齿轮的直径过大而使径向尺寸太大，常限制最小传动比 $i_{\min}\geqslant1/4$。在升速传动时，为防止产生过大的振动和噪声，常限制最大传动比 $i_{\max}\leqslant2$；斜齿齿轮传动比较平稳，可取 $i_{\max}\leqslant2.5$。因此，变速组的最大变速范围一般为 $R_{\max}=i_{\max}/i_{\min}\leqslant(8\sim10)$。

在检查变速组的变速范围时，只需检查最后一个扩大组。因为其他变速组的变速范围都比它小。应使

$$R_k=(\varphi^{X_0P_0P\cdots P_{k-1}})^{(P_{k-1})}\leqslant R_{\max}$$

图 4.5 中，方案(a)、(b)、(c)、(e)的第二扩大组 $X_2=6$，$P_2=2$，则 $R_2=\varphi^{6\times(2-1)}=\varphi^6$，$\varphi=1.41$，则 $R_2=1.41^6=8=R_{\max}$，是可行的。方案(d)和(f)，$X_2=4$，$P_2=3$，则 $R_2=\varphi^{4\times(3-1)}=\varphi^8=16>R_{\max}$，是不可行的。

② 基本组和扩大组排列顺序。在可行的 4 种结构网(式)方案(a)、(b)、(c)、(e)中，还要进行比较以选择最佳方案。原则是选择中间传动轴变速范围最小的方案。因为如果各方案同号传动轴的最高转速相同，则变速范围小的，最低转速较高，转矩较小，传动件的尺寸也就可以小些，这就是“前密后疏”的原则。比较图 4.5 的方案(a)、(b)、(c)、(e)，方案(a)的中间传动轴变速范围最小，故方案(a)最佳。即如果没有别的要求，则应尽量使扩大顺序和传动顺序一致，即可实现前密后疏。

（3）画转速图

电动机和主轴的转速是已定的。当选定结构网或结构式后，应合理分配各传动组的传动比并确定中间轴的转速。再加上定比传动，就可画出转速图。

如果中间轴的转速能高一些，传动件的尺寸也就可以小一些。通常，从电动机到主轴是降速传动，为使尺寸小的传动件多一些，所以在传动顺序上各变速组的最小传动比应采用所谓的“前缓后急”原则，即要求

$$i_{a\min} \geqslant i_{b\min} \geqslant i_{c\min} \geqslant \cdots \geqslant i_{k\min}$$

但是，如果中间轴转速过高，将会引起很大的振动、发热和噪声。通常希望齿轮的线速度不超过 12～15 m/s。对于中型车、钻、铣等机床，中间轴的最高转速不宜超过电动机的转速。对于小型机床和精密机床，由于功率较小，传动件不会太大，这时振动、发热和噪声是应该考虑的主要问题。因此要注意限制中间轴的转速，不使其过高。

本例所选定的结构式共有 3 个变速组，变速机构共需 4 轴，加上电动机轴共 5 轴。故转速图需 5 条竖线，如图 4.6 所示。主轴共 12 级转速，电动机轴转速与主轴最高转速相近，故需 12 条横线。注明主轴的各级转速，电动机轴转速也应在电动机轴上注明。

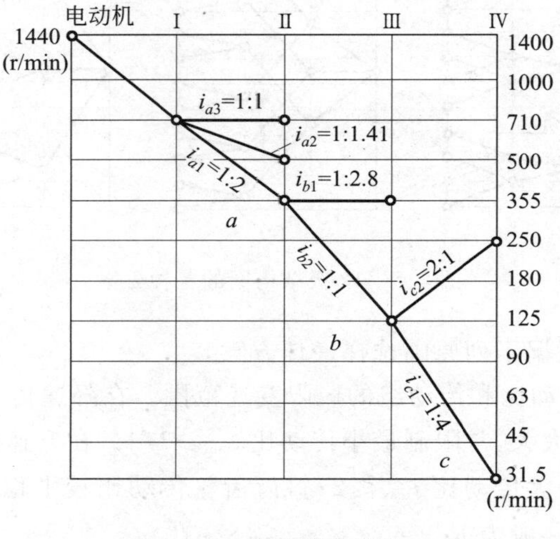

图 4.6　转速图的拟定

中间各轴的转速可以从电动机开始，也可从主轴开始往前推。通常，往前推比较方便。变速组 c 的变速范围为 $\varphi^6=1.41^6=8=R_{\max}$，可知两个传动副的传动比必然是前文叙述的极限值：

$$i_{c_1}=\frac{1}{4}=\frac{1}{\varphi^4},\quad i_{c_2}=\frac{2}{1}=\frac{\varphi^2}{1}$$

这样就确定了轴Ⅲ的 6 种转速只有一种可能，即为 125、180、250、…、710 r/min。

随后决定轴Ⅱ的转速。变速组 b 的级比指数为 3，在传动比极限值的范围内，轴Ⅱ的转速最高可为 500、710、1000 r/min，最低可为 180、250、355 r/min。为了避免升速，又不使传动比太小，可取

$$i_{b_1}=\frac{1}{\varphi^3}=\frac{1}{2.8},\quad i_{b_2}=\frac{1}{1}$$

轴Ⅱ的转速确定为 355、500、710 r/min。

同理对轴Ⅰ可取

$$i_{a_1}=\frac{1}{\varphi^2}=\frac{1}{2},\quad i_{a_2}=\frac{1}{\varphi}=\frac{1}{1.41},\quad i_{a_3}=\frac{1}{1}$$

这样就决定了轴Ⅰ的转速为 710 r/min。电动机轴与轴Ⅰ之间为带传动，传动比接近 $1/2=1/\varphi^2$。最后在图 4.6 上补足各连线，就可以得到如图 4.3 那样的转速图。

还可以有其他一些方案。例如把轴Ⅰ、Ⅱ的转速都降低一格，这样的转速图见图 4.7(a)。这个方案的优点是轴Ⅰ、Ⅱ、Ⅲ最高转速之和为(500＋500＋710)r/min＝1710 r/min，比图 4.3 所示方案的710×3＝2130 r/min 降低约 20%，有利于减少发热和降低噪声。缺点是轴Ⅰ、Ⅱ的最低转速要低一些，故这两根轴及传动组 a 和 b 的齿轮模数都有可能略大一些，被动带轮直径也要大一些。

也可选择图 4.7(b)的方案。皮带传动副的传动比仍为 $1:\varphi^2$，但改变了传动组 a 的传动比。这个方案避免了被动带轮直径加大的缺点，传动轴最高转速比图 4.3 的方案低，但比图 4.7(a)的方案高。带来的缺点是传动组 a 的最大被动齿轮较大。

从这里可以看出，设计方案很多，各有利弊。设计时应权衡得失，根据具体情况进行选择。

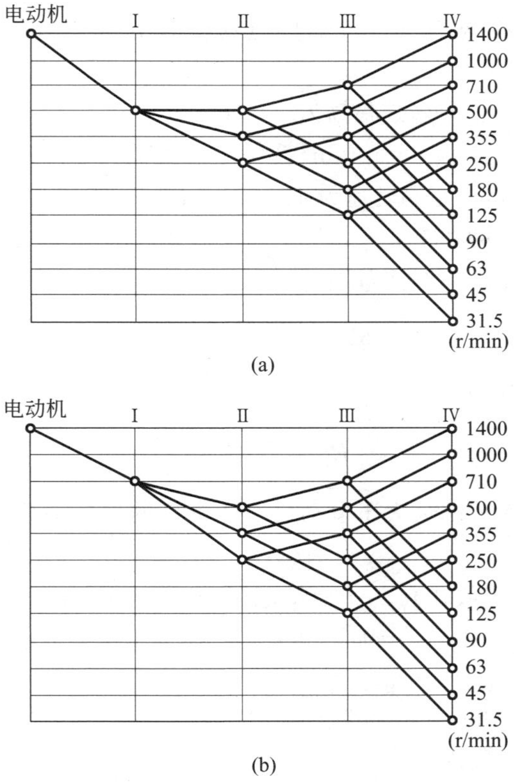

图 4.7 12 级转速图的其他方案

4.2.3 无级变速的主传动系统设计

数控机床、重型机床和精密机床已广泛地采用直流或交流无级变速电动机。根据 4.2.2

节分析，作旋转运动的主轴，从计算转速至最高转速为恒功率区，从计算转速至最低转速为恒扭矩区，恒功率变速范围比恒扭矩变速范围大 2～4 倍。直流并激电动机从额定转速 n_d 向上至最高转速 n_{max}，是采用调节磁场电流(简称调磁)的办法来调速的，属恒功率调速；从额定转速 n_d 向下至最低转速 n_{min}，是利用调节电枢电压(简称调压)的办法来调速的，属于恒转矩调速。普通直流电机的 n_d = 1000～2000 r/min，恒功率调速范围为 2～4，恒转矩调速范围达几十甚至 100 以上。交流(变频)调速电机的 n_d = 1500 r/min，额定转速向上至最高转速 n_{max} 为恒功率，范围为 3～5；由额定转速 n_d 至最低转速 n_{min} 为恒转矩，调速范围达几十或超过 100。两种电动机的功率扭矩特性见图 4.8。如果用它们驱动作旋转运动的主轴，则由于主轴要求的恒功率调速范围远大于电动机所能提供的恒功率范围，常用串联分级变速箱的办法来扩大其恒功率调速范围。变速箱的公比 φ_p 原则上应等于电动机的恒功率调速范围 R_p。如果为了简化变速机构，取 $\varphi_p > R_p$，则电动机的功率应取得比要求的功率大些。

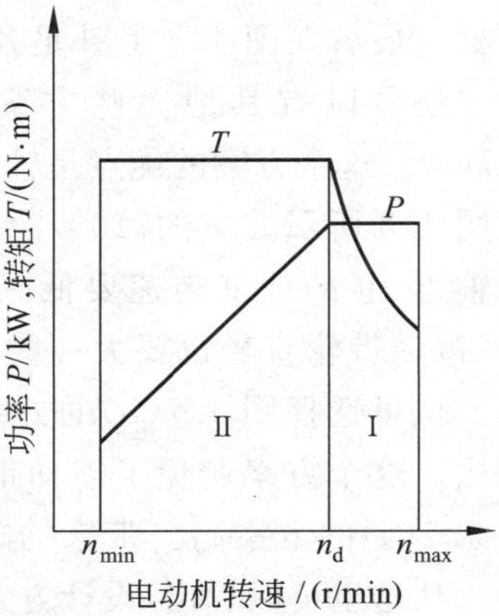

图 4.8 直流和交流调速电动机的功率和转矩特性

Ⅰ—恒功率区；Ⅱ—恒转矩区

［例］ 有一数控机床，主轴转速最高为 4000 r/min，最低转速为 30 r/min。计算转速为 150 r/min，最大切削功率为 5.5 kW。采用交流变频主轴电动机，额定转速为1500 r/min，最高转速为 4500 r/min，最低转速为 310 r/min，试设计分级变速传动系统并选择电动机的功率。

［解］ 主轴要求的恒功率调速范围为

$$R_{np} = \frac{4000}{150} = 26.7$$

电动机的恒功率调速范围为

$$R_p = \frac{4500}{1500} = 3$$

可见主轴要求恒功率范围远大于电动机所能提供的恒功率调速范围，故必须配以分级变速箱。

取变速箱的公比(实为级比)$\varphi_p = R_p = 3$，则由于无级变速时

$$R_{np} = \varphi_p^{Z-1} R_p = \varphi_p^Z$$

故变速箱的变速级数 $Z = \frac{\lg R_{np}}{\lg \varphi_p} = \frac{\lg 26.7}{\lg 3} = 2.99$

取 $Z=3$，传动系统和转速图见图 4.9。

由图 4.9(b)可见，当电动机转速为 1500 r/min 时，经分级变速箱，主轴可得到 145～1330 r/min 范围内的各种转速。当电动机转速升至 4500 r/min 时，分级变速箱转速也随之上升达到 440～4000 r/min，这是恒功率调速区。

如取总效率为 $\eta = 0.75$，则电动机功率 $P = 5.5/0.75 = 7.3$ kW，可选用北京数控设备厂的 BESK-8 型交流主轴电机。

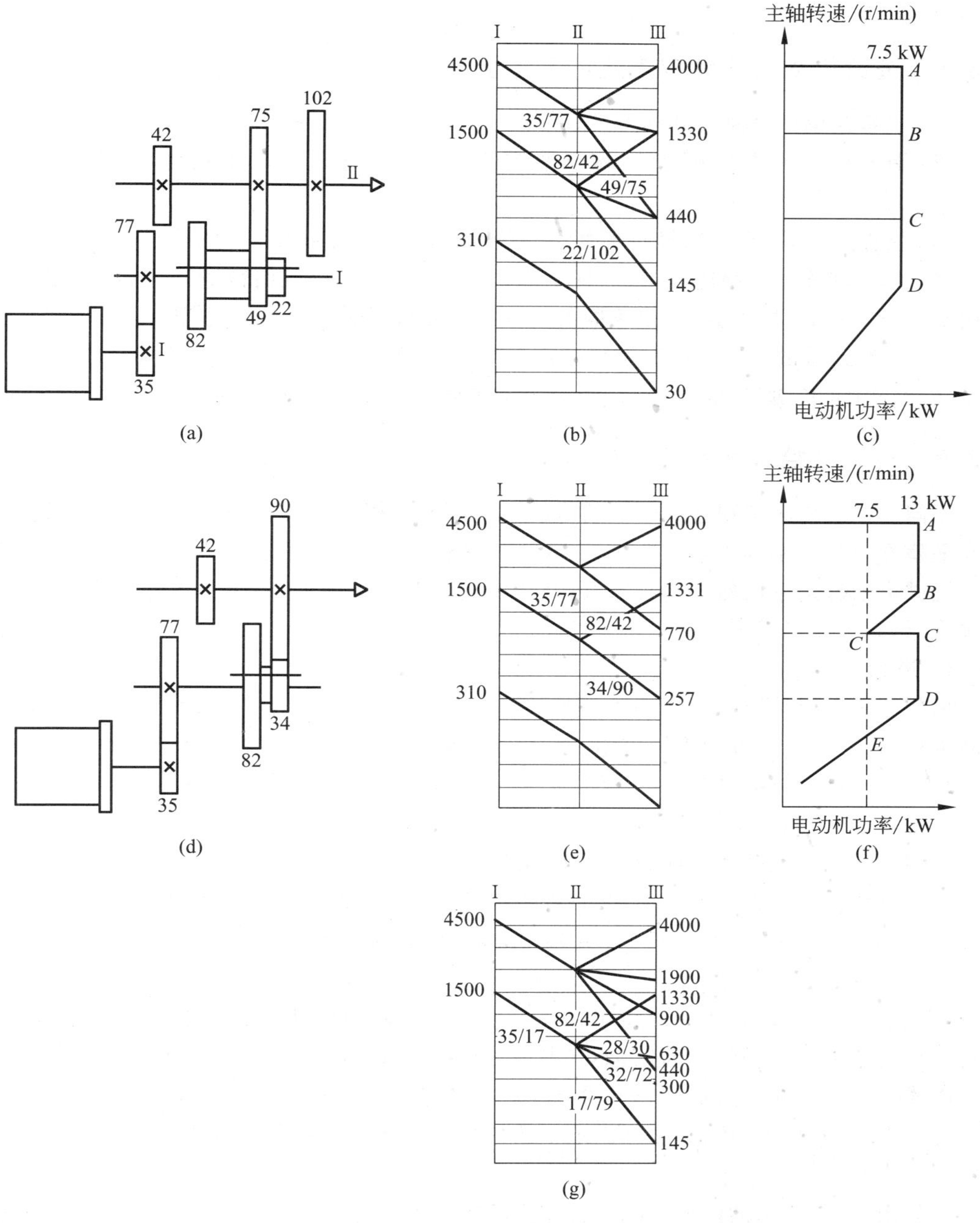

图 4.9 无级调速电动机加齿轮变速的传动系统和转速图

(a) 传动系统；(b) 转速图；(c) 功率特性；(d) 传动系统；(e) 转速图；(f) 功率特性；(g) 转速图

4.3 进给传动系设计

进给传动系用来实现机床的进给运动和辅助运动。

进给传动系一般由动力源、变速机构、换向机构、运动分配机构、过载保险机构、运动转换机构和执行件等组成。

4.3.1 进给传动系设计应满足的基本要求

(1) 具有足够的静刚度和动刚度;

(2) 具有良好的快速响应性,做低速进给运动或微量进给时不爬行,运动平稳,灵敏度高;

(3) 抗振性好,不会因摩擦自振而引起传动件的抖动或齿轮传动的冲击噪声;

(4) 具有足够宽的调速范围,保证实现所要求的进给量(进给范围、数列),以适应不同的加工材料,使用不同刀具,满足不同的零件加工要求,能传动较大的扭矩;

(5) 进给系统的传动精度和定位精度要高;

(6) 结构简单,加工和装配工艺性好。调整维修方便,操纵轻便灵活。

4.3.2 机械进给传动系的设计

不同类型的机床实现进给运动的传动类型不同。根据加工对象、成形运动、进给精度、运动平稳性及生产率等因素的要求,主要有机械进给传动、液压进给传动、电伺服进给传动等。机械进给传动系虽然结构较复杂,制造及装配工作量较大,但由于工作可靠,便于检查和维修,仍有很多机床采用。

1. 进给传动

切削加工中,当进给量较大时,一般采用较小的背吃刀量;当背吃刀量较大时,多采用较小的进给量。所以,在各种不同进给量的情况下,产生的切削力大致相同。进给力是切削力在进给方向的分力,也大致相同。所以进给传动与主传动不同,驱动进给运动的传动件不是恒功率传动,而是在恒扭矩传动。

2. 进给传动系中各传动件的计算转速

因为进给系统是恒扭矩传动,在各种进给速度下,末端输出轴上受的扭矩是相同的,设为 $T_{末}$。进给传动系中各传动件(包括轴和齿轮)所受的扭矩可由下式算出:

$$T_i = T_{末} n_{末} / n_i = T_{末} u_i \tag{4.18}$$

式中,T_i 为第 i 个传动件承受的扭矩;$n_{末}$、n_i 分别是末端输出轴和第 i 轴的转速;u_i 为第 i 个传动件传至末端输出轴的传动比,如有多条传动路线,取其中最大的传动比。

由式(4.18)可知,u_i 越大,传动件承受的扭矩越大。在进给传动系的最大升速链中,各传动件至末端输出轴的传动比最大,承受的扭矩也最大。故各传动件的计算转速是其最高转速。

例如图 4.10 所示的中型升降台铣床进给系统的转速图。由电动机经 3×3×2 齿轮变速系,然而通过 1∶1 的定比传动到主轴Ⅴ,可以得到 9～1450 r/min 的 18 种进给速度。主轴Ⅴ的计算转速为其最高转速 1450 r/min。其余各轴的计算转速在其最高升速传动路线上,如图中粗线所示,图中双圈所示是各轴的计算转速。

3. 进给传动的转速图为前疏后密结构

如上所述,传动件至末端输出轴的传动比越大,传动件承受的扭矩越大,进给传动系转速图的设计刚巧与主传动系相反,是前疏后密的,即采用扩大顺序与传动顺序不一致的结构式,如:$Z=16=2_8\times2_4\times2_2\times2_1$。这样可以使进给系内更多的传动件至末端输出轴的传

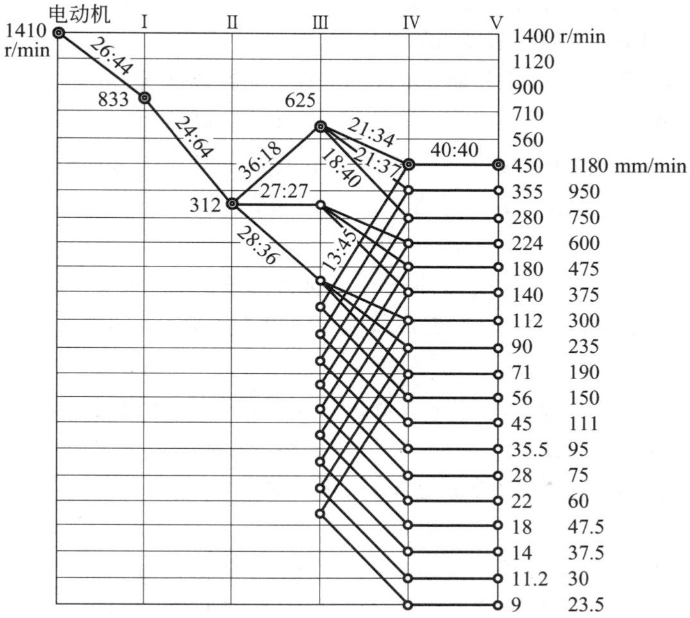

图 4.10 升降台铣床进给传动系统转速图

动比较小，承受的扭矩也较小，从而减小各中间轴和传动件的尺寸。

4. 进给传动的变速范围

进给传动系速度低，受力小，消耗功率小，齿轮模数较小，因此，进给传动系变速组的变速范围比主变速组大，即 $0.2 \leqslant u_{进} \leqslant 2.8$，变速范围 $R_n \leqslant 14$。为缩短进给传动链，减小进给箱的受力，提高进给传动的稳定性，进给系的末端常采用降速很大的传动机构，如蜗杆蜗轮、丝杠螺母、行星机构等。

5. 进给传动系采用传动间隙消除机构

对于精密机床、数控机床的进给传动系，为保证传动精度和定位精度，尤其是换向精度，要有传动间隙消除机构，如齿轮传动间隙消除机构和丝杠螺母传动间隙消除机构等。

6. 快速空程传动的采用

为缩短进给空行程时间，要设计快速空行程传动，快速与工进需在带负载运行中变换。常采用超越离合器、差动机构或电气伺服进给传动等。

7. 微量进给机构的采用

有时进给运动极为微量，例如每次进给量小于 2 μm，或进给速度小于 10 mm/min，需采用微量进给机构。微量进给机构有自动和手动两类。自动微量进给机构采用各种驱动元件使进给自动地进行；手动微量进给机构主要用于微量调整精密机床的一些部件，如坐标镗床的工作台和主轴箱、数控机床的刀具尺寸补偿等。

常用的微量进给机构中最小进给量大于 1 μm 的机构有蜗杆传动、丝杠螺母、齿轮齿条传动等，适用于进给行程大、进给量和进给速度变化范围宽的机床。小于 1 μm 的进给机构有弹性力传动、磁致伸缩传动、电致伸缩传动、热应力传动等，都是利用材料的物理性能实现微量进给，其特点是结构简单、位移量小、行程短。

弹性力传动是利用弹性元件(如弹簧片、弹性模片等)的弯曲变形或弹性杆件的拉压变形实现微量进给,适用于作补偿机构和小行程的微量进给。

磁致伸缩传动是靠改变软磁材料(如铁钴合金、铁铝合金等)的磁化状态,使其尺寸和形状产生变化,以实现步进或微量进给,适用于小行程微量进给。

电致伸缩是压电效应的逆效应。当晶体带电或处于电场中,其尺寸发生变化,将电能转换为机械能以实现微量进给。其进给量小于 0.5 μm,适用于小行程微量进给。

热应力传动是利用金属杆件的热伸长驱使执行部件运动,来实现步进式微量进给,进给量小于 0.5 μm,其重复定位精度不太稳定。

图 4.11 是一种轧机轧辊电致伸缩微量进给示意图。压电陶瓷元件 1 在电场作用下伸缩,使机架 2 产生弯曲变形,改变轧辊 3 之间的距离。控制压电陶瓷元件的外加电压,就可以微量控制轧辊间的距离(可达 0.1 μm)。

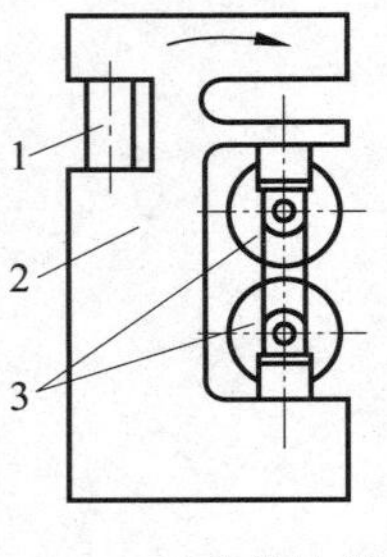

图 4.11 电致伸缩微量进给示意图

1—压电陶瓷元件;2—机架;3—轧辊

对微量进给机构的基本要求是灵敏度高,刚度好,平稳性好,低速进给时速度均匀,无爬行,精度高,重复定位精度好,结构简单,调整方便,操作方便灵活等。

4.3.3 电气伺服进给系统

4.3.3.1 电气伺服进给系统的分类

电气伺服系统是数控装置和机床之间的联系环节,是以机械位置或角度作为控制对象的自动控制系统,其作用是接受来自数控装置发出的进给脉冲,经变换和放大后驱动工作台按规定的速度和距离移动。

电气伺服系统按有无检测和反馈装置分为开环、闭环和半闭环系统。

1. 开环系统

典型的开环伺服系统采用步进电动机,如图 4.12 所示。开环系统对工作台实际位移量没有检测和反馈装置。数控装置发来的每一个进给脉冲由步进电动机直接变换成一个转角(步距角),再通过齿轮(或同步齿形带、滚珠丝杠螺母)带动工作台移动。

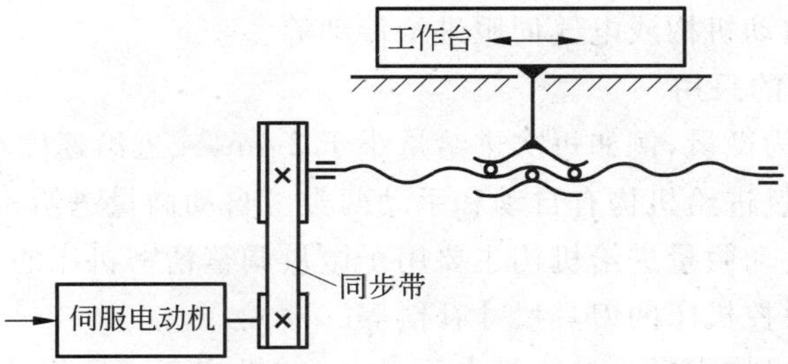

图 4.12 开环伺服系统

对应一个进给脉冲,工作台移动的距离称之为脉冲当量,用代号 Q 表示:

$$Q = \frac{\alpha}{360^\circ} Lu$$

式中，Q 为脉冲当量，mm；α 为步进电动机的步距角，(°)；L 为滚珠丝杠的导程，mm；u 为步进电动机至传动丝杠之间的传动比。

如数控系统发出 N 个进给脉冲，工作台的位移量应为

$$S = QN$$

开环伺服系统的精度取决于步进电动机的步距角精度、步进电动机至执行部件间传动系的传动精度。这类系统的定位精度较低，一般在(±0.01～±0.02)mm，但系统简单、调试方便、成本低，适用于精度要求不高的数控机床中。

2. 闭环系统

在闭环系统中，使用位移测量元件测量机床执行部件的移(转)动量，将执行部件的实际移(转)动量和控制量进行比较，比较后的差值用信号反馈给控制系统，对执行部件的移(转)动进行补偿，直至差值为零。例如，在图 4.13 所示的闭环系统中，检测元件 6 安装在工作台 5 上，直接测量工作台的位移，将测得的位移量反馈到数控装置 1，与要求的进给位移量进行比较，根据比较结果增加或减少发出的进给脉冲数，由伺服电动机 2 校正工作台的位移误差。

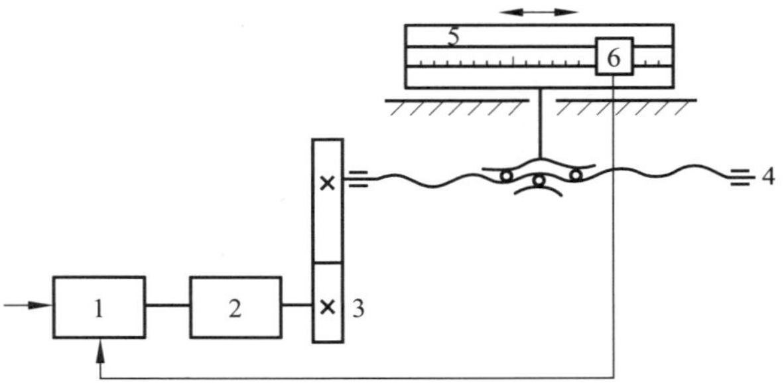

图 4.13　闭环系统

1—数控装置；2—伺服电动机；3—齿轮；4—丝杠；5—工作台；6—检测元件

为提高系统的稳定性，闭环系统除了检测执行部件的位移量外，还检测其速度。检测反馈装置有两类：用旋转变压器作为位置反馈，测速发电机作为速度反馈；用脉冲编码器兼作位置和速度反馈。后者用得较多。

闭环控制可以消除整个系统的误差、间隙和失动，其定位精度取决于检测装置的精度，其控制精度、动态性能等比开环系统好；但系统比较复杂，安装、调整和测试比较麻烦，成本高，用于精密型数控机床上。

3. 半闭环系统

如果检测元件不是直接安装在执行部件上，而是安装在进给传动系中间部位的旋转部件上，称为半闭环系统，如图 4.14 所示。图 4.14(a)是将检测元件安装在伺服电动机的端部；图 4.14(b)是将检测元件安装到丝杠的端部，用测量丝杠的转动间接测量工作台的移动；图 4.14(c)是将检测元件和伺服电动机一起安装在丝杠的端部。半闭环系统只能补偿环路内部传动链的误差，不能纠正环路之外的误差。如只能补偿图 4.14(a)中传动齿轮的齿形误差和间隙、丝杠螺母的导程误差。由于惯性较大的工作台在闭环之外，系统稳定性较

好。与闭环相比，半闭环系统结构简单、调整容易、价格低，所以应用较多。

综上所述，对伺服系统的基本要求是稳定性好，精度高。快速响应性好，定位精度高。影响机床伺服系统性能的因素主要有：进给传动件的间隙；扭转、挠曲；机床运动部件的振动、摩擦；机床的刚度和抗振性；系统的质量和惯量；低速下的运动平稳性好，有无爬行现象等。

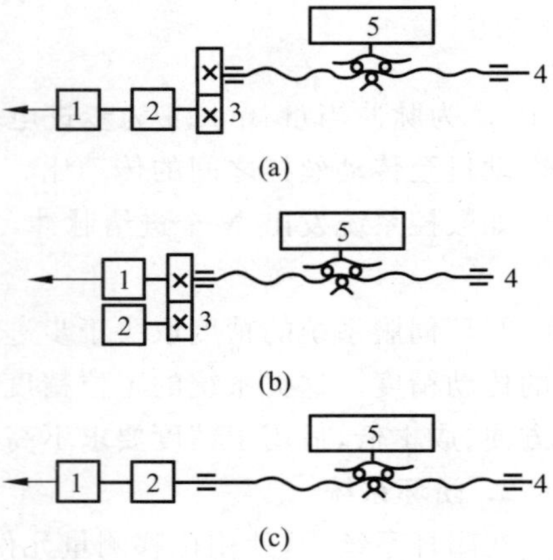

图 4.14 半闭环系统

1—反馈装置；2—伺服电动机；3—齿轮；4—丝杠螺母；5—工作台

4.3.3.2 电气伺服进给系统驱动部件

电气伺服进给系统由伺服驱动部件和机械传动部件组成，其功能是控制机床各坐标轴的进给运动。伺服驱动部件如步进电动机、直流伺服电动机、交流伺服电动机等，机械传动部件如齿轮、滚珠丝杠螺母等。

1. 对进给驱动部件的基本要求

(1) 调速范围宽，以满足使用不同类型刀具对不同零件加工所需要的切削条件。低速运行平稳，无爬行。

(2) 快速响应性好，即跟踪指令信号响应快，无滞后。电动机具有较小的转动惯量。

(3) 抗负载振动能力强，切削中受负载冲击时，系统的速度仍基本不变。在低速下有足够的负载能力。

(4) 可承受频繁起动、制动和反转。

(5) 振动和噪声小，可靠性高，寿命长。

(6) 调整、维修方便。

2. 进给驱动部件的类型和特点

进给驱动部件种类很多，用于机床上的有步进电动机、小惯量直流电动机、大惯量直流电动机、交流调速电动机和直线电动机等。

1) 步进电动机

步进电动机又称脉冲电动机，是将电脉冲信号变换成角位移(或线位移)的一种机电式数模转换器。它每接受数控装置输出的一个电脉冲信号，电动机轴就转过一定的角度，称为步距角。步距角一般为 $0.5°\sim3°$，角位移与输入脉冲个数成严格的比例关系，步进电动机的转速与控制脉冲的频率成正比。电动机的步距角用 α 表示：

$$\alpha=\frac{360°}{PZK}$$

式中，P 为步进电动机相数；Z 为步进电动机转子的步数；K 为通电方式，当三相三拍导电方式时 $K=1$，三相六拍导电方式时 $K=2$；

转速可以在很宽的范围内调节。改变绕组通电的顺序，可以控制电动机的正转或反转。步进电动机的优点是没有累积误差，结构简单，使用、维修方便，制造成本低，步进电动机带动负载惯量的能力大，适用于中小型机床和速度精度要求不高的地方；其缺点是效率较低，发热大，有时会“失步”。

2）直流伺服电动机

机床上常用的直流伺服电动机主要有小惯量直流电动机和大惯量直流电动机。

小惯量直流电动机的优点是转子直径较小、轴向尺寸大，长径比约为5，故转动惯量小，仅为普通直流电动机的1/10左右，因此响应时间快；其缺点是额定扭矩较小，一般必须与齿轮降速装置相匹配。常用于高速轻载的小型数控机床中。

大惯量直流电动机，又称宽调速直流电动机，有电励磁和永久磁铁励磁两种类型。电励磁的特点是励磁量便于调整，成本低。永磁型直流电动机能在较大过载扭矩下长期工作，并能直接与丝杠相连而不需要中间传动装置，还可以在低速下平稳地运转，输出扭矩大。宽调速电动机可以内装测速发电机，还可以根据用户需要，在电动机内部加装旋转变压器和制动器，为速度环提供较高的增益，能获得优良的低速刚度和动态性能。大惯量直流电动机的频率高、定位精度好、调整简单、工作平稳；其缺点是转子温度高、转动惯量大、时间响应较慢。

3）交流伺服电动机

自20世纪80年代中期开始，以异步电动机和永磁同步电动机为基础的交流伺服进给驱动得到迅速发展。它采用新型的磁场矢量变换控制技术，对交流电动机作磁场的矢量控制；将电动机定子的电压矢量或电流矢量作为操作量，控制其幅值和相位。它没有电刷和换向器，因此可靠性好、结构简单、体积小、重量轻、动态响应好。在同样体积下，交流伺服电动机的输出功率可比直流电动机提高10%～70%。交流伺服电动机与同容量的直流电动机相比，重量约轻一半，价格仅为直流电动机的三分之一，效率高、调速范围广、响应频率高。其缺点是本身虽有较大的扭矩-惯量比，但它带动惯性负载能力差，一般需用齿轮减速装置，多用于中小型数控机床。

交流伺服电动机发展很快，特别是新的永磁材料的出现和不断完善，更推动永磁电动机的发展，如第三代稀土材料——钕铁硼的出现，具有更高的磁性能。永磁电动机结构上的改进和完善，特别是内装永磁交流伺服电动机的出现，可使磁铁长度再缩短，具有更小的电动机外形尺寸，使结构更合理可靠，允许在更高转速下运行。

20世纪80年代末，出现了与机床部件一体化式的电动机。由日本FANUC公司试制出的一种新型的永磁交流伺服电动机，其结构的特点是伺服电动机的转轴是空心的，也称空心轴交流伺服电动机。进给丝杠的螺母可以装在电动机的空心转轴内，使进给丝杠能在电动机内来回移动。这种结构特点是使移动的重物重心与丝杠运动在同一直线上，使弯曲和倾斜都达到最小，而且不需要联轴器，与机床部件一体化，这样伺服系统具有很高的刚性和极高的控制精度。这种电动机具有广泛的应用前景，图4.15是它的一个应用实例。图4.15(a)是采用普通伺服电动机时的立柱结构，丝杠通常位于主轴箱的一侧；图4.15(b)是采用空心轴交流伺服电动机时的立柱结构，丝杠可以方便地位于主轴箱的中间，从而减小立柱的尺寸，改善主轴箱的受力状况。

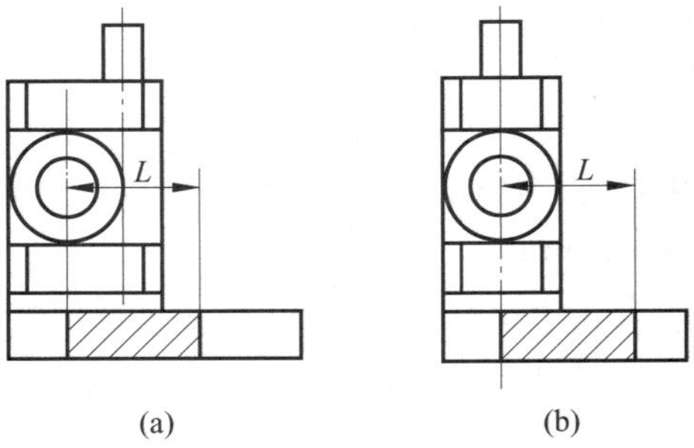

图4.15 采用不同电动机的立柱结构示意图

4）直线伺服电动机

直线伺服电动机是一种能直接将电能转化为直线运动机械能的电力驱动装置，是适应超高速加工技术发展的需要而出现的一种新型电动机。直线伺服电动机驱动系统替换了传统的由回转型伺服电动机加滚珠丝杠的伺服进给系统，从电动机到工作台之间的一切中间传动都没有了，可直接驱动工作台进行直线运动，使工作台的加减速提高到传统机床的10～20倍，速度提高3～4倍。

4.3.3.3 电伺服进给传动系中的机械传动部件

1. 机械传动部件应满足的要求

(1) 机械传动部件要采用低摩擦传动。比如，导轨可以采用静压导轨、滚动导轨；丝杠传动可采用滚珠丝杠螺母传动；齿轮传动采用磨齿齿轮。

(2) 伺服系统和机械传动系匹配要合适。输出轴上带有负载的伺服电动机的时间常数与伺服电动机本身所具有的时间常数不同，如果惯性矩和齿轮等匹配不当，就达不到快速反应的性能。

(3) 选择最佳降速比来降低惯量，最好采用直接传动方式。

(4) 采用预紧办法来提高整个系统的刚度。

(5) 采用消除传动间隙的方法，减小反向死区误差，提高运动平稳性和定位精度。

总之，为保证伺服系统的工作稳定性和定位精度，要求机械传动部件无间隙、低摩擦、低惯量、高刚度、高谐振和适宜的阻尼比。

2. 机械传动部件设计

机械传动部件主要指齿轮(或同步齿轮带)和丝杠螺母传动副。电气伺服进给系统中，运动部件的移动是靠脉冲信号来控制的，要求运动部件动作灵敏、低惯量、定位精度好，具有适宜的阻尼比及传动机构不能有反向间隙。

1) 最佳降速比的确定

传动副的最佳降速比应按最大加速能力和最小惯量的要求确定，以降低机械传动部件的惯量。

对于开环系统，传动副的设计主要是由机床所要求的脉冲当量与所选用的步进电动机的步距角决定。降速比为

$$u=\frac{\alpha L}{360^\circ Q}$$

式中，α为步进电动机的步距角，(°)/脉冲；L为滚珠丝杠的导程，mm；Q为脉冲当量，mm/脉冲。

对于闭环系统，主要由驱动电动机的最高转速或扭矩与机床要求的最大进给速度或负载扭矩决定，降速比为

$$u=\frac{n_{\mathrm{dmax}}L}{v_{\max}}$$

式中，n_{dmax}为驱动电动机最大转速，r/min；L为滚珠丝杠导程，mm；$v_{\max}$为工作台最大移动速度，mm/min。

设计中小型数控车床时，通过选用最佳降速比来降低惯量，应尽可能使传动副的传动比$u=1$，这样可选用驱动电动机直接与丝杠相连接的方式。

2) 齿轮传动间隙的消除

传动副为齿轮传动时，要消除其传动间隙。齿轮传动间隙的消除有刚性调整法和柔性

调整法两类方法。

刚性调整法是调整后的齿侧间隙不能自动进行补偿，如偏心轴套调整法、变齿厚调整法、斜齿轮轴向垫片调整法等。这种方法的特点是结构简单、传动刚度较高，但要求严格控制齿轮的齿厚及齿距公差，否则将影响运动的灵活性。

柔性调整法是指调整后的齿侧间隙可以自动进行补偿，结构比较复杂，传动刚度低些，会影响传动的平稳性。柔性调整法主要有双片直齿轮错齿调整法，薄片斜齿轮轴向压簧调整法，双齿轮弹簧调整法等。图 4.16 所示为双片直齿轮错齿间隙消除机构。两薄片齿轮 1、2 套装在一起，同另一个宽齿轮 3 相啮合。齿轮 1、2 端面分别装有凸耳 4、5，并用拉簧 6 联结，弹簧力使两齿轮 1、2 产生相对转动，即错齿，使两片齿轮的左右齿面分别贴紧在宽齿轮齿槽的左右齿面上，消除齿侧间隙。

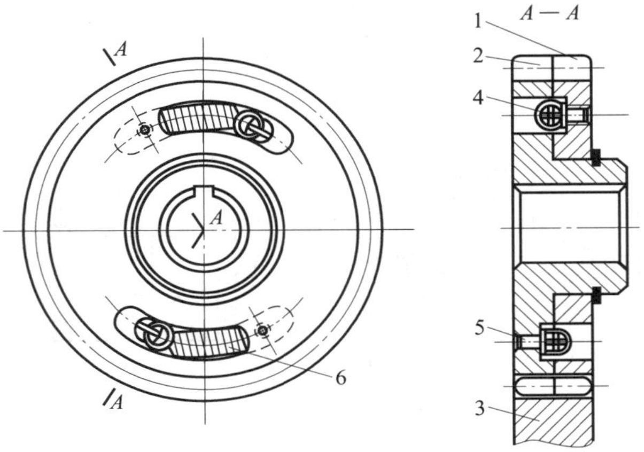

图 4.16 双片直齿轮错齿间隙消除机构

1,2,3—齿轮；4,5—凸耳；6—拉簧

3）滚珠丝杠及其支承

滚珠丝杠是将旋转运动转换成执行件的直线运动的运动转换机构，如图 4.17 所示，由回珠器、密封环等组成。滚珠丝杠的摩擦系数小，传动效率高。

滚珠丝杠主要承受轴向载荷，因此对丝杠轴承的轴向精度和刚度要求较高，常采用角接触球轴承或双向推力圆柱滚子轴承与滚针轴承的组合轴承方式。

角接触推力球轴承有多种组合方式，可根据载荷和刚度要求而选定。一般中小型数控机床多采用这种方式。而组合轴承多用于重载、丝杠预拉伸和要求轴向刚度高的场合。

滚珠丝杠的支承方式有三种，如图 4.18 所示。图 4.18(a)为一端固定，另一端自由方式，常用于短丝杠和竖直丝杠。图 4.18(b)为一端固定，一端简支承方式，常用于较长的卧式安装丝杠。图 4.18(c)为两端固定，用于长丝杠或高转速，要求高拉压刚度的场合。

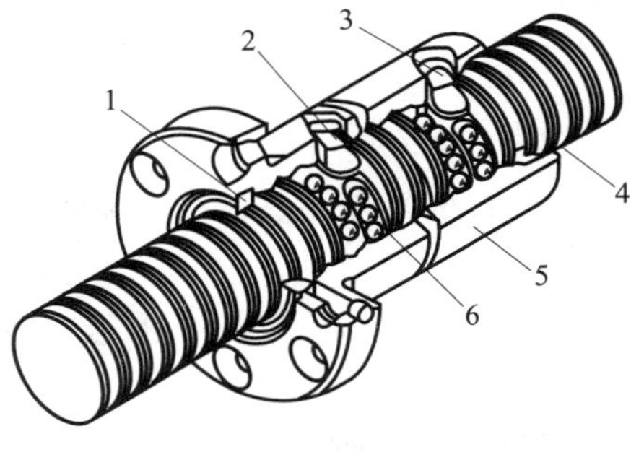

图 4.17 滚珠丝杠螺母副的结构

1—密封环；2,3—回珠器；4—丝杠；5—螺母；6—滚珠

4）滚珠丝杠螺母副间隙消除和预紧

滚珠丝杠在轴向载荷作用下，滚珠和螺纹滚道接触区会产生接触变形，接触刚度与接触表面预紧力成正比。如果滚珠丝杠螺母副间存在间隙，接触刚度较小；当滚珠丝杠反向旋转时，螺母不会立即反向，存在死区，影响丝杠的传动精度。因此，同齿轮的传动副一样，滚珠丝杠螺母副必须消除间隙，并施加预紧力，以保证丝杠、滚珠和螺母之间没有间隙，提高螺母丝杠螺母副的接触刚度。

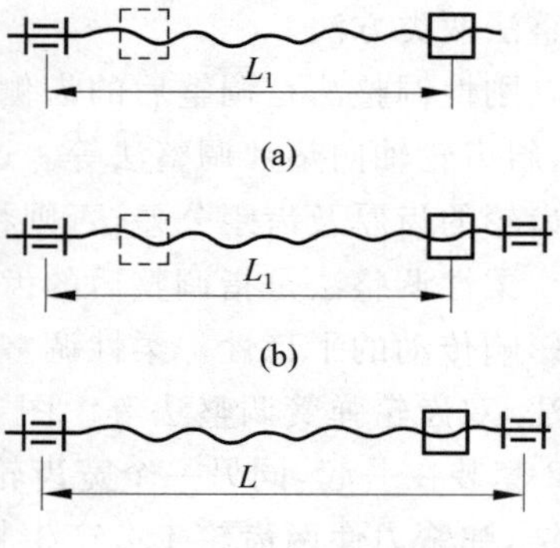

图 4.18 滚珠丝杠支承方式

滚珠丝杠螺母副通常采用双螺母结构，如图 4.19 所示。通过调整两个螺母之间的轴向位置，使两螺母的滚珠在承受工作载荷前，分别与丝杠的两个不同的侧面接触，产生一定的预紧力，以达到提高轴向刚度的目的。

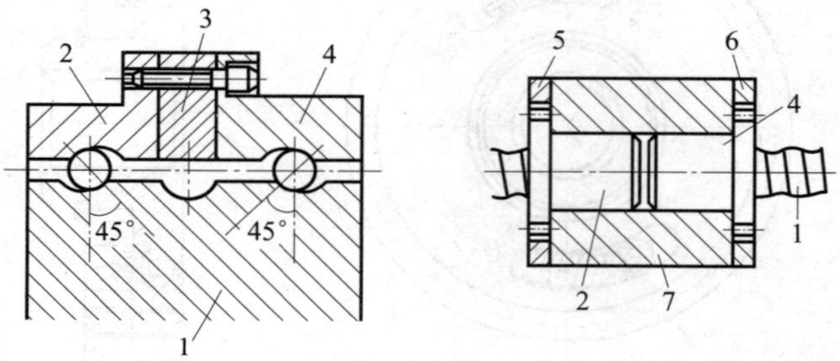

图 4.19 滚珠丝杠间隙调整和预紧

(a) 垫片式；(b) 齿差式

1—丝杆；2—左螺母；3—垫片；4—右螺母；5—左齿圈；6—右齿圈；7—支座

调整预紧有多种方式，如图 4.19(a)所示是垫片调整式，通过改变垫片的厚薄来改变两个螺母之间的轴向距离，实现轴向间隙消除和预紧。这种方式的优点是结构简单、刚度高、可靠性好；缺点是精确调整较困难，当滚道和滚珠有磨损时不能随时调整。图 4.19(b)是齿差调整式，左、右螺母法兰外圆上制有外齿轮，齿数常相差 1。这两个外齿轮又与固定在螺母体两侧的两个齿数相同的内齿圈相啮合。其调整方法是两个螺母相对其啮合的内齿圈同向都转一个齿，则两螺母的相对轴向位移 s_0 为

$$s_0 = \frac{L}{z_1 z_2}$$

式中，L 为丝杠的导程，mm；z_1，z_2 为两齿轮的齿数。

4.4 典型部件设计

4.4.1 主轴组件设计

主轴组件是机床的一个重要组成部分，它包括主轴、轴承以及安装在主轴上的传动件。

机床工作时,主轴要夹持着工件或刀具共同完成表面成形运动,所以,主轴组件的工作性能将直接影响加工工件的质量和机床生产率。

4.4.1.1 对主轴组件的基本要求

与一般传动轴一样,主轴也要在一定的转速下传递一定的扭矩。但是主轴要带着工件或刀具参与切削工作,以形成工件表面。所以,一台机床的加工质量在很大程度上决定于主轴组件的质量。主轴要传递扭矩,直接承受切削力,而且还要满足通用机床、专用机床、数控机床各自不同的要求。

1. 旋转精度

主轴组件的旋转精度是指装配后,在无载荷、低速转动的条件下,主轴前端安装工件或刀具部位的径向跳动和轴向跳动。

当主轴以工作转速旋转时,由于润滑油膜的产生和不平衡的扰动,旋转精度将有所变化。这一点对于精密、高精度机床尤为重要。

主轴组件的旋转精度主要取决于各主要件,如主轴、轴承、箱体孔等的制造、装配和调整精度。旋转精度还决定于主轴转速,支承的设计和性能,润滑剂以及主轴组件的平衡。

通用(包括数控)机床的旋转精度已有标准可循。

2. 静刚度

主轴组件的静刚度(简称刚度)反映组件抵抗静态外载荷变形的能力。

主轴组件的弯曲刚度 K 定义为:使主轴前端产生单位位移时,在位移方向测量处所需施加的力,如图 4.20 所示,即

$$K = F/\delta \quad (\mathrm{N}/\mu\mathrm{m})$$

图 4.20 主轴组件的刚度

影响主轴组件弯曲刚度的因素很多,如主轴的尺寸和形状,滚动轴承的型号、数量、配置形式和预紧,滑动轴承的类型和油膜刚度,前后支承间的距离和主轴前端的悬伸量,传动件的布置方式,主轴组件的制造和装配质量等。各类机床主轴组件的刚度目前尚无统一的标准。

3. 抗振性

主轴组件工作时产生振动会降低工件的表面质量和刀具耐用度,缩短主轴轴承寿命,还会产生噪声影响环境。

振动表现为强迫振动和自激振动两种形式。主轴组件产生自激振动,不仅严重影响加工质量,甚至使切削无法进行下去。抵抗强迫振动则要提高动刚度,动刚度是指激振力幅值与振动幅值之比。

影响抗振性的因素主要有主轴组件的静刚度、质量分布和阻尼(特别是主轴前轴承的阻尼)。主轴的固有频率应远大于激振力的频率,以使它不易发生共振。

目前,尚未制定出抗振性的指标,只有一些实验数据可供设计时参考。

4. 温升和热变形

主轴组件工作时因各相对运动处的摩擦和搅油等而发热,产生温升,从而使主轴组件的形状和位置发生变化(热变形)。

主轴组件受热伸长,使轴承间隙发生变化。温升使润滑油黏度下降,降低了滑动轴承的承载能力。主轴箱因温升而变形,使主轴偏离正确位置。前后轴承温度不同,还会导致主轴

轴线倾斜。因此,对主轴轴承的温升要作出限制,主轴轴承在高速空转、连续运转情况下的允许温升：高精度机床为 8～100℃,精密机床和数控机床为 15～20℃,普通机床为 30～40℃。

由于受热膨胀是材料固有的性质,因此高精度机床(如坐标镗床、加工中心等)要进一步提高加工精度,往往受热变形的限制。研究如何减少主轴组件的发热,如何控温,是高精度机床主轴组件研究的重要课题之一。

5. 耐磨性

主轴组件的耐磨性是指长期保持原始精度的能力,即精度保持性。对精度有影响的部位首先是轴承,其次是安装刀、夹具或工件的部位,如锥孔、定心轴颈等。此外,还有移动式主轴的工作表面,如镗床主轴的外圆,坐标镗床和某些加工中心主轴的套筒外圆等。

装有滚动轴承的主轴,支承处的耐磨性则决定于滚动轴承。如果用滑动轴承,则轴颈的耐磨性在很大程度上影响精度保持性。

为了提高耐磨性,一般机床主轴的上述部分应淬硬至 60HRC 左右,深约 1 mm。

4.4.1.2 主轴的结构

为了提高刚度,主轴的直径应尽量大些。前轴承至主轴前端面的距离(称悬伸量)应尽可能小些。为了便于装配,主轴常做成阶梯形的。主轴的结构与形状和主轴上所安装的传动件、轴承等零件的类型、数量、位置和安装方法有直接的关系。

为了便于在主轴上安装各种标准刀具或夹具,主轴前端部已标准化了。各类机床主轴前端结构形状如图 4.21 所示。

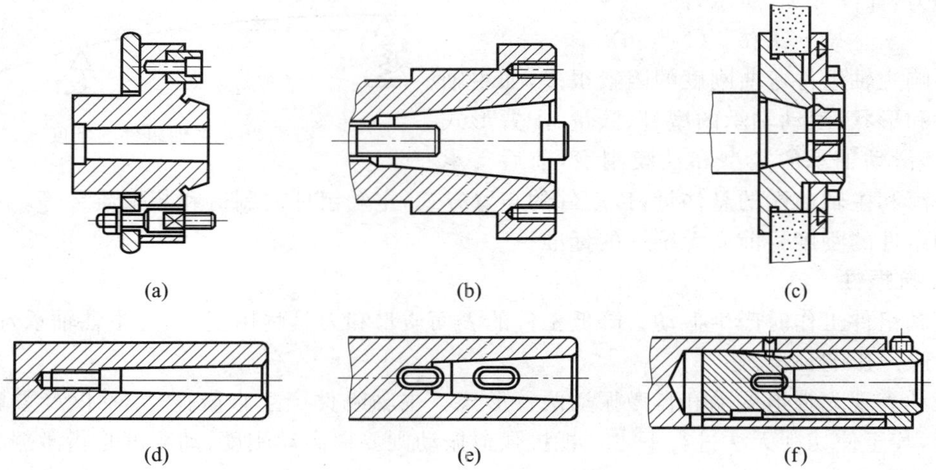

图 4.21 主轴端部结构

图(a)为车床主轴端部,卡盘靠主轴前端的短圆锥面和凸缘端面定位,用圆键传递扭矩,用锁紧盘和螺栓固定锁紧卡盘,主轴前端有莫氏锥孔。图(b)为铣床和加工中心的主轴端部,铣刀或刀杆靠 7∶24 的锥孔定位,用拉杆从主轴后端拉紧。前端用双键传递扭矩。图(c)为外圆磨床砂轮主轴端部,法兰盘靠前端 1∶5 的圆锥面定位,并用螺母固定。螺母的螺纹旋向必须与砂轮的旋转方向相反(左螺纹),以防止起动时因砂轮惯性而导致松脱。图(d)为内圆磨床砂轮主轴端部,砂轮的接杆靠莫氏锥孔定位并传递扭矩,同时用锥孔底部螺孔紧固接杆。图(e)为钻、镗床主轴端部,刀杆或刀具靠莫氏锥孔定位,前面扁孔传递扭矩,后部扁孔拆卸刀具。图(f)为组合机床主轴端部,圆柱孔用来安装接杆,刀具则安装在接杆的莫氏锥孔内。前端圆螺母用来调整刀具的轴向位置,平键用来传递扭矩。

主轴中孔用于通过棒料、拉杆或其他工具。为了能通过更粗的棒料,车床的中孔直径希望大些,但受刚度条件的限制,孔径不宜超过外径的70%。

4.4.1.3　材料和热处理

主轴承载后允许的弹性变形很小,引起的应力通常远小于钢的强度极限。因此,强度一般不作为选材的依据。

主轴的形状、尺寸确定之后,刚度主要取决于材料的弹性模量。各种钢材弹性模量几乎相同,因此刚度也不是选材的依据。

主轴材料的选择主要根据耐磨性和热处理变形来考虑。普通机床主轴,可用45号或60号优质中碳钢,调质到220～250 HB。其端部的定心锥面、定心轴颈和锥孔等部位,应高频淬硬至50～55 HRC。若采用滑动轴承,则轴颈处也需淬硬,硬度同上。精密机床主轴希望淬火变形和应力小些,可选用40Cr或低碳合金钢20Cr、16MnCr5、12CrNi2A等渗碳淬硬至≥60 HRC。采用滑动轴承的高精度磨床砂轮主轴,镗床、坐标镗床、加工中心的主轴,要求有很高的耐磨性,这时可用渗氮钢(如38CrMoAlA)经渗氮处理,表面硬度可达1100～1200 HV(相当于69～72 HRC)。

4.4.1.4　主轴组件轴承的选用

滚动轴承和滑动轴承都可用于机床主轴,都能满足旋转精度的要求。相比之下滚动轴承有下述优点:①在转速和载荷变化范围很大的情况下滚动轴承仍能稳定工作,而动压滑动轴承在低速时难以形成具有足够压力的油膜;②滚动轴承能在零间隙、甚至负间隙(预紧到有一定过盈量)的条件下工作,对提高旋转精度和刚度有利,而滑动轴承则必须有一定间隙才能正常工作;③滚动摩擦系数小,发热少;④滚动轴承容易润滑,可以用脂润滑,装填一次用到修理时才更换,若用油时所需油量也远比滑动轴承小;⑤滚动轴承为标准件,可以外购。滚动轴承的缺点是:①滚动体的数目有限,所以滚动轴承在旋转中的径向刚度是变化的,易产生振动;②滚动体与内外圈是刚性接触,而滑动轴承的油膜形成黏性阻尼层,故滚动轴承的阻尼较滑动轴承要低;③滚动轴承的径向尺寸比滑动轴承大。

由上分析可知,在一般情况下尽量采用滚动轴承,尤其是立式主轴,用滚动轴承可以采用脂润滑以避免漏油。对于加工表面质量要求较高的机床,如外圆和平面磨床、高精度车床等,其水平主轴采用滑动轴承。主轴组件的抗振性主要取决于前轴承。因此,也有的机床主轴仅前轴承采用滑动轴承,后支承和推力轴承用滚动轴承。

1. 主轴滚动轴承的类型及选用

机床主轴常用的滚动轴承有以下几种,如图4.22所示。

1) 双列圆柱滚子轴承

图4.22(a)为NN3000K(旧编号3182100)系列轴承。两列直径和长度相等的短圆柱滚子交错排列,且滚子数目多,载荷均布,承载能力大。

这种轴承的特点是径向刚度和承载能力都大,旋转精度高,但不能承受轴向载荷。图4.22(b)所示的NNU4900K(旧编号4382900K)系列,超轻型,其滚道环槽开在外圈内壁,而内圈可分离,装到主轴颈上以后再精磨滚道,保证滚道与主轴中心同轴,但这样一来外

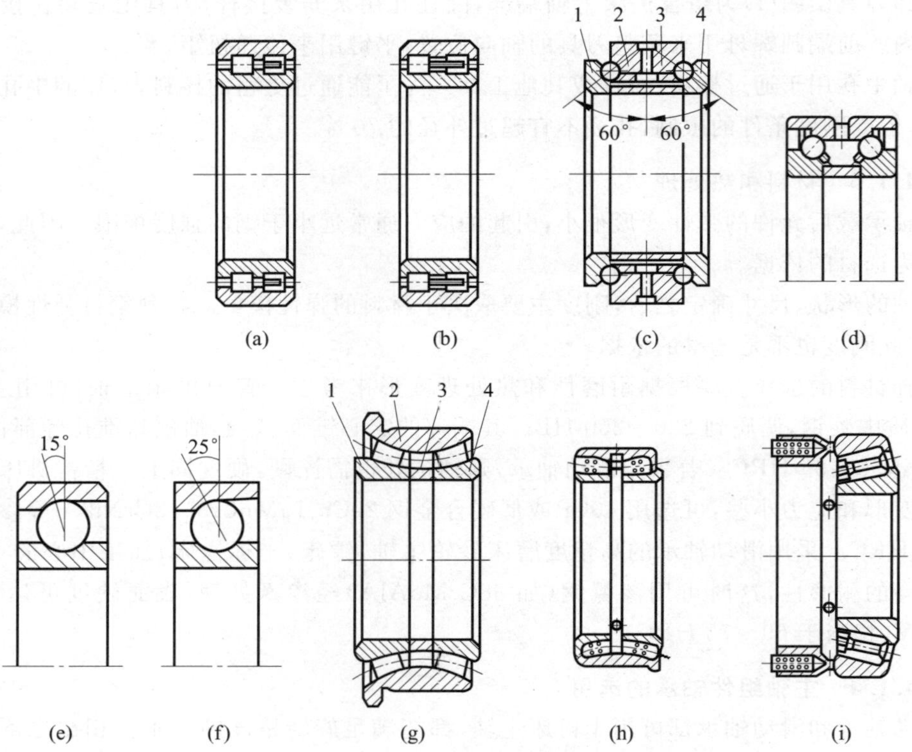

图 4.22 主轴采用的几种滚动轴承

(a)、(b) 双列圆柱滚子轴承；(c)、(d) 双向推力角接触球轴承；

(e)、(f) 角接触球轴承；(g)、(h)、(i) 圆锥滚子轴承

1—内圈；2—外圈；3—隔套；4—内圈

圈内壁的滚道槽磨削困难，不适宜于小规格的轴承。

2）双向推力角接触轴承

图 4.22(c)即为双向推力角接触球轴承，这种轴承的特点之一是接触角 α 大，钢球直径小而数量多，轴承承载能力和精度较高，允许的极限转速高于一般推力轴承，常用于高速、较精密的机床主轴。

3）角接触球轴承

这种轴承既可承受径向载荷，又可承受轴向载荷，接触角通常为 $\alpha=15^\circ$ 和 $\alpha=25^\circ$ 两种，如图 4.22(e)、(f)所示。它的编号为 7000C(旧编号 36100)和 7000AC(旧编号 46100)系列。15°接触角的轴承多用于轴向力较小、转速较高的地方，如磨床主轴；25°接触角的轴承多用于轴向力较大的地方，如车床和加工中心主轴。这种轴承调隙(预紧)时只需使内、外圈产生相对轴向位移即可。这种轴承多用于高速主轴，目前在数控机床上采用最多。

4）圆锥滚子轴承

图 4.22(g)所示为双列圆锥滚子轴承。圆锥滚子轴承既能承受径向载荷，又能承受双向的轴向载荷，滚子数量大，故刚度和承载能力均较大。由于圆锥滚子轴承是外缘凸肩轴向定位，因而箱体上通孔加工方便，但缺点是滚子大端的端面与内圈挡边之间为滑动摩擦，发

热较大，故允许的极限转速较低。

5）深沟球轴承

这种轴承只能承受径向载荷，轴向载荷则由配套的推力轴承承受。此种轴承一般不能调整间隙，常用于精度要求和刚度要求不太高的地方。

2. 轴承精度

主轴轴承的精度主要采用P2、P4、P5（旧标准B、C、D）3级，相当于ISO标准的2、4、5级。高精度主轴可用P2级，要求较低的主轴或三支承主轴的辅助轴承可用P5级。P6和P0一般不用。此外又规定了两种辅助精度级SP（特殊精密级）和UP（超精密级），它们的旋转精度分别相当于P4级和P2级（略高于P4），而内、外圈的尺寸精度则分别相当于P5级和P4级。由于轴承的工作精度主要决定于旋转精度，箱体孔和主轴颈是根据一定的间隙和过盈要求配作的。因此，轴承内、外径的公差即使宽些也不影响工作精度，但却降低了成本。

车、铣、磨床等的主轴切削力方向是固定的，它们的径向轴承的旋转精度主要由成套轴承内圈的径向跳动K_{ia}决定；而对于镗床和镗铣加工中心的主轴，切削力方向随主轴旋转而变动，它们的径向轴承的旋转精度主要由成套轴承外圈的径向跳动K_{ea}决定。影响推力轴承旋转精度（轴向跳动）的，主要是轴圈滚道对底面厚度的变动量S_i。角接触球轴承和圆锥滚子轴承对于径向载荷和轴向载荷都能承受，故除K_{ia}和K_{ea}外，还有影响轴向精度的成套轴承内圈端面对滚道的跳动S_{ia}。

主轴前、后轴承的精度对主轴旋转精度的影响是不同的，前轴承的精度对主轴部件的影响较大，故前轴承的精度应选得高一些。

轴承的精度不仅影响主轴部件的旋转精度，而且精度越高，各滚动体受力也越均匀，有利于刚度和抗振性的提高，减少磨损，提高寿命。因此，目前普通机床主轴轴承趋向于选P4（SP）级。P6级轴承在机床主轴上已很少用。

3. 主轴的滑动轴承

滑动轴承阻尼性能好、支承刚度高，具有良好的抗振性和运动平稳性。

按照流体介质的不同，主轴滑动轴承有液体滑动轴承和气体滑动轴承两类。液体滑动轴承按照油膜压强形成方法的不同，有动压轴承和静压轴承之分。

1）液体动压滑动轴承

液体动压滑动轴承是靠主轴以一定转速旋转时带着润滑油从间隙大处向间隙小处流动，形成压力油膜而将主轴浮起，并承受载荷。轴承中只产生一个压力油膜的叫单油楔动压轴承。当载荷、转速等工作条件变化时，单油楔动压轴承的油膜厚度和位置也随着变化，使轴心线浮动而降低了旋转精度和运动平稳性。

主轴组件中常采用多油楔动压轴承。当主轴以一定的转速旋转时，在轴颈周围能形成几个压力油楔，把轴颈推向中央，因而主轴的向心性好。当主轴受到外载荷时，轴颈稍有偏心，承载的油隙间隙减小而压力升高，相对方向的油隙间隙增大而压力降低，形成了新的平衡。此时承载方向的油膜压力将比普通单油楔轴承的压力高，油膜压力愈高和油膜愈薄，则其刚度愈大。故多油楔轴承能满足主轴组件要求。

2）液体静压滑动轴承

动压滑动轴承必须在一定的运转速度下才能产生压力油膜。因此，不适用于低速或转速变化范围较大而下限转速过低的主轴。此外，在起动和停止时，主轴速度很低，也不能得到足够的油膜压力，导致金属直接接触而加剧磨损。为此研制了静压滑动轴承。静压轴承的油膜压强是由液压泵从外界供给的，它与主轴的开、停及转速的高低无关，承载能力也不随转速而变化。起动和停止时无磨损，起动阻力矩也与运转时间相同。所以静压轴承适用于低转速或转速范围变化较大以及经常开停的主轴。静压轴承的油膜厚度对轴颈和轴承孔的圆度误差起均化作用。这是因为有油膜附着在轴颈上，轴颈凹下去的地方被油膜填补了的缘故，见图 4.23。

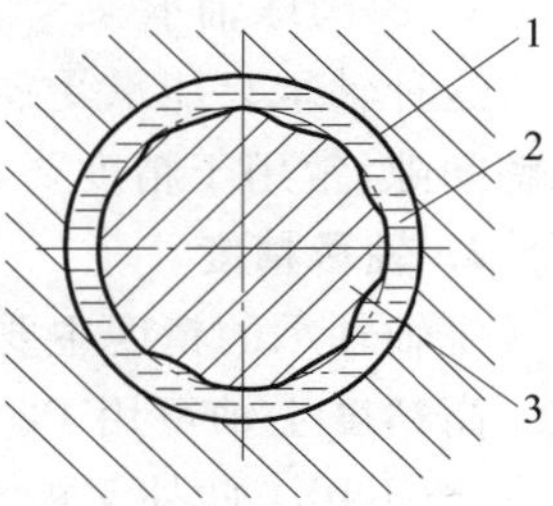

图 4.23 油膜对轴颈不圆的均化作用

1—轴承孔；2—油膜；3—轴颈

4.4.1.5 支承组件的轴承配置

合理配置轴承，对提高主轴组件的旋转精度和刚度、降低支承组件的温升、简化组件结构有直接的关系。

承受轴向载荷时，主轴轴承的配置主要根据主轴的加工精度、刚度、温升和支承的复杂程度。起止推作用的轴承的布置有 3 种方式，即前端定位（止推轴承集中布置在前支承）、后端定位（集中布置在后轴承）、两端定位（分别布置在前后支承）。3 种布置方式的比较见表 4.4。前端定位时，主轴受热变形向后伸长，不影响加工精度，但前支承结构复杂，轴承间隙调整不便，前支承处发热量较大。后端定位的特点与前述的相反。两端定位时，主轴受热伸长，轴承轴向间隙的改变较大。若止推轴承布置在径向轴承内侧，主轴可能因热膨胀而弯曲。

表 4.4 推力轴承配置形式的比较

固定方式	轴承典型配置		结构特点及适用范围
前端固定	1	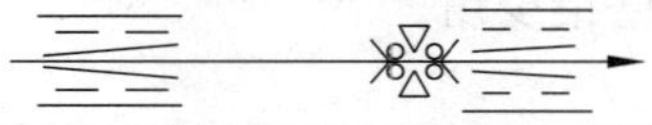	中等转速的高刚度主轴
	2	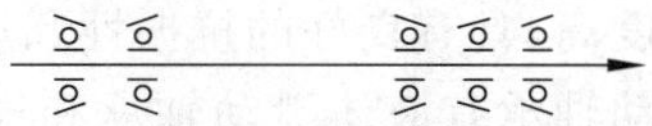	高速度、高刚度主轴
	3	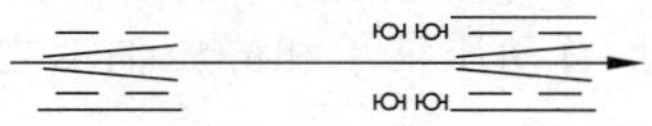	转速较低的车床主轴
	4	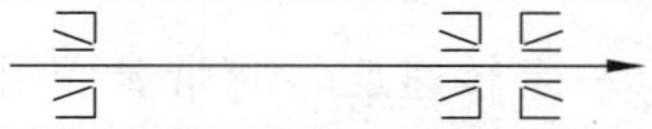	
后端固定	5	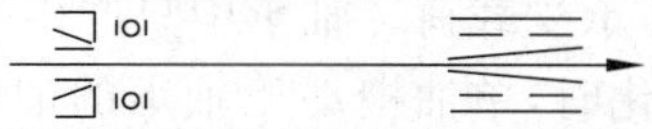	短粗的车床主轴
两端固定	6	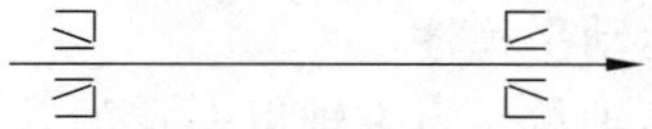	铣床主轴
	7	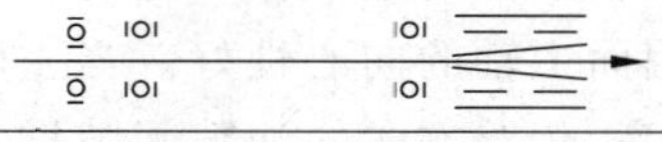	钻床主轴
	8	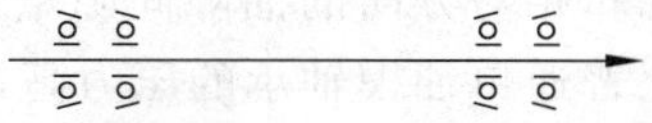	内圆磨头

4.4.1.6 主轴组件的刚度计算

根据机床的要求选定主轴组件的结构（包括轴承及其配置）后，应进行计算，以决定主要尺寸。设计和计算的主要步骤如下：

(1) 根据统计资料，初选主轴直径；

(2) 选择主轴的跨距；

(3) 进行主轴组件的结构设计，根据结构要求修正上述数据；

(4) 进行验算；

(5) 根据验算结果对设计进行必要的修改。

1. 初选主轴直径

主轴直径直接影响主轴部件的刚度。直径越粗，刚度越高，但同时与它相配的轴承等零件的尺寸也越大。故设计之初，只能根据统计资料选择主轴直径。

车床、铣床、镗床、加工中心等机床因装配的需要，主轴直径常是自前往后逐步减小的。前轴颈直径 D，大于后轴颈直径 D_1。对于车、铣床，一般 $D_1=(0.7\sim0.9)D$。几种常见的通用机床钢质主轴前轴颈 D，可参考表 4.5 选取。

表 4.5 主轴前轴颈直径 mm

主电机功率/kW	5.5	7.5	11	15
卧式车床	60～90	75～110	90～120	100～160
升降台铣床	60～90	75～100	90～110	100～120
外圆磨床	55～75	70～80	75～90	75～100

2. 主轴悬伸量的确定

主轴悬伸量 a 是指主轴前支承径向支反力的作用点到主轴前端面之间的距离，见图 4.24，它对主轴组件刚度影响较大。根据分析和试验，缩短悬伸量可以显著提高主轴组件的刚度和抗振性。因此，设计时在满足结构要求的前提下，尽量缩短悬伸量 a。

3. 主轴最佳跨距的选择

主轴的跨距(前、后支承之间的距离)对主轴组件的性能有很大影响，合理选择跨距是主轴组件设计中一个相当重要的问题。

有关资料对合理跨距选择的推荐可作参考：

(1) $L_{合理}=(4\sim5)D_1$；

(2) $L_{合理}=(3\sim5)a$，用于悬伸长度较小时，如车床、铣床、外圆磨床；

(3) $L_{合理}=(1\sim2)a$，用于悬伸长度较大时，如镗床、内圆磨床。

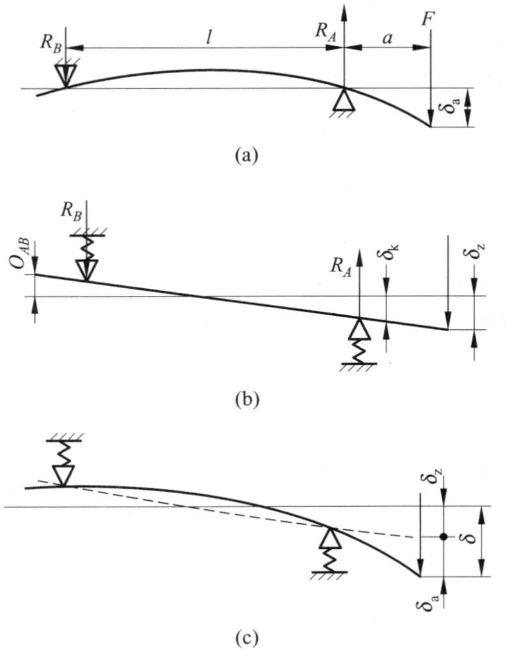

图 4.24 主轴最佳跨距计算简图

4.4.1.7 主轴组件的润滑与密封

润滑的作用是减少摩擦、降低温升，并与密封装置一起保护轴承不受到外物的损伤与腐蚀。润滑剂和润滑方式决定于轴承的类型、速度和工作负荷。如果选择得合适，可以降低轴承的工作温度、延长使用寿命。

1. 主轴滚动轴承的润滑

滚动轴承的润滑基于弹性流体动力润滑理论。滚动体和滚道接触处压强很高，会产生接触变形。接触区是一小块面积的接触，而不是一条线或一个点的接触。润滑剂在高压下被压缩，黏度急剧升高。瞬时局部高黏度的油可以在接触区形成油膜，把滚动体和滚道分隔开。滚动体与滚道的接触面积很小，所以需要的润滑剂也很少。

滚动轴承可以用润滑脂或润滑油润滑。在速度较低时，用脂润滑比用润滑油温升低；速度较高时，用油润滑较好。

1）脂润滑

脂润滑使用方便，不需要供油管路和系统，没有漏油问题。如果转速不太高（数值可查轴承样本），滚动轴承应尽量采用脂润滑，特别是立式主轴或装在套筒内可以伸缩的主轴（如钻床、坐标镗床、加工中心等的主轴）。

润滑脂使用期限长，如果转速不超过极限值，一次充填可使用 2000 h 以上。只要密封良好，不让灰尘、油污进入轴承，一次充填可一直用到大修时才更换，中间不需填充。

润滑脂填充量不宜过多，尤其不能填满轴承的空间，否则将引起过多的发热，并有可能使脂熔化流出。

速度高些的主轴可用 2 号精密机床主轴脂（SY1417-80），有振动的地方可用 3 号精密机床主轴脂。

2）油润滑

润滑滚动轴承所需油量很少，每分钟 1～5 滴。若油量增大，则由于搅拌作用会使温度升高。油量增加过大，则冷却作用为主，温度会下降，但能耗却加大了。常用油的黏度为压缩 12～30 mm^2/s（40℃时）。

高速主轴（如角接触球轴承 $d_m n \geqslant 106$ mm · r/min），发热较多。为控制其温升，希望润滑时兼起冷却的作用。采取油润滑，用空气冷却的方法，常用油雾和油气润滑。

2. 密封

主轴组件密封主要是防止油外漏和尘埃、屑末等进入。脂润滑的主轴组件多用不接触的曲路（迷宫）密封。油润滑的主轴组件的密封见图 4.25。螺母 2 的外圈有锯齿形环槽，锯齿方向应逆着油流的方向。主轴旋转时将油甩向压盖内的空储，经回油孔流回油箱。回油孔直径尽量大些，使回油畅通。

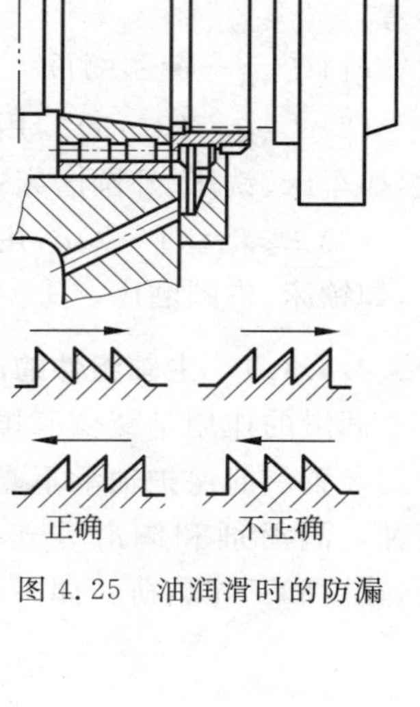

图 4.25 油润滑时的防漏

4.4.2 支承件设计

4.4.2.1 概述

1. 支承件的功用

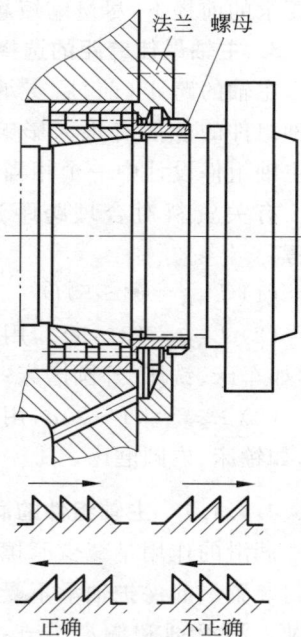

支承件是机床的基本构件，主要是指床身底座、立柱、横梁、工作台、箱体和升降台等大件。这些大件的作用是支承其他零部件，保证它们之间正确的相互位置关系和相对运动

轨迹。机床切削时,支承件承受着一定的重力、切削力、摩擦力、夹紧力等。

机床中的支承件有的互相固联在一起,有的在导轨上作相对运动。导轨常与支承件做成一体,也有采用装配、镶嵌或粘接方法与支承件相连接。

支承件受力受热后的变形和振动将直接影响机床的加工精度和表面质量。因此,正确设计支承件结构、尺寸及布局具有十分重要的意义。

2. 支承件的基本要求

1) 刚度

所谓刚度是指支承件在恒定载荷或交变载荷作用下抵抗变形的能力。前者称为静刚度,后者称为动刚度。一般所说的刚度往往指静刚度。支承件要有足够大的刚度,即在额定载荷作用下,变形不得超过允许值。

2) 抗振性

抗振性是指支承件抵抗受迫振动和自激振动的能力。抵抗受迫振动的能力是指受迫振动的振幅不超过许用值,即要求有足够的静刚度。抵抗自激振动的能力是指在给定的切削条件下,能保证切削的稳定性。

3) 热变形

机床工作时,电动机、传动系统的机械摩擦及切削过程等都会发热,机床周围环境温度的变化也会引起支承件温度变化,产生热变形,从而影响机床的工作精度和几何精度,这一点对精密机床尤为重要。因此应对支承件的热变形及热应力加以控制。

4) 内应力

支承件在铸造、焊接及粗加工的过程中,材料内部会产生内应力,导致变形。在使用中,由于内应力的重新分布和逐渐消失会使变形增大,超出许用的误差范围。支承件的设计应从结构上和材料上保证其内应力要小,并应在焊、铸等工序后进行失效处理。

5) 其他

支承件还应使排屑通畅,操作方便,吊运安全,加工及装配工艺性好等。

支承件的性能对整台机床的性能影响很大,其重量约为机床总重的 80%以上,所以应正确地对支承件进行结构设计,并对主要支承件进行必要的验证和试验,使其能够满足对它的基本要求,并在此前提下减轻重量,节省材料。

3. 支承件的静力分析

为了保证支承件具有足够的刚度,必须进行受力分析,从而有效地进行结构设计,保证机床的加工精度及质量要求。

4.4.2.2 支承件的静刚度与结构设计

1. 支承件的静刚度

支承件的变形一般包括三部分:自身变形、局部变形和接触变形。对于床身,载荷是通过导轨面施加到床身上的。变形应包括床身自身的变形、导轨的局部变形以及导轨表面的接触变形。局部变形和接触变形不可忽略,有时甚至占主导地位。例如床身,如果结构设计不合理,导轨部分过于薄弱,导轨处的局部变形就会相当大。又如车床刀架和铣床的升降台,由于层次很多,连接变形就可能占相当大的比重。设计时,必须注意这 3 类变形的匹配,针对其薄弱环节,加强刚度。

1）提高支承件自身刚度

支承件抵抗自身变形的能力称为支承件的自身刚度，它主要决定于支承件的材料、形状、尺寸和筋板的布置等。在进行支承件设计时，应从以下几方面考虑提高支承件的自身刚度。

（1）正确选择支承件的截面和尺寸

支承件所受的载荷，主要有拉压、弯曲和扭转。其中弯曲和扭转是主要的载荷。因此，支承件的自身刚度，应主要考虑弯曲刚度和扭转刚度。在其他条件相同时，抗弯、抗扭刚度与截面惯性矩有关。对于同一材料，截面积相当而形状不同时，截面惯性矩相差很大，合理选择截面可提高支承件自身刚度。

对于截面积为 100 cm^2 的各种横截面的支承件，其抗弯、抗扭惯性矩如表 4.6 所示。表中列出了各种截面惯性矩的绝对值与相对值，相对值是以 1 号的惯性矩为 1，与其他截面惯性矩相比较得到的数值。从表中可看出以下几点。

表 4.6　截面形状与抗扭惯性矩关系

序号	截面形状/mm	惯性矩计算值 惯性矩相对值		序号	截面形状/mm	惯性矩计算值 惯性矩相对值	
		抗弯	抗扭			抗弯	抗扭
1	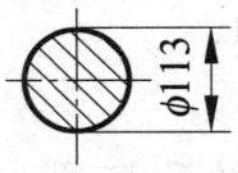	$\frac{800}{1.0}$	$\frac{1600}{1.0}$	6	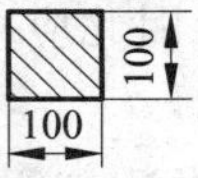	$\frac{833}{1.04}$	$\frac{1400}{0.88}$
2		$\frac{2412}{3.02}$	$\frac{4824}{3.02}$	7	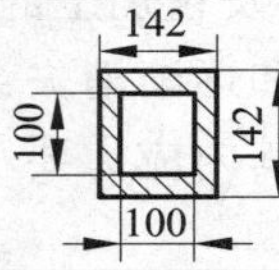	$\frac{2555}{3.19}$	$\frac{2040}{1.27}$
3	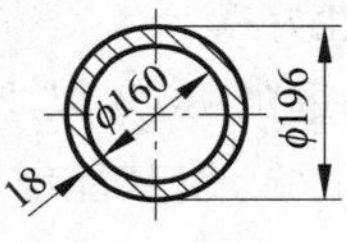	$\frac{4030}{5.04}$	$\frac{8060}{5.04}$	8	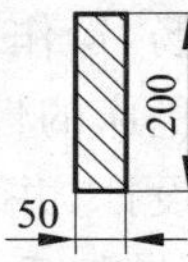	$\frac{3333}{4.17}$	$\frac{680}{0.43}$
4	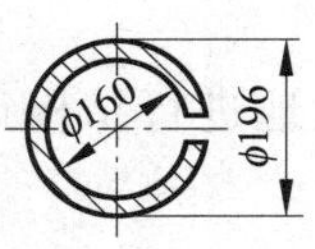		$\frac{108}{0.07}$	9	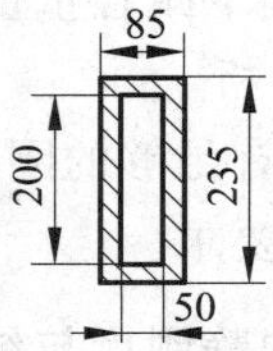	$\frac{5860}{7.33}$	$\frac{1316}{0.82}$
5	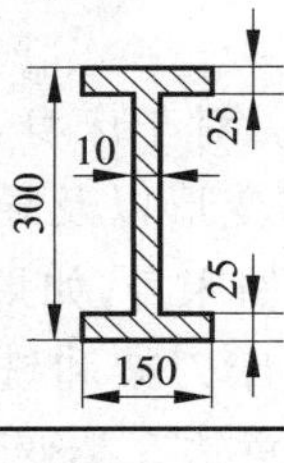	$\frac{15\,521}{19.4}$	$\frac{134}{0.09}$	10	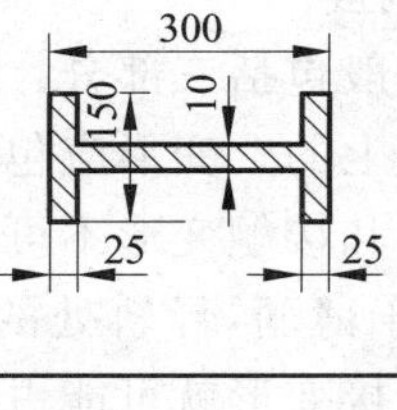	$\frac{2720}{3.4}$	

① 空心截面的惯性矩比实心的大。加大轮廓尺寸，减小壁厚，可大大提高刚度。因此，在工艺可能的条件下应尽量减薄壁厚。一般不用增加壁厚的办法来提高自身刚度。

② 方形截面的抗弯刚度比圆形的大，而抗扭刚度较低(表中6与1比较)。若支承件所承受的主要是弯矩，则应取方形或矩形为好。环形的抗扭刚度比方形、方框形与长框形的大，而抗弯刚度小于后者。工字形截面梁的抗弯刚度最好，长框形次之，实心圆最弱。故以承受一个方向的弯矩为主的支承件，截面形状常取为矩形。

③ 不封闭的截面比封闭的截面刚度低得多，特别是抗扭刚度下降更多。在可能条件下，尽量设计成封闭的截面形状。但是，有时为了排屑和在床身内安装一些机构等，很难做到四面封闭，如普通车床的床身。

(2) 合理布置隔板

隔板的作用是将作用于支承件的局部载荷传递给其他壁板，从而使整个支承件承受载荷，提高支承件的自身刚度。例如中小型卧式车床的床身的几种横隔板布置如图4.26所示。为了便于排屑，床身一般由前壁、后壁、隔板所组成。

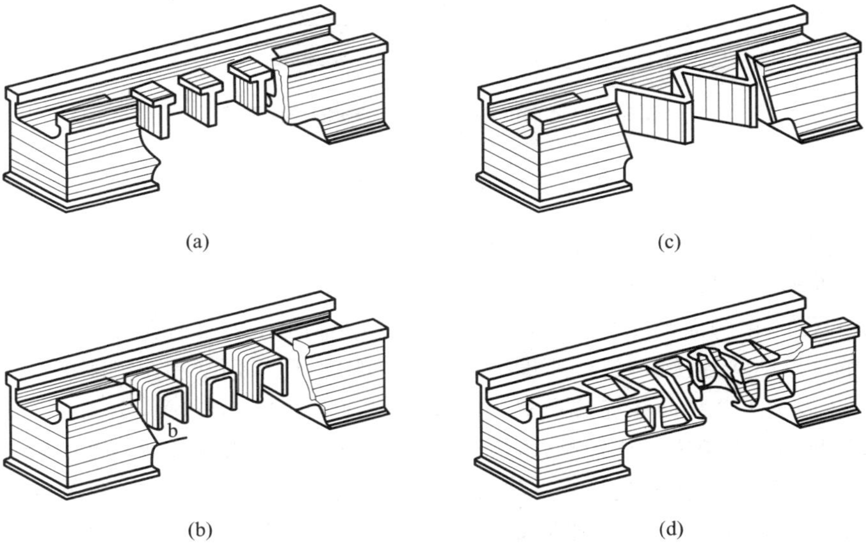

图4.26 中小型车床床身的几种横隔板布置

图4.26(a)所示为床身前后壁用T形隔板连接，主要提高水平面抗弯刚度，对提高垂直面抗弯刚度和抗扭刚度不显著，多用在刚度要求不高的床身上。但这种床身结构简单，铸造工艺性好。

图4.26(b)为Ⅱ形隔板，Ⅱ形架具有一定的宽度 b 和高度 h，在垂直面和水平面上的抗弯刚度都比较高，铸造性能也很好，在大中型车床上应用较多。

图4.26(c)为W形隔板，能较大地提高水平面上的抗弯抗扭刚度，对中心距超过1500 mm的长床身，效果最为显著。

图4.26(d)所示床身的刚度最高，排屑容易。

(3) 合理开窗和加盖

为了安装机件或清砂，支承件壁上往往需要开窗孔，窗孔对刚度的影响决定于它的大小和位置。影响抗弯刚度最大的，是将窗孔开在弯曲平面垂直的壁上。因开窗孔后将减少壁上受拉、受压的面积。对于抗扭刚度，在较窄壁上开窗孔要比在较宽壁上开窗孔影响要大。

对矩形截面的立柱，窗孔的宽度不要超过立柱空腔宽度的70%，高度不超过空腔宽的1～1.2倍。

若开窗后加盖并拧紧螺钉，可将抗弯刚度恢复到接近未开孔时的程度，用嵌入盖比面覆盖要好。由图4.27可以看出，开孔对刚度影响较大，加盖后可恢复到原来的35%～41%。

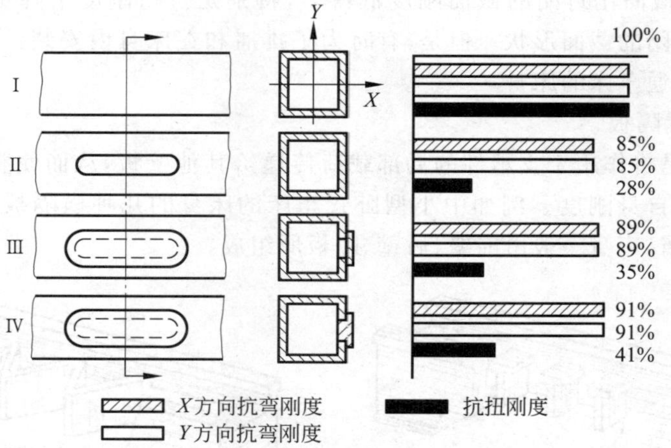

图4.27 开孔和加盖对刚度的影响

2）提高支承件连接刚度和局部刚度

支承件在连接处抵抗变形的能力，称为支承件的连接刚度。连接刚度与连接处的材料、几何形状与尺寸、接触面硬度及表面粗糙度、几何精度和加工方法有关。

若支承件以凸缘连接时，连接刚度决定于螺钉刚度、凸缘刚度和接触刚度。

图4.28表示了3种凸缘连接形式，连接刚度与凸缘的结构有关，图4.28(a)的刚度较低，图4.28(b)的刚度较高，图4.28(c)最高。图4.29表示凸缘设计对高度的影响。由于紧固螺栓的分布不同和加强筋数目不一样，使得刚度的差别很大。在立柱两侧壁上用2个、4个和6个加强筋加固凸缘，抗弯刚度和扭转刚度一个比一个高。将12个紧固螺栓配置在凸缘两侧不如在3边均布10个好。增加凸缘厚度可以提高惯性矩，但因螺栓增长，变形量增加，反而降低接触刚度，所以凸缘厚度不宜过大。

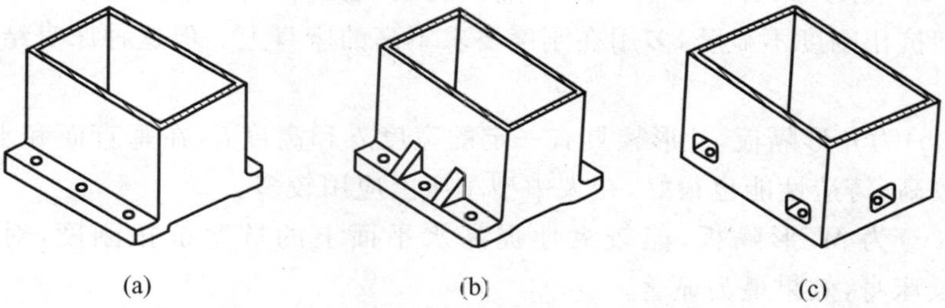

图4.28 凸缘连接形式

支承件抵抗局部变形的能力，称为支承件局部刚度。这种变形主要发生在载荷较集中的局部结构处，它与局部变形处的结构和尺寸等有关。例如车床床身与导轨相联结的结构形式对局部刚度影响很大。若将车床床身设计成图4.30(a)的结构形状，则在载荷 F 的作

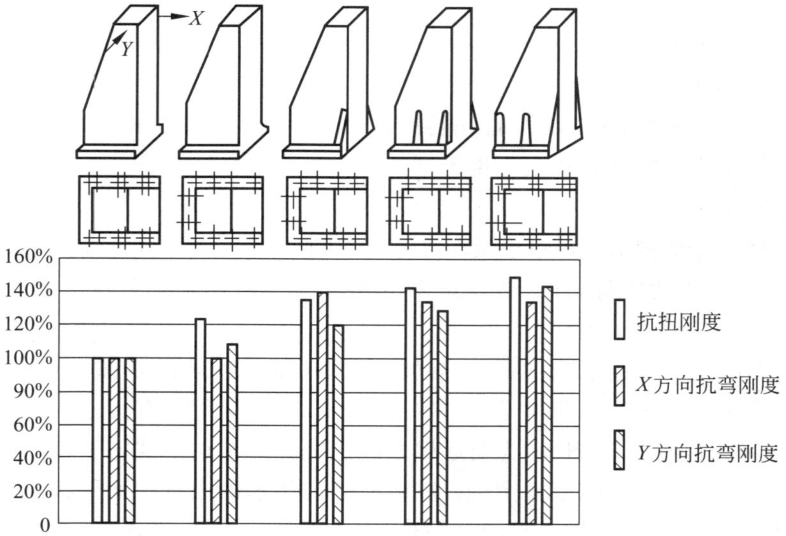

图 4.29 凸缘设计对刚度的影响

用下，导轨处易发生局部变形。如使导轨与壁板基本对称，适当加厚过渡壁并加筋（图 4.30（b）），导轨处的局部刚度可得到显著的提高。

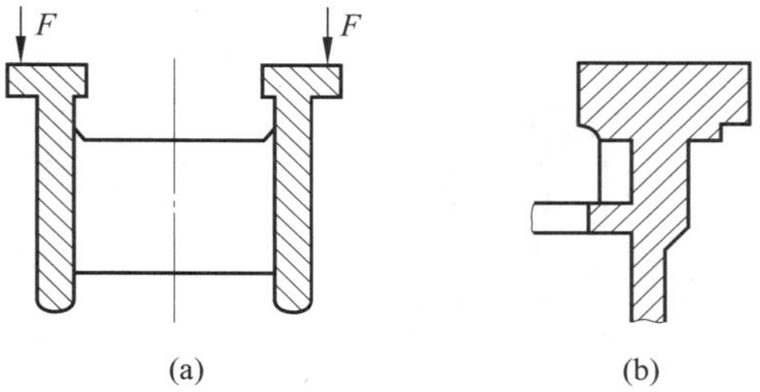

图 4.30 床身与导轨的过渡壁和筋

合理设置加强筋是提高局部刚度的有效途径。图 4.31 示出 4 种加强筋结构。图 4.31(a) 是用加强筋来提高轴承座处的局部刚度；图 4.31(b)、(c)、(d)是当壁板面积大于 400 mm×400 mm 时，为避免薄壁振动而在壁板内表面加的筋条，其作用在于提高壁板的抗弯刚度。立柱内的环形筋条，主要用来抵抗截面形状的畸变，筋条的高度可取为壁厚的 4～5 倍，厚度

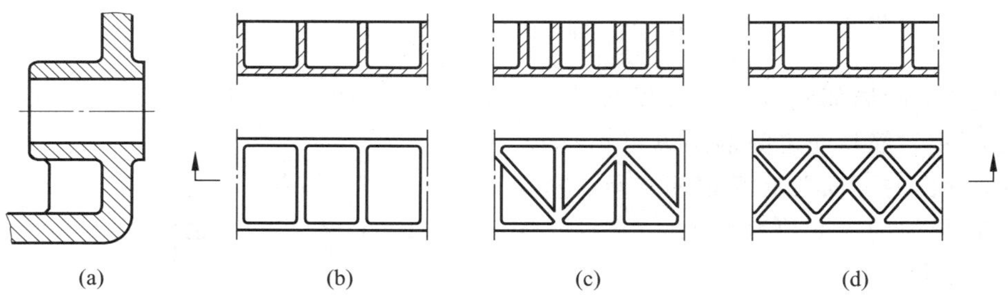

图 4.31 加强筋的布置

与壁厚之比为 0.8～1。

2. 支承件的结构设计

1）支承件形状和尺寸的确定

确定支承件的结构形状和尺寸，首先要满足工作性能的要求。由于各类机床的性能、用途、规格的不同，支承件的形状和大小也不同。

（1）卧式床身

卧式床身有 3 种结构形式：中小型车床床身，由两端的床腿支承；大型卧式车床、镗床、龙门刨床、龙门铣床等的床身，直接落地安装在基础上；有些仿形和数控车床，则是采用框架式床身。

床身截面形状主要取决于刚度要求、导轨位置、内部需安装的零部件和排屑等，卧式床身的基本截面形状见图 4.32。其中图 4.32(a)、(b)、(c)主要用于有大量切屑和冷却液排出的机床，如车床和六角车床。图(a)为前后壁之间加隔板的结构形式，用于中小型车床，刚度较低。图(b)为双重壁结构，刚度比图(a)高些。图(c)所示的床身截面形状是通过后壁的孔排屑，这样床身的主要部分可做成封闭的箱形，刚度较高。图 4.32(d)、(e)、(f)三种截面形式，可用于无排屑要求的床身。图(d)主要用于中小型工作台不升降式铣床、龙门刨床、插床和镗床的床身。为了便于冷却液和润滑液的流动，顶面要有一定的斜度。图(e)床身内部可安装尺寸较大的机构。也可兼作油箱，但切屑不允许落入床身内部。这种截面的床身，因前后壁之间无隔板连接，刚度较低，常作为轻载机床的床身，如磨床。图(f)是重型机床的床身，导轨可多达 4～5 个。

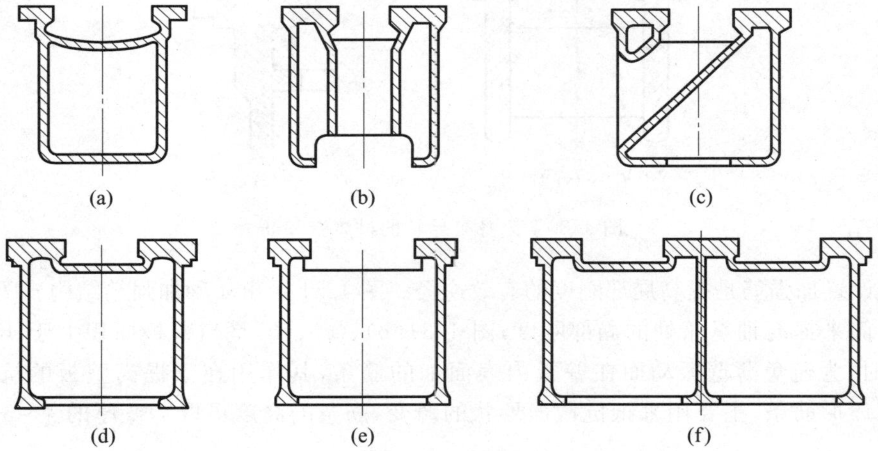

图 4.32　卧式床身的基本截面形状

导轨部分的局部刚度与过渡壁关系很大，可适当加厚过渡壁并加筋来提高刚度，如图 4.33 所示。筋与筋之间的距离可小一些，使导轨上移动部件的下面总有几根筋支承。从保证刚度要求看，导轨的厚度约为宽度的 1/3。

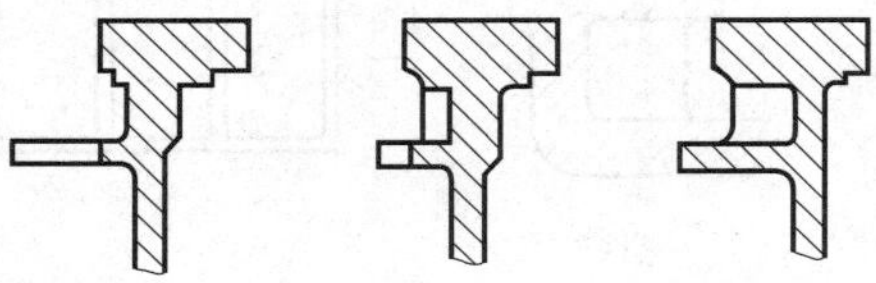

图 4.33　过渡壁

（2）立柱

立柱可看作立式床身，其截面有圆形、方形和矩形,见图 4.34。立柱所承受的载荷有两类:一类是承受弯曲载荷,载荷作用于立柱的对称面,如立式钻床的立柱;另一类是承受弯曲和扭转载荷,如铣床、镗床的立柱。

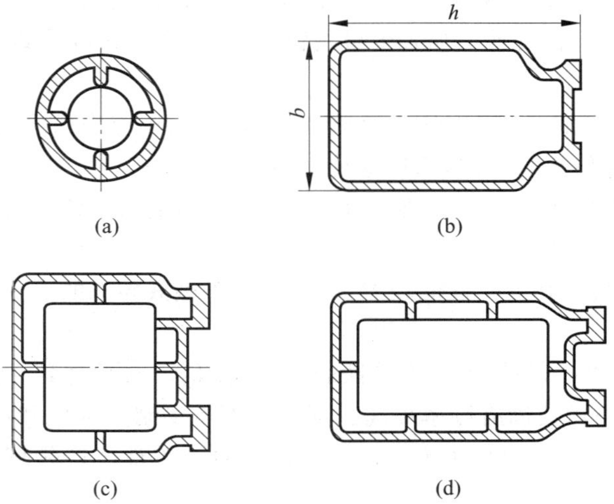

图 4.34 立柱的截面形状

立柱的截面形状主要由刚度决定。图 4.34(a)为圆形截面,抗弯刚度较差,主要用于运动部件绕其轴心旋转以及载荷不大的场合,如摇臂钻床、小型立钻和台式钻床的立柱。图 4.34(b)为对称矩形截面,用于以弯曲载荷为主,载荷作用于立柱对称面且较大的场合,如大中型立式钻床、组合机床等。轮廓尺寸比例一般为 $h/b=2\sim3$。图 4.34(c)为对称方形截面,用于受有两个方向的弯曲和扭转载荷的立柱。截面尺寸比例 $h/b\approx1$,两个方向的抗弯刚度基本相同,抗扭刚度也较高。这种床身多用于镗床、铣床、滚齿机等的立柱。图 4.34(d)用于龙门框架式立柱。对于立式车床的轮廓比例为 $h/b=3\sim4$,龙门刨床和龙门铣床的轮廓比例为 $h/b=2\sim3$。

(3) 横梁和底座

横梁用于龙门式框架机床上,作受力分析时,可以看作两支点的简支梁。横梁工作时承受复杂的空间载荷。横梁的自重为均布载荷,主轴箱或刀架的自重为集中载荷,而切削力为大小、方向可变的外载荷,这些载荷使横梁产生弯曲和扭转变形。因此横梁的刚度,尤其是垂直于工件方向的刚度,对机床性能影响很大。横梁的横截面一般做成封闭形。龙门刨床和龙门铣床横梁的中央截面高与宽基本相等,即 $H/b\approx1$。对于双柱立式车床,由于花盘直径较大,刀架较重,故用 H 较大的封闭截面来提高垂直面内的抗弯刚度,$H/b\approx1.5\sim2.2$。横梁的纵向截面形状可根据横梁在立柱上的夹紧方式确定,若横梁在立柱的主导轨上夹紧,其中间部分可用变截面形状,若在立柱的辅助导轨上夹紧,可用等截面形状。

底座是某些机床不可缺少的支承件。如摇臂钻床、立钻等,为了固定立柱,必须用底座与立柱连接。底座要有足够的刚度,地脚螺钉孔处也应有足够的局部刚度。

2) 支承件材料的选择及时效处理

支承件的材料,主要为铸铁和钢。若导轨与支承件做成一体时,材料选择主要根据导轨要求确定。当导轨镶嵌在支承件上,材料按各自要求选择。当采用滑动导轨时,对材料要求较高;若采用静压导轨时,则对材料要求稍低。

(1) 铸铁

一般支承件用灰铸铁制成。铸铁铸造性能较好,容易获得复杂结构的支承件,铸铁的内摩擦力大,阻尼系数大,振动的衰减性能好,成本低。铸件的周期较长,需做木型模,有时易产生缩孔、气泡等缺陷。在铸铁中加入少量的镍、铬等合金元素可提高耐磨性。常用下列牌号的铸铁作支承件。

HT200 又称为Ⅰ级铸铁,用于外形简单和弯曲应力、压应力较大的支承件。当支承件与导轨做成一体,而导轨要淬硬时,采用这种材料较好。

HT150 又称为Ⅱ级铸铁,铸造性能好而力学性能差,适用于精密机床、形状复杂及载荷不大的座身,底座也多采用Ⅱ级铸铁。

HT100 为Ⅲ级铸铁,其力学性能较差,一般多用于镶嵌导轨的支承件。

(2) 钢

钢材的强度比铸铁高,弹性模量为铸铁的 1.5～2 倍。支承件若用钢材焊接而成,质量可减轻 20%～50%,且可使固有频率提高。焊接件不需要制造木模和浇铸,生产周期短,又不易出现废品。对于大型和重型机床,自制设备等小件、单件生产领域里,钢板焊接结构的支承件得到了广泛的应用。

除上述两种材料外,近年来预应力钢筋混凝土支承件有了相当发展。这种材料的阻尼大,刚度也较高,国内外均有应用。

(3) 时效处理

在铸造及焊接后因冷却收缩而产生内应力,且很不均匀。机床制成后由于内应力的重新分布和逐渐消失,使支承件产生变形,影响机床精度。因此,必须进行时效处理。时效处理方法有 3 种: 自然时效、人工时效和振动时效。

自然时效是将铸铁毛坯或粗加工后的半成品在露天存放 3 个月到几年,逐渐消除其内应力,使内部材料性能逐渐趋于稳定,然后进行加工。

人工时效又称焖火,是将工件放在 200℃以下的退火炉中,以不超过 80℃/h 的速度加温到 500～550℃,经 6～8 h 保温,使内应力消除,然后以不超过 40℃/h 的速度缓慢地冷却,以免产生新的内应力,冷却到 400℃以下方可从炉中取出。

振动时效是近几年发展起来的时效方法,它是将零件放在两个弹性支座上,激振器装在零件的中部。将激振器的激振频率调到等于零件一次弯曲振动的固有频率,使零件发生共振,其弯曲应力加上内应力将有一部分超过材料的屈服极限,使材料产生塑性变形而消除内应力。目前多用在梁类零件,如床身、横梁等。

3. 支承件的结构工艺性

在设计支承件时,要注意结构的工艺性。所谓结构工艺性是指支承件的构造在满足工作性能的同时,在工艺上要便于铸造、焊接和机械加工。

铸造工艺中提到的多种要求: 铸件形状简单,拔模容易,壁厚要均匀,拐角处要采取圆滑过渡,要有足够大的清砂口,加工平面应尽可能在一个平面内以便于加工等,这些都应设法满足。对于焊接件,在能充分发挥壁和筋板的承载及抵抗变形的作用下,应使所需的焊接和钳工的工时尽量少。焊接时要尽量设法减少焊接变形,尽可能使操纵者使用平焊或角焊而不使用仰焊。

4.4.3 机床导轨的设计

4.4.3.1 概述

1. 导轨的功用和分类

机床上两相对运动部件的配合面组成一对导轨副，不动的配合面为支承导轨，运动的配合面为动导轨。导轨副的主要功用是导向和承载，为此，导轨副只许具有一个自由度。导轨副的导向原理如图4.35所示。

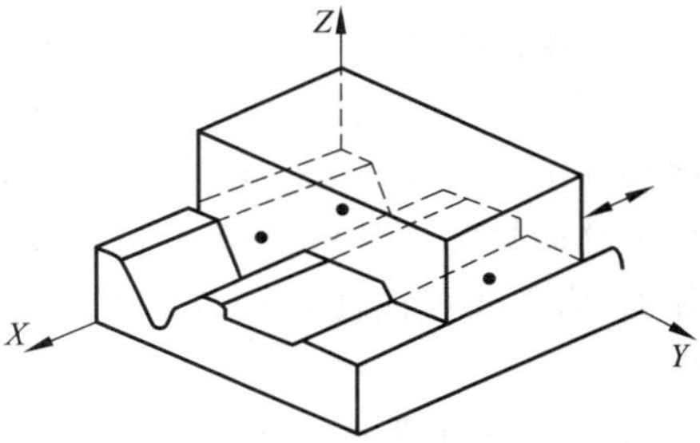

图4.35 导向原理

导轨副按下列性质分类。

1）运动轨迹

（1）直线运动导轨：导轨副的相对运动轨迹为一直线，如普通车床的溜板和床身导轨。

（2）圆周运动导轨：导轨副的相对运动轨迹为一圆，如立式车床的花盘和底座导轨。

2）摩擦性质

（1）滑动导轨中有静压导轨、动压导轨和普通滑动导轨，它们的共同特点是导轨副工作面之间的摩擦性质为滑动摩擦。

（2）滚动摩擦导轨副工作面之间装有滚动体，使两导轨面之间为滚动摩擦。

3）工作性质

（1）主运动导轨：动导轨作主运动，导轨副间的相对运动速度高。

（2）进给运动导轨：动导轨作进给运动，导轨副之间的相对运动速度低。

（3）移置导轨：实现部件之间的相对位置调整，在机床工作时无相对运动。

（4）卸荷导轨：采用机械、液压或气压办法减轻支承导轨的负荷，降低静、动摩擦系数，以提高导轨的耐磨性、低速平稳性和运动精度。

2. 导轨应满足的基本要求

1）导向精度

导向精度主要是指动导轨运动轨迹的精确度。影响导向精度的主要因素有：导轨的几何精度和接触精度、导轨的结构形式、导轨及其支承件的刚度和热变形、静（动）压导轨副之间的油膜厚度及其刚度等。

2）精度保持性

精度保持性主要由导轨的耐磨性决定。耐磨性与导轨的材料、导轨副的摩擦性质、导轨上的压强及其分布规律等因素有关。

3）刚度

刚度包括导轨的自身刚度和接触刚度。导轨的刚度不足会影响部件之间的相对位置和导向精度。导轨刚度主要取决于导轨的形式、尺寸、与支承件的连接方式及受力状况等因素。

4）低速运动平稳性

动导轨作低速运动或微量位移时易产生摩擦自激振动，即爬行现象。爬行会降低定位精度或增大被加工工件表面的粗糙度的值。

3. 导轨的主要失效形式

1）磨损

（1）磨粒磨损。这里的磨粒是指导轨面间存在的坚硬微粒，可能是落入导轨副间的切屑微粒或是润滑油带进的硬颗粒；也可能是导轨面上的硬点或导轨本身磨损所产生的微粒。这些磨粒起着切刮导轨面的作用。磨粒磨损速度和磨损量与相对滑动速度和压强成正比。磨粒磨损是难以避免的，只能尽量设法减少。

（2）咬合磨损。咬合磨损是指相对滑动的两个表面互相咬啮，所产生的咬裂痕迹叫擦伤，严重的咬合磨损将使两个导轨面无法运动。对于咬合磨损的产生机理有不同解释，目前较多倾向的一种结论是：导轨面覆盖着氧化膜及气体或液体的吸附膜，当导轨局部压强或剪力过高而排除这些薄膜时，裸露的金属表面因分子力作用而吸附在一起，导致冷焊现象。实际上，磨粒磨损往往是咬合磨损的原因，咬合磨损又加剧磨粒磨损，应预防咬合磨损的发生。

2）疲劳和压溃

滚动导轨失效的主要原因是表面疲劳和压溃。表面疲劳是因为表层受接触应力而产生弹性变形，脱离接触时则弹性恢复，这种过程达到一定循环次数后，表层形成龟裂而产生剥落片。压溃是由于接触应力过大而使表层产生塑性变形而形成坑。疲劳磨损是难以避免的，而压溃是不允许发生的，因此，应控制接触压强，提高导轨面硬度和减小表面粗糙度值。

4. 导轨的材料及其特点

根据摩擦学的理论，不同材料所组成的运动副的磨损比相同材料的要小，因此常用下列材料组合。

1）铸铁-铸铁

动导轨常用灰铸铁，其硬度应符合 JB 2278—1978 的规定。支承导轨采用孕育铸铁、高磷铸铁（含磷量高于 0.4%～0.6%）和合金铸铁（磷铜钛铸铁、钒钛铸铁等），其耐磨性比普通铸铁高 2～4 倍。一般用于较精密机床上。

2）铸铁-淬硬铸铁

动导轨用普通灰铸铁，并经刮配加工。支承导轨常用 HT200 铸铁并进行表面淬火提高其硬度及耐磨性。试验表明，导轨面硬度在 160 HB 以下时磨损较快；当硬度为 180～260 HB 时，抗咬合磨损性能好；硬度在 260 HB 以上时，反而使导轨磨损加快。一般说来，动导轨的硬度比支承导轨硬度低 15～45 HB 为宜。导轨表面淬火常用感应淬火、接触电阻淬火和火焰淬火等。

3）铸铁-淬硬钢板

动导轨用铸铁。支承导轨为淬硬钢导轨，分段镶装在铸铁床身上，所用材料是碳素钢（T10A，T8A 等）或合金钢（40Cr，CrWMn 等）。镶装时导轨面上不允许钻孔，以免积存脏物导致工作表面磨损加快。

4）塑料-铸铁

在动导轨上粘贴聚四氟乙烯塑料软带，它是以聚四氟乙烯为基体，添加耐磨材料（铜粉）构成的高分子复合材料。它与铸铁导轨组成摩擦副时，摩擦系数仅为 0.02～0.03，是铸铁-铸铁副的 1/3 左右；且动静摩擦系数相近，所以具有良好的防爬性能；耐磨性可提高 1～2 倍。与塑料软带配对的金属导轨，硬度在 160 HB 以上，表面粗糙度 Ra 0.6 μm。这种导轨目前除用在数控机床上外，还用在精密机床、组合机床甚至重型机床上。

5）有色金属-铸铁

在动导轨基体上镶装有色金属板，主要有 ZQSn6-6-3、ZQAL-9-2 等，多用于重型机床导轨上（例如龙门刨床工作台主运动导轨），用以防止撕伤、降低磨损、保证运动平稳性和提高移动精度。

4.4.3.2 普通滑动导轨

1. 直线运动导轨

导轨面由若干个平面组成，从制造、装配和检验来说，平面数量应尽可能少。直线运动导轨的基本截面形状见图 4.36。

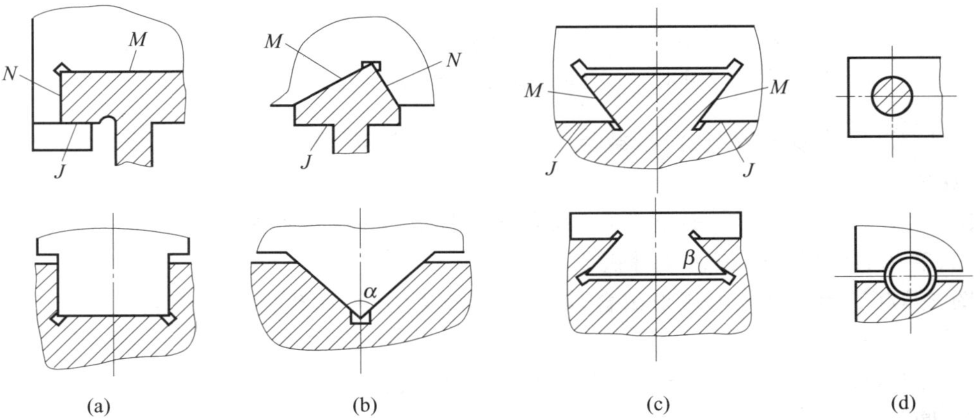

图 4.36 直线运动导轨的基本截面形状

（a）矩形；（b）三角形；（c）燕尾形；（d）圆柱形

图 4.36(a)是矩形导轨，具有刚度高，承载能力大，制造、检验和维修方便。但是导轨不可避免地存在侧面间隙，因而导向精度较差。

图 4.36(b)是三角形导轨，导向性能与顶角 α 有关，α 越小导向性越好，但 α 减小时导轨面当量摩擦系数加大；α 角加大承载能力增加。当其水平布置时，导轨磨损后可自动补偿。支承导轨为凸三角形时，不易积存较大切屑，也不易存润滑油。支承导轨为凹三角形时，导轨副易产生动压效应，但防尘性差。此外，当 M 面和 N 面上的负荷相差较大时，可制成不对称的三角形导轨。

图 4.36(c)是燕尾形导轨，是三角形导轨的变形。其高度较小，可承受颠覆力矩；但刚度差，制造、检验和维修都不方便。底角通常取为 55°，用一根镶条可同时调整 M、J 两个方向间隙。

图 4.36(d)是圆柱形导轨，易制造，不易积存较大切屑和润滑油，磨损后难以调整和补偿间隙，主要用于受轴向载荷的场合。

上述 4 种截面的导轨尺寸已经标准化，可参考有关机床标准。常用的组合形式如图 4.37 所示。

图 4.37(a)为双三角形组合，导向精度高，磨损后相对位置不变，要求四个表面在刮（磨）削后同时接触。常用于龙门刨床、丝杠车床等。

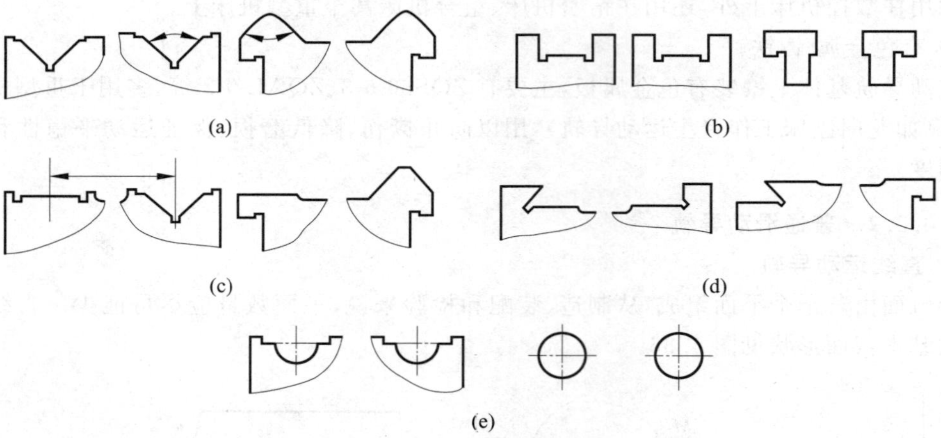

图 4.37 直线运动滑动导轨常用组合形式

图 4.37(b)为双矩形组合，承载能力大，刚度高，制造、调整简单。常用于数控机床、拉床、镗床等。

图 4.37(c)为三角形和矩形组合，兼有导向性好、制造方便等优点，应用最广泛。常用于车床、磨床、精密镗床、滚齿机等机床上。

图 4.37(d)为矩形与燕尾形组合，兼有承受较大力矩，调整方便等优点。常用于横梁和立柱上。

图 4.37(e)为双圆柱导轨组合，常用于拉床、机械手等。

2. 圆周运动导轨

常用的圆周运动导轨的截面形状见图 4.38。

图 4.38(a)是平面圆环导轨。它承载能力大，制造方便，只能承受轴向载荷，需与主轴联用，由主轴来承受径向载荷。多用于立式车床、圆工作台磨床等。

图 4.38(b)是锥面圆环导轨。其母线倾角常取 30°，导向性比平面导轨好，可承受轴向和径向载荷，但是较难保持锥面和轴心线的同轴度。

图 4.38(c)是 V 形圆环导轨。它可承受较大轴向力、径向力和颠覆力矩，较难保证锥面和轴心线的同轴度。一般采用非对称形状，当床身与工作台热变形不同时，两导轨面将不同时接触。常用于立式车床的花盘导轨。

3. 导轨的间隙调整及导向面的选择

导轨面之间的间隙过小会导致磨损加剧，间隙过大会使导向精度下降及产生振动。因此须有合理间隙。常用的间隙调整方法如下。

1) 压板调整

压板用螺钉固定在动导轨上，见图 4.39。图 4.39(a)中，间隙过大时刮研或修磨 d 面，间隙过小则刮(磨)e 面。图 4.39(b)中，在压

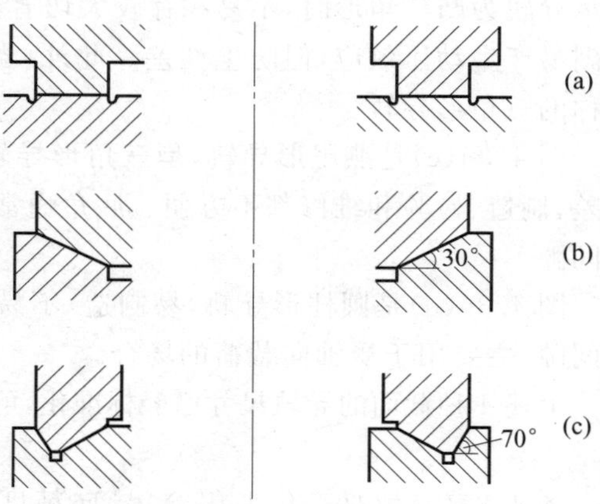

图 4.38 圆周运动导轨截面

板与导轨之间用镶条 5 和螺钉 6 调整间隙，但结构复杂，刚度低。图 4.39(c)是用改变垫片 4 的厚度的方法调整间隙量。

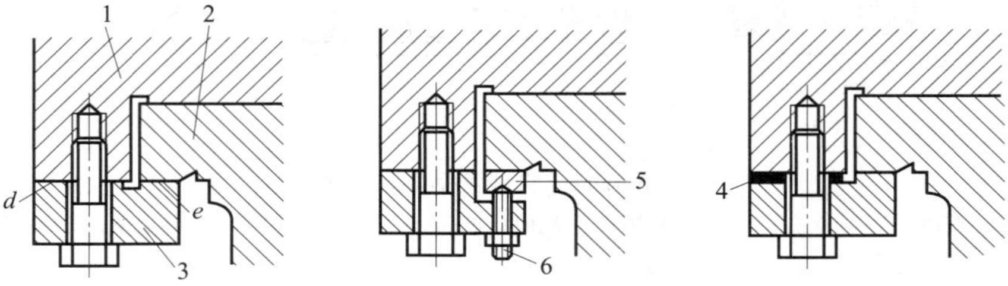

图 4.39 压板结构

1—动导轨；2—支承导轨；3—压板；4—垫片；5—镶条；6—螺钉

2）镶条调整

镶条应放在导轨受力较小的一侧。常用平镶条或斜镶条两种。

平镶条较薄，在螺钉的着力点有挠曲变形，刚度较低靠调整螺钉调整平镶条的位置，用螺母锁紧，常用的斜镶条，斜度为 1∶100～1∶40，镶条越长，斜度应越小。镶条两个面分别与动导轨和支承导轨均匀接触，用螺钉 4、5 调整镶条位置，并防止镶条在摩擦力的作用下沿运动方向窜动。

镶条的安放位置与导轨导向侧面的选择有关。图 4.40 所示调整镶条的位置，导向面在同一导轨副上，距离为 a，称窄导向；把镶条放在右导轨右侧，导向面距离为 b，称宽导向。由于窄导向对制造、检验和维修均有利，热变形对间隙影响也小，可用较小的间隙来提高导向精度。而用宽导向，当运动部件本身变形较大时，压强不均匀，间隙保持性也不如窄导向。

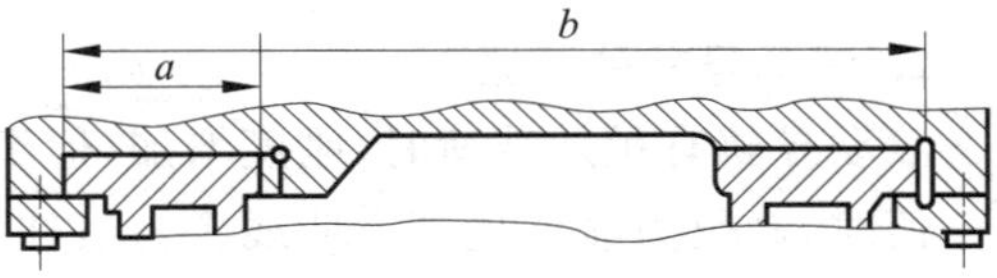

图 4.40 导向方式

4.4.3.3 滚动导轨

滚动导轨的摩擦系数小，动、静摩擦系数很接近，不易产生爬行，可以用油脂润滑。滚动导轨的抗振性差，对污染敏感，须有防护。

1. 滚动导轨的结构形式

1）直线滚动导轨副

直线滚动导轨副的工作原理见图 4.41(a)。图中导轨条 7 是支承导轨，滑块 5 装在移动件上，滑块 5 中装有 4 组滚珠，在导轨条和滑块的直线滚道内滚动。当滚珠 1 滚到滑块的端点(图 4.41(b))，经端面挡板 4 和回珠孔 2 返回另一端，再次进入循环。4 组滚珠和各自的滚道相当于 4 个直线运动角接触球轴承。由于滚道的曲率半径略大于滚珠半径，在载荷作用下接触区为椭圆(图 4.41(c))。可以从油嘴 6 注入润滑脂，密封垫 3 和 8 用来防止灰尘进入轨道。

2）滚动导轨块

图 4.42 是滚动导轨块结构。导轨块 2 用螺钉 1 固定在动导轨体 3 上，滚子 4 在导轨块

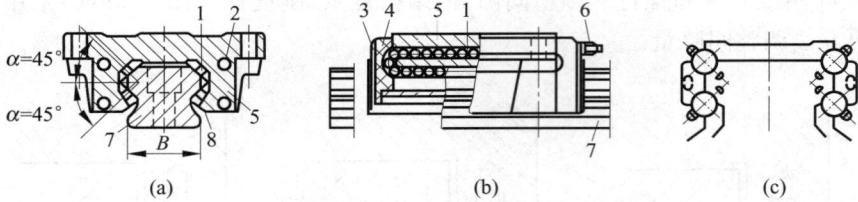

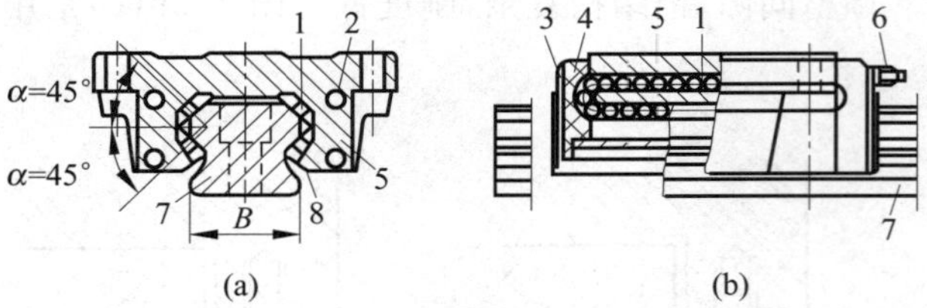

图 4.41 直线滚动导轨副

1—滚珠；2—回珠孔；3,8—密封垫；4—端面挡板；5—滑块；6—油嘴；7—导轨条；8—油嘴

2 与支承 5 之间滚动，并经挡板 6 和 7 及上面的返回槽作循环运动。滚动导轨块用滚子作为滚动体，承载能力和刚度都比直线滚动导轨副高，但摩擦系数略大。应用较多的滚动导轨块有 HJG-K 和 6192 型两种系列，由专业厂生产。支承导轨采用镶钢导轨，淬硬至 58HRC 以上。

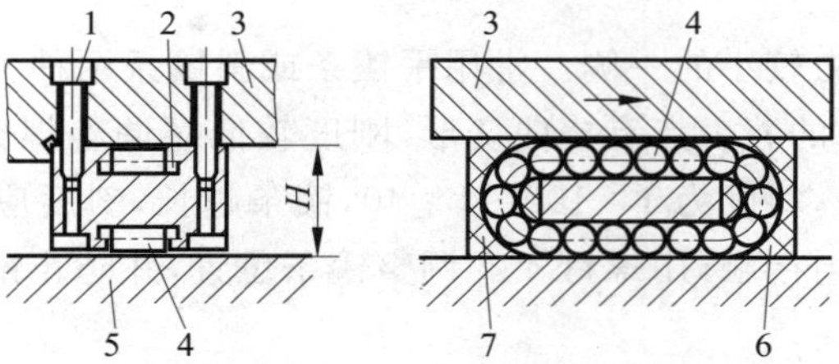

图 4.42 滚动导轨块

1—螺钉；2—导轨块；3—动导轨体；4—滚子；5—支承导轨；6,7—端面挡板

2. 滚动导轨的预紧

滚动导轨有预加载荷时，刚度增加，但牵引力也增加。图 4.43 的曲线表明，预盈量达到某一值时，牵引力显著提高。曲线 1 为滚柱导轨，曲线 2 为滚珠导轨。因此要选用合适的预紧力，使刚度提高而牵引力增加不大。

预紧方法一般有两种。第 1 种是采用过盈配合。装配前，滚动体母线间的距离为 A，压板与溜板间的尺寸为 A-δ。装配后，由此而产生的上下滚动体与导轨面之间的预紧力各为 Q。当载荷 P 作用于溜板时，上面滚子受力为 $Q-P$，而当 $P=Q$ 时，下面滚子的弹性变形为零。因此，预紧力应大于载荷。第 2 种方法是采用调整元件预紧，调整原理和方法与滑动导轨调整间隙的方法相同。

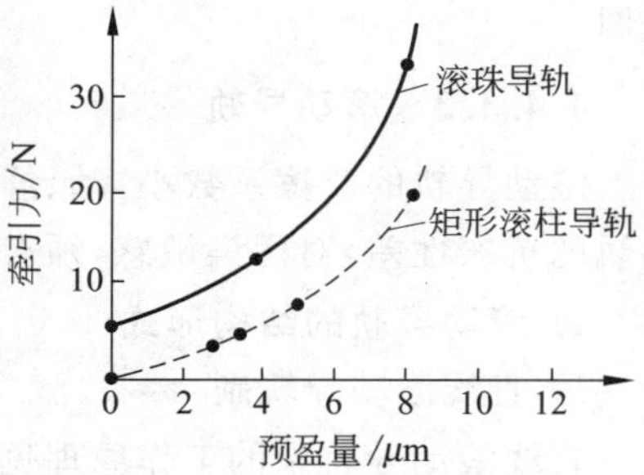

图 4.43 预盈量与牵引力的关系

［习题与思考题］

1. 机床的总体设计包括哪些？
2. 机床的主参数和尺寸参数如何确定？
3. 机床主轴转速采用等比数列的原因？
4. 选定公比的依据是什么？

5. 设计某规格机床，若初步设定主轴转速 $n_{min}=32$ r/min，$n_{max}=980$ r/min，公比为1.26，试确定主轴转速，主轴各级转速值和主轴转速范围 R_n。

6. 什么是传动组变速范围？各传动组的变速范围之间有什么关系？

7. 某机床主轴转速 $n=100\sim1120$ r/min，转速级数 $Z=8$，电动机转速 $n_{电}=1440$ r/min，试设计该机床的主传动系统，包括拟定结构式和转速图，画出主传动系统图。

8. 进给传动系统设计要满足的基本要求是什么？

9. 试述与主传动系统比，进给传动系统有哪些不同特点？

10. 进给传动系统的驱动部件有哪几种？其特点和应用？

11. 主轴部件应满足哪些基本要求？

5 金属切削刀具

5.1 概　　述

5.1.1 刀具的分类

刀具的种类很多,根据用途和加工方法不同,通常把刀具分为以下类型。

(1) 切刀:包括各种车刀、刨刀、插刀、镗刀、成形车刀等。

(2) 孔加工刀具:包括各种钻头、扩孔钻、铰刀、复合孔加工刀具(如钻-铰复合刀具)等。

(3) 拉刀:包括圆拉刀、平面拉刀、成形拉刀(如花键拉刀)等。

(4) 铣刀:包括加工平面的圆柱铣刀、面铣刀等;加工沟槽的立铣刀、键槽铣刀、三面刃铣刀、锯片铣刀等;加工特形面的模数铣刀、凸(凹)圆弧铣刀、成形铣刀等。

(5) 螺纹刀具:包括螺纹车刀、丝锥、板牙、螺纹切头、搓丝板等。

(6) 齿轮刀具:包括齿轮滚刀、蜗轮滚刀、插齿刀、剃齿刀、花键滚刀等。

(7) 磨具:包括砂轮、砂带、砂瓦、油石和抛光轮等。

(8) 其他刀具:包括数控机床专用刀具、自动线专用刀具等。

也可从其他方面进行分类,如分为单刃(单齿)刀具和多刃(多齿)刀具;标准刀具(如麻花钻、铣刀、丝锥等)和非标准刀具(如拉刀、成形刀具等);定尺寸刀具(如扩孔钻、铰刀等)和非定尺寸刀具(如外圆车刀、直刨刀等);整体式刀具、装配式刀具和复合式刀具等。

尽管各种刀具的形状、结构和功能各不相同,但它们都有功能相同的组成部分,即工作部分和夹持部分。通常,工作部分承担切削加工;夹持部分将工作部分与机床连接在一起,传递切削运动和动力,并保证刀具正确的工作位置。

5.1.2 刀具材料及合理选用

1. 刀具材料简介

刀具材料对刀具的寿命、加工质量、切削效率和制造成本均有较大的影响,因此必须合理选用。刀具切削部分在切削时要承受高温、高压、强烈的摩擦、冲击和振动,所以,刀具切削部分材料的性能应满足以下基本要求:①高的硬度;②高的耐磨性;③高的耐热性(热稳定性);④足够的强度和韧性;⑤良好的工艺性。

刀具材料有碳素工具钢、合金工具钢、高速钢、硬质合金、陶瓷、金刚石、立方氮化硼等。

碳素工具钢(如 T10A、T12A)及合金工具钢(如 9SiCr、CrWMn),因耐热性较差,通常仅用于手工工具和切削速度较低的刀具。陶瓷、金刚石和立方氮化硼等目前仅用于较为有限的场合。目前,刀具材料中使用最广泛的仍是高速钢和硬质合金。

2. 合理选择刀具材料

一般情况下,孔加工刀具、铣刀和螺纹刀具等普通刀具,相对于复杂刀具,制造工艺较为简单,精度要求较低,材料费用占刀具成本的比重较大,所以生产上常采用 W6Mo5Cr4V2、W18Cr4V 等通用型高速钢。而拉刀、齿轮刀具等复杂刀具,由于制造精度高,制造费用占刀具成本的比重较大,故宜采用硬度和耐磨性均较高的高性能高速钢。为了提高生产效率,延长刀具寿命,应尽量采用硬质合金。目前,硬质合金在面铣刀、钻头、铰刀和齿轮刀具等方面已获得广泛应用。近年来,国内外已广泛选用涂层刀具。

5.2 车 刀

5.2.1 车刀简介

车刀是金属切削加工中使用最广泛的刀具,它可以用来加工各种内、外回转体表面,如外圆、内孔、端面、螺纹,也可用于切槽和切断等。车刀由刀体(夹持部分)和切削部分(工作部分)组成。按不同的使用要求,可采用不同的材料和不同的结构。

车刀的分类较多,归纳起来有以下几种:

(1) 按用途可分为外圆车刀、端面车刀、切断(槽)刀、镗孔刀、螺纹车刀等。

(2) 按切削部分的材料可分为高速钢车刀、硬质合金车刀、陶瓷车刀等。

(3) 按结构可分为整体式、焊接式、机夹重磨式、可转位式等。

5.2.2 车刀的结构和应用

1. 硬质合金焊接式车刀

这种车刀是将一定形状的硬质合金刀片用焊料焊接在刀杆的刀槽内制成的。如图 5.1 所示。硬质合金焊接式车刀结构简单,制造方便,使用灵活性好,因而得到广泛使用。但也存在不少缺点,如刀片在焊接和刃磨时会产生内应力,易引起裂纹;刀杆(一般为 45 钢)不便于重复使用,刀具的互换性差。

2. 硬质合金机夹式车刀(又称重磨式车刀)

这种车刀是用机械方法将硬质合金刀片夹固在刀杆上,刀片磨损后,卸下后可重磨刀刃,然后再安装使用。与焊接式车刀相比,刀杆可多次重复使用,且避免了因焊接而引起刀片产生裂纹、崩刃和硬度降低等缺点,提高了刀具寿命。图 5.2 所示为上压式机夹式车刀,它是用螺钉和压板从刀片的上面将刀片夹紧,并用可调节螺钉适当调整切削刃的位置,需要时可在压板前端钎焊上硬质合金作为断屑器。机夹式车刀刀片的夹固方式一般应保证刀片重磨后切削刃的位置应有一定的调整余量,并应考虑断屑要求。安装刀片可保留所需的前角,重磨时仅刃磨后面即可。此外,较常用的夹紧方式还有侧压式、弹性夹紧式及切削力夹紧式等。

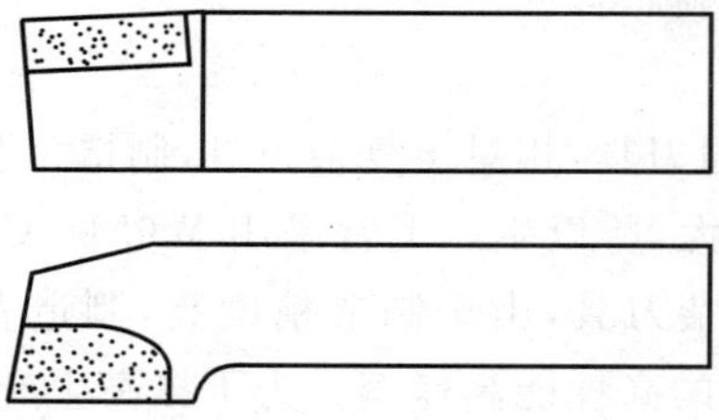

图 5.1　焊接式车刀

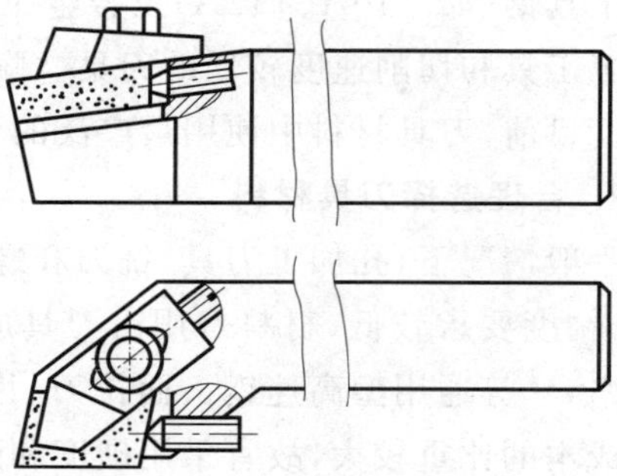

图 5.2　上压式机夹式车刀

3. 可转位车刀(旧称机夹不重磨式车刀)

这种车刀是将机夹式车刀结构进一步改进的结果。它的刀片也是采用机械夹固方法装夹的,但可转位刀片可为正多边形(如正三角形、正方形等),周边经过精磨,刃口用钝后只需将刀片转位,即可使新的切削刃投入切削。

可转位车刀是采用硬质合金可转位刀片的机械夹固式刀具,它的发展已有 40 多年历史,且从简单刀具发展到多刃刀具,如钻头、铣刀及拉刀等,这是当前刀具发展的一个重要方向。

1) 可转位车刀的结构和特点

可转位车刀由刀杆、刀片、刀垫和夹紧元件组成,如图 5.3 所示。多边形刀片上压制出卷屑槽,用机械夹固方式将刀片夹紧在刀杆上,切削刃用钝后,不需要重磨,只要松开夹紧装置,将刀片转过一个位置,重新夹紧后便可使新的一个切削刃继续进行切削。当全部刀刃都用钝后可更换相同规格的新刀片。

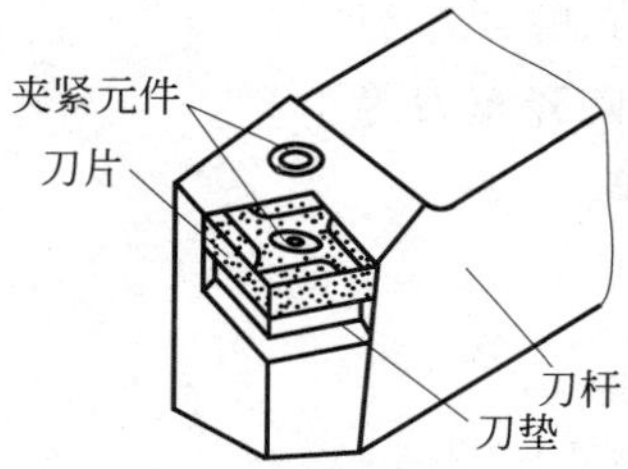

图 5.3　可转位车刀的组成

可转位车刀与焊接式车刀相比,具有下列优点:

(1) 提高刀具寿命　可转位车刀避免了焊接式车刀在焊接刀片时所产生的缺陷,刀具寿命一般比焊接式车刀提高 1 倍以上,并能使用较大的切削用量。

(2) 节约大量的刀杆材料　焊接式车刀一把刀杆一般只能焊一次刀片,而一把可转位车刀的刀杆可重复使用多次,节约大量的刀杆材料。

(3) 保持切削稳定可靠　可转位刀片的几何参数及断屑槽的形状是压制成形的(或用专门的设备刃磨),采用先进的几何参数,只要切削用量选择适当,完全能保证切削性能稳定、断屑可靠。

(4) 减少硬质合金材料的消耗　可转位刀片用废后,可回收利用,重新制造刀片或其他硬质合金刀具。

(5) 提高生产效率　可转位车刀刀片转位、更换方便、迅速,并能保持切削刃与工件的相对位置不变,从而减少了辅助时间,提高生产效率。

(6) 有利于涂层刀片的使用　可转位刀片不焊接不刃磨,有利于涂层刀片的使用。涂层刀片耐磨性、耐热性好,可提高切削速度和使用寿命。此外,涂层刀片通用性好,一种涂层刀片可替代数种牌号的硬质合金刀片,减少了刀片的种类,简化刀具管理。

2）硬质合金可转位刀片

硬质合金可转位刀片已有国家标准（GB/T5343.1.2—1993 及 GB/T14297—1993），刀片形状品种较多，常用的有正三角形、正方形、正五边形、菱形和圆形等，见图 5.4。可转位车刀刀片有带孔和不带孔两种，有的有断屑槽，有的没有。多数刀片有孔而无后角，且在每条切削刃上制成断屑槽并形成刀片的前角，部分刀片带后角而不带前角。

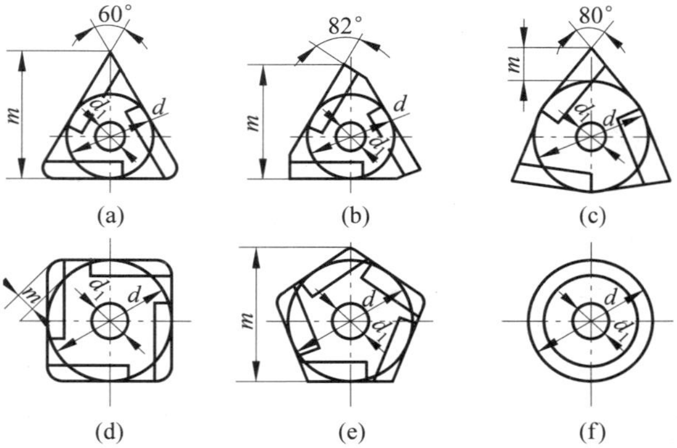

图 5.4 硬质合金可转位刀片的常用形状

（a）三角形；（b）偏 8°三角形；（c）凸三角形；（d）正方形；（e）五边形；（f）圆形

刀片的形状主要根据加工工件形状和加工条件来选择。刀片的尺寸应根据切削刃工作长度、刀片强度等因素选择，断屑槽可根据工件材料、切削参数和断屑要求选择，设计和选用时可参考有关资料。

3）可转位车刀刀片的夹紧结构

可转位车刀大都是利用刀片上的孔进行定位夹紧。对夹紧结构的要求是：夹紧可靠、定位精确、结构简单、操作方便，而且夹紧元件不应妨碍切屑的流出。

常用的典型夹紧结构及其特点见表 5.1。

表 5.1 可转位车刀类型与夹紧结构特点

名称	结构示意图	定位面	夹紧件	主要特点
杠杆式	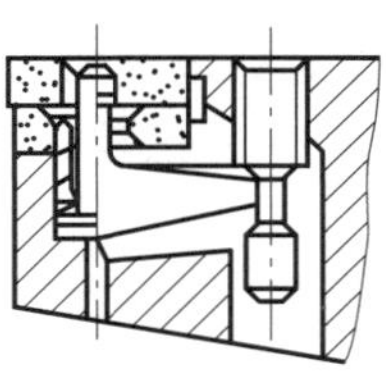	底面周边	杠杆螺钉	定位精度高，调节余量大，夹紧可靠，拆卸方便
杠销式	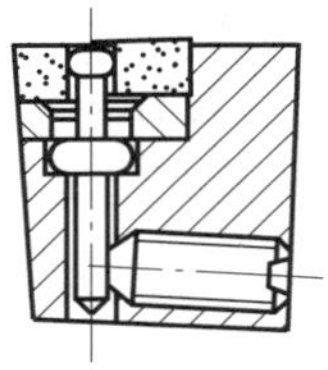		杠销螺钉	杠销比杠杆制造简单，调节余量小，装卸刀片不如杠杆方便

续表

名称	结构示意图	定位面	夹紧件	主 要 特 点
斜楔式	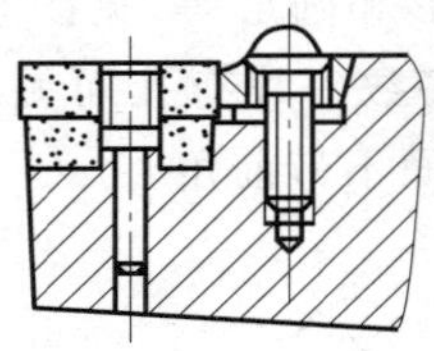	底面周边	楔块螺钉	定位准确，刀片尺寸变化较大时也可夹紧，定位精度不高
上压式	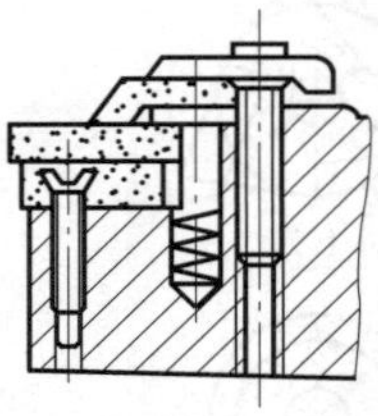		压板螺钉	元件小，夹紧可靠，装卸容易，排屑受一定影响
偏心式	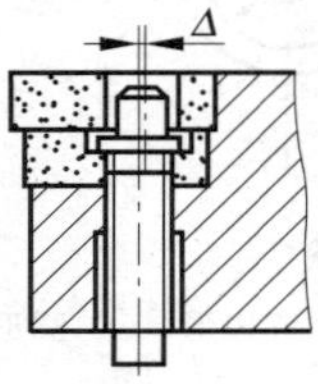		偏心螺钉	元件小，结构紧凑，调节余量小，要求制造精度高
拉垫式	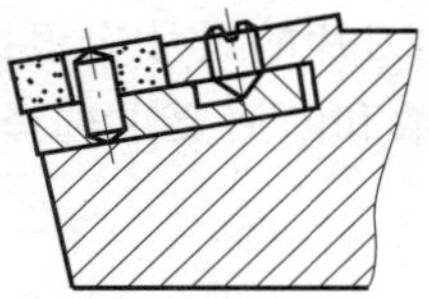		拉垫螺钉	夹紧可靠，允许刀片尺寸有较大变动。刀头刚性弱，不宜用于粗加工
压孔式	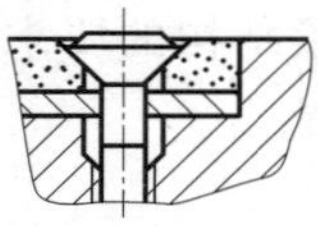	底面锥孔	沉头螺钉	结构紧凑，简单，夹紧可靠，刀头尺寸可做得较小

5.2.3 成形车刀

成形车刀是加工回转体成形表面的专用高效车刀。车刀的刃形是根据工件廓形设计的，又称样板车刀。它主要用于大批量生产，在半自动车床或自动车床上加工内外回转体成形表面，也可用于普通车床。成形车刀具有以下特点：①加工质量稳定；②生产效率高；③刀具使用寿命长。

成形车刀的种类可归纳为以下几种。

1. 按结构和形状分类

可分为平体成形车刀、棱体成形车刀和圆体成形车刀三类，见图 5.5。

(1) 平体成形车刀。这是一种最简单的成形车刀，除了切削刃具有一定的形状要求外，其他部分均与普通车刀相同。这种成形车刀重磨次数较少，只能用于批量较小的成形表面加工，如螺纹车刀、铲齿车刀等。

(2) 棱体成形车刀。这种成形车刀的外形是棱柱体，重磨次数比平体成形车刀多，使用寿命长，刚性好，但只能用于外成形表面。

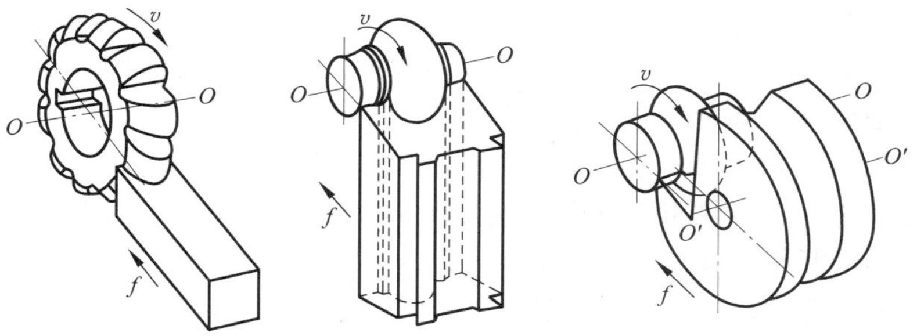

(a)　　(b)　　(c)

图 5.5　成形车刀的类型

(a) 平体成形车刀；(b) 棱体成形车刀；(c) 圆体成形车刀

(3) 圆体成形车刀。它的外形是回转体，切削刃分布在回转体的圆周表面上，由于重磨时磨削前刀面，重磨次数更多，可用于加工内外成形表面，用途较广泛。

2. 按进刀方式分类

可分为径向成形车刀和切向成形车刀。

(1) 径向成形车刀。工作时，这种成形车刀沿工件的半径方向进给，大部分成形车刀都按这种方式进刀。它的优点是：切削行程短，工作切削刃长度长，生产效率高；缺点是：径向力大，易产生振动，不适宜加工刚性较差的工件。

(2) 切向成形车刀。工作时，切削刃沿着工件外圆表面的切线方向进给。由于切削刃有一定的主偏角，切削刃是逐渐切入又逐渐切出，实际上始终只有一部分切削刃在工作，切削力较小。但由于切削行程较长，生产率低。它适宜加工细长、刚性差的工件，或轴向截形深度差较小的成形表面。

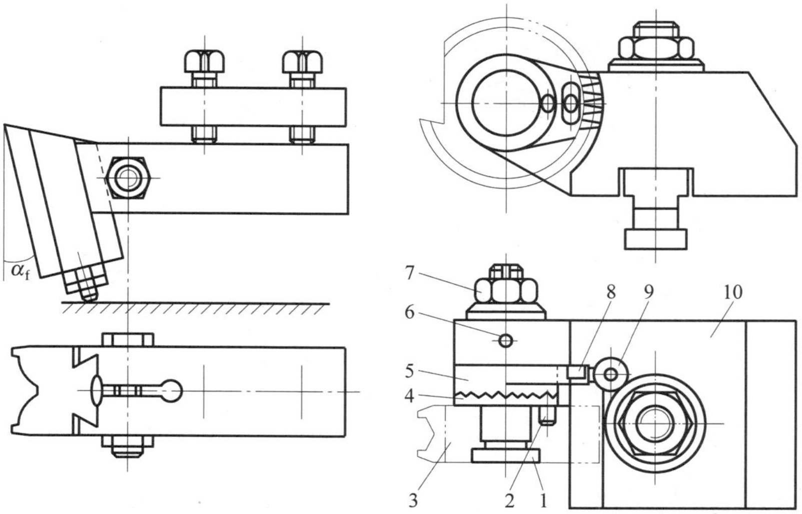

(a)　　(b)

图 5.6　成形车刀的装夹

(a) 棱体成形车刀的装夹；(b) 圆体成形车刀的装夹

1—心轴；2—销子；3—圆体刀；4—齿环；5—扇形板；6—螺钉；

7—夹紧螺母；8—销子；9—蜗杆；10—刀夹

通常，成形车刀是通过专用刀夹装夹在机床上的。图 5.6(a)为棱体成形车刀的装夹方法，车刀以燕尾底面或与其平行的平面作为定位基准，并用螺钉及弹性槽夹紧。安装时，刀体相对铅垂平面倾斜 α_f 角度。车刀下端的螺钉可用来调节刀尖位置的高低，同时又增加了刀具的刚度。图 5.6(b)为圆体成形车刀的装夹方法，它以内孔为定位基准，套装在刀夹 10 的带螺栓的心轴 1 上，并通过销子 2 与端面齿环 4 相连，以防止车刀工作时因受力而转动，将齿环与圆体刀一起相对扇形板 5 转动若干齿，则可粗调刀尖高度。扇形板上的销子 8 可限制扇形板的转动范围。并通过下面的 T 形键螺栓将刀具与机床的刀架相连接。平体成形车刀的装夹方法与普通车刀完全相同。

5.3 孔加工刀具

孔加工刀具按其用途分为两类：一类是用于在实体材料上加工出孔的刀具，如麻花钻、中心钻、深孔钻等；另一类是对已有孔进行再加工的刀具，如扩孔钻、锪钻、镗刀、铰刀、内拉刀等。

5.3.1 麻花钻

如图 5.7 所示，麻花钻由柄部、颈部和工作部分 3 个部分组成。

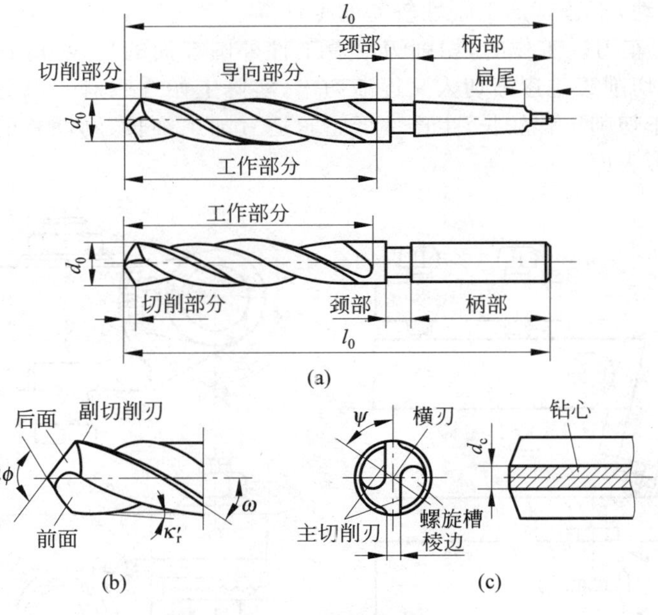

图 5.7 麻花钻的组成

(1) 柄部　柄部是钻头的夹持部分，用于与机床的连接，并传递动力，按麻花钻直径的大小分为直柄(小直径)和锥柄(大直径)两种。

(2) 颈部　颈部是工作部分和柄部间的过渡部分，供磨削时砂轮退刀和打印标记用，小直径直柄钻头没有颈部。

(3) 工作部分　工作部分是钻头的主要部分，前端为切削部分，承担主要的切削工作；后端为导向部分，起引导钻头的作用，也是切削部分的后备部分。钻头的工作部分有两条对称的螺旋槽，是容屑和排屑的通道。导向部分有两条棱边即刃带，为减少与加工孔壁的摩擦，棱边直径磨有 0.03～0.12 mm/100 mm 的倒锥量，形成副偏角。切削部分由两个前面、两个后面、两个副后面组成。螺旋槽的螺旋面形成了钻头的前面，与工件过渡表面(孔底)相对的端部曲面为后面，与工件已加工表面(孔壁)相对的两条棱边为副后面。螺旋槽与后面的两条交线为主切削刃，两个主切削刃由钻心连接，为增加钻头的刚度与强度，钻心制成正锥体。棱边与螺旋槽两条交线为副切削刃，两后面在钻心处的交线构成了横刃。

5.3.2 扩孔钻和锪钻

1. 扩孔钻

扩孔钻是用于扩大孔径、提高孔质量的刀具，可用于孔的最终加工或铰孔、磨孔前的预加工。其加工精度为 IT10～IT9，表面粗糙度为 $Ra6.3 \sim 3.2\ \mu m$。图 5.8(a)所示的扩孔钻与麻花钻相比，它的齿数较多，一般有 3～4 个齿，导向性好。扩孔钻无横刃，改善了切削条件。扩孔余量较小，扩孔钻的容屑槽较浅，钻心较厚，其强度和刚度较高。国家标准规定，高速钢扩孔钻直径 $\phi7.8 \sim \phi50$ mm 做成锥柄，直径 $\phi25 \sim \phi100$ mm 做成套式。在实际生产中，很多工厂也使用硬质合金扩孔钻和可转位扩孔钻。

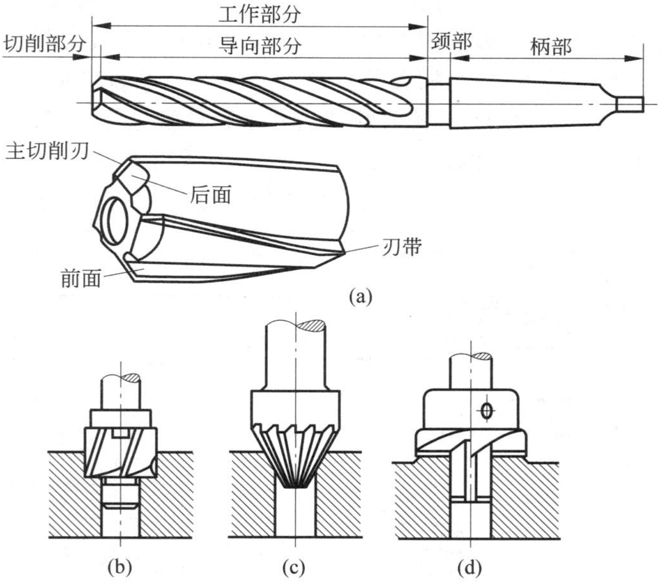

图 5.8 扩孔钻和锪钻

(a) 扩孔钻；(b) 带导柱平底锪钻；(c) 锥面锪钻；(d) 端面锪钻

2. 锪钻

锪钻用于加工埋头螺钉沉孔、锥孔和凸台面等。图 5.8(b)所示为带导柱平底锪钻，适用于加工圆柱形沉孔。它在端面和圆周上有 3～4 个刀齿，前端有导柱，使沉孔及其端面和圆柱孔保持同轴度与垂直度。图 5.8(c)为锥面锪钻，它的钻尖角有 60°、90°及 120°三种，用于加工中心孔和孔口倒角。图 5.8(d)为端面锪钻，它仅在端面上有切削齿，用来加工孔的端面。前端有导柱以保证端面和孔垂直。锪钻可制成高速钢锪钻、硬质合金锪钻及可转位锪钻等。

5.3.3 镗刀

镗刀是使用广泛的孔加工刀具，一般镗孔精度可达IT9～IT7，精镗时可达到IT6，表面粗糙度为$Ra0.8$～1.6 μm。镗能纠正孔的直线度误差，获得高的位置精度，特别适合于箱体零件的孔系加工。镗孔是加工大孔的主要精加工方法。镗刀工作时悬伸长，刚性差，易产生振动，因此主偏角一般选得较大。按镗刀的结构，可分为单刃镗刀和双刃镗刀。机夹式单刃镗刀，其结构简单、制造方便。双刃镗刀的特点是在对称的方向上同时有切削刃参加工作，因而可消除镗孔时背向力对镗杆的作用而产生的加工误差，双刃镗刀的尺寸直接影响镗孔精度，因此对镗刀和镗杆的制造要求较高。

5.3.4 铰刀

铰刀用于中小直径孔的半精加工和精加工。铰刀的加工余量小，齿数多(6～12个)，刚性和导向性好，铰孔的加工精度可达IT7～IT6级，甚至IT5级，表面粗糙度可达$Ra1.6$～0.4 μm。铰刀的结构如图5.9所示，由工作部分、颈部和柄部组成，工作部分有切削部分和校准部分，校准部分有圆柱部分和倒锥部分。铰刀的切削部分用于切除加工余量，呈锥形，其锥角的大小($2\kappa_r$)主要影响被加工孔的质量和铰削时的轴向力的大小。铰刀圆柱校准部分的直径为铰刀的直径，它直接影响到被加工孔的尺寸精度、铰刀的制造成本及使用寿命。铰刀的基本直径等于孔的基本直径，铰刀的直径公差应综合考虑被加工孔的公差、铰削时的扩张量或收缩量(0.003～0.02 mm)、铰刀的制造公差和备磨量等来确定。铰刀可分为手用铰刀和机用铰刀。手用铰刀的主偏角小，工作部分较长，适用于单件小批生产或在装配中铰削圆柱孔。手用铰刀分为整体式和可调整式，机用铰刀分为带柄的和套式的。

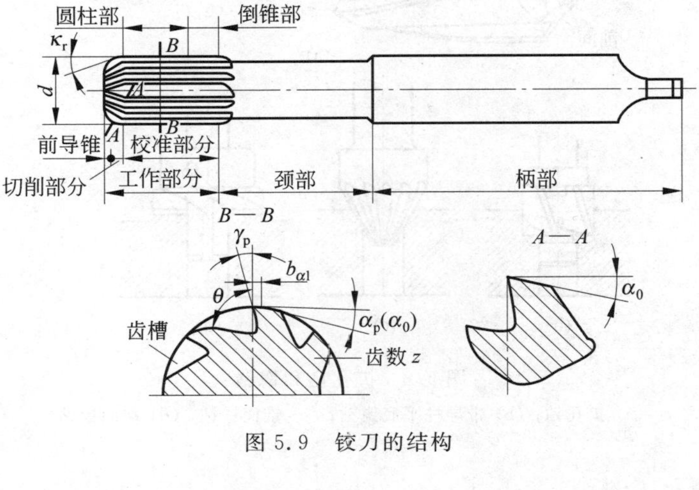

图 5.9 铰刀的结构

5.3.5 圆孔拉刀

拉刀是利用拉刀上相邻刀齿尺寸的变化来切除加工余量的。拉削后可达到公差等级IT9～IT7，表面粗糙度为$Ra0.5$～3.2 μm。它能加工各种形状贯通的内外表面，生产率高、拉刀使用寿命长，但制造较复杂，主要用于大量、成批的零件的加工。按加工表面部位不同分为圆孔拉刀、花键拉刀、四方拉刀、键槽拉刀以及平面拉刀等。下面主要介绍圆孔拉刀。

如图 5.10 所示，圆孔拉刀包括前柄、颈部、过渡锥、前导部、切削齿、校准齿以及后导部，对于长而重的拉刀还有后柄。切削齿由粗切齿、过渡齿、精切齿组成。

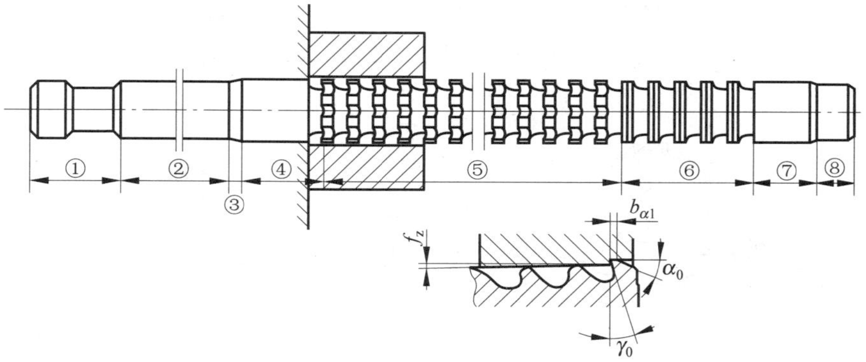

图 5.10 圆孔拉刀结构与切削部分的主要几何参数

①—前柄；②—颈部；③—过渡锥；④—前导部；⑤—切削齿；⑥—校准齿；⑦—后导部；⑧—后柄

5.4 铣 刀

铣削加工是一种应用非常广泛的加工方法，可以加工平面、各种沟槽、螺旋表面、轮齿表面和成形表面等，铣削加工生产率高。铣刀是多齿多刃回转刀具。

1. 圆柱形铣刀

如图 5.11(a)所示，只在圆柱表面上有切削刃，一般用于卧式铣床上加工平面。可分为粗齿和细齿两种，分别用于粗加工和精加工，其直径 d=50 mm、63 mm、80 mm、100 mm。通常根据铣削用量和铣刀心轴来选择铣刀直径。

2. 硬质合金面铣刀

其圆周表面和端面上都有切削刃，一般用于高速铣削平面。目前广泛采用机夹可转位式结构，它是将硬质合金可转位刀片直接用机械夹固的方法安装在铣刀刀体上，磨钝后，可直接在铣床上转换切削刃或更换刀片。与高速钢圆柱形铣刀相比，它的铣削速度较高，加工生产率高，加工表面质量也较好。端铣时，应根据侧吃刀量选择适当的铣刀直径，并使面铣刀工作时有合理的切入角和切离角，以防止面铣刀过早地发生破损。同一直径的可转位面铣刀的齿数分为粗、中、细齿三种。粗铣长切屑工件或同时参加切削的刀齿过多引起振动时可选用粗齿面铣刀。铣削短切屑工件或精铣钢件时可选用中齿面铣刀。细齿面铣刀的每齿进给量较小，常适用于加工薄壁铸件。

3. 盘形铣刀

它分为错齿三面刃铣刀和槽铣刀。槽铣刀只在圆柱表面上有刀齿，铣削时，为了减少两侧端面与工件槽壁的摩擦，两侧做有 30′的副偏角，一般用于加工浅槽。薄片的槽铣刀也称锯片铣刀，用于切削窄槽或切断工件。

三面刃铣刀在两侧端面上都有切削刃，为了改善端面切削刃的工作条件，可以采用斜齿结构。但由于斜齿会使其中一个端面切削刃的前角为负值，故采用错齿的结构，即每个刀齿

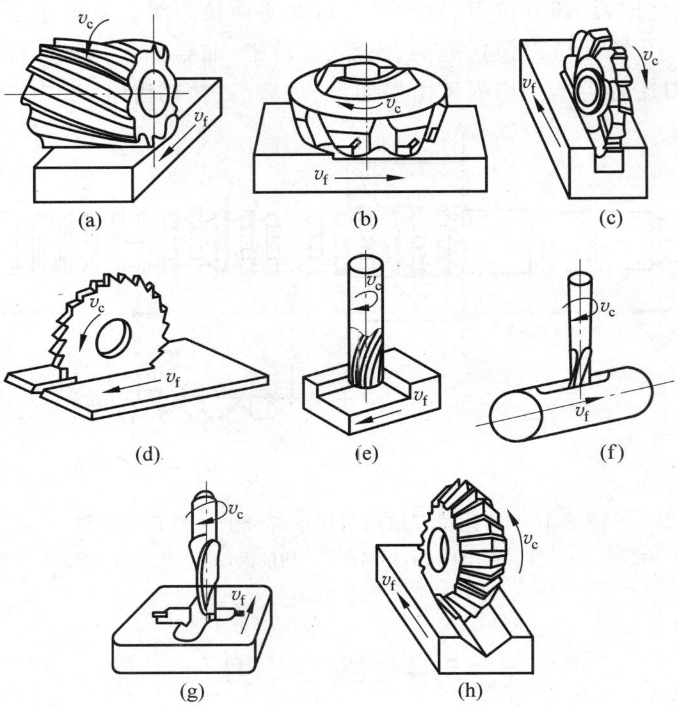

图 5.11 常用的几种铣刀

(a) 圆柱形铣刀；(b) 硬质合金面铣刀；(c) 错齿三面刃铣刀；(d) 锯片铣刀；(e) 立铣刀；(f) 键槽铣刀；(g) 模具铣刀；(h) 角度铣刀

上只有两条切削刃并交错地左斜或右斜。三面刃铣刀具有切削平稳，切削力小，排屑容易和容屑槽大的优点，常用于切槽和加工台阶面。

4. 立铣刀

其圆柱面上的切削刃是主切削刃，端面上的切削刃没有通过中心，是副切削刃。工作时不宜作轴向进给运动，一般用于加工平面、凹槽、阶台面以及利用靠模加工成形表面。

5. 键槽铣刀

其主要用于加工圆头封闭键槽。它有两个刀齿，圆柱面和端面上都有切削刃，端面切削刃延伸至中心，工作时能沿轴线作进给运动。

6. 模具铣刀

模具铣刀由立铣刀演变而成，用于加工模具型腔或凸模成形表面。在模具制造中广泛应用，是钳工机械化的重要工具。硬质合金模具铣刀可取代金刚石锉刀和磨头来加工淬火后硬度小于 65HRC 的各种模具，它的切削效率可提高几十倍。

7. 角度铣刀

一般用于加工带角度的沟槽和斜面，分单角铣刀和双角铣刀。单角铣刀的圆锥切削刃为主切削刃，端面切削刃为副切削刃，双角铣刀的两圆锥面上的切削刃均为主切削刃，它分为对称和不对称双角铣刀。

5.5 螺纹刀具

螺纹刀具指加工内外螺纹表面的刀具。它可以分为车刀类、铣刀类、拉刀类或利用塑性变形方法加工的螺纹滚压工具类，其中有代表性的、也是应用较广的是丝锥。

5.5.1 丝锥

丝锥是加工内螺纹的刀具，按用途和结构的不同，主要有手用丝锥、机用丝锥、螺母丝锥、锥形丝锥、板牙丝锥、拉削丝锥、挤压丝锥、螺旋槽丝锥等。

(1) 手用丝锥的刀柄为方头圆柄，用手操作，常用于小批和单件修配工作，齿形不铲磨。手用丝锥因切削速度较低，常用 T12A 和 9SiCr 制造。

(2) 机用丝锥是用专门的辅助工具装夹在机床上由机床传动来切削螺纹的，它的刀柄除有方头外，还有环形槽以防止丝锥从夹头中脱落，机用丝锥的螺纹齿形均经铲磨。因机床传递的扭矩大，导向性好，故常用单只丝锥加工。有时加工直径大、材料硬度高或韧性大的螺孔，则用两只或三只成组丝锥依次进行切削。机用丝锥因其切削速度较高，工作部分常用高速钢制造，并与 45 钢的刀柄经对焊而成。一般用于成批大量生产通孔、盲孔螺纹。

(3) 挤压丝锥不开容屑槽，也无切削刃。它是利用塑性变形原理加工螺纹的，可用于加工中小尺寸的内螺纹。

挤压丝锥主要适用于加工高精度、高强度的塑性材料工件。

(4) 拉削丝锥可以加工梯形、方形、三角形单头与多头螺纹。在卧式车床上一次拉削成形，效率很高，操作简单，质量稳定。拉削丝锥实质是一把螺旋拉刀，它的结构和几何参数综合了丝锥、铲齿成形铣刀及拉刀三种刀具的结构。其中螺纹部分的参数、切削锥角、校准部分的齿形等都属于梯形丝锥参数。后角、铲削量、前角及齿形角修正都按铲齿成形铣刀设计方法计算。头、颈和引导部分的设计均类似拉刀。

5.5.2 其他螺纹刀具

1. 板牙

板牙是加工和修整外螺纹的标准刀具之一，它的基本结构是一个螺母，轴向开出容屑槽以形成切削齿前面。因结构简单，制造方便，故在小批量生产中应用很广。加工普通外螺纹常用圆板牙，圆板牙左右两个端面上都磨出切削锥角，齿顶经铲磨形成后角。套螺纹时先将圆板牙放在板牙套中，用紧定螺钉固紧，然后套在工件外圆上，在旋转板牙的同时应在板牙的轴线方向施以压力。因为套螺纹时是靠套出的螺纹齿侧面为导向的，所以开始套螺纹时需保持板牙端面与螺纹中心线垂直。

板牙只能加工精度要求不高的螺纹。

2. 螺纹切头

螺纹切头是一种组合式螺纹刀具，通常是开合式。可在高速切削螺纹时快速退刀，生产效率很高。梳刀可多次重磨，使用寿命较长。板牙头结构复杂，成本较高，通常在转塔、自动或组合机床上使用。

3. 螺纹铣刀

螺纹铣刀分盘形、梳形与铣刀盘三类，多用于铣削精度不高的螺纹或对螺纹进行粗加工，但都有较高的生产率。

4. 螺纹滚压工具

滚压螺纹属于无屑加工，适合于滚压塑性材料。由于效率高，精度好，螺纹强度高，工具寿命长，因此这种工艺已广泛用于制造螺纹标准件、丝锥、螺纹量规等。常用的滚压工具是滚丝轮和搓丝板。

5.6 齿轮刀具

用于加工齿轮齿形的刀具属于齿轮刀具，可分成加工渐开线齿形和非渐开线齿形的刀具。若按齿形的形成方法分类，又可分为成形法刀具和展成法刀具两类。齿轮刀具的品种很多，如加工渐开线圆柱齿轮的齿轮刀具有齿轮铣刀、齿轮拉刀、插齿刀、齿轮滚刀和剃齿刀，加工蜗轮的刀具有蜗轮滚刀、剃齿刀及飞刀；加工非渐开线齿形的刀具有花键滚刀、摆线齿轮滚刀等，加工锥齿轮的刀具有成对刨刀、铣刀盘等。

5.6.1 插齿刀

直齿轮插齿刀常用类型如图 5.12 所示。其中碗形直齿插齿刀的刀体凹孔较深，使紧固螺帽不外露，更适合于加工直齿内齿轮；锥柄直齿插齿刀为整体结构，分度圆较小，用于内齿轮加工。

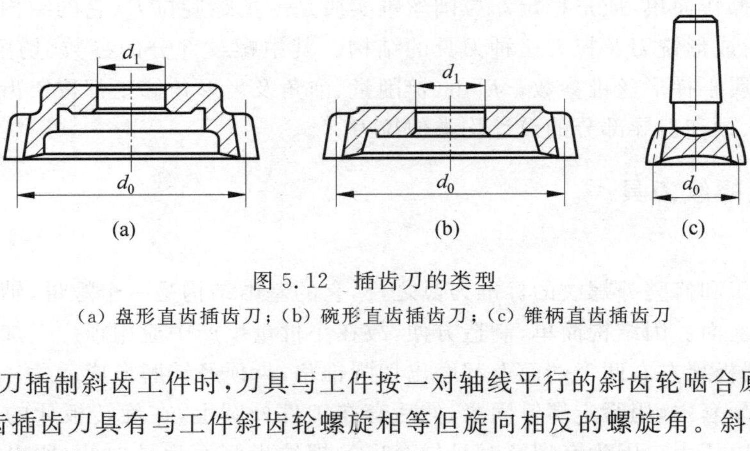

(a) (b) (c)

图 5.12 插齿刀的类型

(a) 盘形直齿插齿刀；(b) 碗形直齿插齿刀；(c) 锥柄直齿插齿刀

斜齿插齿刀插制斜齿工件时，刀具与工件按一对轴线平行的斜齿轮啮合原理进行加工。因此，要求斜齿插齿刀具有与工件斜齿轮螺旋相等但旋向相反的螺旋角。斜齿插齿刀也有盘式与锥柄式两种类型。

插齿刀有三个精度等级：AA 级适用于加工 6 级精度的齿轮，A 级插齿刀用于加工 7 级精度的齿轮，B 级插齿刀可加工 8 级精度的齿轮。

5.6.2 滚刀

滚刀主要有齿轮滚刀和蜗轮滚刀两类。齿轮滚刀用于外啮合的直齿和斜齿圆柱渐开线齿轮加工。滚齿是按一对螺旋齿轮啮合原理而切出齿轮的。滚刀相当于一只齿数极少、螺旋角很大而且很宽的斜齿圆柱齿轮，由于牙齿很长，因而会绕其本身轴线好多圈而成为蜗杆形状，如图 5.13(a)所示。为了使它有切削能力，因此铣出几条容屑槽，产生了许多刀齿，每个刀齿有一个顶切削刃和两个侧刃，而容屑槽则成了前刀面。容屑槽有直槽和螺旋槽两种。为了使刀齿有后角，还需用铲齿方法铲出顶后刀面和侧后刀面，后刀面均是螺旋面。滚刀每个刀齿的切削刃均须处于基本蜗杆的螺旋表面上。

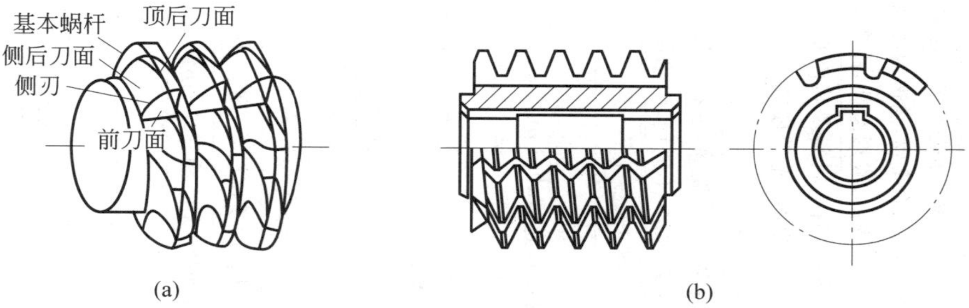

图 5.13　滚刀

(a) 蜗杆外形；(b) 整体式滚刀

加工渐开线齿轮的齿轮滚刀的基本蜗杆理论上应是渐开线蜗杆，但渐开线滚刀制造时铲齿加工很难实现，因此实际生产中通常采用阿基米德蜗杆或法向直廓蜗杆来代替渐开线蜗杆。使用阿基米德滚刀切出的齿轮齿形不是真正的渐开线，造成了一定的原理误差。

5.7　磨　　具

根据磨具的基本形状和使用方法，磨具主要包括：砂轮、油石、砂瓦、抛光轮等，其中砂轮是应用最广泛最重要的磨削工具。

5.7.1　砂轮的特性及其选择

砂轮是一种用结合剂把磨粒黏结起来，经压坯、干燥、熔烧及车整而成的多孔体。砂轮的特性主要由磨料、粒度、结合剂、硬度和组织五方面要素决定。

1. 磨料

磨料分天然磨料和人造磨料两大类。天然磨料为金刚砂、天然刚玉、金刚石等。目前常用的磨料大多为人造磨料，可分为氧化物系(主要成分为 Al_2O_3 又称刚玉)、碳化物系(主要以碳化硅、碳化硼为基体)和超硬材料(主要有人造金刚石和立方氮化硼等)。各种磨料的名称、代号、颜色、性能和用途等见表 5.2。

2. 粒度

粒度表示磨料颗粒的大小。通常把磨料粒度按大小分为磨粒和微粉两类。颗粒尺寸大于 40 μm 的磨料称为磨粒，用机械筛分法决定其粒度号。号数就是该种颗粒刚能通过的筛网号，即每 in(25.4 mm)长度上的筛孔数，粒度号为 8＃～240＃。颗粒尺寸小于 40 μm 者称为微粉，其尺寸用显微镜分析法测量。微粉以颗粒最大尺寸的微米数为颗粒号数，并在其前加 W，例如 W20，则表示磨粒的最大尺寸为 20 μm。砂轮粒度的选择原则参见表 5.2。

表 5.2 砂轮特性及用途选择

砂轮组成要素

磨料

系别	名称	代号	颜色	性能	适用范围
氧化物	棕刚玉	A	棕褐色	硬度较低,韧性较好	磨削碳素钢,合金钢,可锻铸铁与青铜
	白刚玉	WA	白色	较 A 硬度高、磨粒锋利,韧性差	磨削淬硬的高碳钢,合金钢,高速钢,磨削薄壁,成形零件
	铬刚玉	PA	玫瑰红色	韧性比 WA 好	磨削高速钢,不锈钢,成形磨削,高表面质量磨削
碳化物	黑碳化硅	C	黑色带光泽	比刚玉类硬度高,导热性好,但韧性差	磨削铸铁,黄铜,耐火材料及其他非金属材料
	绿碳化硅	GC	绿色带光泽	较 C 硬度高,导热性好,韧性较差	磨削硬质合金,宝石、光学玻璃
	碳化硅	BC	黑色	比刚玉、C、GC 都硬,耐磨,高温易氧化	研磨硬质合金
超硬磨料	人造金钢石	D	白、淡绿,黑色	硬度最高,耐热性较好	研磨硬质合金,光学玻璃,宝石,陶瓷等高硬度材料
	立方氮化硅	CBN	棕黑色	硬度仅次于 D,韧性较 D 好	磨削高性能高速钢,不锈钢,耐热钢及其他难加工材料

粒度

类别	粒度号	适用范围
磨粒	8# 10# 12# 14# 16# 20# 22# 24#	荒磨
	30# 36# 40# 46#	一般磨削,加工表面粗糙度可达 $Ra0.8\ \mu m$
	54# 60# 70# 80# 90# 100#	半精磨,精磨和成形磨削,加工表面粗糙度可达 $Ra0.8\sim0.16\ \mu m$
	120# 150# 180# 220# 240#	精磨,精密磨,超精磨,成形磨,刀具刃磨珩磨
微粉	W_{63} W_{50} W_{40} W_{28}	精磨,精密磨,超精磨,珩磨,螺纹磨
	W_{20} W_{14} W_{10} W_{7} W_{5} $W_{3.5}$ $W_{2.5}$ $W_{1.5}$ $W_{1.0}$ $W_{0.5}$	超精密磨,镜面磨,精研,加工表面粗糙度可达 $Ra0.05\sim0.012\ \mu m$

结合剂

名称	代号	特性	适用范围
陶瓷	V	耐热,耐油和耐酸、碱的侵蚀,强度较高,较脆	除薄片砂轮外,能制成各种砂轮
树脂	B	强度高,富有弹性,具有一定抛光作用,耐热性差,不耐酸碱	荒磨砂轮,磨窄槽,切断用砂轮,高速砂轮,镜面磨砂轮
橡胶	R	强度高,弹性更好,抛光作用好,耐热性差,不耐油和酸,易堵塞	磨削轴承沟道砂轮,无心磨导轮,切割薄片砂轮,抛光砂轮

硬度

等级	超软			软			中软		中		中硬			硬		超硬
代号	D	E	F	G	H	J	K	L	M	N	P	Q	R	S	T	Y
选择	磨未淬硬钢选用 L～N,磨淬火合金钢选用 H～K,高表面质量磨削时选用 K～L,刃磨硬质合金刀具选用 H～J															

组织

组织号	0	1	2	3	4	5	6	7	8	9	10	11	12	13	14
磨粒率/%	62	60	58	56	54	52	50	48	46	44	42	40	38	36	34
用途	成形磨削,精密磨削				磨削淬火钢,刀具刃磨				磨削韧性大而硬度不高的材料					磨削热敏性大的材料	

3. 结合剂

砂轮的结合剂将磨粒黏结起来，使砂轮具有一定的形状和强度，且对砂轮的硬度、耐冲击性、耐腐蚀性、耐热性及砂轮寿命有直接影响。

常用的结合剂见表 5.2。此外，还有金属结合剂(M)，主要用于金刚石砂轮。

4. 硬度

砂轮的硬度是指在磨削力作用下，磨粒从砂轮表面脱落的难易程度。它主要取决于磨粒与黏合剂的黏固强度，而与磨粒本身的硬度是两个不同的概念。砂轮硬度高，磨粒不易脱落；硬度低，则反之。砂轮的硬度从低到高分为超软、软、中软、中、中硬、硬、超硬 7 个等级，见表 5.2。

一般说来，砂轮组织较疏松时，硬度低些，树脂结合剂的砂轮，硬度比陶瓷结合剂低些。

5. 组织

砂轮的组织表示砂轮中磨料、结合剂、气孔三者之间的比例关系。磨料在砂轮体积中所占的比例越大，砂轮的组织越紧密，气孔越少；反之，则组织疏松。砂轮的组织号及用途见表 5.2。

组织号越大，磨料所占的体积越小，砂轮越疏松，因此气孔越多越大，砂轮就不易被切屑堵塞，切削液和空气也易进入磨削区域，改善散热条件，减小工件因发热而引起的变形和烧伤现象。但疏松类砂轮，因磨粒含量少，容易失去正确的廓形，降低成形表面的磨削精度，增大表面粗糙度值。生产中常用的是中等组织(组织号为 4～7 号)的砂轮。一般砂轮上若未标组织号，即为中等组织。

5.7.2 砂轮的形状、尺寸及用途

根据不同的用途、磨削方式和磨床类型，将砂轮制成各种形状和尺寸，并标准化，见表 5.3。

表 5.3 常用砂轮的名称、代号、形状及其用途

名称	平面砂轮	双斜边砂轮	双面凹砂轮	筒形砂轮	杯形砂轮	薄片砂轮	碗形砂轮	碟形砂轮
代号	P	PSX	PSA	N	B	PB	BW	D
形状		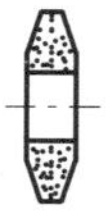	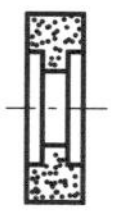	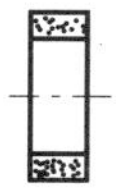	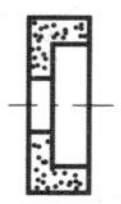	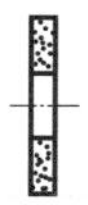	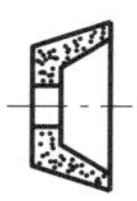	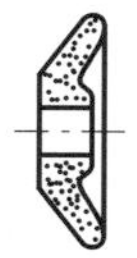
用途	用于外圆磨、内圆磨、平面磨、无心磨、工具磨、砂轮机等	主要用于磨削齿轮齿面和单线螺纹	可用于外圆磨削和刃磨刀具。也可用于无心磨	主要用于立式平面磨床	主要用于刃磨刀具，也可用于外圆磨	适用于切断和开槽等	常用于刃磨刀具。也用于导轨磨削	适用于磨削铣刀、铰刀、拉刀等

砂轮的特性代号一般标注在砂轮端面上，用以表示砂轮的磨料、粒度、硬度、结合剂、组织、形状、尺寸及允许最高线速度。例如：WA60KV6P300×30×75 即表示砂轮的磨料为白刚玉(WA)，粒度为 60#，硬度为中软 1(K)，结合剂为陶瓷(V)，组织号为 6 号，形状为平面砂轮(P)，尺寸外径为 300 mm，厚度为 30 mm，内径为 75 mm。

5.8 数控机床刀具

1. 常用数控机床刀具

除通用标准刀具(如麻花钻、铰刀、丝锥、立铣刀、面铣刀、镗刀等)之外,为了进一步发挥数控机床高速度、高刚性、高功率的特性,数控机床还经常使用各种高效刀具。

(1) 高刚性麻花钻。这种钻头采用大螺旋角(有时可达 35°～45°)、大钻心厚度(可达 0.35～0.4 倍钻头直径)和新的容屑槽形状,可以连续进给加工,大大提高加工效率。

(2) 硬质合金可转位浅孔钻。

(3) 硬质合金可转位螺旋立铣刀,如图 5.14 所示。

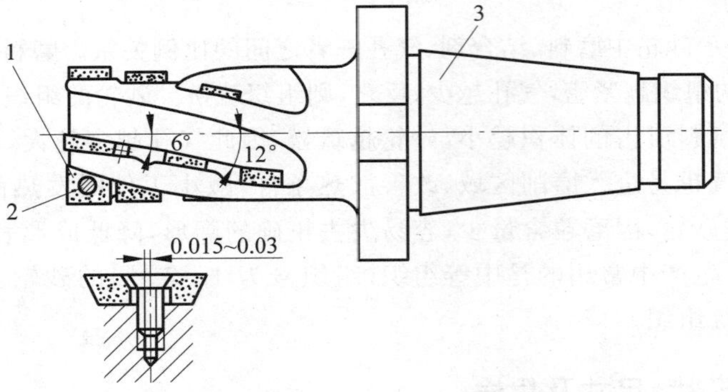

图 5.14 硬质合金可转位螺旋立铣刀

1—可转位刀片;2—刀片夹紧螺钉;3—刀体

(4) 机夹硬质合金单刃铰刀,如图 5.15 所示。这种铰刀在圆周方向只有一条切削刃和 2～3 条导向块,切削刃直径比导向块直径略大,导向块不仅起导向、支承的作用,还起挤光孔壁的作用。该铰刀的铰削余量、铰削速度均可比普通铰刀大,而加工孔的精度和表面粗糙度好。

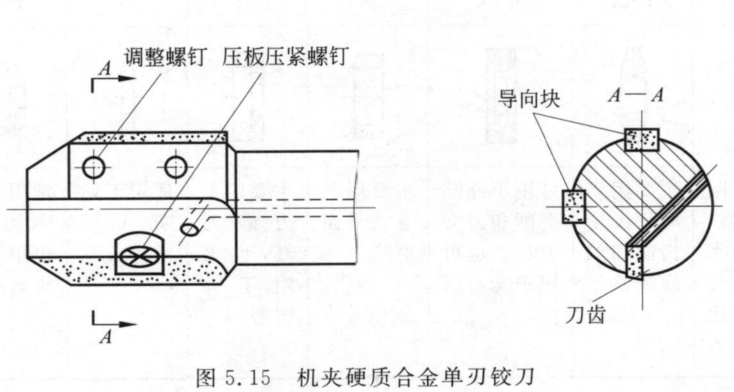

图 5.15 机夹硬质合金单刃铰刀

(5) 微调镗刀片。这类镗刀的最大特点是镗刀头的径向尺寸可以在加工现场进行精确的微调,通用性好,加工精度高。

(6) 球头铣刀。常用于各种成形表面的加工。

（7）复合刀具。对有一定批量工件的加工，为了能集中工序，可以使用专用复合刀具，实现多刀多刃加工，如复合阶梯钻、钻孔锪孔复合钻、多级扩孔钻、复合镗刀等。由于这些刀具与工件形状直接相关，因而专用性强，往往需要特殊设计、特殊制造和刃磨。

2. 选择数控刀具的一般原则

（1）尽量采用硬质合金或高性能材料制成的刀具。

（2）尽量采用机夹或可转位式刀具。

（3）尽量采用高效刀具。

3. 数控机床的工具系统

数控机床工具系统（简称数控工具系统）是指连接机床和刀具的一系列工具，有刀柄、连接杆、连接套和夹头等。

由于数控机床所要完成的加工内容多，因而必须配备许多不同品种、不同规格的刀具，众多数量的刀具只有通过数控工具系统才能与机床连接；同时，数控工具系统还能实现刀具的快速、自动装夹。因此，在数控机床切削加工中，数控工具系统是必不可少的。随着数控工具系统应用的与日俱增，我国已经建立了标准化、系列化的数控工具系统，为普及、发展数控工具系统打下了良好的基础。

数控工具系统按系统的结构不同可分为整体式和模块式两类。

[习题与思考题]

1. 车刀按用途与结构可分为哪些类型？它们的使用场合分别是什么？
2. 试述孔加工刀具的类型及用途。
3. 砂轮有哪些组成要素？如何选择砂轮的粒度？
4. 试述数控机床刀具的特点。
5. 什么是数控机床的工具系统？

6 机床夹具

6.1 概　述

夹具是在机械加工过程中，能迅速把工件固定在准确的位置或同时能确定加工工具位置的一种辅助装置。在机床上，用于安装工件的夹具称为机床夹具，简称夹具。夹具作为机床的一部分已成为机械加工中不可缺少的工艺装备，它直接影响机械加工的质量、操作者的劳动强度、生产率和生产成本。夹具设计更是机械工艺设计中的一项重要工作。

1. 机床夹具的功用

1）保证加工精度，稳定产品质量

夹具的有关精度远高于工件被加工面所要求的精度。使用夹具后，夹具保证的是工件被加工面的位置尺寸精度和位置关系精度，比划线找正所达到的加工精度高而且稳定可靠，且不受操作者的水平等主客观因素的影响，因此产品质量高而稳定。

2）提高劳动生产率，降低加工成本

采用夹具后，可省去划线找正等工作，不必试切调刀，而且能够使用快速高效、联动等夹紧装置，使辅助时间大大缩短，从而提高劳动生产率。使用夹具后产品质量稳定，对操作者技术要求降低，均有利于降低加工成本。

3）改善工人劳动条件

采用夹具后，可使工件的装卸方便、省力、安全，还能采用气动、液压等机械化装置，以减轻工人劳动强度，改善工人劳动条件。

4）扩大机床的工艺范围

采用夹具，能够有效扩大机床的工艺范围。如在车床或摇臂钻床上装上镗模，就可以进行单孔或孔系的加工；利用专用夹具可以改刨床为插床，改车床或铣床为加工型面的仿型机床等。

2. 机床夹具的分类

按夹具的应用范围，机床夹具可分为通用夹具、专用夹具、可调夹具、组合夹具等。

1）通用夹具

通用夹具是指已经标准化的、在一般通用机床上所附有的一些使用性能较广泛的夹具，如三爪或四爪卡盘、机用虎钳、分度头和回转工作台等。通用夹具的特点是适应性强，往往不需调整或稍加调整就可以用来安装一定形状和尺寸范围的各种工件进行加工。通用夹具一般已标准化，并由专业工厂制造供应。这类夹具主要用于单件、小批生产，装夹形状简单和加工精度要求不太高的工件。

2）专用夹具

专用夹具是指专为加工某一工件的某一工序而设计制造的夹具。此类夹具一般都由使用单位根据加工工件的要求自行设计、制造，生产准备周期较长，一般不具有通用性。因此专用夹具仅适用于产品相对稳定、批量较大的情况，以及不用夹具就难以保证加工精度的场合。

3）可调夹具

可调夹具是指加工完一种工件后，经过调整或更换个别元件，即可加工另外一种工件的夹具，主要用于加工形状相似和尺寸相近的工件，因此这类夹具或部件可预先制造好备存起来，根据所加工工件的具体形状及工艺要求，经过补充加工或添置一些零件后即可用于生产。常用的可调夹具有滑柱式钻模、带各种钳口的通用虎钳等。

4）组合夹具

组合夹具是指按某一工件的某一工序要求，由各种通用的标准元件和部件组合而成的夹具。这些元件和部件具有精度高、耐磨、可完全互换、组装及拆卸方便迅速等特点。夹具用完后即可拆卸存放，当重新组装时又可循环重复使用。组合夹具除适用于新产品试制和单件小批生产外，还适用于柔性制造系统及批量生产中。

3. 机床夹具的组成

机床夹具虽然分成各种不同的类型，具有不同的结构形式，但将其功能相同的元件或机构加以综合，则夹具结构一般可概括为如下六个组成部分。

(1) 定位元件：在夹具中确定工件位置的元件。

(2) 夹紧装置：用以夹紧工件，确保在加工过程中不因受外力而破坏其定位的装置。

(3) 导向、对刀元件：用以引导刀具或确定刀具与被加工面之间的正确位置的元件。

(4) 连接元件：用以确定夹具本身在机床的工作台或主轴上的位置的元件。

(5) 夹具体：用来连接或固定夹具上的各元件使之成为一个整体的基础元件。

(6) 其他装置和元件：根据加工需要，有些夹具除有上述元件和装置外，还分别采用分度装置、靠模装置、上下料装置等。

6.2 典型机床夹具

由于各类机床加工工艺和夹具与机床连接方式的不同，每一类机床夹具都有其各自的结构特点。本节着重分析和介绍各类机床夹具的结构特点。

6.2.1 车床夹具

由于车床主要用于加工零件的内外圆柱面、圆锥面、回转成形面、螺纹表面以及相应的端平面等，这些表面都是围绕机床主轴的旋转轴线而形成的，因而车床夹具的特点是加工时夹具和工件随机床主轴一起旋转并呈悬臂安装形式。因此，要求夹具和工件的重心应尽量接近主轴回转中心，并要求体积小、重量轻。

车床专用夹具按与机床主轴连接方式的不同可分为心轴式和弯板式。

1. 心轴式车床夹具

心轴是利用车床主轴锥孔(或前后顶尖)把夹具和主轴连接起来的。我们前面所讲的心轴、弹性夹头等都属于这类夹具。

2. 弯板式车床夹具

图 6.1 所示为加工螺纹座孔的弯板式车床夹具。工件 9 以一面两孔在夹具的一面两销上定位，两压板 8 分别在两定位销孔旁把工件加紧。导向套 6 用来前导引加工轴孔的刀具。7 是平衡重，用以消除夹具在回转时的不平衡现象。定程基面 5 用于确定刀具的轴向行程，以防止刀具与导向套相碰撞。

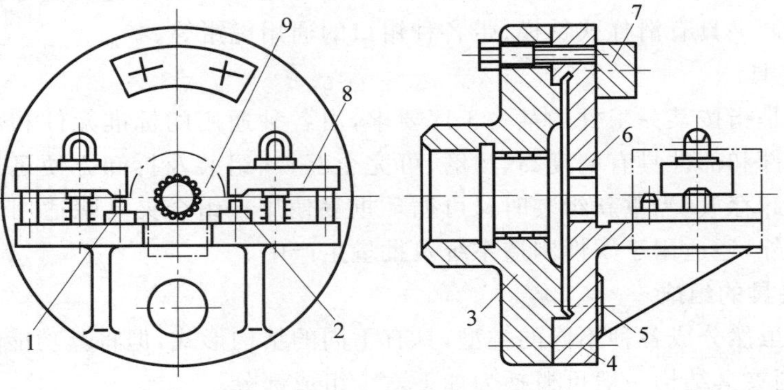

图 6.1 弯板式车床夹具

1、2—定位销；3—过渡盘；4—夹具体；5—定程基面；6—导向套；7—平衡重；8—压板；9—工件

6.2.2 铣床夹具

铣床夹具主要用于加工平面、键槽、缺口以及成形面等，在生产中应用比较广泛。铣床夹具一般应有确定刀具位置和夹具方向的对刀块和定位键，以保证夹具与刀具、机床间的正确位置，这是铣床夹具的重要特征。

按工件的进给方式，铣床夹具可分为三类：直线进给式、圆周进给式和靠模进给式。

1. 直线进给式铣床夹具

这类夹具安装在铣床工作台上，随工作台按直线进给方式运动。

图 6.2 所示是加工拨叉(右下图)的铣床夹具。工件以内孔及其端面和筋部定位，限制 6 个自由度。转动手柄 6，通过压板 8、柱销 10、角形压板 3、螺杆 5、压板 4 将工件从孔端面夹紧。同时螺杆 7 上移，带动压板 9 绕支点转动，将工件从筋部夹紧。

2. 圆周进给式铣床夹具

这种铣床夹具常用在有回转工作台的转台铣床或鼓轮铣床上。夹具可沿转台圆周依次布置若干个，随着转台对铣刀作圆周进给，将工件依次送入切削区，从而进行连续切削，因此这是一种高效率的铣削方式。

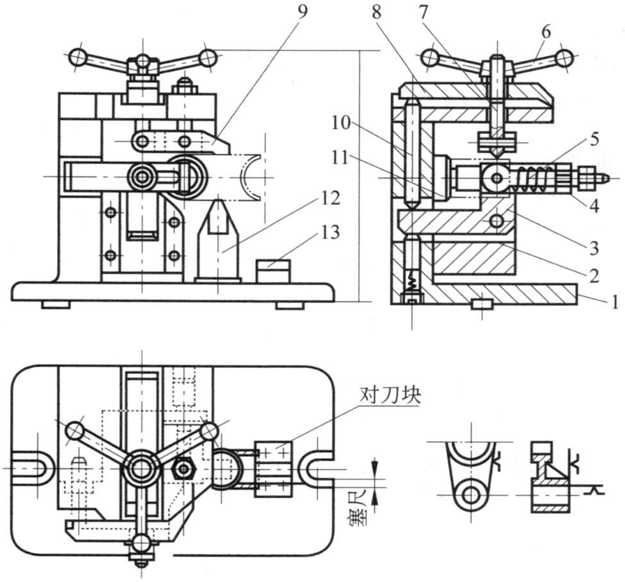

图 6.2 直线进给式铣床夹具

1—夹具体；2—支架；3—角形压板；4、8、9—压板；5、7—螺杆；6—手柄；
10—柱销；11—定位销；12—支承；13—对刀块

图 6.3 所示是圆周进给式铣床夹具工作原理示意图。在回转台 1 上，沿圆周依次安装若干个夹具 2，回转台 1 作连续的圆周进给运动，将工件依次送入切削区。在切削区有粗铣和精铣两把铣刀进行加工。工件离开切削区后即可装卸工件。这种连续切削方式，其辅助时间和机动时间完全重合，生产效率很高。

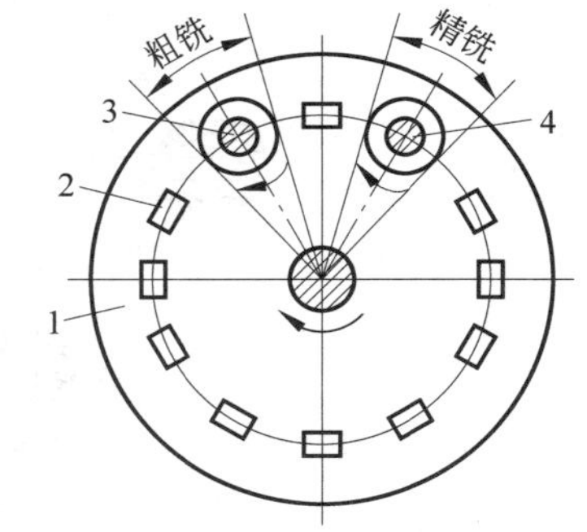

图 6.3 圆周进给式铣床夹具工作原理

1—回转台；2—夹具；3—粗铣刀；4—精铣刀

6.2.3 钻床夹具

钻床夹具(通称钻模)是用来在钻床上钻孔、扩孔、铰孔的机床夹具，其主要特点是通过钻套引导刀具进行加工。加工时，被加工孔的尺寸和精度主要由刀具本身的尺寸和精度来保证；孔的位置精度则由钻套在夹具上相对于定位元件的位置精度来确定。

钻床夹具的类型很多，根据被加工孔的分布情况可分为以下三类。

1. 固定式钻模

这种钻模在使用时被固定在钻床工作台上，它可用于立式钻床、摇臂钻床。在立钻上安装固定式钻模时，须在钻床主轴上装好钻头，以能顺利插入钻套来找正夹具位置，然后将钻模固定在钻床工作台上。

2. 回转式钻模

回转式钻模主要用来加工围绕一定的回转轴线分布的轴向或径向孔系。这种钻模带有分度装置，工件在一次安装中，靠钻模回转可依次加工各孔。

3. 翻转式钻模

翻转式钻模在使用过程中需人力翻转，故夹具和工件的总重量不能太重。这类钻模主要适用于加工小型工件分布在不同表面上的孔。

6.2.4 数控机床夹具

数控机床由于控制方式的改变、传动形式变化以及刀具材料的更新，使工件的成形运动变得更为方便和灵活。数控机床是一种高效、高精度的加工设备，这类机床在成批大量生产时所用的夹具除了通用夹具、组合夹具外，也用一些专用夹具。在设计数控机床专用夹具时，除了应遵循夹具设计的原则外，还应注意以下特点。

(1) 数控机床夹具应有利于实现加工工序的集中，即可使工件在一次装夹后，能进行多个表面的加工，减少工件的装夹次数，这有利于提高加工精度和效率。数控机床的工艺范围广，可实现自动换刀，具有刀具自动补偿功能。图 6.4 所示为压板按顺序松开和夹紧工件顶面，实现加工工件四个面的夹具方案。压板采用自动回转的液压夹紧组件，每个夹紧组件与液压系统控制的换向阀连接。当刀具依次加工每个面时，根据控制指令，被加工面上的压板顺序自动松开工件并回转 90°，保证刀具通过。这时工件仍被其余压板压紧。一个面加工完成后，压板重新转到工作位置再次压紧工件顶面，使切削按所编程序依次通过压板，保证连续加工完成工件的全部外形。

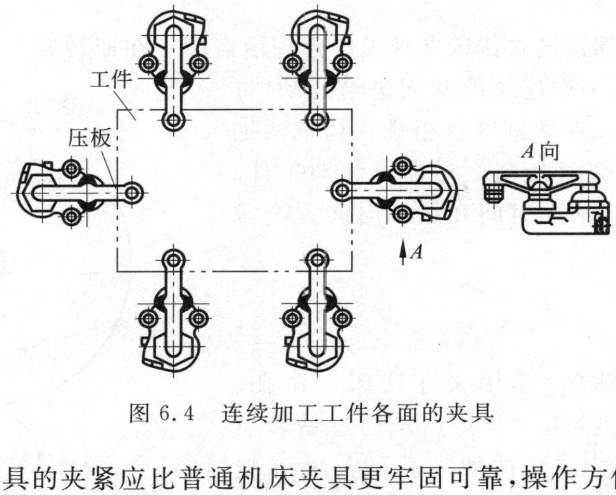

图 6.4 连续加工工件各面的夹具

(2) 数控机床夹具的夹紧应比普通机床夹具更牢固可靠，操作方便。数控机床通常可采用高速切削或强力切削，加工过程全自动化，采用机动夹紧装置，用液压或气压提供动力。如图 6.5 所示，工件安装在分度回转工作台上，进行多个表面加工，由于强力切削，为防止在很大的切削力作用下使得工件窜动，先用螺钉 4 将工件压紧在分度回转工作台上，用两个液压传动的压板 1 和 3 再从上面压紧工件。两个压板的基座 6 安装在工作台不转动部分 7 上。工件的一个面加工完成后，根据程序指令，压板自动松开工件，分度回转工作台带着工件回转 90°后，压板再压紧工件，继续加工另一个面。

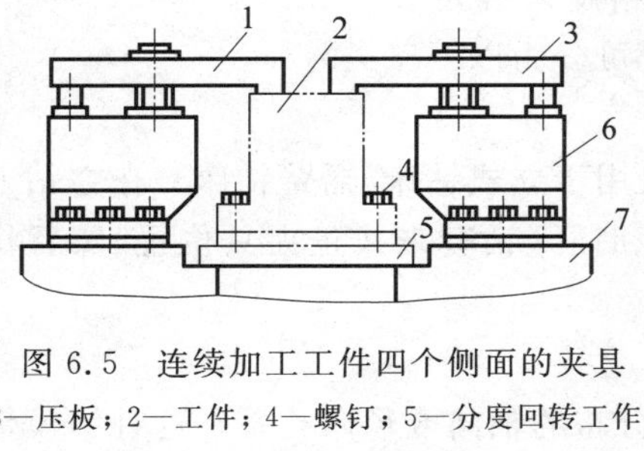

图 6.5 连续加工工件四个侧面的夹具

1、3—压板；2—工件；4—螺钉；5—分度回转工作台；6—压板基座；7—工作台不转动部分

(3) 夹具上应具有工件坐标原点及对刀点。数控机床有自己的机床坐标系,工件的位置尺寸是靠机床自动获得、确定和保证的。夹具的作用是把工件精确地安装入机床坐标系中,保证工件在机床坐标系中的确定位置。因此,必须建立夹具(工件)坐标系与机床坐标系的联系点。为简化夹具在机床上的装夹,夹具的每个定位基面相对于机床的坐标原点都应有精确的、一定的坐标尺寸关系,以确定刀具相对于工件坐标系和机床坐标系之间的关系。对刀点可选在工件的孔中心,或在夹具上设置专用对刀装量。

(4) 各类数控机床夹具在设计时还应考虑其自身的加工工艺特点,注意其结构合理性。

数控车床夹具应更注意夹紧力的可靠性及夹具的平衡。图 6.6 所示为数控车床液动三爪自定心卡盘,为了保证夹紧可靠,利用平衡块在主轴高速旋转的离心力作用下通过杠给卡爪一个附加夹紧力。卡爪的夹紧与松开由液压力作用在楔槽轴 4 上,使之左右运动,卡爪实现夹紧与松开。夹具的平衡对数控车床夹具尤为重要,平衡不好,会引起工件振动,影响加工精度。

数控铣床夹具通常可不设置对刀装置,由夹具坐标系原点与机床坐标系原点建立联系,通过对刀点的程序编制,采用试切法加工、刀具补偿功能或采用机外对刀仪来保证工件与刀具的正确位置,位置精度由机床运动精度保证。数控铣床通常采用通用夹具装夹工件,例如机床用平口虎钳、回转工作台等;对大型工件,常采用液压、气压作为夹紧动力源。

数控钻床夹具一般可不用钻模,而在加工方法、选用刀具形式及工件装夹方式上采取一些措施来保证孔的位置和加工精度。可先用中心钻定孔位,然后用钻削刀具加工孔,深孔的位置由数控装置控制。当孔属于细长孔时,可利用程序控制,采用往复排屑方式(如图 6.7 所示);再者,采用高速钻削,刀具的刚度及切削性能都比较好。采用这种加工方式,孔的垂直度能得到保证。

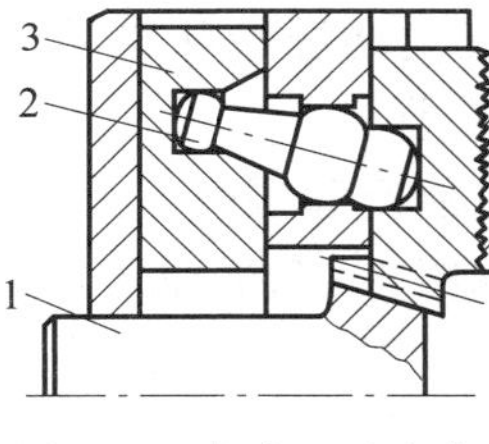

图 6.6 液动三爪自定心卡盘

1—卡爪;2—杠杆;3—平衡块;4—楔槽轴

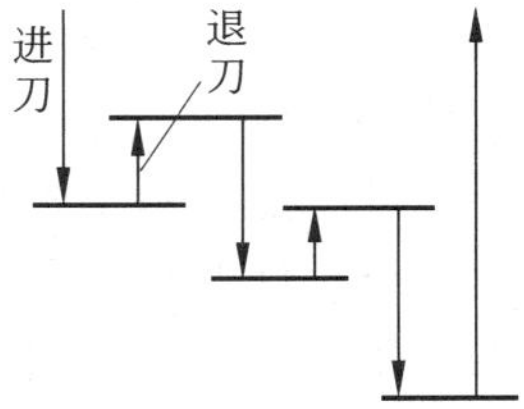

图 6.7 往复排屑示意

随着技术的发展,数控机床夹具的柔性化程度也在不断提高,如数控铣镗床夹具主要由四个定位夹紧件构成,其中三个定位夹紧件可通过数控指令控制其移动并确定坐标位置。这种柔性夹具可适合工件的不同尺寸、不同形状的定位夹紧,同时在装夹后就可以确定工件相对刀具或机床的位置,可以比较方便地把工件坐标位置编入程序中。

[习题与思考题]

1. 机床夹具的作用是什么?它一般有哪些组成部分?
2. 钻套起什么作用?它有几种类型?

7 三坐标测量机

7.1 概　　述

三坐标测量机是20世纪60年代后期发展起来的一种高效率的精密测量仪器。它的出现,一方面是由于生产发展的需要,即高效率加工机床的出现,产品质量要求进一步提高,复杂立体形状加工技术的发展等都要求有快速、可靠的测量设备与之配合;另一方面也由于电子技术、计算机技术及精密加工技术的发展,为三坐标测量机的出现提供了技术基础。

三坐标测量机(CMM)是一种以精密机械为基础,综合应用了电子技术、计算机技术、光栅与激光干涉技术等先进技术的检测仪器。三坐标测量机的主要功能是:

(1) 可实现空间坐标点的测量,可方便地测量各种零件的三维轮廓尺寸、位置精度等。测量精确可靠,且适用性强。

(2) 由于计算机的引入,可方便地进行数字运算与程序控制,并具有很高的智能化程度。因此它不仅可方便地进行空间三维尺寸的测量,还可实现主动测量和自动检测。在模具制造工业中,充分显示了在测量方面的万能性、测量对象的多样性。

三坐标测量机广泛应用于机械制造、仪器制造、电子工业、航空和国防工业各部门,特别适用于测量箱体类零件的孔距和面距、模具、精密铸件、电子线路板、汽车外壳、发动机零件、凸轮以及飞机形体等带有空间曲面的工件。

三坐标测量机的作用不仅是由于它比传统的计量仪器增加了一、二个坐标,使测量对象广泛,而且它的生命力还表现在它已经成为有些加工机床不可缺少的伴侣。例如,它能卓有成效地为数控机床制备数字穿孔带,而这种工作由于加工型面愈来愈复杂,用传统的方法是难以完成的,因此,它与数控“加工中心”相配合已具有“测量中心”的称号。

7.1.1　三坐标测量机的类型

三坐标测量机有多种分类方法,下面从不同的角度对其进行分类。

1. 按照技术水平的高低分类

1) 数显及打字型(N)

这种类型主要用于几何尺寸测量,采用数字显示,并可打印出测量结果,一般采用手动测量,但多数具有微动机构和机动装置,这类测量机的水平不高。虽然提高了测量效率,解决了数据打印问题,但记录下来的数据仍需进行人工运算。例如测量孔距,测得的是孔上各点的坐标值,需计算处理才能得出结果。

2）用小型电子计算机进行数据处理(NC)

这类测量机水平略高，目前应用较多。测量仍为手动或机动，但用计算机处理测量数据，其原理框图如图 7.1 所示。该机由三部分组成：数据输入部分、数据处理部分与数据输出部分。有了电子计算机，可进行诸如工件安装倾斜的自动校正计算、坐标变换、孔心距计算及自动补偿等工作。并且可以预先储备一定量的数据，通过计量软件存储所需测量件的数学模型，对曲线表面轮廓进行扫描测量。

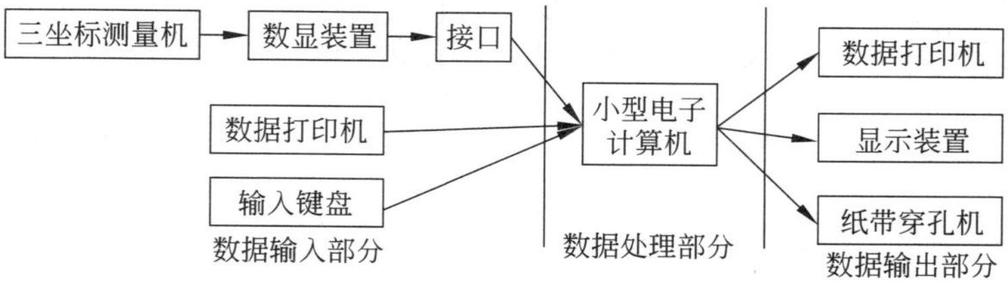

图 7.1 带计算机的三坐标测量机工作原理框图

3）计算机数字控制型(CNC)

这种测量机的水平较高，像数控机床一样，可按照编好的程序进行自动测量，其原理如图 7.2 所示。编制好程序的穿孔带或磁卡通过读取装置输入电子计算机和信息处理线路，通过数控伺服机构控制测量机按程序自动测量，并将测量结果输入电子计算机，按程序的要求自动打印数据或以纸带等形式输出。由于数控机床加工用的程序可以和测量机的程序互相通用，因而提高了数控机床的设备利用率。

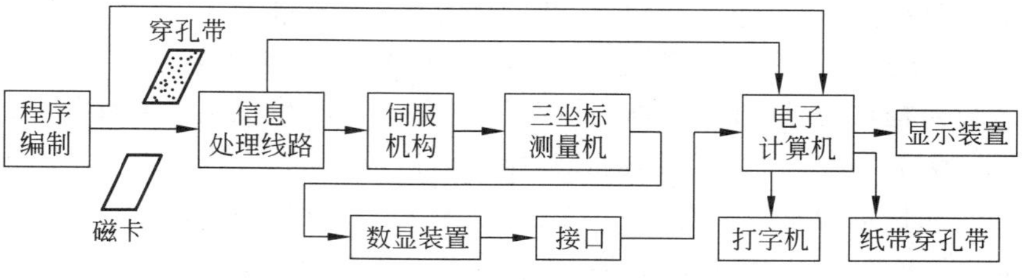

图 7.2 CNC 控制三坐标测量机工作原理框图

2. 按照工作方式分类

(1) 点位测量方式 由测量机采集零件表面上一系列有意义的空间点，通过数学处理，求出这些点所组成的特定几何元素的形状和位置。

(2) 连续扫描测量方式 对曲线、曲面轮廓进行连续测量，多为大、中型测量机。

3. 按照结构形式分类

三坐标测量机一般都具有互成直角的三个测量方向，水平纵向运动为 X 方向(又称 X 轴)，水平横向运动为 Y 方向(又称 Y 轴)，垂直运动为 Z 方向(又称 Z 轴)。三坐标测量机坐标系的建立如图 7.3 所示。

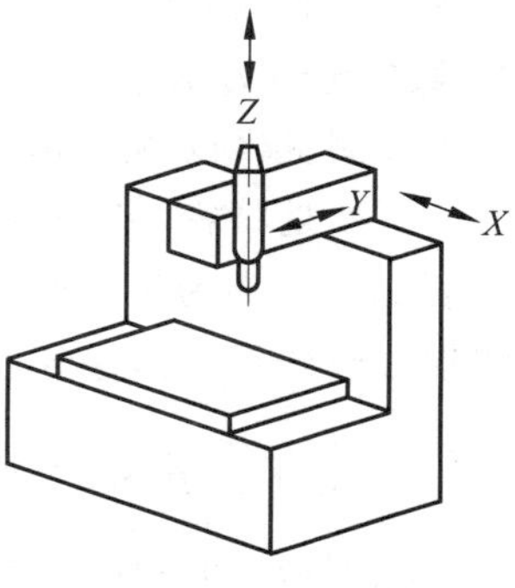

图 7.3 三坐标测量机坐标系的建立

图 7.4 所示为三坐标测量机常见的结构形式。根据测量机三个方向测量轴的相互配置位置的不同，使三坐标

测量机的总体布局结构形式分为：悬臂式(见图 7.4(a)、(b))、桥式(见图 7.4(c)、(d))、龙门式(见图 7.4(e)、(f))、立柱式(见图 7.4(g))、坐标镗床式(见图 7.4(h))等，每种形式各有特点与适用范围。

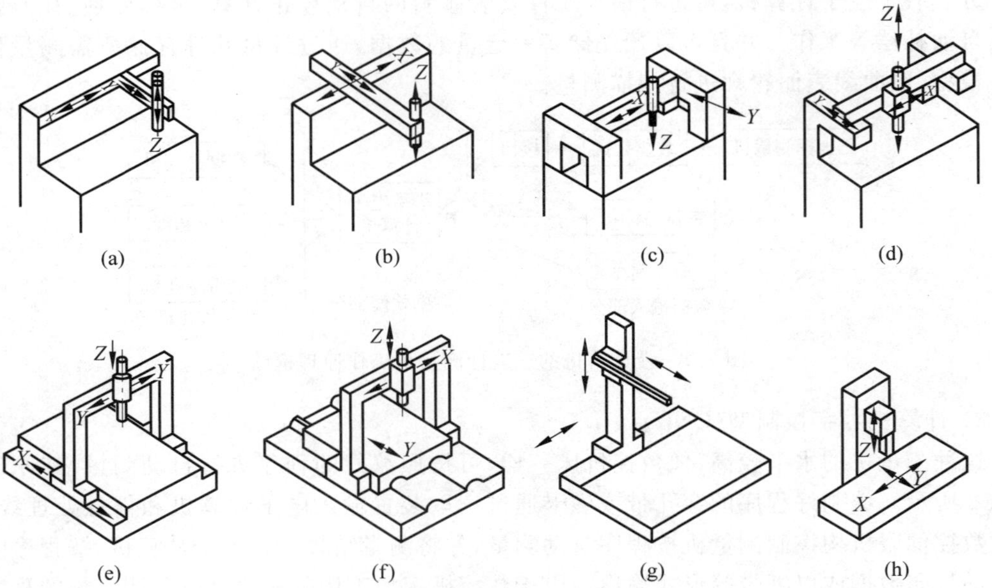

图 7.4　三坐标测量机的结构形式

(1) 悬臂式结构紧凑、工作面开阔，装卸工件方便，便于测量，但悬臂易于变形，变形量随测量轴 Y 轴的位置变化而变化，因此 Y 轴测量范围受限(一般不超过 500 mm)。

(2) 桥式以桥框作为导向面，X 轴能沿 Y 方向移动。测量机结构刚性好，X、Y、Z 的行程大，一般为大型机，其中桥框(X 轴)的移动距离可达 10 m。

(3) 龙门式测量机的龙门架刚度大，结构稳定性好，精度较高。由于龙门或工作台可以移动，使装卸工件方便，但考虑龙门移动或工作台移动的惯性，龙门式测量机一般为小型机。

(4) 立柱式适合于大型工件的测量。

(5) 坐标镗床式的结构与镗床基本相同，结构刚性好，测量精度高，但结构复杂，适用于小型工件。

在零件的制造和检验中，常用的形式为桥式、龙门式和立柱式。

4. 其他分类方法

三坐标测量机按测量范围可分为大型、中型和小型测量机。按其精度等级的高低可分为两类：一类是精密型，一般放在有恒温条件件的计量室，用于精密测量，分辨能力一般为 0.5～2 μm；另一类为生产型，一般放在生产车间，用于生产过程检测，并可进行末道工序的精密测量，分辨能力为 5 μm 或 10 μm。

7.1.2　三坐标测量机的构成

三坐标测量机的规格品种很多，但基本组成主要由测量机主体、测量系统、控制系统和数据处理系统组成。后面将以 ZOO 型三坐标测量机为例进行介绍。

7.1.3 三坐标测量机的测量方式

1. 直接测量

直接测量法即手动测量，利用键盘由操作员将决定的顺序输入指令，系统逐步执行的操作方式。测量时根据被测零件的形状和位置生成测量指令，以手动或 NC 方式采样，其中 NC 方式是把测头拉到接近测量部位，系统根据给定的点数自动采点。测量机通过接口将测量点坐标值送入计算机进行处理，并将结果输出显示或打印。

2. 程序测量

程序测量法是将测量一个零件所需要的全部操作，按照其执行顺序编程，以文件形式存入磁盘，测量时运行程序，控制测量机自动测量的方法。它适用于成批零件的重复测量。

3. 自学习测量

自学习测量是操作者在对第一个零件执行直接测量方式的正常测量循环中，借助适当命令使系统自动产生相应的零件测量程序，对其余零件测量时重复调用的方法。该方法与手工编程比，省时且不易出错。但要求操作员熟练掌握直接测量技巧，注意操作的目的是获得零件测量程序，注重操作的正确性。

自学习测量过程中，系统可以通过两种方式进行自学习：对于系统不需要进行任何计算的指令，如测头定义、参考坐标系的选择等指令，系统采用直接记录方式；而许可记录方式用于测量计算的有关指令，只有被操作者确认无误时才记录，如测头校正、零件校正等指令。当测量循环完成或程序过程中发现操作错误时，可中断零件程序的生成，进入编辑状态修改，然后再从断点起动。

7.2 ZOO 小型三坐标测量机

1. 测量机的构成、工作方式和基本配制

ZOO 小型三坐标测量机采用点位测量方式，其基本组成和其他三坐标测量机一样，主要由测量主体、测量系统、控制系统和数据处理系统组成。

ZOO 小型三坐标测量机的控制系统和数据处理系统包括专用计算机、专用的软件系统和专用程序。计算机是三坐标测量机的控制中心，用于控制全部测量操作、数据处理和输入输出。

ZOO 小型三坐标测量机的基本配置包括：主机、电控柜、计算机、打印机、测头、测座、测杆，还有几何测量及一般形位公差测量通用软件。几何测量软件包括：点、线、平面、圆、球、圆柱、圆锥、台阶圆柱、交点、内切圆、外接圆、距离、角度、交线、对称点、对称线、对称面、垂线、平行线及坐标变换等。

2. 测量机的机械主体结构

ZOO 小型三坐标测量机的机械主体结构如图 7.5 所示，主要包括主机支承部件 1、方轴部件 2、滑架部件 3、滑架外罩部件 4、梁柱部件 5、龙门框架（活动桥）6 和工作台部件 7。它建立了三个具有一定测量范围和较高精度的空间直角坐标系 X、Y、Z。箭头指示方向分别为 X、Y、Z 坐标轴的正向。主体结构形式为小型封闭龙门框架活动桥式。测量机本身不移动，活动桥可在工作台上移动（X 向）。这种结构易于实现高速测量，承载能力大，结构简单、紧凑，成本低。龙门框架刚度大，结构稳定性好，精度高。龙门框架可以移动，故装卸零件容易。但龙门框架的移动有惯性，所以适用于小型测量机。

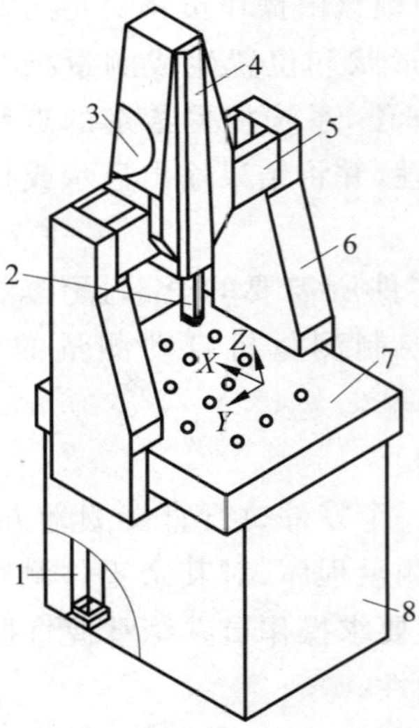

图 7.5 ZOO 小型三坐标测量机主体结构

1—主机支承部件；2—方轴部件；3—滑架部件；4—滑架外罩部件；
5—梁柱部件；6—龙门框架；7—工作台部件；8—裙围部件

该测量机龙门框架 6 的移动采用 X 向中心驱动，X 向对称中心（即在 X 向工作台中央的下表面上）配置有光栅尺进行位置控制。X 向的工作台与导轨一体化。活动桥沿导轨即工作台的移动是由直流伺服电动机通过光杆与斜轮传动来实现的。ZOO 小型三坐标测量机的三向导轨均采用气浮导轨，均按闭式静压导轨布局。三个方向的轴承均采用高精度、高气膜刚性空气轴承，保证了整机的承载能力及刚性。气路控制采用国内、外优质零部件，稳定可靠。

3. X 向工作台与导轨

ZOO 小型三坐标测量机为避免双工作台（即上工作台安放被测零件，下工作台作导轨）安装误差大，工作台下方开槽加工难度大，承载能力低的缺点，采用了 X 向工作台和导轨一体化方案。如图 7.5 所示，工作台部件 7 由主机支承部件 1 定位，龙门框架 6 由 X 向空气轴承支承，工作台上、下平面和长度方向的两个侧面与空气轴承共同组成气浮导轨。工作台各表面超精加工成 X 向导轨，实现了 X 向工作台、导轨一体化和 X 向双侧面高精度、高刚度导向方式，使 X 向导轨是一个高精度与高稳定性的基准。

X 向工作台以及横梁和 Z 轴均采用优质花岗石材料，具有线膨胀系数低、机械精度高、耐磨性好、防锈、防磁、绝缘、抗弯曲、抗振动和不易变形等优点。

双闭式的 X 向静压气浮导轨，即 X 向主向空气轴承预紧和工作台底面增加两个空气轴承用来提高气膜刚性，使空气轴承气膜刚度提高若干倍，有效抑制并减少了活动桥的扭摆。

高刚度高承载的主向（工作台上表面的 X 向）及侧向空气轴承与导轨形成的闭式静压气浮导轨，保证了 X 向具有高运动精度和高承载能力。

空气轴承的工作原理如图 7.6 所示，来自供气装置的压缩空气由孔 a 进入轴承的气囊后，通过若干个小孔 b 进入轴承和导轨面之间，对运动件形成上浮力。同时，空气通过粗糙度形成的微小沟槽流入大气。

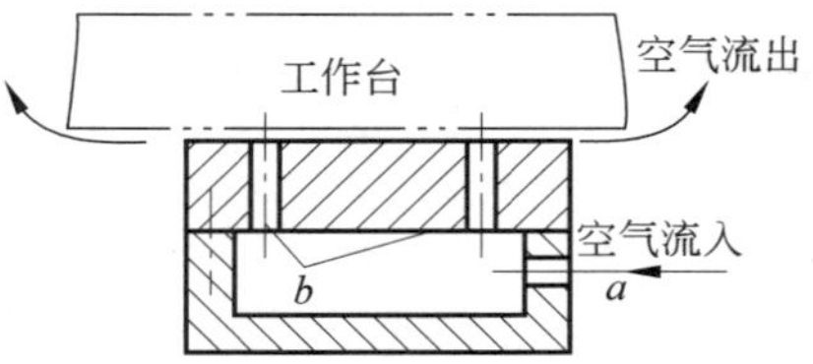

图 7.6 空气轴承工作原理图

传动装置和光栅尺均安装于工作台下表面的中央，避免了由于运动惯性所引起的活动框架的扭摆。工作台上 M8 的螺孔作为固定被测工件或测量夹具用。

4. 测量机的传动系统

X 向传动系统如图 7.7 所示。它由 X 向传动组件 2、X 向前行程限位开关 3、斜轮组件 4、X 向后行程限位开关 5、限位块组件 6、直流伺服电动机 7 等组成。该测量机三个方向均采用了高精度摩擦轮传动和柔性铰链等先进技术。除 X 向实现中心驱动外，Z 向也实现了中心驱动，减少了侧向驱动引起的扭摆随机误差。

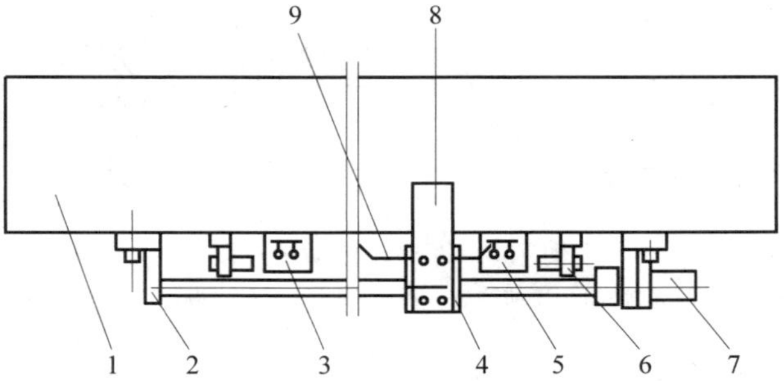

图 7.7 X 向传动系统示意图

1—工作台；2—X 向传动组件；3—X 向前行程限位开关；4—斜轮组件；5—X 向后行程限位开关；6—限位块组件；7—直流伺服电动机；8—活动桥；9—压铁

摩擦轮传动是利用直接接触并相互压紧的两摩擦轮间的摩擦力，将主动轮或轴的运动和转矩传给从动轮的传动装置。通常由加压装置和传动元件组成。图 7.8 为摩擦轮传动示意图。摩擦轮 1 通过安装板 5 及立柱 6 安装在待移动部件上，摩擦轮 1 被压缩弹簧 3 压紧在光轴 2 上。当电动机驱动光轴旋转时，在摩擦力的作用下，摩擦轮 1 也随之转动。当摩擦轮 1 的轴线与光轴平行时，待移动部件静止不动，摩擦轮 1 空转。当摩擦轮 1 的轴线通过调节臂 7 与光轴轴线呈 α 角倾斜时，待移动部件便随摩擦轮以 v_x 的速度沿光轴的轴线方向移动。

驱动小车沿光轴方向移动的推力 F_x 与压紧力 Q、摩擦因数 μ、摩擦轮偏斜角 α 的正弦、摩擦轮个数成正比，偏斜角 α 愈大，推力 F_x 也愈大，通过调整偏斜角 α 的大小便可调整推进力和小车移动速度。

采用光杆-摩擦轮传动具有以下优点：结构和加工简单，运转平稳，噪声低，有过载保护功能；摩擦轮与光杆之间无间隙，传动精度高，无需消隙机构，体积小；当摩擦轮与光杆因磨损而压力减小时，可通过调整压缩弹簧的弹力恢复原有的压力。

活动桥的传动过程是：直流伺服电动机接到控制系统发来的信息后起动，将运动传给

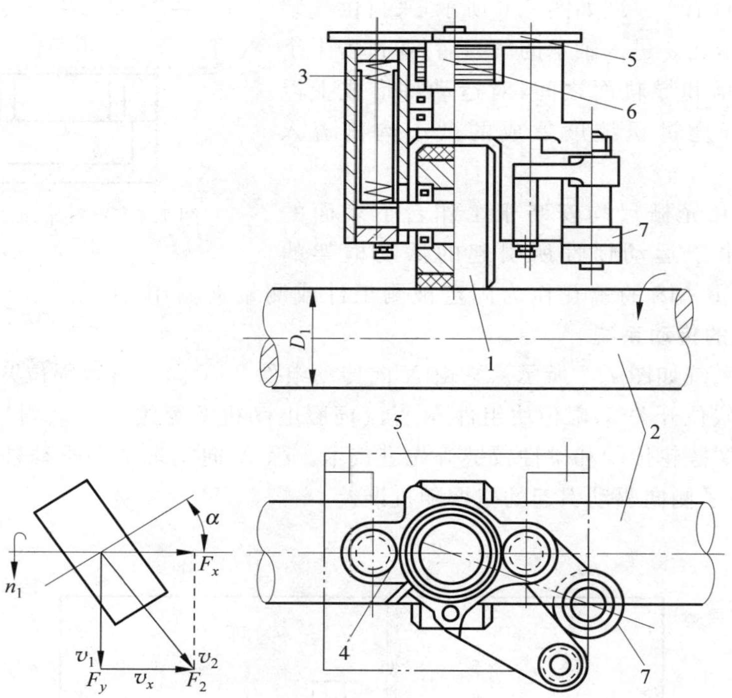

图 7.8 摩擦轮传动示意图

1—摩擦轮；2—光轴；3—压缩弹簧；4—支座；5—安装板；6—立柱；7—调节臂

X 向传动轴，X 向传动轴靠摩擦将运动传到均匀布置的三个斜轮上，装斜轮的斜轮体与活动桥相连，于是实现了活动桥在 X 方向的移动。当固定在活动桥上的压铁压下行程限位开关时，活动桥停止运动。活动桥上还装有传感器，活动桥移动时，由传感器读取固定在工作台下方的光栅尺的位置和速度信息。

Y 向和 Z 向传动系统的基本原理和构件与 X 向类似。

5. 龙门框架(活动桥)、横梁与滑架

图 7.9 所示为 ZOO 小型坐标测量机龙门框架、横梁和滑架结构外形(后视和俯视图)。它采用封闭的龙门框架结构，因采用板料型材焊接的整体框架，避免了因分体加工再组合成形所带来的加工误差和组合时框架内应力大等缺点。因此，其机械精度高，刚性强，加工和安装工艺性好，结构简单。

横梁组件 1 即 Y 基准不是龙门框架的组成部分，横梁与龙门框架之间是相互独立的，可以使横梁组件 1 实现自由调节和沿 Y 向自由热膨胀。横梁仅承受滑架组件 7 的重力和龙门框架组件 2 加速运动时滑架的惯性力。所有这些均保证 Y 向基准的高精度。横梁的调整用了 6 个球面支承副(支承组件 5)。横梁与 Z 轴也采用了整体优质花岗石，使整个机器具有很高的几何精度。

滑架结构为整体铸造滑架，其上安装有 Z 轴传动装置、Z 轴及 Z 轴重锤平衡系 8 等。

6. ZOO 小型三坐标测量机的测量系统

三坐标测量机的测量系统包括测量头和标准器。ZOO 小型三坐标测量机的标准器为

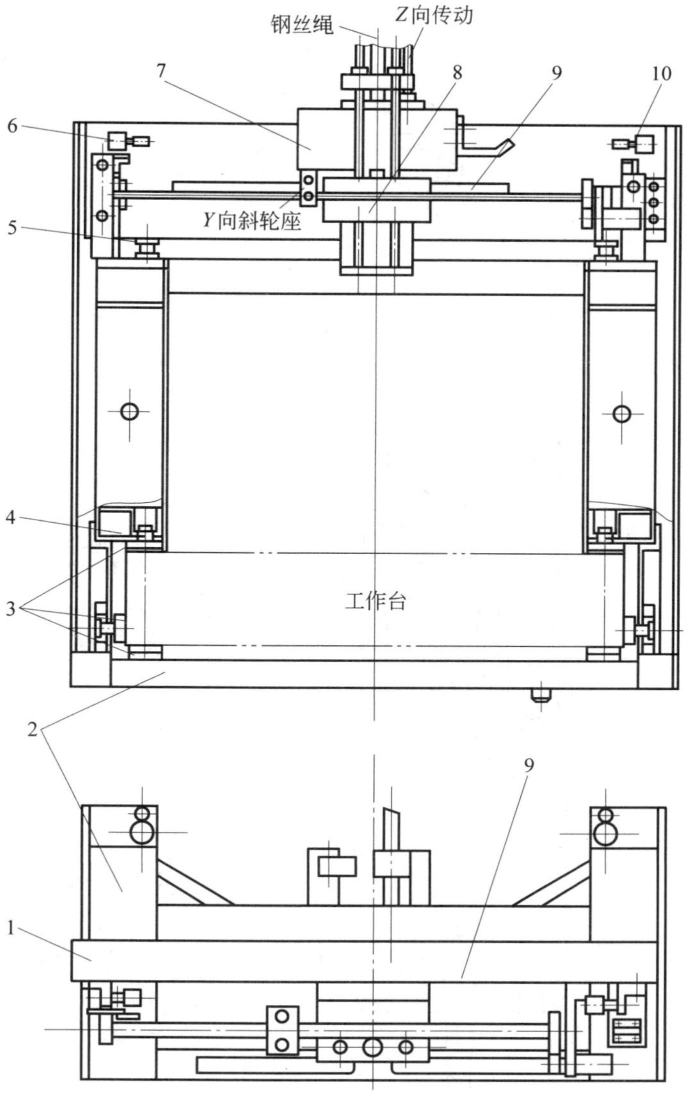

图 7.9 ZOO 三坐标测量机龙门框架、横梁和滑架

1—横梁组件；2—龙门框架组件；3—空气轴承；4—刚性支承组件；5—横梁支承组件；6—限位块；7—滑架组件；8—重锤平衡系；9—光栅尺；10—限位开关

光栅尺，由光学读数头读取数据。测量头用于对工件进行测量。ZOO 小型三坐标测量机所用的测量头是应用较广泛的电触式开关，两轴（Z 轴和 Y 轴）可转角测头。图 7.10 为测量头外形图，在测量前，拧松开关 2，测头带动测杆 1 可绕 Z 轴和 Y 轴转动，用于调整测头在空间的位置。转动角度可由测头上的刻度来控制。

图 7.11 是电气接触式开关测头的结构图。测头由上主体 3、下底座 1 和三根防转杆 2 等组成。测杆 10 装在半球形测头座 7 上，其底面装有均布的三个圆柱体 8（水平放置），它们与装在下底座上的六个钢球 9 两两相配，组成三对钢球接触副。测头座由顶部的弹簧 6 向下压紧，使接触副保持接触。弹簧力的大小用调节螺杆 4 调节。电路导线由插座 5 引出。

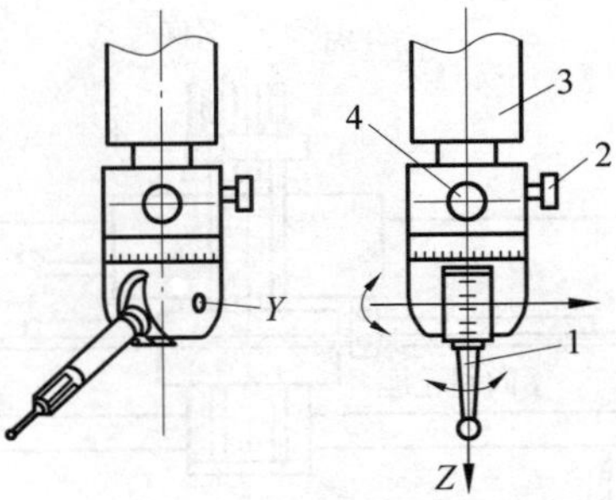

图 7.10 测头外形图

1—测杆；2—开关；3—方轴；4—指示窗

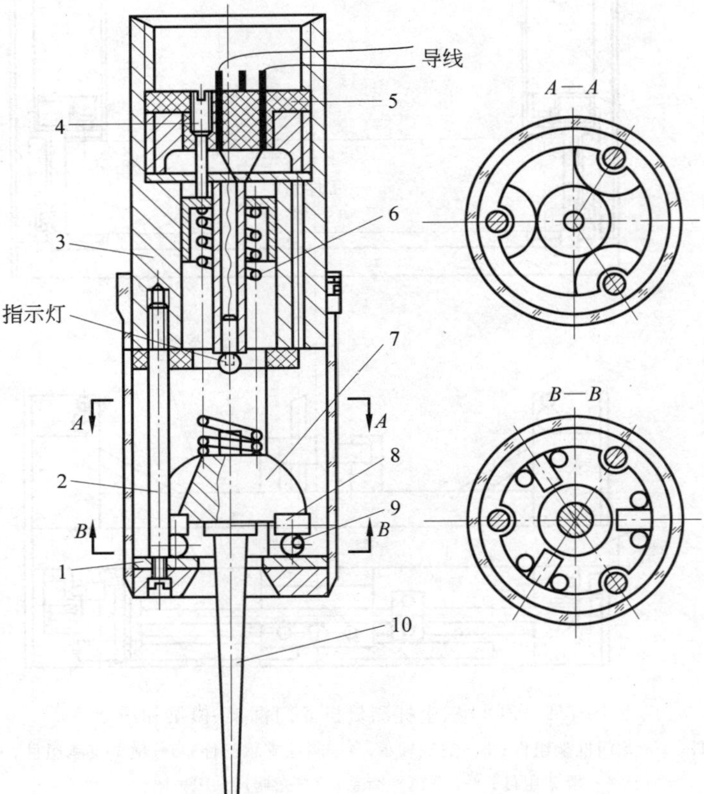

图 7.11 电气接触式开关测头结构图

1—下底座；2—防转杆；3—上主体；4—调节螺杆；5—插座；6—弹簧；

7—测头座；8—圆柱体；9—钢球；10—测杆

电气接触式开关测头的工作原理是：开关测头中的三对钢球 9 分别与下底座 1 上的印刷线路相接触，此时指示灯点亮。当触头接触到被测件时，外力使触头发生偏移，此时钢球接触副必然有一对脱开，而发出过零信号，表示已计数。此时，指示灯熄灭，表示测头已碰上测件偏离原位。当测头与被测件脱离，弹簧 6 使测头回到原始位置，指示灯又点亮。

7. 气路装置

图 7.12 为测量机气路装置，它由喉箍 1、安装板 2、三联体 3、压力表 4、接头 5、接嘴 6、压力开关 7、进气接头 8、快换接头 9 组成。具有规定流量和压力的压缩空气首先进入储气罐，经过粗过滤及滤水后，通过喉箍 1，到达三联体 3。在三联体内经过粗、细两级过滤器后，送至 X、Y、Z 三个方向的空气轴承。

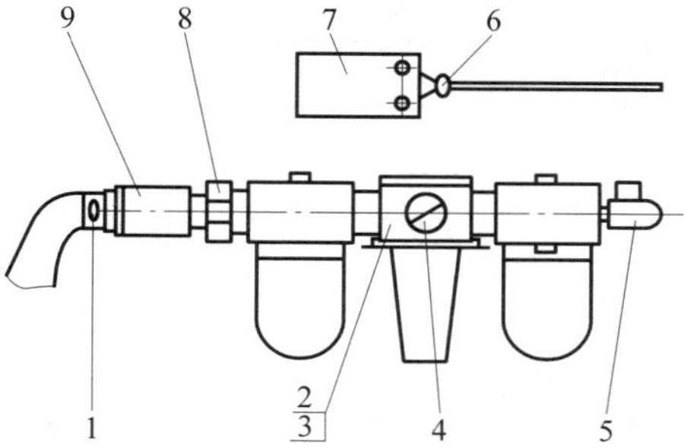

图 7.12 气路装置简图

该测量机共有 28 块空气轴承，其中 X 向10 块，上表面两边和两侧面分别放两块，底面两边各放一块，Y 向 10 块，Z 向 8 块，其布局形式为闭式预应力结构。它还配有气压保护装置，如图 7.13 所示。当空气轴承压力低于 0.35 MPa 时，压力开关断开，控制系统及时终止三个方向的驱动。此时，三个方向的空气轴承气路不通，空气轴承和导轨之间不产生相对运动，保护 X、Y、Z 向气浮导轨无损伤。

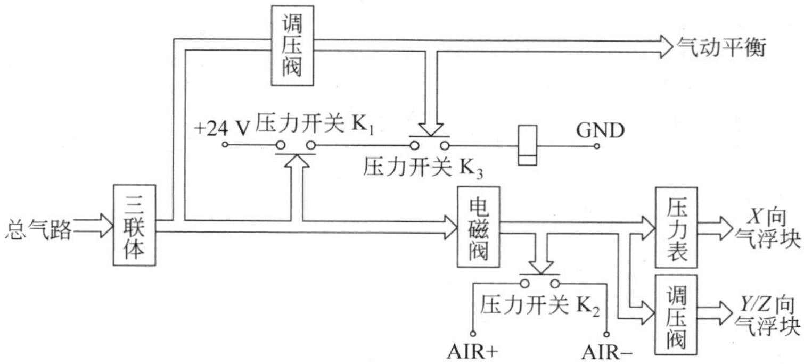

图 7.13 测量机气压保护原理图

8. 数控系统

三坐标测量机数控系统原理图如图 7.14 所示，它是三坐标测量机的专用数控系统。它以 32 位 DSP 控制卡为核心，采用 PID 参数调节及速度、加速度前馈控制模式，可以实现连续轨迹控制功能，采用 PWM 驱动器控制直流伺服电动机。

图 7.15 是 QIC97 数控系统方框图。它由计算机、控制柜和测量机三大部分组成。

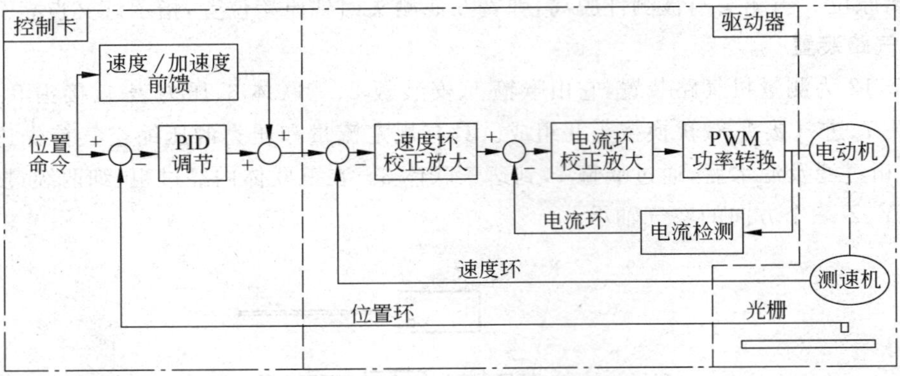

图 7.14 三坐标测量机控制系统原理图

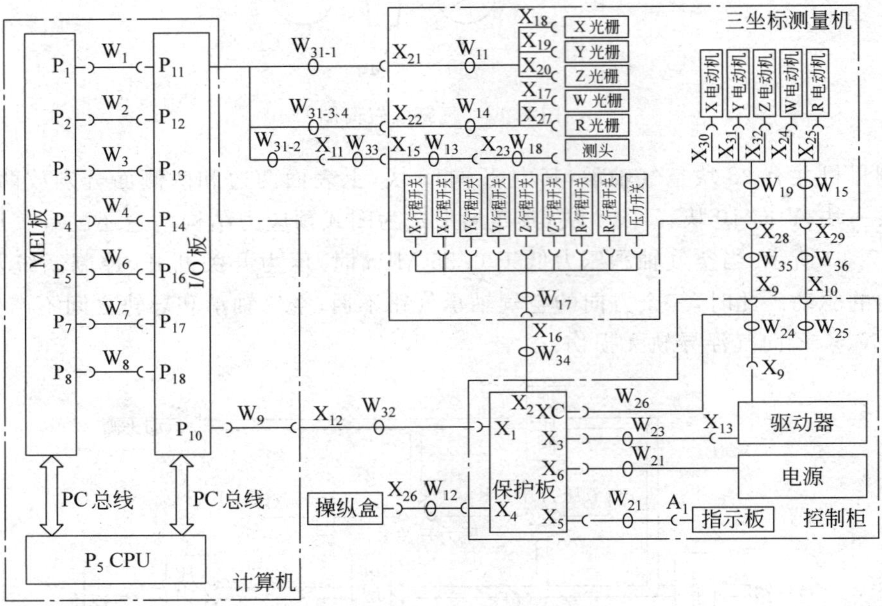

图 7.15 QIC97 数控系统框图

[习题与思考题]

1. 分析三坐标测量机常见的结构形式、三个方向运动的实现以及各自的应用场合。
2. 三坐标测量机有哪几种测量方式？各自的基本思想是什么？
3. ZOO 小型三坐标测量机有几条运动传动链？分析各方向运动是如何实现的。

8 工业机器人

8.1 概　　述

机器人是近几年发展起来的能模仿人的动作的一种产品，机器人的使用范围非常广泛，可用于很多领域。

在工业生产中，各种生产过程的机械化和自动化是现代技术发展的总趋势。随着技术进步和国民经济的发展，为适应产品品种频繁更新所形成的中、小批量生产，作为现代最新水平的柔性制造系统(FMS)和工厂自动化(FA)技术的重要组成部分的工业机器人技术也得到了迅速发展。

工业机器人是一种集机械、电子、气动、液压、自动控制、传感与计算机等技术为一体的机、电、液、气、光一体化产品。

8.1.1 工业机器人的定义与工作原理

由于工业机器人与机械手和操作机有许多共同之处，有时很难将它们严格区分，同时，工业机器人技术正处于发展阶段，所以到目前为止对机器人还没有一个统一的定义。国际标准化组织(ISO)在1984年采纳了美国机器人协会(RIA)给机器人下的定义，即"机器人是一种可编程和多功能的，用来搬运材料、零件或工具的操作机"。我国国家标准GB/T12643—1990将工业机器人定义为"是一种能自动控制、可重新编程、多功能、多自由度的操作机，能搬运材料、零件或操作工具，用以完成各种作业"，而将操作机定义为"是具有和人手臂相似的动作功能，可在空间抓放物体或进行其他操作的机械装置"。工业机器人与机械手的重要区别在于前者具有独立的控制系统，可以容易地通过重新编程的方法实现动作程序的变化来适应不同的作业要求；而后者则只能完成比较简单的搬运、抓取及上下料工作，经常作为机器设备上的附属装置，其程序是固定不变的。

工业机器人的基本工作原理和机床相似，是由控制装置控制操作机上的执行机构实现各种所需的动作和提供动力。

8.1.2 工业机器人的组成与机械结构

1. 工业机器人的基本组成

工业机器人通常由操作机、驱动系统、控制系统以及检测机构等组成。图8.1为某一工业机器人的外形及其组成。

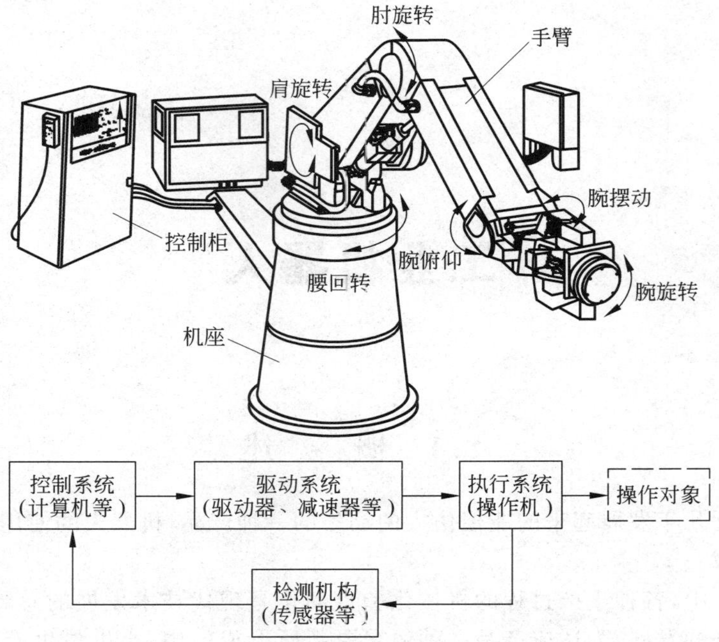

图 8.1　工业机器人的外形和组成

1）操作机

操作机(执行系统)是机器人完成作业的机械本体,它具有和人体四肢相似的动作功能,是可在空间抓取物体或进行其他操作的机械装置。通常由以下几部分组成。

(1) 末端执行器,又称手部,是操作机直接执行任务,并直接与工作对象接触以完成抓取物体的机构。

(2) 手腕是支承和调整末端执行器姿态的部件,主要用来确定和改变末端执行器的方位和扩大手臂的动作范围,一般具有 2～3 个回转自由度以调整末端执行器的姿态。有些专用机器人也可以没有手腕而直接将执行器安装在手臂的端部。

(3) 手臂是用于支承和调整手腕和末端执行器位置的部件。由操作机的动力关节和连接杆件等构成。

(4) 机座是用来支承手臂,并安装驱动装置和其他装置的基础部件,可分固定式和移动式两类,移动式机座下部安装了移动机构,可以扩大机器人的活动范围。

2）驱动系统

驱动系统由驱动器、减速器、检测元件等组成,是用来为操作机各部件提供动力和运动的组件。驱动系统的传动方式有四种:液压式、气压式、电气式和机械式。它是将电能或流体能等转换成机械能的动力装置。

3）控制系统

控制系统是工业机器人的指挥系统。它的任务是根据机器人的作业指令程序以及从传感器反馈回来的信号,控制驱动系统去支配执行机构完成规定的动作和功能。若工业机器人不具备信息反馈功能,则为开环控制系统;若具备信息反馈功能,则为闭环控制系统。根据控制运动的形式可分为息位控制和轨迹控制。

4）检测机构

检测机构主要是对执行机构的位置、速度和力等信息进行检测，根据需要反馈给控制系统，与设定值进行比较后，对执行机构进行调整。

5）人机交互系统

人机交互系统是使操作人员参与机器人控制与机器人进行联系的装置，例如，计算机的标准终端、指令控制台、信息显示板、危险信号报警器等。归纳起来可分为两大类：指令给定装置和信息显示装置。

2. 机器人的机械结构

工业机器人的机械结构（运动）本体是工业机器人的基础部分，各运动部件的结构形式取决于它的使用场合和各种不同的作业要求。工业机器人的结构类型特征，用它的结构形式和自由度表示；工业机器人的空间活动范围用它的工作空间来表示。

1）工业机器人的运动自由度

所谓机器人的运动自由度是指确定一个机器人操作机位置时所需要的独立运动参数的数目，它是表示机器人动作灵活程度的参数。工业机器人操作机的末端执行器、手腕、手臂和机座等的独立运动所合成的运动状态（方位），决定了末端执行器所夹持的工件在空间的位置和姿态。图 8.2 所示为由国家标准中规定的运动功能图形符号构成的工业机器人简图，其手腕具有回转角为 θ_2 的一个独立运动，手臂具有回转运动 θ_1、俯仰运动 Φ 和伸缩运动 S 三个独立运动。这 4 个独立变化参数确定了手部中心位置与手部姿态，它们就是工业机器人的 4 个自由度。工业机器人的自由度数越多，其动作的灵活性和通用性就越好，但是其结构和控制就越复杂。在决定机器人的自由度时，不计入末端执行器的抓取动作。因为这个动作并不改变工件或工具的位置与姿态。

2）机器人的工作空间与坐标系

所谓工作空间，是指机器人正常运行时，手腕参考点或者机械接口坐标系原点（图 8.3 中的 O_3 点）能在空间活动的最大范围，是机器人的主要技术参数之一。机器人的工作空间与其所具有的自由度数目以及所选用的运动关节类型及配置有关。每个运动关节所形成的

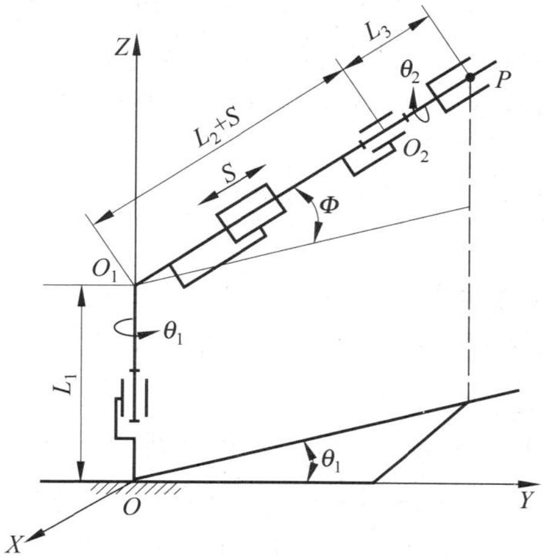

图 8.2 工业机器人简图

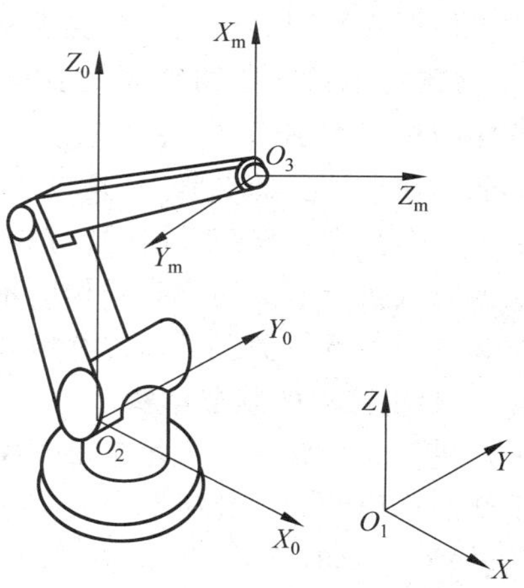

图 8.3 工业机器人的坐标系

变化量，如直线移动的距离、回转角度的大小，都将影响工作空间的大小。工业机器人的坐标系按右手定则决定，如图 8.3 中的 X-Y-Z 为绝对坐标系，X_0-Y_0-Z_0 为机座坐标系，X_m-Y_m-Z_m 为机械接口（与末端执行器相连接的机械界面）坐标系。

3）工业机器人的机械结构基本类型

工业机器人的机械结构类型即操作机的结构类型，常见的有 5 种。

（1）圆柱坐标型。这种运动形式是通过一个转动、两个移动共 3 个自由度组成的运动系统（代号 RPP），工作空间图形为圆柱形。其特点是机体所占体积小、运动范围大。

（2）直角坐标型。直角坐标型工业机器人，其运动部分由 3 个相互垂直的直线移动所组成（代号 PPP），其工作空间图形为长方体。它在各个轴向的距离，可在各坐标轴上直接读出，直观性强，易于进行位置和姿态的编程计算，定位精度高，结构简单；但与圆柱坐标型相比，其机体所占空间体积大，灵活性较差。

（3）球坐标型，又称极坐标型。它由两个转动和一个直线移动所组成（代号 RRP），其工作空间图形为一球体。它可以作上下俯仰动作并能抓取地面上或较低位置的工件，具有结构紧凑、工作空间范围大的特点，但结构较复杂。

（4）关节型，又称回转坐标型。这种机器人的手臂与人体上肢类似，其前三个关节都是回转关节（代号 RRR），由立柱和大小臂组成。立柱与大臂间形成肩关节，大臂与小臂间形成肘关节，可使大臂作回转运动和俯仰摆动，小臂作俯仰摆动。其特点是工作空间范围大、动作灵活、通用性强、能抓取靠近机座的物体。

（5）平面关节型。采用两个回转关节和一个移动关节控制前后、左右和上下运动，其工作空间的轨迹为矩形回转体。其结构简单、动作灵活，多用于装配作业中。

8.2 工业机器人操作机典型部件结构

1. 末端执行器的结构

末端执行器（又称手部）是工业机器人直接与工件、工具等接触的部件，它能执行人手的部分功能，如提、举、夹等。它安装在操作机手腕或手臂的机械接口上。末端执行器的结构和尺寸是根据其不同的作业任务要求来设计的。当确定手部大小、形状、手指个数和动作自由度时，必须考虑被抓取物件的大小、形状、重量、材质、外力和放置环境等，而这些便形成了各种各样的机器人手部结构。

手部加在工件上的夹紧力，是设计手部的主要依据。一般来说，夹紧力应大于或等于工件的重力和惯性力，以使工件保持可靠的夹紧状态。

根据末端执行器的用途和结构的不同，末端执行器可以分为机械式夹持器、吸盘式末端执行器和专用工具三类。下面仅介绍几种典型的机械式夹持器和吸盘式末端执行器。

2. 工业机器人的腕部结构

工业机器人的腕部是连接手部与臂部的部件，用于改变和调整手部在空间的方位，并起支承手部的作用。为了使手部处于空间任意方向，要求腕部能实现对空间三个坐标轴 X、Y、Z 的转动，即具有回转、俯仰和摆动三个自由度，如图 8.4 所示。根据作业要求的不同，手腕可以只有一个自由度，或者两个自由度，或者三个自由度，自由度数越多，结构越复杂。

手腕的回转运动广泛采用回转油缸，其优点是结构紧凑、灵活，但是回转角较小，并且要

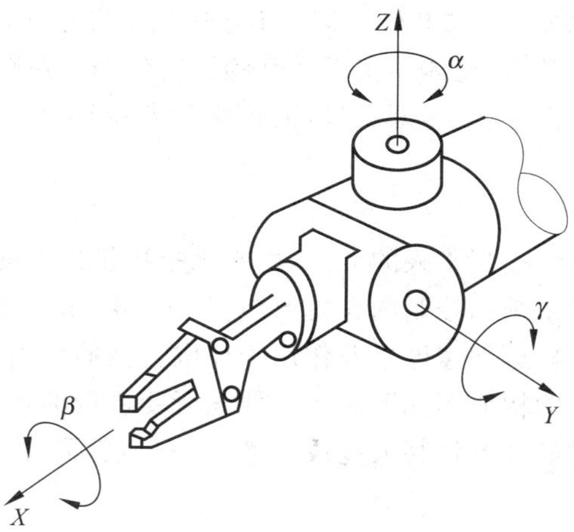

图 8.4 手腕结构及其自由度

α—手腕的摆动；β—手腕的回转；γ—手腕的俯仰

求严格密封，以便保证稳定的输出扭矩。当要求较大回转角时，常采用齿轮齿条或者链轮链条以及轮系传动。

3. 工业机器人的手臂结构

手臂是工业机器人必不可少的部件，作用是支承腕部和手部，带动手部按规定的运动轨迹由某一位置到达另一指定位置。臂部和腕部配合，既可完成物件的传送，又可在传送过程中根据需要改变物件的方位。臂部一般具有伸缩、回转、俯仰和升降四个自由度。根据工业机器人的运动形式、抓取重量、动作自由度等因素的不同，工业机器人的臂部结构形式也不尽相同。

4. 工业机器人的腰座（即回转机座）

回转机座位于机器人的底部，实现手臂的回转运动。图 8.5 为一种采用环形轴承谐波齿轮减速器传动的机器人腰座。电机 8 与谐波减速器的波发生器 9 相连，刚轮 1 固定在支

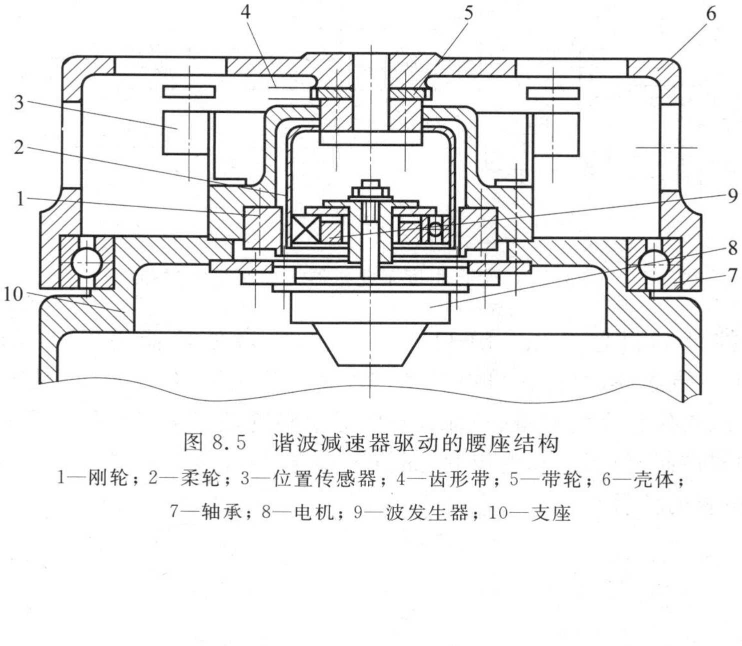

图 8.5 谐波减速器驱动的腰座结构

1—刚轮；2—柔轮；3—位置传感器；4—齿形带；5—带轮；6—壳体；

7—轴承；8—电机；9—波发生器；10—支座

座10上。当电机8驱动波发生器9转动时，与刚轮啮合的杯形柔轮2输出低速的回转运动，带动与此相固联的腰座回转壳体6实现手臂的回转运动。在腰座回转的同时，齿形带轮5通过齿形带4将运动传至位置传感器3，检测腰座的角位移，由控制系统控制腰座转动的角度。

5. 工业机器人的控制

工业机器人的控制系统相当于人的大脑，由它来指挥机器人的动作，并协调机器人和生产系统之间的关系。控制系统的控制内容主要包括：机器人的工作顺序、应达到的位置、应走过的路径、动作时间间隔、运动速度以及作用于抓取物上的作用力等。

工业机器人控制系统的构成形式取决于机器人所要执行的任务及描述任务的层次。控制系统的功能是根据描述的任务代替人完成这些任务，通常需要具有如图8.6所示的控制机能。

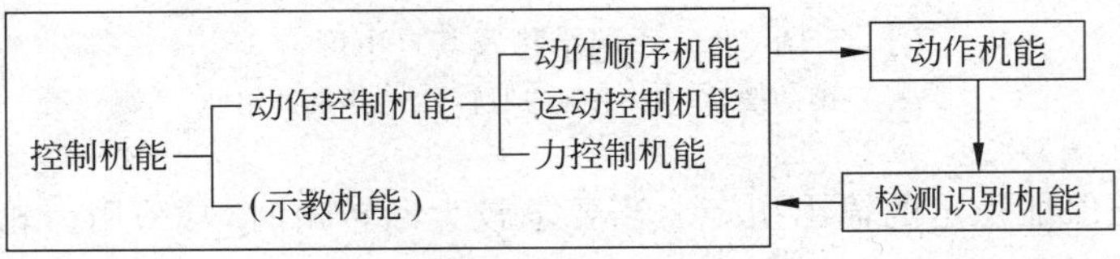

图8.6 工业机器人的控制机能

早期工业机器人的控制是通过示教再现方式进行的，控制装置是由凸轮、挡块、插销板、穿孔纸带等机电元件构成。而进入20世纪80年代以来的工业机器人主要使用微型计算机系统实现综合控制装置的功能。图8.7为具有6个自由度的工业机器人计算机控制系统。它由主控计算机、伺服控制系统和外部设备三大部分组成。

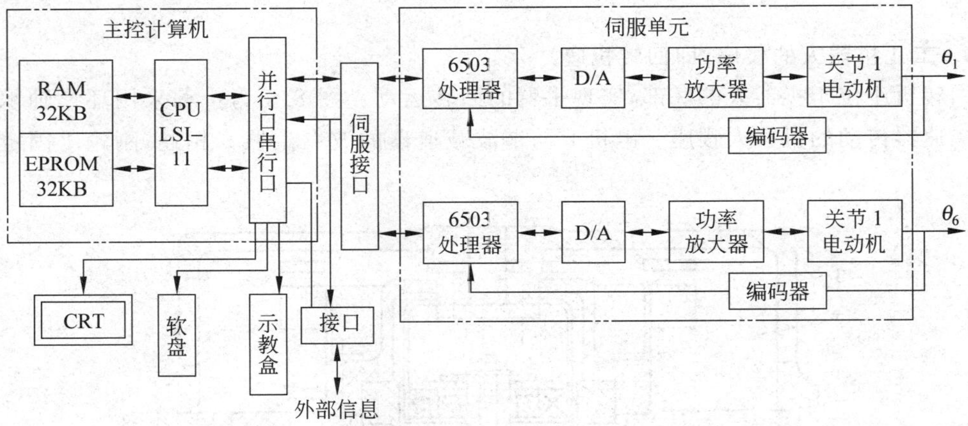

图8.7 6个自由度工业机器人控制系统框图

第一级主控计算机包括以LSI-11(16位芯片)微处理器为CPU的控制计算机，EPROM、RAM存储器，串并行接口以及外部设备。作为CPU，LSI-11处理器完成机器人作业的轨迹运算、操作程序的编辑、外部设备的通信和管理。采用一种机器人语言完成编程工作，完成协调器控制(包括运动的规划、插值运算、坐标变换等)。经D/A转换器输出6个伺服系统给定位置的信号。

第二级是伺服控制级，它包括 6 套伺服系统，对 6 个关节(即 6 个自由度)进行分散独立的控制。每一关节的伺服控制系统的核心是一台 6503 微处理器(8 位芯片)，它与本身的 EPROM 和 D/A 一起装在数字伺服板上。它向上与 LSI-11 计算机通过接口板进行通信。接口板起信号分配作用，将一个轨迹给定点参量作为给定信息分别传送给 6 个关节伺服控制器。选用直流伺服电动机作为驱动元件，光电增量式编码盘作为检测元件，构成半闭环速度反馈伺服系统。

[习题与思考题]

1. 工业机器人有哪些机械结构类型，它们各有什么特点?

2. 工业机器人的机械式夹持器和吸附式夹持器各有几种类型，说明它们是如何工作的。

9 物料储运装备

9.1 概 述

物流系统是实现物料(毛坯、半成品、成品及刀具等)输送、存储、分配及管理的系统,被认为是最能体现生产管理现代化和降低成本最有潜力可挖之处。

一个工件由毛坯到成品,在整个生产过程中,有 80%～90%的时间处在运输过程和库存中,所需费用占整个工件加工费用的 30%～40%,可见物流系统对生产效率和加工成本的影响之大。一个设计完善、运行良好的物流系统,能使物流通畅,有效减少积压,加速运转,缩短生产周期和降低成本。

物料储运装备是指机床上下料装置、物料的仓储和运输装置,它是物流系统的主要设备,也是机械加工生产线的重要组成部分。

物料储运装备总体方案设计,是指物料运输、仓储装备及相关辅助装备、控制方案、驱动方案的选择、布局和主要技术参数、相关尺寸参数的确定,它是生产系统或生产线总体设计的重要组成部分。

储运装备的总体方案应满足生产系统或生产线的总体布局、生产规模、生产类型、生产率及自动化水平要求。在设计时,主要应考虑以下几方面的影响因素:

(1) 物料的结构、形状、尺寸、质量等特征参数;

(2) 物料输送的距离、速度及频率要求;

(3) 物料输送到位后的定位方式及定位精度要求;

(4) 与生产系统或生产线中加工设备的功能匹配及接口连接;

(5) 厂房的空间位置约束及生产系统或生产线的总体布局形式;

(6) 物流系统的自动化程度、柔性和可扩充性要求;

(7) 生产系统或生产线对仓储容量的要求;

(8) 输送装置与仓储装备及其他辅助装备的功能匹配和接口连接;

(9) 生产安全性、可靠性及维护、操作方便性等方面的要求;

(10) 投资额度限制。

9.2 机床上料装置

9.2.1 机床上料装置类型及特点

根据毛坯形式的不同，上料装置一般可分为三种类型：

（1）带状料上料装置。将线状和带状的材料预先绕成卷状，加工时将卷料装在上料机构上，毛坯料由卷中拉出，经过自动校直后送到加工位置。在一卷料用完之前，送料和加工是连续进行的。

（2）棒状料上料装置。采用棒料毛坯时，将一定长度的棒料装到机床上，然后按每一工件所需长度进行自动送料。当一根棒料用完后，需再次手工装料。

（3）单件毛坯上料装置。采用锻件或预制棒料的毛坯时，机床上需设置单件毛坯上料装置。按照毛坯形状、大小及其工作特点的不同，上料装置又可分为料仓式、料斗式以及机械手上料等不同类型。

9.2.2 料仓式上料装置

料仓式上料装置是一种半自动上料装置，其特点是工件需由人工按一定的方向和位置预先排列在料仓内，然后由送料机构逐个将其送到机床的夹具中。料仓式上料装置由料仓、输料槽、隔料器和上下料机构组成。其中输料槽用于将工件从料仓（或料斗）输送到上料机构中，有时还兼有储料的作用。机床上料装置中所用输料槽，与生产线中作为输送装置的输料槽在结构和工作原理上是相同的。

1. 料仓

料仓用于存储工件，根据工件形状、尺寸和存储量的大小及上料机构的配置方式的不同，料仓具有不同的结构形式。

典型的料仓形式如图 9.1 所示。图(a)为最简单的槽式料仓，按工件的结构形式和尺寸，可以是直槽或弯曲形槽，可以垂直放置也可以倾斜放置。这种料仓结构简单，存储量小。图(b)为 Z 形槽式料仓，存储量比简单槽式料仓大。图(c)为螺旋形料仓，适用于存储量较大的圆柱形或圆锥形工件的存储。图(d)为转盘式料仓，工件存放在转盘上，作周期性间歇回转运动，与送料机构的动作相配合。图(e)和(f)为圆柱形料仓。图(e)中储料圆筒 1 装在鼓轮 2 上，作周期性间歇转动。图(f)中储料圆筒 1 固定，由链条 2 带动送料器 3 进行连续或间歇性送料。图(g)为斗式料仓，它的存储量较大，适用于圆柱、圆盘和圆环类工件的存储。但是工件在斗式料仓中整齐排列时，往往会在内部的挤压下形成“拱桥”，下面的工件逐渐被送出后，上面的工件被卡住不能下落。

为了保证工件的连续输送，在斗式料仓中设有搅动器。图 9.2 为搅动器示意图。图(a)为齿式送料器，利用往复运动的摩擦力使工件产生扰动。图(b)为摆动杠杆式搅动器。图(c)除有摆动杠杆外，料仓内还装有往复摆动的菱形搅动器。图(d)在出料口处安置搅动器。图(e)为电磁振动式搅动器。

2. 上料机构

上料机构的作用是将料仓或料斗经输料槽送来的工件，送到机床上预定的位置。上料

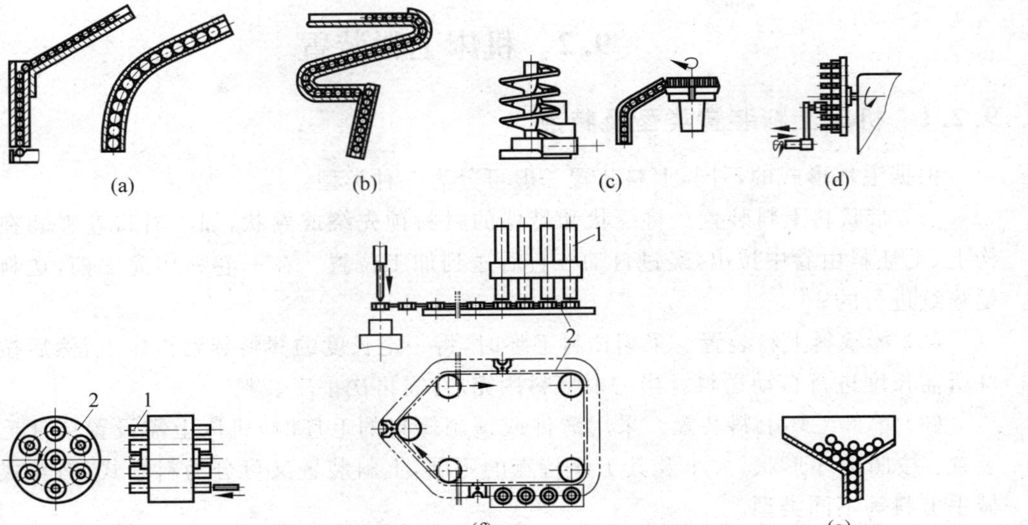

图 9.1 料仓形式

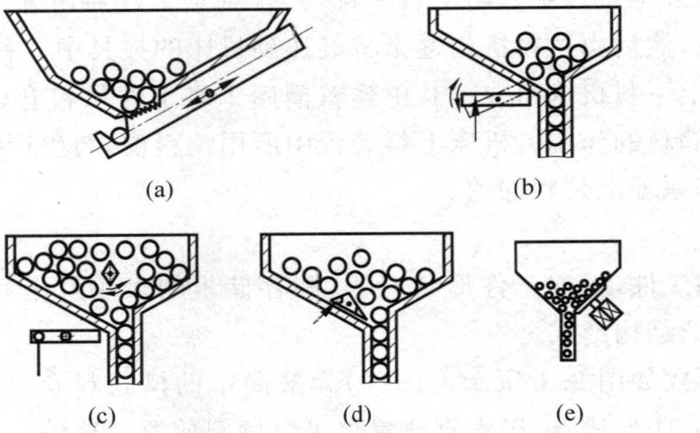

图 9.2 搅动器形式

机构有两种类型：送料器和上料杆组成的上料机构和能完成复杂运动的上料机械手。

由送料器和上料杆组成的上料机构在工作时，首先是由送料器将工件从输料槽的出口送到上料位置，然后上料杆再将工件推入机床主轴夹头或夹具中。送料器按运动特性可分为直线往复式、摆动往复式、回转式和连续送料式四种形式。

1）直线往复式送料器

最为常见的形式为如图 9.3(a)所示的直线往复式送料器。其特点是结构简单，工作可靠，占据空间位置小，应用较广泛。但受往复速度的限制，不适用于加工周期很短的工件。

2）摆动往复式送料器

图 9.3(b)是一种常见的摆动往复式送料器，送料速度比直线往复式高且工作比较平稳，送料驱动可以是机械、气动或液压传动方式。

3）回转式送料器

回转式送料器作单向间歇回转运动，送料运动的平稳和速度都优于前两种。由于送料

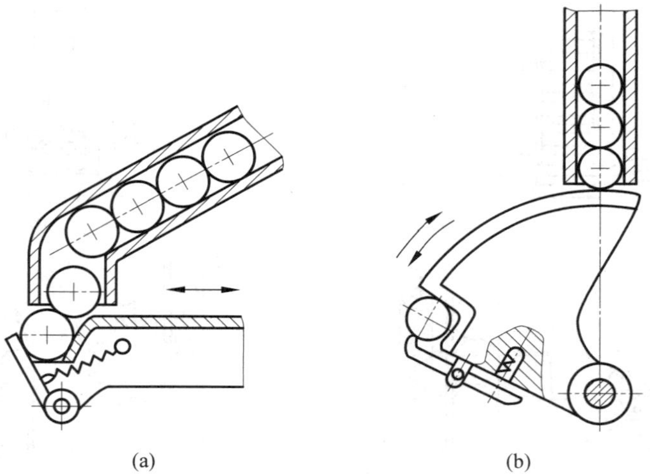

图 9.3 往复式送料器
(a) 直线式；(b) 摆动式

器绕固定轴回转，不能全部退出机床的工作空间，所以应用受到一定限制。

4）连续回转式送料器

在无心磨床及双端面磨床上加工圆柱体、环形、盘类工件时，常采用高效连续回转式送料器，如图 9.4 所示。活塞销、圆柱滚子等回转类工件 2，从输料管 1 中靠重力或上料推杆送入送料圆盘的接料孔中，并被带着通过砂轮的磨削区域后，加工即告完成。

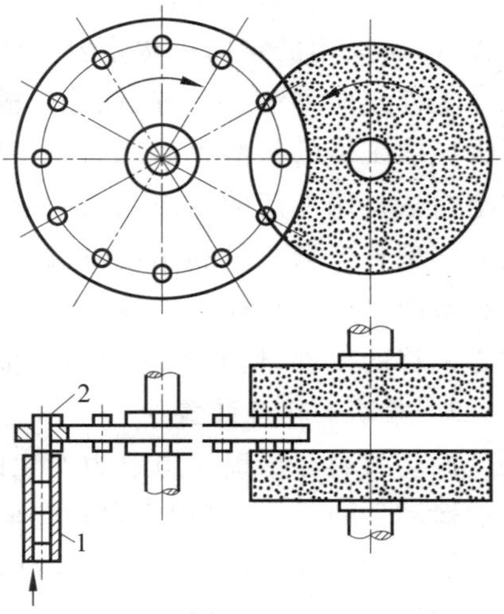

图 9.4 连续回转式送料器
1—输料管；2—工件

3. 隔料器

隔料器用来控制从输料槽进入送料器的工件数量。比较简单的上料装置中，隔料的作用兼由送料器完成。当工件较重或垂直料槽中工件数量较多时，为了避免工件的全部重量都压在送料器上，要设置独立的隔料器。图 9.5(a)是利用直线往复式送料器的外圆柱表面进行隔料。图(b)是由汽缸 1、弹簧片 4 及隔料销 2、3 组成的隔料器。汽缸驱动拔出销 2，销 3 在弹簧片 4 的作用下，插入料槽将工件挡住。当汽缸 1 驱动销 2 插入料槽将第二个工件挡住时，销 2 的前端顶在方铁 5 上，推动销 3 退出料槽，放行第 1 个工件。图(c)是连杆往复销式隔料器。图(d)是牙轮旋转式隔料器。

9.2.3 料斗式上料装置

料斗式上料装置是自动化上料装置，其特点是将工件成批地倒入料斗中，由定向机构将杂乱堆放的工件按要求定向后，以一定的生产节拍把工件送到机床夹具中。

料斗式上料装置可分为机械传动式料斗装置和振动式料斗装置两大类。

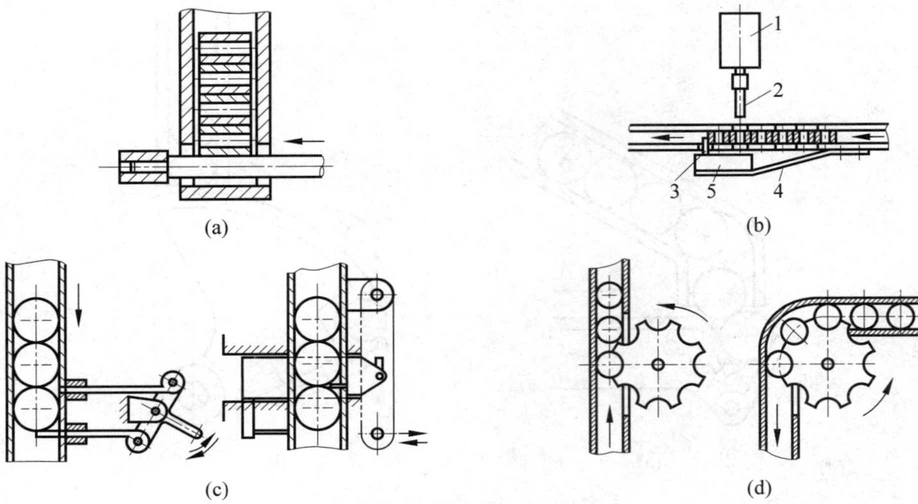

(a) (b) (c) (d)

图 9.5 隔料器

1. 机械传动式料斗装置

机械传动式料斗装置形式多样,按定向机构的运动特征可分为回转式、摆动式和直线往复式等,所采用的定向机构主要有钩式、销式、圆盘式、管式和链带式等。

工件定向方法主要有抓取法、槽隙定向法、型孔选取法和重心偏移法。抓取法是用定向钩子抓取工件的某些表面,如孔、凹槽等,使之从杂乱的工件堆中分离出来并定向排列。槽隙定向法是用专门的定向机构搅动工件,使工件在不停的运动中落进沟槽或缝隙,从而实现定向。型孔选取法是利用定向机构上具有一定形状和尺寸的孔穴对工件进行筛选,只有位置和截面相应于型孔的工件,才能落入孔中而获得定向。重心偏移法是对一些在轴线方向重心偏移的工件,使其重端倒向一个方向实现定向。

2. 振动式料斗装置

振动式料斗借助于电磁力产生的微小振动,依靠惯性力和摩擦力的综合作用驱使工件向前运动,并在运动过程中自动定向。

振动式料斗的优点是:①送料和定向过程中没有机械搅拌、撞击和强烈的摩擦作用,因而工作平稳;②结构简单,易于维护,经久耐用;③适用性强,送料速度可任意调节。其缺点是:①工作过程中噪声较大,不适于传送大型工件;②料斗中不洁净,会影响送料速度和工作效果。

9.2.4 装卸料机械手

机械手是一种能模仿人手的某些工作机能,按要求抓取和搬运工件,或完成某些劳动作业机械化、自动化的装置。自动线上的机械手能完成简单的抓取、搬运,实现机床的上、下料工作,尤其适合几何形状不规则、不对称的工件,通过选取合适的手爪,可选用较少的抓取和输送基准面而保持上、下料及输送的稳定性和可靠性。

1. 机械手的分类

机械手可分为专用机械手和通用机械手两大类。

(1) 专用机械手。这种机械手一般仅由手爪、腕部和手臂构成，是附属于机床的辅助设备，其动作必须与机床的工作循环相配合，多数动作由机床控制系统来完成，大多数生产线的机械手都属专用机械手。

(2) 通用机械手。是一种独立的自动化装置。工业机器人就是一种通用机械手，又称工业机械手，其功能完善，自由度较多能模仿人的某些工作机能与控制机能，能实现多种工件的抓取、定向和搬运工作，并能使用不同工具完成多种劳动作业。

2. 机械手的手爪设计

1) 手爪类型

机械手的手爪，又称为机械手或机器人的末端执行器，是直接执行作业任务的装置。手爪结构和尺寸是根据其不同作业任务来设计的，从而形成多种多样的结构形式。用于装卸作业的机械手的手爪主要是机械夹持式(又称为机械夹持器或夹钳)、气吸式或磁吸式。它们安装在机械手的手腕(如果配置有手腕的话)或手臂的机械接口上，较简单的可用法兰盘作为机械接口处的连接器，为实现快速和自动更换，也可采用电磁吸盘或气动锁紧的连接器。

机械夹持式多为双指手爪式，按其手爪的运动方式可分为平移型和回转型。回转型手爪又可分为单支点回转型和双支点回转型，如图 9.6(a)、(b)所示。按夹持方式又可分为外夹式和内撑式，如图 9.6(c)、(d)所示。按驱动方式又可分为电动(或电磁)式、液压式和气动式等。

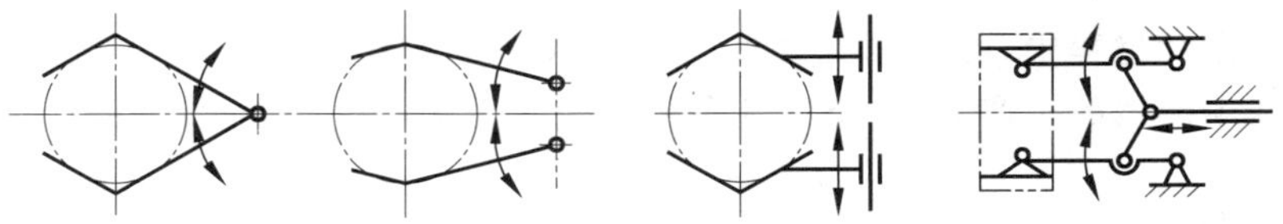

(a) (b) (c) (d)

图 9.6 机械式夹持器

(a) 单支点回转型；(b) 双支点回转型；(c) 外夹型；(d) 内撑式

2) 手爪设计要求

(1) 不论是夹持或吸附，必须具有足够的夹持(或吸附)力和所要求的夹持位置精度；

(2) 手爪运动的速度和位置大小必须满足要求；

(3) 对装有传感器的机械手，应能可靠起动各类传感器并把各种信号传输给控制计算机；

(4) 尽可能做到结构简单、紧凑、质量轻，以减轻手臂负荷，提高工作效率。

3. 机械手的检测功能

图 9.7 所示为具有特殊功能的机械手，装有特殊功能的传感器，以保证对特殊工件的正确抓取。不同种类的传感器根据完成功能的不同，安装的位置也各不相同，一般可安装在手指上或手腕处。

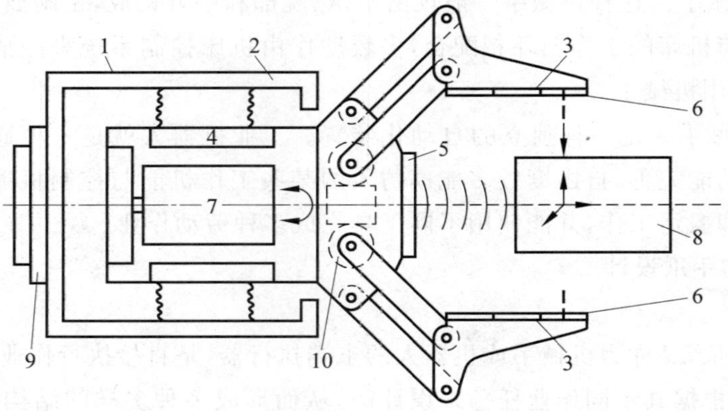

图 9.7 装有传感器的通用手爪的结构

1—增量传感器；2—力-力矩传感器；3—压电晶体(微音器)；4—抓紧力传感器；
5—超声传感器；6—红外传感器；7—电动机；8—操作对象；
9—连接器(主机器人手腕)；10—位置测量用电位计

9.3 物料运输装置

物料运输装置是机械加工生产线的一个重要组成部分，用于实现物料在加工设备之间或加工设备与仓储装备之间的传输。

在生产线设计过程中，可根据工件或刀具等被传输物料的特征参数(如结构、形状、尺寸、重量等)和生产线的生产方式、类型及布局形式等因素，进行运输装置的设计或选择。

9.3.1 输料槽

在加工某些小型回转体工件的生产线或自动机床上料装置中，常采用输料槽作为基本输送装置。

输料槽(简称料槽)按驱动方式可分为工件自重输送和强制输送两种形式。自重输送工件的输料槽不需其他动力源，结构简单，应用较多。只有在无法用自重输送或须确保运送的可靠性时，才采用强制输送的方式。

输料槽按其外部形状分为直线型、曲线型和螺旋型等形式；按工件在输送时的运动状态可分为滚动式和滑动式两种形式。

图 9.8 所示为滚动式输料槽。图 9.8(a)和(b)是最常见的箱形截面输料槽，用于输送圆柱形、盘形或环形工件，一般可采用图(a)的开式料槽；当输料槽倾斜角较大、工件滚送速度较高时，为了防止工件因碰撞而跳出槽外，可采用图 9.8(b)的闭式料槽。图 9.8(c)的输料槽用于输送阶梯形盘类工件。图 9.8(d)是输送长杆状阶梯工件的输送槽的截面结构，由于工件的头部直径大而杆身细长，为了防止在滚动过程中偏斜或因头部较重而使杆身翘起，在头部一边做成闭式料槽。图 9.8(e)用于传送垂直下落的工件，为了减缓工件的下落速度，将其做成蛇形料槽。图 9.8(f)用于齿轮类工件的输送。为了避免轮齿间相互啮合而卡住，在料槽中安装可绕轴销 2 摆动的隔离块 1，当前面一个齿轮压在隔离块 1 的小端时，扇形大端便向上翘起将后面一个齿轮挡住。

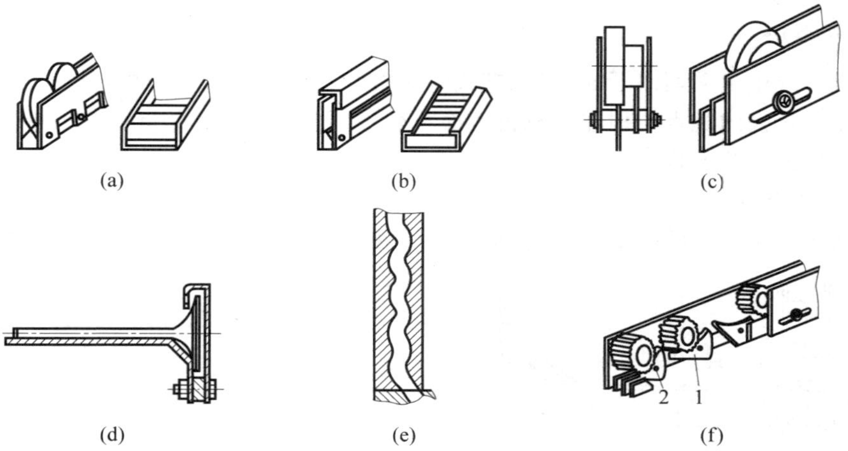

图 9.8 滚动式输料槽

图 9.9 所示为滑动式输料槽。图 9.9(a)为 V 形输料槽，适用于圆柱形工件。图 9.9(b)为管形输料槽，常用于输送圆柱、圆锥滚子以及圆柱销之类的工件，可制成弯曲状或用软管制成，适应性强。图 9.9(c)为轨道式输料槽。图 9.9(d)为箱式输料槽，用于传送头部和杆身直径相差甚大的阶梯形工件。

图 9.9 滑动式输料槽

有时，为减小工件传输过程中的摩擦阻力，工件与输料槽往往不采用平面接触形式，如图 9.10 所示。图(a)在输料槽底部用两个长板条 1 或两根圆棒 2 代替整个滑动平面，而在侧壁则开有长窗口 3，不仅可减小摩擦阻力，而且便于观察工件的运送情况。图(b)则在底部和侧壁均采用长圆棒线接触形式。

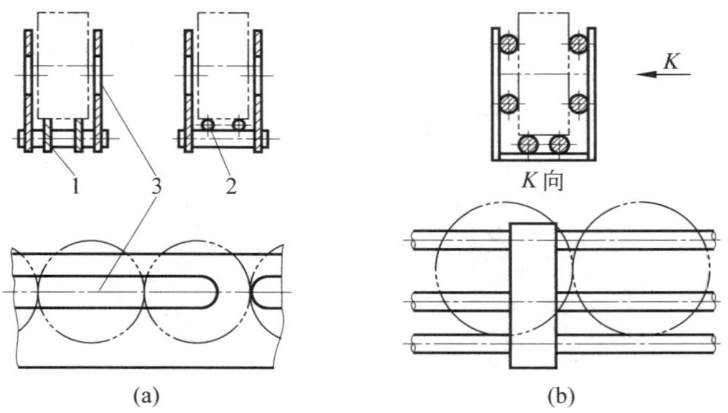

图 9.10 减小摩擦阻力的输料槽

9.3.2 输送机

输送机系统中多采用滚子输送机、链式输送机和直线电动机输送机，具有能连续输送和单位时间输送量大的优点。但输送机占地面积较大，设置后再改变布置较困难。输送机的布置方式多根据工艺安排而定。

1. 滚子输送机

滚子输送机是利用转动的圆柱形滚子或圆盘输送物料。按照输送方向及生产工艺要求，输送机可以布置成各种线路，如直线的、转弯的和具有各种过渡装置的交叉线路等，如图 9.11 所示。为了将工件从一个输送机转移到另一个输送机上，需要在输送机的交叉处设置滚子转盘结构，即转向机构。

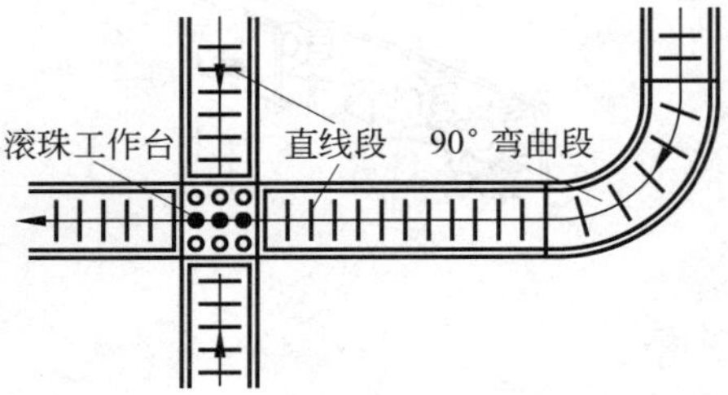

图 9.11 输送机布置线路

滚子输送机的驱动装置可以是牵引式的或是机械传动式的。牵引式驱动装置一般适用于轻型的工作条件，可以采用链条、胶带或绳索。对于繁重的工作类型，可采用刚性的机械传动式驱动装置，见图 9.12，可分为单个驱动（如图(a)）和分组驱动（如图(b)）两种。单个驱动装置可使降低机械部分的造价，易于起动、工作可靠且便于拆装和维修。

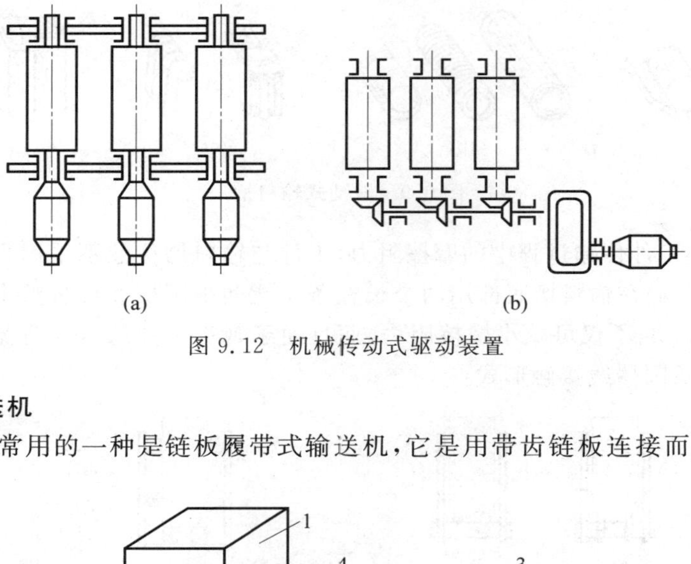

图 9.12 机械传动式驱动装置

2. 链式输送机

链式输送机常用的一种是链板履带式输送机，它是用带齿链板连接而成，如图 9.13 所

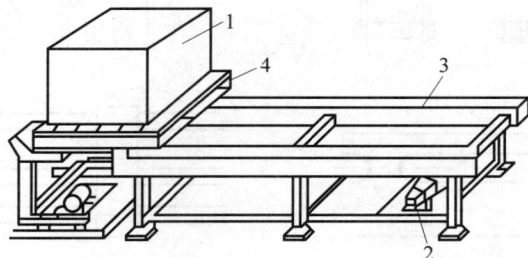

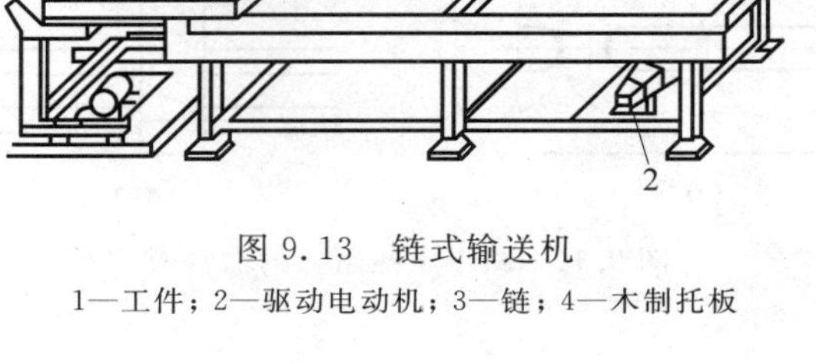

图 9.13 链式输送机

1—工件；2—驱动电动机；3—链；4—木制托板

示。链板上表面磨光,靠摩擦力输送工件。链板下的齿与链轮啮合,作单向循环运动。为了防止链带下垂,用两条光滑的托板支承。

3. 直线电动机输送机

直线电动机是一种特殊设计的适用于直线传动的电动机,如图 9.14 所示。在直线电动机输送系统中,托盘在空气静压导轨上运行。直线电动机设置在中部,衔铁设置在托盘的下方。由于直线电动机的结构为模块化设计,可以很容易地延长或缩短输送线路,方便地组合成直线、折线和环形等各种输送线路。电动机传递力和信号可共用一个电枢,托盘装在工作台上,可平稳加减速,但其速度随载荷变化较大,必须控制其速度和设置准确的定位装置。

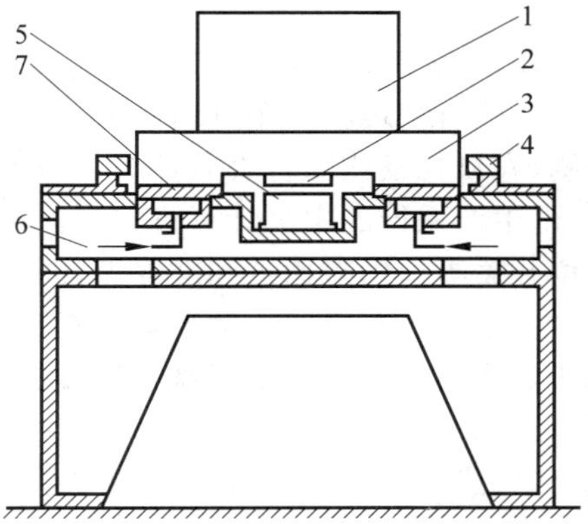

图 9.14 直线电动机输送机

1—工件;2—衔铁;3—托盘;4—侧导轨;5—直线电动机;6—压缩空气入口;7—导轨面

9.3.3 步伐式输送装置

步伐式输送装置一般用于箱体类工件的输送,常用的有移动步伐式、抬起步伐式两种主要类型,其中移动步伐式主要有棘爪式和摆杆式两种。

1. 棘爪式移动步伐输送带

棘爪式输送带结构简单、动作单一、通用性强,同一输送带也可安排几种不同的输送步距。但这种输送带是刚性连接,运动速度过高时,由于惯性作用会影响工件定位精度,因此速度一般不高于 16 m/min,在工件到达定位点 30～40 mm 时,最好进行减速控制。棘爪式输送带的驱动装置,一般多采用组合机床的机械动力滑台或液压动力滑台。

2. 摆杆式移动步伐输送带

摆杆式输送带采用圆柱形输送杆和前后两个方向限位的刚性拨爪,工件输送到位后,输送杆必须作回转摆动,使刚性拨爪转离工件后再作返回运动,如图 9.15 所示。

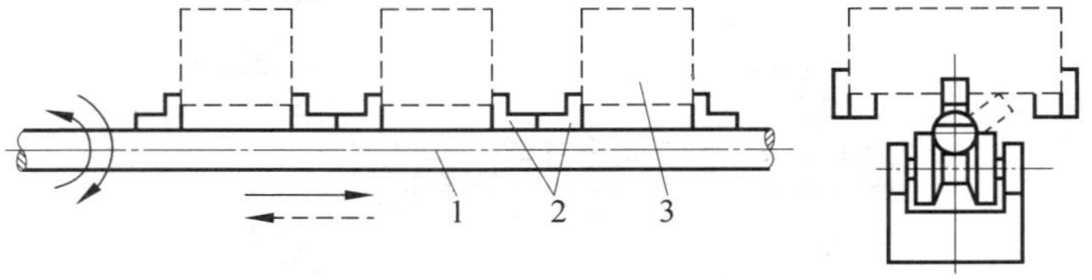

图 9.15 摆杆式移动步伐输送带

1—输送带;2—拨爪;3—工件(或随行夹具)

摆杆式输送带可提高输送速度及定位精度,但由于增加了输送杆的回转运动,其结构及控制都比棘爪式复杂。

3. 抬起步伐式输送装置

输送板上装有对工件限位用的定位销或 V 形块,输送开始前,输送板首先抬起,将工件从固定夹具上托起并带动工件向前移动一个步距;然后输送板下降,不仅将工件重新安放在固定夹具上,同时下降到最低位置,以便输送板返回。输送板的抬起可由齿轮齿条机构、拨爪杠杆机构、凸轮顶杆或抬起液压缸等机构来完成。抬起式步伐输送装置可直接输送外观不规则的畸形、细长轴类或软质材料工件等，以便节省随行夹具。

9.3.4 自动运输小车

自动运输小车是现代生产系统中机床间传送物料的重要设备，它分为有轨小车（RGV）和无轨小车（AGV）两大类。

1. 有轨自动运输小车

有轨自动运输小车（rail guided vehicle，RGV）沿直线轨道运动，机床和辅助设备在导轨一侧，安放托盘或随行夹具的台架在导轨的另一侧。RGV 采用直流或交流伺服电动机驱动，由生产系统的中央计算机控制。当 RGV 接近指定位置时，由光电传感器、接近开关或限位开关等识别减速点和准停点，向控制系统发出减速和停车信号，使小车准确地停靠在指定位置上。小车上的传动装置将托盘台架或机床上的托盘和随行夹具拉上车，或将小车上的托盘或随行夹具送给托盘台架或机床。

RGV 适用于运送尺寸和质量均较大的托盘、随行夹具或工件，而且传送速度快、控制系统简单、成本低廉、可靠性高。其缺点是一旦将导轨铺设好，就不便改动；另外转换的角度不能太大，一般宜采用直线布置。

2. 无轨自动运输小车

无轨自动运输小车，又称为自动导向小车（automated guided vehicle，AGV），是装备有电磁或光学自动导引装置，能够沿规定的导引路径行驶，具有小车编程与停车选择装置、安全保护以及各种移载功能的运输小车。

AGV 主要由车体、蓄电和充电系统、驱动装置、转向装置、精确停车装置、车上控制器、通信装置、信息采样子系统、超声探障保护子系统、移载装置和车体方位计算子系统等组成。图 9.16 是一种 AGV 物料输送系统的规划设计图，采用埋置在地下的导线，利用电磁感应原理引导小车。

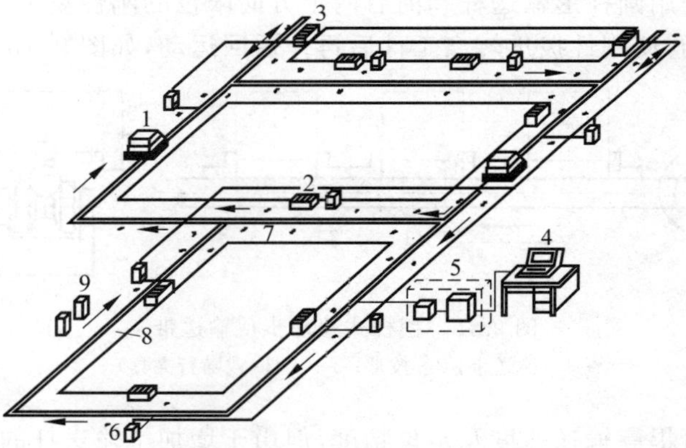

图 9.16 AGV 物料输送系统规划设计图

1—AGV；2—交换工作站；3—装卸工作站；4—控制计算机；5—中央控制器；
6—机床控制器；7—导向电线；8—标志板；9—充电站

AGV 采用非接触导向方式，运行路线易于改变和扩展，而且可方便地实现曲线输送任务，具有较高的柔性，特别适合于规模较大、物料迂回运输的柔性制造系统中；可保证物料分配及输送的优化，减小物料缓冲数量；不需设置地面导轨，运输路线地面平整，使机床的可接近性好，便于机床的管理及维修；还具有能耗小、噪声低等优点。虽然 AGV 存在价格较高、控制复杂等问题，但由于具有以上诸多优点，在现代自动物料储运系统中得到日益广泛的应用。

9.3.5　辅助装置

1. 托盘

托盘是实现工件和夹具系统、输送设备及加工设备之间连接的工艺装备，是柔性制造系统中物料输送的重要辅助装置。

1）托盘结构

托盘按其结构形式可分为箱式和板式两种，图 9.17 为箱式托盘，图 9.18 为板式托盘。

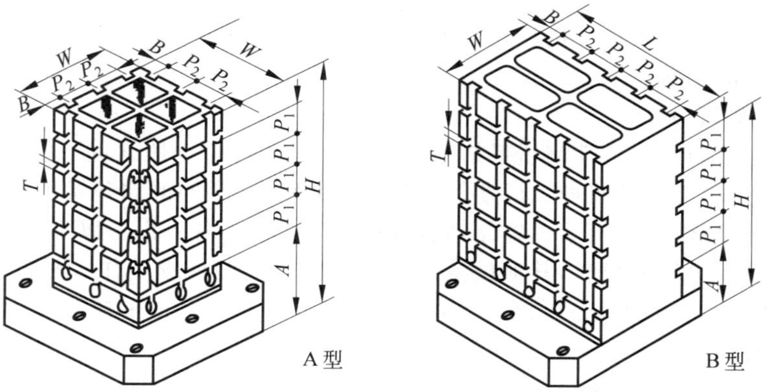

图 9.17　箱式托盘

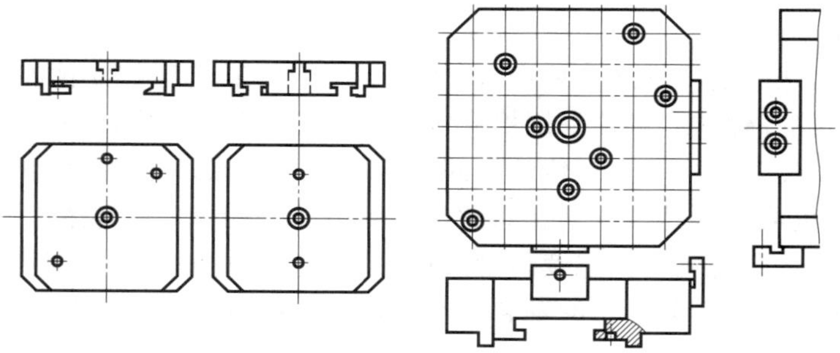

图 9.18　板式托盘

箱式托盘不进入机床工作空间，主要用于小型工件及回转体工件，主要起输送和储存载体的作用。为了保证工件在箱中的位置和姿态，箱中设有保持架。为了节约储存空间，箱式托盘可多叠层堆放。

板式托盘主要用于较大型非回转体工件，工件在托盘上通常是单件安装。它不仅是工件的输送和储存载体，而且还需进入机床的工作空间，在加工过程中起定位和夹持工件，承受切削力、冷却液、切屑、热变形、振动诸因素的作用。托盘的形状通常为正方形，也可以是长方形，根据具体需要也可做成圆形或多角形。为了安装储装构件，托盘顶面应有 T 形槽或矩阵螺孔，托盘还应具有输送基面以及与机床工作台相连接的定位夹压基面，其输送基面在结构上应与系统的输送方式、操作方式相适应。此外，托盘要满足交换精度、刚度、抗振性、切削力承受和传递、防止切屑划伤和冷却液浸蚀等要求。

2）托盘识别

工件的性质（如毛坯、半成品、成品）在传输和加工过程中不断地变化，很难识别，所以需采用托盘识别方法。在诸多识别方法中，条形码识别技术优点较多，成本低、可靠性高、对环境要求不严格、抗干扰能力强、保密性好、识别速度快及性能价格比高等，因而被广泛用于托盘的识别。

将标识物料的条形码装在托盘上某一易于扫描处，每一托盘都有一个惟一的编码（托盘号），托盘号与其中的工件种类和数量对应。将条形码分成若干段，托盘号永久性固定在托盘上，则托盘与其编号永久性地一一对应，将反映工件性质和加工顺序的条形码可拆式地装在托盘上的条形码夹持器中，它随着工件装入托盘而插入夹持器，每一毛坯的加工顺序通过条形码加工顺序列段输入计算机。托盘携带工件进入某一加工设备时，计算机根据加工顺序而判别物料当前之状态。

2. 储料装置

储料装置通常布置在柔性制造系统和自动生产线的各个分段之间，也可布置在每台机床之间，对于加工小型工件或加工周期较长的加工系统，工序间的储备量也常建立在连接工序的输送设备上，如输料槽等。设置储料装置可使生产线中各台设备以不同的节拍工作，也可保证当某台设备出现故障时，其他设备在一定时间内仍能继续工作。根据工件的形状与尺寸、输送方式及要求储备量的大小，储料装置的结构形式是多种多样的。

储料装置有通过式和非通过式两种工作方式。

（1）通过式。从上一台机床送来的每个工件都从储料装置中通过，再送入下一台机床。

（2）非通过式。储料装置为仓库形式。自动线正常工作时，储料装置不参与工作，工件直接送到下一台机床。当某一台机床发生故障或换刀停歇时，储料装置才进行储料或排料。

3. 提升装置

在采用自重运送的输料槽或输料道时，往往不可能依靠机床的立面布局来形成输料槽或输料道两端必要的高度差，必须采用提升机构将工件提升到一定的高度，然后再靠自重传送工件至机床上。提升机构有连续传动和间歇传动两种形式。连续传动的提升机构多采用链条传动，由电动机或液压马达驱动。间歇传动的提升机构可采用链条或顶杆传动，用油缸或汽缸通过棘轮棘爪机构驱动。连续传动式适用于生产节拍短的环和盘类工件的生产自动线，间歇传动式适用于生产节拍长的轴和套类工件的生产自动线。

4. 转位装置

工件在加工过程中，送到下一个机床时需要翻转或转位，以便改变加工表面。在通用机床或专用机床生产线上加工小型工件时，其翻转和转位可以在输送过程中或上下料过程中完成。若加工大型工件或在组合机床生产线中，应设置专用转位装置，包括水平安放的转位台和垂直安放的转位鼓轮、复合转位台以及各种类型的转向器。对于形状简单的短小旋转体工件，可利用各种类型的转向装置来完成转位。

9.4 自动化立体仓库设计

9.4.1 自动化立体仓库构成

自动化立体仓库是一种设置有高层货架，并配有仓储机械、自动控制和计算机管理系统，实现搬运、存取机械化，管理现代化的新型仓库，具有占地面积小、存储量大，周期快等优点，在现代生产系统中得到了广泛应用。

虽然建库目的不同，自动化立体仓库的规模、形式和自动化水平各不相同，但自动化立体仓库通常都由以下几个基本部分所构成(参见图 9.19)。

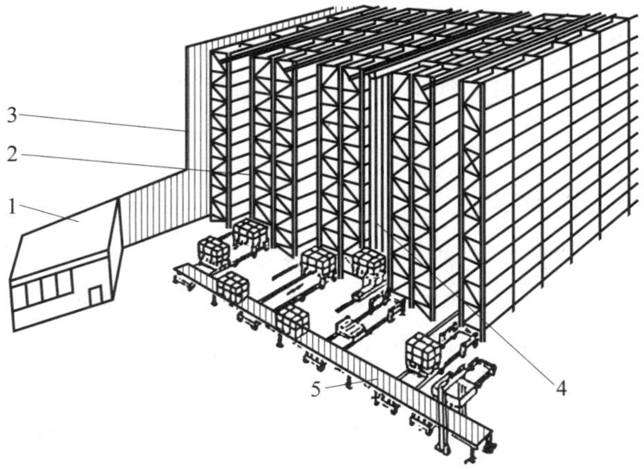

图 9.19 自动化立体仓库示意图

1—控制装置、计算机；2—货架；3—仓库建筑；4—堆垛机；5—外围输送设备

1. 存储单元

存储单元包括仓库建筑和货架。货架分若干排，每排货架上下分“层”，纵向分“行”，“行”与“层”之间形成许多货格。每一个货格可以存放货箱或装入托盘。每个货格赋予一个地址，这些地址对应于控制计算机中的一些单元。当货格中的货物发生变化时，单元中的内容也相应变化。通常，每个货格中存放的零件或货箱的重量不超过 1 t，尺寸大小不超过 1 m^3。

自动化立体仓库中，每两排货架为一组，两个货架之间称为巷道，每个巷道内安装有导轨和传动齿条，堆垛起重机在巷道上固定的天、地轨间行走，在巷道两端装有限位开关和防越位撞头。

2. 巷道堆垛机

巷道堆垛机主要完成物料的存、取和运送任务，具有空间三坐标方向的运动：X 向为堆垛机，作水平行走运动；Y 向为堆垛机的载货台，作垂直提升运动；Z 向为堆垛机的货叉，作伸缩运动。这样堆垛机有单立柱式和双立柱式等不同形式，可以完成向任意货格存取货物的作业。

3. 外围设备

它包括对物料的验收、检测，装卸托盘，内部输送机的入出库货物运送、分类、装车、发送等作业设备。这部分设备根据系统的不同有很大差异。但应当注意组成部分的入、出库作业节奏，必须与堆垛机保持协调，以保证从入库到发货过程的畅通。

在自动化立体仓库中，一般设置工件收发站和有轨或无轨自动引导小车。收发站完成线外物流设备与系统之间的工件交换，小车承担系统与加工设备之间货物的运送。

除以上机械装备外，自动化立体仓库还包括物料的检测设施和控制系统。

(1) 验货站。用于识别物料，并把数据输入计算机管理系统以进行库存管理。

(2) 入库物料检测站。用于确保超尺寸物料不进入自动化立体仓库系统，检测内容有超长、超高、超宽三个方面；同时也要进行位置检测。

(3) 货格检测器。它是检测货格内有无物料的装置，防止货格内已有物料而进行再次存放物料的“双重入库”作业事故，以及从空货格取货，发出错误的取货信号，影响仓库的管理。

(4) 信息传输、自动控制和管理设备。信息传输装置进行系统信息流的交换与传输。自动控制和管理设备是仓库自动化作业的核心，完成对系统搬运设备的控制，实现对自动化作业的“指挥”。

9.4.2 自动化立体仓库分类

自动化立体仓库一般按以下几种方法进行分类。

(1) 按货架形式可分为整体式和分离式。整体式仓库的货架除了用于存放货物外，还用来支承屋架的重量和侧壁，即货架与仓库建筑构成了不可分的整体。此类形式一般用于高层大型库，具有建筑费用低、库房占地面积小、施工周期短等优点。分离式货架仅用于存放货物，与建筑构件无连接，其优点是不会因厂房的下沉影响货架垂直和水平精度，确保自动认址，具有增减灵活性。

(2) 按职能分为工序型、补偿型、外购外协型、综合型、销售型。工序型即制品库设在加工车间内部或附近，起相关工序间的缓冲作用。补偿型又称总零件库，存放本厂自制零部件的成品，并按时、按量向装配线供应，调节零部件生产与装配节奏。外购外协型调节计划订货、成批进货与均衡生产间的矛盾。综合型是补偿型和外购外协型的组合，以调节装配为主，同时也调节其他各加工车间的生产。销售型即成品库，调节产品均衡生产与不均衡销售或销售与集中运输间的矛盾。

(3) 按堆垛设备分有轨式和无轨式。有轨式是采用巷道堆垛机，转移巷道比较困难，但在三维空间容易实现精确定位，有利于自动控制。无轨式是采用高升程叉车，转移巷道容易，在库存量较大而入、出库频率较低时，便于几个巷道共用一台高架叉车，具有机动灵活、设备利用率高、投资少等优点。但无轨式仓储装备只适于低层、自动化程度不高的场合。

(4) 按巷道堆垛机的控制方式可分为手动和半自动控制、机上自动控制、远距离集中控制等。

(5) 按存储库容量可分为小型(2000 货位以下)、中型(2000～5000 货位)、大型(5000 货位以上)。

(6) 按仓库高度分为低层(6 m 以下)、中层(6～12 m)、高层(12 m 以上)。

9.4.3 巷道式堆垛起重机

图 9.20 所示是一种适用于中、小型工件的巷道式堆垛起重机。它由上横梁 2、双方柱 8、货叉 9、载货台 10、行走机构 6、液压站和位置反馈测试元件等组成。堆垛起重机通过行驶机构在轨道 7 上运行。双立柱顶端的横梁装有水平导轮，沿天轨 1 的矩形导轨移动。为了堆垛起重机运行的稳定性，在横梁顶部装有减振器 3。

堆垛机具有沿巷道方向的水平运动，沿货架层方向的垂直运动，货叉送、取货的伸缩运动，载货台的旋转运动和载货台为货叉送、取货的准确位置而进行的微量垂直运动。

水平运动和垂直运动分别由底座上的直流电动机驱动，采用无级调速控制系统，可以正

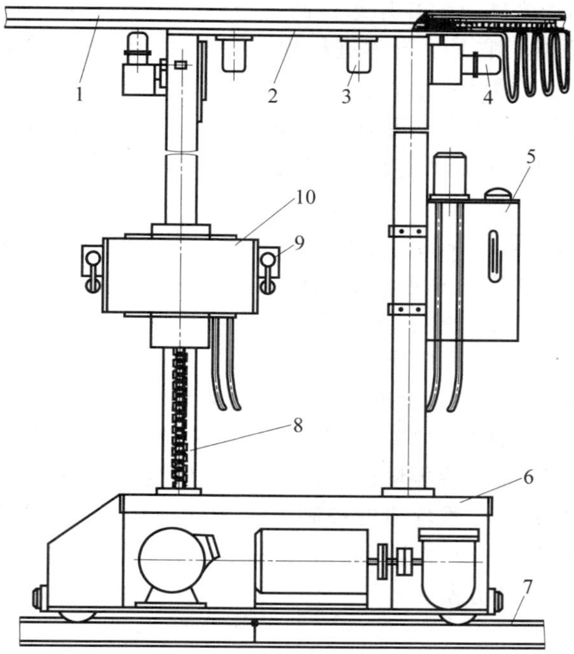

图 9.20 巷道式堆垛起重机

1—天轨；2—上横梁；3—减振器；4—编码器；5—集油器；6—行走机构；
7—轨道；8—双方柱；9—货叉；10—载货台

反向切换。采用两个高精度的 14 位绝对式光电转角编码器 4 检测坐标位置。到位停车由 DHD2-16 型快速失电制动器制动。

货叉的伸缩用于货物的取送，伸缩量为 300 mm。取放货物时，货叉能微抬、微降 30 mm。水平运动终点转轨时，货叉与载货台旋转 90°。这三个运动分别由直线液压缸或旋转液压缸驱动。

堆垛机的数据通信与供电系统均采用滑接输送，使用标准的工业控制接口板与计算机连接，供计算机采集数据并进行处理。系统软件有对直流电动机和液压控制阀的控制、堆垛机的控制、仓库的管理、查询的动态显示、故障检测、手动调整、自动取存交换货位等。计算机按程序控制堆垛机，根据相应的检测信号和出入库的工艺流程，起动堆垛机按顺序进行转位、水平与垂直行驶、货叉伸缩、微抬微落直到取放货物作业完毕。

9.4.4 自动化立体仓库计算机控制

自动化是指管理和作业流程的自动化。仓库管理自动化，包括对货箱、账目、货格及其他信息管理的自动化。入库和出库的作业流程自动化，包括货箱零件的自动识别、自动认址、货格状态的自动检测以及堆垛机各种动作的自动控制。计算机控制系统功能有：

(1) 信息的输入及预处理。信息的输入有对货箱零件条形码的识别、认址检测器和货格状态检测器。在货箱或零件的适当部位贴条形码，当货箱通过入库运输机滚道时，用条形码扫描器自动扫描条形码，将货箱零件的有关信息自动录入计算机内。认址检测器通常采用脉冲调制式光源的光电传感器。为提高可靠性，采用三路组合，向控制机发出的认址信号以三取二的方式准确判断后，再控制堆垛机的停车、正反向和点动等动作。货格状态检测器采用光电检测方法，利用光的反射作用来检测货格内有无货箱等。

(2) 计算机管理系统。它是全仓库进行物资管理、账目管理、货位管理及信息管理的中心。入库时将货箱“合理分配”到各个巷道作业区，出库时按“先进先出”的原则或其他排队的原则出库。管理系统要定期或不定期地打印报表。当系统出现故障时，可通过总控制台的操作按钮进行运行中的“动态改账及信息修正”，并及时判断出故障的巷道，暂停该巷道的出入库作业。

(3) 各机电设备的计算机控制。它包括堆垛机和出入库运输机的控制。堆垛机的主要工作方式是入库、搬运和出库。从通信监控机上得到作业指令后，在屏幕上显示作业目的地址和运行地址，显示实际的水平移动速度和垂直升降速度的大小与方向，显示伸叉方向及堆垛起重机的运行状态。在控制系统中还设有货叉到位报警、取货无箱报警、存货占位报警。如发生存货占位报警时，应将货叉上的货箱改存到另外指定的货格中。系统中还设有暂停功能，以备机电系统发生小故障时，暂时停止工作。此外，控制系统还设置了控制运动的变速功能，先快速地接近目标，然后再慢速到位，以保证位置控制精度在允许范围内。

入库运输机的控制方式和堆垛机的控制方式相同。从通信监控机接到批作业指令后，取出作业指令中的巷道号，完成对这些巷道数据的处理，以便控制分岔点的停止器最终实现货箱在入库运输机上的自动分岔。

[习题与思考题]

1. 试述料仓式上料装置的特点及基本组成。
2. 振动式料斗如何实现工件的定向？
3. 有一圆柱形工件，材料为45钢，长度 $L=100^{+0.35}_{0}$ mm，直径 $D=40$ mm，两端倒角，尺寸为 $2\times45^\circ$，拟采用输料槽靠自重滚送方式。试选择输料槽材料，并确定料槽宽度。若工件直径变为10 mm，是否还能靠自重滚送？
4. 简述装卸料机械手的类型及特点。
5. 试述物料输送装置的主要类型及特点。
6. 何谓托盘，其结构形式有几种，各适用于什么情况？
7. 自动化立体仓库主要由哪几部分组成，简述其工作过程。

参考文献

[1] 王启义.机械制造装备设计.北京：冶金工业出版社，2002

[2] 何萍.金属切削机床概论.北京：北京理工大学出版社，2008

[3] 晏初宏.金属切削机床.北京：机械工业出版社，2007

[4] 夏广岚.机械切削机床.北京：北京大学出版社，2008

[5] 张德泉.机械制造装备及其设计.天津：天津大学出版社，2003

[6] 杜君文.机械制造技术装备及设计.天津：天津大学出版社，1998

[7] 冯辛安.机械制造装备技术.北京：机械工业出版社，2002

[8] 周兰.现代数控加工装备.北京：机械工业出版社，2005

[9] 郑金兴.机械制造装备设计.哈尔滨：哈尔滨工程大学出版社，2006

[10] 郑玉华.典型机械产品构造.北京：科学出版社，2004

[11] 吴祖育.数控机床.上海：上海科学技术出版社，2006

[12] 陈根琴.机械制造技术.北京：北京理工大学出版社，2007